HOCHSPANNUNGSFORSCHUNG
UND
HOCHSPANNUNGSPRAXIS

GEORG STERN

DIREKTOR DER AEG-TRANSFORMATORENFABRIK

ZUM 31. MÄRZ 1931

GEWIDMET
VON SEINEN MITARBEITERN

BAUERSCHMIDT, BIERMANNS, BIGENWALD, BÖLTE, CRÄMER
GOLDSTEIN, GRÜNEWALD, HERZOG, HUNDT, JERATSCH, KÖCHLING
KÜCHLER, MAYR, PROBST, RITTMEYER, SCHÄTZ, STEIN, TYPKE
ÜBERMUTH, WILLHEIM

HERAUSGEGEBEN VON
J. BIERMANNS UND O. MAYR

MIT DEM BILDNIS GEORG STERNS
UND 264 ABBILDUNGEN IM TEXT

BERLIN
VERLAG VON JULIUS SPRINGER
1931

Softcover reprint of the hardcover 1st edition 1931
ISBN-13: 978-3-642-89401-5 e-ISBN-13: 978-3-642-91257-3
DOI: 10.1007/978-3-642-91257-3

Inhaltsverzeichnis

Vorwort.

Die im vorliegenden Werke vereinigten Arbeiten entstanden in der AEG-Transformatorenfabrik, in der Transformatoren und Hochspannungsmaterial gebaut werden. Die Themen sind durch die Praxis gestellt und kennzeichnen in ihrer Vielfältigkeit die breite Front, auf der sich die Entwicklung der Hochspannungstechnik vollzieht. Durch ihr gemeinsames Erscheinen sollen die Aufsätze auf die in inneren Zusammenhängen wohl begründete Gemeinsamkeit der Ursprungstätte und vor allem auf die gemeinsame Person des Führers hinweisen, dem sie gewidmet sind.

Direktor Dr. Georg Stern, der am 31. März 1931 die Leitung der AEG-Transformatorenfabrik niederlegt, an ihrer Entwicklung aber weiterhin fördernden Anteil nimmt, gehört zu den hervorragendsten Wegbereitern der Hochspannungstechnik, die durch die zu Beginn der 90er Jahre des vorigen Jahrhunderts einsetzende großartige Entwicklung der elektrischen Kraftübertragung vor immer neue, ohne Atempause gesteigerte Aufgaben gestellt wurde.

Stern kam von der Physik, in der er 1890, dreiundzwanzig Jahre alt, promoviert hatte, und der er auch in Berlin bis 1892 treu blieb. Von da an gehört sein Schaffen der Elektrotechnik. In der Union-Elektricitäts-Gesellschaft wurden ihm die Prüffelder und der Zählerbau unterstellt. Zunächst mit Arbeiten über Zählerkonstruktion und Zählerschaltungen sowie über die Eigenschaften des magnetischen Kreises von Transformatoren befaßt, fand sich Stern hier an Hand eines der wichtigsten Objekte der Hochspannungstechnik, des Transformators, dem Isolationsproblem gegenübergestellt. Als die AEG wenige Jahre nach Übernahme der Union-E.-G. die Herstellung von Hochspannungsmaterial einer besonderen Fabrik zuwies, war es der folgerichtige Abschluß der vorangegangenen Entwicklung, diese Erzeugungstätte mit der Transformatorenfabrik technisch und organisatorisch zu einem Ganzen zu verschmelzen. Stern, der nach seinem Übertritt zur AEG als Vorstand der Prüffelder und Laboratorien der Maschinenfabrik Brunnenstraße tätig war, wurde der Leiter der neu gegründeten, noch in den Rahmen der Fabriken Brunnenstraße eingegliederten Fabrikseinheit. Inzwischen hatte er seinen praktischen Blick durch manche Reise geschärft. Seine ständige Berührung mit der auch in Amerika studierten Hochspannungspraxis brachte ihm die Erkenntnis, daß dem Isolationsproblem mit der Zeit ein neues zur Seite getreten war, das in der Beherrschung hoher Kurzschlußleistungen bestand. Die theoretische Grundlage war im Laboratorium der von ihm geleiteten Fabrik geklärt worden, aber gerade im Ölschalterbau konnten zahlreiche wichtige Konstruktions-Grundsätze nur durch Versuche auf ihre Stichhaltigkeit geprüft werden. Stern scheute vor der ungewöhnlichen und kostspieligen Schlußfolgerung nicht zurück und schuf 1913 die erste Kurzschlußversuchs-Anlage der Welt. Er konnte beweisen, daß er für die Hochleistungschalter mit Recht das Löschkammerprinzip gewählt hatte, und brachte durch sein Vorgehen auch im Auslande die Behandlung dieser Fragen in Fluß. Ebenso konnte er sich mit der neu geschaffenen Versuchsanlage die Gewißheit verschaffen, daß der Transformator der Kernbauart mit runden Spulen für die überwiegende Zahl der Verwendungszwecke die richtige, den Anforderungen an Kurzschlußfestigkeit allein genügende Ausführungsform dieses so wichtigen Gliedes der Hochspannungs-Kraftübertragung vorstellt.

Mit ähnlich glücklichem Zugriff wurde er einer zweiten beträchtlichen Schwierigkeit Herr. Mit wachsender Ausdehnung der Netze wuchs die Gefahr, die den Transformatoren von den im Netze ausgelösten Überspannungen drohte. Stern ersann daraufhin eine Überspannungsprobe, die den im Betrieb vorkommenden Beanspruchungen so getreu angepaßt war, daß Transformatoren, die diese Probe bestanden hatten, als praktisch gewitterfest angesehen werden durften. Der Verband Deutscher Elektrotechniker hat diese von Stern angegebene Anordnung als „Sprungwellenprobe" zur Norm erhoben. Schon vorher hatte Stern durch seine Arbeiten über die Normung von Transformatoren dem VDE wertvolle Unterlagen geboten, die zur Gestaltung des Reihengedankens in Form der „Einheitstransformatoren" führten.

Schließlich schien aber der Transformator seine Leistungsgrenze erreicht zu haben, soweit sie durch die Bahntransportfähigkeit bestimmt ist. Stern beseitigte die Schwierigkeit, er streckte diese Grenze noch einmal beträchtlich durch geschickte Verwendung des Fünfschenkelkernes.

Trotz der Fülle der täglich auf ihn einstürmenden Aufgaben hat Stern noch Zeit gefunden, sich in den Problemen zu spezialisieren, die das Öl als Isolierstoff bietet.

Auch äußerlich hat sich im Laufe der Jahre noch manches geändert. Stern ist mit der Fabrik nach Oberschöneweide übergesiedelt und erntete als äußere Anerkennung für seine technischen und organisatorischen Leistungen die Berufung als stellvertretendes Mitglied in den Vorstand der AEG.

Es ist nicht möglich, in einer Übersicht eine Vorstellung davon zu vermitteln, wie viele Anregungen Sterns im Tagewerk der Fabrik langsam ausreiften und unpersönlich ihren Weg in die Praxis nahmen. Ganz ähnlich ist es mit seiner Tätigkeit als Mitglied und

Vorsitzender einer größeren Zahl von Ausschüssen des Verbandes Deutscher Elektrotechniker, zu der seine Wirksamkeit in der Internationalen Elektrotechnischen Commission (IEC) hinzutritt.

Das sind einige Tatsachen aus einem reichen Leben. Hinter ihnen steht eine Persönlichkeit von vielseitigster, keineswegs rein fachtechnischer Begabung, ein Charakter, in dem sich Energie und Entschlußkraft mit Einsicht und Güte verbinden, und eine Führernatur mit höchstem Verantwortungsgefühl. Die Eigenart dieser von schlagfertigem Humor überstrahlten Veranlagung ist nicht mit wenigen Sätzen zu umschreiben, sie muß gewissermaßen erlebt werden. Die Mitarbeiter Sterns, die unter dem Zauber dieser seltenen Natur auf verschiedenen Wegen am Ausbau der ganzen Hochspannungstechnik mitwirken durften, werden sich dessen vor allem in dem Augenblicke bewußt, in dem Stern aus Gesundheitsrücksichten nach nahezu 40jähriger Dienstzeit die Leitung der ihm unterstellten Fabrik niederlegt. Sie wünschen ihrer Verehrung und Dankbarkeit Ausdruck zu geben und gleichzeitig nach außen hin noch einmal zusammenfassend den Grad und die Vielseitigkeit der Einflußnahme Sterns auf die Entwicklung der Transformatoren und Hochspannungsapparate darzutun. In 20 Aufsätzen, die nicht nur die Gemeinsamkeit der Widmung miteinander verknüpft, soll ein Querschnitt durch das technische Leben zweier großer Arbeitsfelder des Hochspannungstechnikers geboten werden. Ganz von selbst erwächst hieraus eine vielseitige, allgemeinerem Interesse gerecht werdende Darstellung des Gegenstandes. Die Probleme eines Gebietes sind ja die klarste Abgrenzung seines Gegenstandes und seine besonderen Hilfsmittel finden ihre lebendigste Darstellung an Beispielen aus der experimentellen und konstruktiven Praxis. Damit ist ausgesprochen, daß sich die Sammlung an den weiten Leserkreis aller am Stande und an den Fortschritten der Hochspannungstechnik Interessierten wendet.

Die Haupteinteilung der Themen nach den Fragen des Transformatoren- und Wandlerbaues einerseits, und des Apparatebaues anderseits ergab eine natürliche Gliederung des Stoffes. Es werden zunächst Isolations- und Aufbaufragen des Groß-Transformators erörtert, sodann wird auf Kernkonstruktionen im besonderen eingegangen und die Bauweise von unter Last regelbaren Transformatoren behandelt; im weiteren kommt die theoretische Seite der Probleme des Transformatorenbaues durch Betrachtungen über die thermische Beanspruchung der Wicklungen und durch Untersuchungen über den magnetischen Kreis von Wandlern und Transformatoren zur Behandlung. Unter den Betriebsfragen, denen zwei weitere Aufsätze gewidmet sind, steht die Frage der Ölbehandlung und Ölauswahl im Vordergrund. Es folgt eine Auseinandersetzung über die Überspannungsfestigkeit des Transformators und deren prüffeldmäßige Erfassung, sodann eine kritische Untersuchung über die Beurteilung von Überspannungsableitern. Ein Aufsatz über die Isoliertechnik im Transformatoren- und Hochspannungsapparatebau leitet zu einer weiteren Gruppe von Arbeiten über, in der die Schalter als die wichtigste, theoretisch und konstruktiv schwierigste Apparategattung bevorzugt behandelt werden. Auch hier sind die Konstruktionsfragen vorangestellt, getrennt für den Ölschalter und seinen erfolgreichen Wettbewerber, den Druckgasschalter. Die Löschkammer ist sodann Gegenstand einer zusammenfassenden Darstellung, der eine theoretische Erörterung der durch die Gasentwicklung ausgelösten Vorgänge im Ölschalter und eine Untersuchung der Thermodynamik des Druckgasschalters folgen. Der letzte Aufsatz dieser Reihe gilt dem Einschaltproblem bei hoher Kurzschlußleistung.

Den Rahmen für die geschilderten Arbeiten bilden drei Aufsätze, in deren erstem und zweitem über die Entwicklung und die Betriebsmittel der AEG-Transformatorenfabrik berichtet wird, während in dem dritten, den Band abschließenden Aufsatz die verbindende Brücke zur Hochspannungspraxis des Erbauers elektrischer Anlagen geschlagen wird. Es liegt in der Natur der Sache, daß im ersten und letzten Aufsatz, deren Verfasser G. Jeratsch, kaufmännischer Direktor der AEG-Transformatorenfabrik, und Dr.-Ing. e. h. H. Probst, Direktor der AEG Abteilung für Schaltanlagen, Beiträge geliefert haben, in denen die Bedeutung von Sterns Persönlichkeit nicht bloß mittelbar hervortritt, sondern in ihrer stetigen Wechselwirkung mit dem Gang der technischen Entwicklung beleuchtet wird; denn Sterns vieljähriger Arbeitsleistung ist die große Reihe technischer Erfolge, die der von ihm geleiteten Fabrik auf dem Gebiete der Konstruktion und des Baues von Transformatoren und Hochspannungsapparaten beschieden war, in der Hauptsache zu verdanken.

Seine Mitarbeiter begrüßen es mit Freude und Genugtuung, daß der Fortführung seines Werkes seine unmittelbare persönliche Einwirkung erhalten bleibt. Mit dem Wunsche, daß diese neue, enge Arbeitsgemeinschaft von recht langer Dauer sein möge, übergeben wir dieses Buch ihm und der Fachwelt, der wir damit Einblick in einen stets lebhaften Entwicklungsgang zu bieten hoffen.

J. Biermanns **O. Mayr**

Rückblick auf die Entwicklung der AEG-Transformatorenfabrik.

Von G. Jeratsch.

Als die ersten Fabrikationsstätten der AEG — damals noch „Deutsche Edison-Gesellschaft für angewandte Elektrizität" genannt — in der Schlegelstraße im Norden Berlins nicht mehr ausreichten, erwarb die AEG Ende der 80er Jahre des vorigen Jahrhunderts am Gartenplatz in Berlin neue Werkstätten. In der „Fabrik Ackerstraße" benannten Fabrikationsstätte (Bild 1) wurden nunmehr — mit Ausnahme von Glühlampen — alle Fabrikate, welche die AEG damals herstellte, erzeugt. Auch die ersten AEG-Transformatoren (Bild 2) wurden hier gebaut.

Bild 1. Fabrik Ackerstraße.

Bald reichten die Werkstätten in der „Fabrik Ackerstraße" nicht mehr aus, um die immer zahlreicher werdenden Fabrikationsgebiete der aufstrebenden AEG zu erfassen. Kaum ein Jahrzehnt später mußten die ersten Gebäude der jetzigen Fabriken Brunnenstraße errichtet werden. Dorthin wurde u. a. auch der Transformatorenbau verlegt.

Bis zum Jahre 1901 wurden in der Hauptsache Trockentransformatoren, daneben jedoch auch schon Öl-Transformatoren gebaut. Der Werkstattbetrieb wickelte sich in zwei Feldern der großen Halle der Maschinenfabrik ab. In dieser Zeit übernahm G. Stern die Leitung der Prüffelder der AEG-Maschinenfabrik (Bild 3) und ging so die ersten Bindungen mit dem Transformatorenbau der AEG ein.

Der Anfang des zwanzigsten Jahrhunderts bedeutet für die Entwicklung des Transformatorenbaues einen besonderen Markstein. Der Bau von Trockentransformatoren wurde auf Sonderausführungen beschränkt und durch Neukonstruktionen von Öltransformatoren ersetzt, die sich sowohl durch niedrigere Herstellungskosten als auch besondere Verbesserungen in der Bauweise auszeichneten.

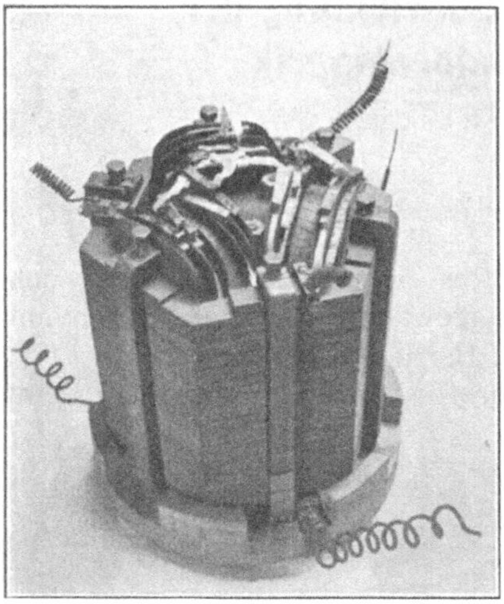

Bild 2. AEG-Drehstromtransformator 1891.

Um die Jahrhundertwende begannen sich die Stückzahlen der jährlich hergestellten Transformatoren allmählich zu anschaulichen Ziffern zu entwickeln, mit fortgesetzt steigender Produktion kamen Jahresziffern von mehreren Tausenden zustande.

Jahre besonderen Aufstieges folgten. Neue Serien für Leistungen bis 3000 kVA mit Wasserkühlung wurden entwickelt. Die Einführung von legierten Blechen ermöglichte trotz höherer Leistungen niedrigere Preisstellung, was naturgemäß für die Entwicklung des Fabrikates von besonderer Bedeutung wurde.

Bild 3. Prüffelder in der AEG-Maschinenfabrik.

Die fortgesetzte Steigerung des Umsatzes bedingte es, daß bald wieder eine Vergrößerung der Fabrikationseinrichtungen und der Werkstätten selbst vorgenommen wurde. Eine Zwischenlösung wurde zunächst gefunden, indem der Transformatoren-Bau in einem neu errichteten Schuppen (Bild 4) auf dem Grundstücke der Maschinenfabrik untergebracht wurde. Etwa 250 Arbeiter mit rund 30 Angestellten arbeiteten damals in dieser Abteilung.

Im Jahre 1908 wurde dann für die „Fabrik für Hochspannungsmaterial“ auf dem gleichen Fabrikgrundstück eine besondere Fabrikationsstätte erbaut, deren technische Leitung Stern übernahm. Mitarbeiter wie Orgler, Postlack, Korndörfer und Krömer sind mit den damaligen Arbeiten der AEG-Hochspannungs-Abteilung eng verbunden.

Bis zur vollständigen Fertigstellung des sechsstöckigen neuen Fabrikations-Gebäudes (Bild 5) fand die Hochspannungsfabrik vorübergehend in den Räumen der „Bahnfabrik“ Unterkunft. Mitbestimmend für die Verlegung der Fabrikation in die neuen erweiterten Räume war die Übernahme der Fabrikation von Hochspannungs-

Bild 4. Transformatorenbau in der AEG-Maschinenfabrik.

material, wie von Ölschaltern, Trennschaltern, Schaltapparaten usw., die bisher in der „Apparatefabrik Ackerstraße“ hergestellt worden waren.

Einen bedeutenden Aufschwung nahm nunmehr die Hochspannungsfabrik bis zum Beginn des Krieges. Zeugen dieses Aufschwunges sind die ersten Transformatoren und Ölschalter für 110 kV Betriebspannung, die 1912 für die Lauchhammer-Kraftübertragung geliefert wurden. Auch die Kriegzeit hat die Weiterentwicklung der Fabrik nur wenig behindert; so wurden in jener Zeit neben der inzwischen zu einem wesentlichen Teil auf Kriegslieferungen umgestellten Fabrikation zwei Transformatoren für das Rheinisch-Westfälische Elektrizitätswerk in der bis dahin noch nicht dagewesenen Leistung von je 60 000 kVA hergestellt.

Die technischen Fortschritte auf dem Gebiete der Hochspannungs-Übertragung nach dem Kriege steigerten den Umfang der Produktion und das Ausmaß der Einzelerzeugnisse derartig, daß

Bild 5. Ehemalige Hochspannungsfabrik, heute Widerstandsfabrik der AEG-Fabriken Brunnenstraße.

im Jahre 1920 an die Erwerbung einer neuen großen Fabrikationsstätte gedacht werden mußte. Diese wurde in der Fabrik der Deutschen Niles-Werke in Oberschöneweide gefunden. Die neue Fabrik (Bild 6)

Bild 6. AEG-Transformatorenfabrik.

wurde „Transformatorenfabrik" benannt. Hier boten sich nicht nur für die Fabrikation, sondern auch für die erforderlichen Laboratorien und Prüffelder die erwünschten besseren Ausdehnungs-Möglichkeiten.

Die Gesamtfläche des neuen Fabrikgeländes (Bild 7) betrug ursprünglich rund 70 000 m², die für die Fabrikation zur Verfügung stehende Werkstattfläche rund 35 000 m². Diese Flächen vergrößerten sich durch Zukauf des Nachbargrundstücks „Wilhelminenhof“ bzw. durch Errichtung von Erweiterungsbauten später auf 140 000 m² Grundstückfläche und 50 000 m² Werkstattfläche.

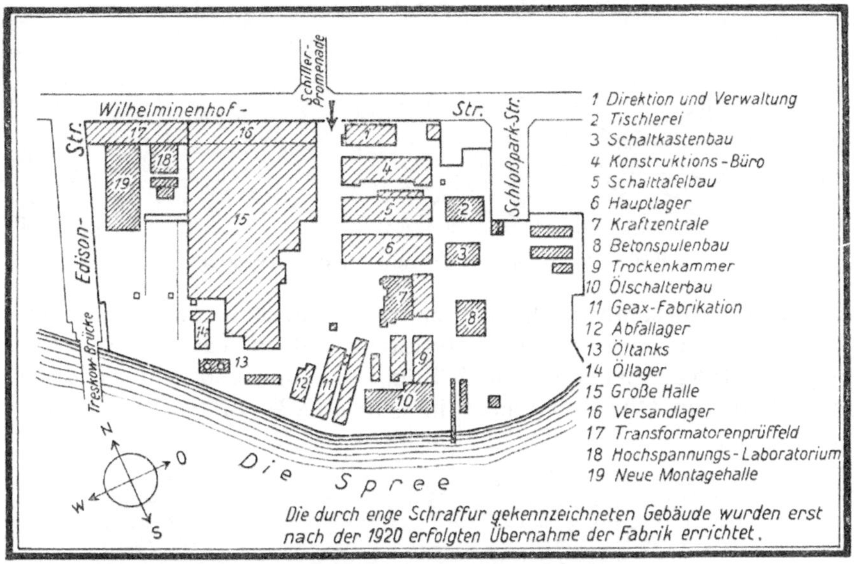

Bild 7. Lageplan der AEG-Transformatorenfabrik.

Der Fabrikation dient in erster Reihe das Hauptfabrikgebäude (Bild 8) in einer Ausdehnung von rund 20 000 m², das aus einer an der Straßenfront liegenden Längshalle von 200×19 m und sieben Querhallen bestand, von denen die drei mittleren 200×15 m und die vier äußeren 80×15 m Grundfläche aufweisen. Hier wurden neben Transformatoren bis zu 60 000 kVA und bis zu den höchsten Spannungen auch Ölschalter, Trennschalter, Überspannungsapparate, Schaltkästen und bis zu den Jahren 1925, bzw. 1928 auch Schalttafeln und Relais hergestellt. Die erforderlichen Hilfsbetriebe, wie die Geax-Anlage, Tischlerei usw. waren in der Hauptsache in Nebenräumen untergebracht. Die Fabrikation von Schalttafeln wurde im Jahre 1925 nach den an der Rummelsburger Chaussee gelegenen Werkstätten verlegt und die Herstellung der Relais im Jahre 1928 von der Dr. Paul Meyer A.-G. nach deren Fabrik Drontheimer Straße übernommen.

Von der Stadt Berlin wurde die auf Rummelsburger Gebiet liegende, in den Kriegsjahren ursprünglich vom AEG-Kabelwerk für die Herstellung von Kriegsmaterial errichtete Hallen-Anlage zugemietet. Dort wurden in der Hauptsache die Fabrikation von Öl-kästen für Transformatoren und Hochspannungschalter, welche die

Bild 8. Montagehalle in der AEG-Transformatorenfabrik.

Transformatorenfabrik damals zu einem großen Teil selbst herstellte, sowie das Fertigfabrikate-Lager und endlich die Erzeugung von Acetylen, Sauerstoff und Stickstoff untergebracht. Die Fabrikation von Ölkästen wurde im Jahre 1929 an Fabrik Stuttgart abgegeben.

Bild 9. 15000 kVA-Generator für Kurzschlußversuche.

Es ergab sich die Notwendigkeit, den vorhandenen Prüffeldern und insbesondere dem Hochspannungs-Laboratorium und ihrem weiteren Ausbau mit Rücksicht auf die inzwischen eingetretene große Entwicklungsmöglichkeit der Hochspannungstechnik ganz besondere Aufmerksamkeit zu widmen.

Von größeren Prüfeinrichtungen seien der 15 000 kVA-Generator für Kurzschlußversuche (Bild 9), der Prüftransformator für die Spannung von 1 Million V gegen Erde (Bild 10), ferner als wich-

Bild 10. Prüftransformator für 1 Million V gegen Erde.

Bild 11. 100000 kVA-Generator für Kurzschlußversuche.

tigster Teil der später erweiterten Versuchsanlage die 100 000 kVA-Generator-Anlage (Bild 11) erwähnt, die eine Kurzschlußleistung von 1 000 000 kVA hergibt.

Bei dieser Gelegenheit sei auch auf die elektrische Stoßprüfanlage zur Erzeugung von Spannungen bis 2,5 Millionen V (Bild 12), sowie auf die Prüfgruben für Ölschalterversuche (Bild 13) hingewiesen. Einen Blick in das eigentliche Hochspannungs-Laboratorium zeigt Bild 14.

Bild 12. Stoßprüfanlage für Spannungen bis zu 2500000 V.

Bild 13. Prüfgruben für Ölschalterversuche.

Zur Eigenversorgung der Fabrik mit Dampf und Strom wurde Anfang 1927 ein nach neuesten Erfahrungen errichtetes Heiz- und Kraftwerk in Betrieb genommen, das zwei Sektional-Schrägrohrkessel von je 250 m² Heizfläche für Kohlenstaub-Feuerung hat

(Bild 15). Dieses Kraftwerk liefert teilweise auch Strom an das AEG-Kabelwerk.

Im Jahre 1929 wurde an der Edisonstraße eine neue große Halle (Bild 16) mit einer lichten Höhe von 22 m, einer Breite von 33 m und einer Länge von 100 m erbaut, die mit Doppelkränen von je 100 t Tragkraft und einer Hubhöhe von 16 m ausgerüstet wurde, um an die fabrikatorische Herstellung der Einheiten größter Abmessungen, die inzwischen im Transformatoren- und Hochspannungschalter-Bau entwickelt worden waren, überhaupt herangehen zu können. Damit war die Möglichkeit geschaffen, Transformatoren bis zu den höchsten Betriebspannungen und mit Leistungen von 100 000 kVA

Bild 14. Hochspannungs-Laboratorium.

Bild 15. Heizkraftwerk der AEG-Transformatorenfabrik.

und darüber, sowie Öl- und Druckgasschalter mit den höchsten Abschaltleistungen herstellen zu können.

Der Rückblick auf die Entwicklung der AEG-Transformatorenfabrik hat den Weg angezeigt, der in mehr als einem Menschenalter eine Reihe von Aufgaben bot, die in ihrer Eigenart weit voneinander ablagen und in der Größe der Objekte eine kaum geahnte Steigerung erfahren haben, so daß sie räumlich und methodisch mit wachsenden Mitteln gestaltet werden mußten. Der Anstoß kam

Bild 16. Neue Halle der AEG-Transformatorenfabrik.

von außen, von Technik und Wirtschaft. Aber ein bestimmter innerer Zusammenhang ermöglichte es, daß den sprunghaft wachsenden äußeren Anforderungen eine stetige innere Entwicklung standhielt. Nur eine in den Anfängen verwurzelte, mit den Aufgaben wachsende, der Entwicklung aus sich heraus zielbewußt vorgreifende Persönlichkeit konnte diese Zusammenhänge meistern. Wir erblicken in Georg Stern das Bindeglied in diesem Werdegang, den Führer dieser Entwicklung.

Betriebs-Einrichtungen der AEG-Transformatorenfabrik.

Von R. Bigenwald.

Gesamtanlage.

Die Transformatorenfabrik der AEG bedeckt eine Fläche von etwa 140 000 m², etwa 50 000 m² sind für Fabrikationstätten vorgesehen (Bilder 1 und 2). In der Fabrik werden Transformatoren bis zu 100 000 kVA, Meßwandler, Öl- und Druckgasschalter mit Abschaltleistungen bis zu 2,5 Millionen kVA, Trennschalter, Überspannungschutz-Apparate, Hochspannung-Sicherungen, Schaltkästen u. a. hergestellt.

Die Anordnung der Fabrikation ist so getroffen, daß die verschiedenen Erzeugnisse an einem Ende der sieben Querhallen, von denen die mittleren je 200 m lang sind, anfangend, diese durchlaufen und als Fertigerzeugnisse die Längshalle verlassen, die als Versandlager dient.

Bild 1. Ansicht der AEG-Transformatorenfabrik.

Alle Querhallen werden an geeigneten Stellen von Prüffeldern durchzogen, in denen die Fabrikate vor endgültiger Fertigstellung entsprechenden Prüfungen unterzogen werden (Bild 3).

Die neue große Querhalle, die für die Herstellung größter Transformatoren und Ölschalter bestimmt ist, hat eine Länge von 100 m und endigt ebenfalls in die als Versandlager dienende Längshalle.

Die Einteilung für die einzelnen Werkstätten erfolgte von dem Gesichtspunkte aus, daß bei Erweiterung des Transformatorenbaues

Bild 3. Prüffelder.

die Nebenwerkstätten und, soweit Ölschalter noch in den Hallen hergestellt, diese Fabrikationszweige herausgedrängt werden, um für die Erweiterung des Transformatorenbaues Platz zu gewinnen. Es ist beabsichtigt, diese Teile der Fabrikation in einem projektierten Hochbau unterzubringen.

Die Nebenwerkstätten und Lager sind in besonderen Hallen untergebracht, die mit den Haupthallen, die eine Fläche von über 20 000 m² umfassen, durch eine Rundfahrt in Verbindung stehen.

Zur Versorgung der großen Halle mit dem erforderlichen Öl befinden sich an der Spreeseite Tankanlagen mit einem Fassungsvermögen von über 800 000 l, von denen aus das Öl durch eine Pumpanlage, bereits fertig getrocknet, mit dem vorgeschriebenen

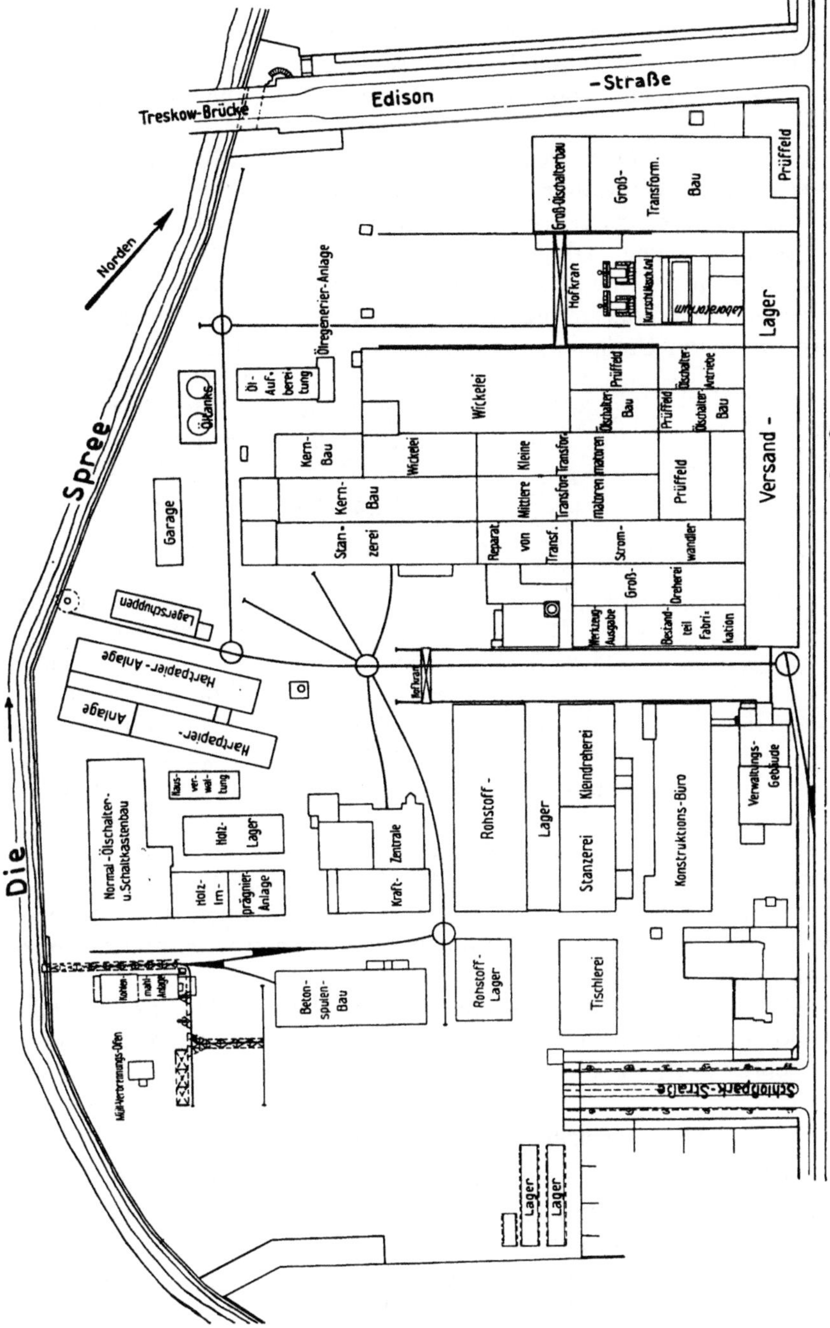

Bild 2. Lageplan der Transformatorenfabrik.

Durchschlagwert den einzelnen Füllstellen in den Werkstätten zugeleitet wird. Die Tankanlage ist so eingerichtet, daß sowohl auf dem Wasserwege, wie auch mit der Eisenbahn, Öl zugeführt werden kann.

Eine große Öl-Regenerierungsanlage schafft die Möglichkeit, verschmutztes Öl wieder neuwertig zu machen.

An der Spreeseite befindet sich ein starker Drehkran, durch den fertiggestellte und ankommende Ware auf dem Wasserwege ab- bzw. zugeführt werden kann. Die schweren Fertigerzeugnisse können daher auf dem Wasserwege direkt bis Hamburg bzw. einem anderen Hafenort ohne Umladung verschifft werden. Anderseits bietet ein ausgedehntes Eisenbahnnetz die Möglichkeit, selbst Transformatoren von 200 000 kg Gewicht, betriebsfertig auf dem Bahnwege zu befördern.

Bild 4. Waren-Eingang und -Kontrolle.

Die Kohlenzufuhr erfolgt auf dem Wasserwege. Die ankommende Kohle gelangt durch einen Greiferkran direkt zu den Bunkern des mit Kohlenstaubfeuerung arbeitenden Kraftwerkes, die mit der Mahlanlage verbunden sind bzw. auf den Lagerplatz. Im Anschluß daran wird die gemahlene Kohle durch Rohre dem Kessel zugeführt.

Weiter befinden sich an der Spreeseite Werkstätten, in denen Hartpapier-Material sowie -Zylinder bis zu den größten Abmessungen hergestellt werden.

Neben der Hartpapier-Anlage stehen zwei Hallen für die Holztrocknung und Imprägnierung, in denen Hölzer getrocknet und im Öl imprägniert, auf die notwendige Isolierfähigkeit gebracht werden.

Waren-Eingang und -Kontrolle.

Die heutigen Verhältnisse machen es notwendig, Arbeiten, so weit wie irgend möglich, zu mechanisieren, unter weitester Ausschaltung von unproduktiven Kräften.

In der AEG-Transformatorenfabrik werden alle eingehenden Waren über eine Rollenbahn dem Hauptlager zugeführt. Auf der

Rollenbahn werden die Kisten geöffnet und mit den nötigen Eingangspapieren versehen. Ein dem Auftrag beigefügter Schein, der als Durchschlag des Auftrages nur mit entsprechendem Aufdruck versehen ist, enthält außer Angabe der Stückzahl und Bezeichnung der bestellten Ware auch die Lagerungstelle, d. h. Gang-, Regal- und Fachnummer.

Die ausgepackte Ware wird nun mit den zugehörigen Papieren, Tüten usw. den Revisionstellen übermittelt, die sich rechts und links eines laufenden Bandes befinden. Die Revisionsbeamten brauchen sich nicht von ihren Arbeitsplätzen zu entfernen (Bild 4).

Bild 5. Lager-Transportband.

An der Revisionstelle wird die Ware auf Stückzahl, Gewicht und Lehrenhaltigkeit geprüft. Sobald die Revision eines Kastens nahezu beendet ist, gibt die betreffende Revisionstelle ein Lichtzeichen. Der Arbeiter, der das Auspacken und die Belieferung der Revisionstellen besorgt, gibt neue Ware auf das laufende Band und meldet gleichzeitig durch Niederdrücken eines Druckknopfes der betreffenden Kontrollstelle das Ankommen der für sie bestimmten Ware. Die ankommende Kiste wird vom Band heruntergenommen, die kontrollierte Kiste dem Band zugeführt und rollt automatisch der Lagerstelle zu. An der betreffenden Ausgabestelle leuchtet eine Lampe auf, wodurch der Arbeiter Mitteilung erhält, daß er die kontrollierte Ware von dem fließenden Bande zu entnehmen und seinem Lagerbestande einzureihen hat.

Waren-Ausgabe.

Die Material-Aufstellungen, die beliefert werden sollen, gehen der Reihe nach den verschiedenen Ausgabestellen zu. Der Ausgeber versieht die Teile mit der Meisterschafts-Nummer, die aus der Stückliste ersichtlich ist, und gibt sie auf das laufende Band (Bild 5). Der Ausgeber hat also seine Arbeitstätte nicht zu verlassen, so daß auf diese Weise Arbeit und Zeit gespart werden; ein Verpacken der Gegenstände ist ebenfalls unnötig.

Am Ende der 75 m langen Bahn entnimmt ein Arbeiter die Teile dem Bande und führt sie der der Aufschrift entsprechenden Lager - Sammelstelle zu (Bild 6).

Bild 6. Lager-Sammelstelle.

Von hier aus besorgt die Elektrokarren-Rundfahrt das Material zu den in der Werkstatt befindlichen Meister - Sammelstellen (Bild 7). Die Rundfahrt wird nach einem bestimmten Fahrplan durchgeführt. Sobald ein Wagen jedoch für eine Meister-Sammelstelle voll beladen ist, fährt er auf dem nächsten Wege zu dieser Stelle, ladet seine Ware ab und nimmt von dort die Rundfahrt, d. h. von Stelle zu Stelle, auf. Die Wagen werden auf diese Weise weitestgehend ausgenutzt, und es wird somit ermöglicht, mit einer sehr geringen Anzahl von Wagen die gesamte Zu- und Abfuhr zu bewerkstelligen.

Bild 7. Meister-Sammelstelle.

Einen ganz besonderen Vorteil für den Fahrverkehr bieten die pneumatischen Hallentoröffner, weil dadurch der Führer des Elektrokarrens ohne Aufenthalt durchfahren kann und keine Zeit durch Absteigen und Öffnen und Schließen des Tores verliert. Außerdem wird bei den größten Toren für Fuhrwerk und Eisenbahnverkehr das Heranholen der erforderlichen Arbeiter gespart (Bild 8). Für die Wintermonate ist nicht zu unterschätzen, daß durch das schnelle Öffnen und Schließen der Tore den Hallen nur wenig Wärme entzogen wird. Um dies zu erreichen, ist auf der Hofseite vor den betreffenden Toren eine Fußplatte in den Boden eingebaut. Sobald

Bild 8. Fabrikeingang und pneumatischer Hallentoröffner (rechts).

der Elektrokarren diese Platte berührt, wird der Kontakt „auf“ des Toröffners betätigt, so daß der Wagen ohne Aufenthalt in die Halle einfahren kann (Bild 9). In der Halle befindet sich ein besonderer Druckknopf „zu“. Die Lage dieses Knopfes richtet sich nach der Länge der Transportzüge, je nachdem, ob der Elektrokarren mit einem oder mehreren Anhängern fährt. Beim Vorbeifahren betätigt der Fahrer diesen Knopf und bringt hierdurch die Tür zum Schließen. Die pneumatischen Tore sind schon mehrere Jahre in Betrieb und haben sich bestens bewährt.

Isolatoren-Kitterei und -Prüfung.

Ganz besondere Sorgfalt wird in der Transformatorenfabrik dem Kitten der Isolatoren zugewendet.

Am besten hat sich als Kittmittel bisher Bleiglätte und Glyzerin bewährt. Jeder Arbeiter erhält die benötigte Menge Bleiglätte in einem verschlossenen Kasten angeliefert. Das Glyzerin befindet sich in einem luftdicht verschlossenen Behälter. Zum Entnehmen der Bleiglätte öffnet der Arbeiter den Blechkasten und läßt durch Betätigung eines Fußhebels das Glyzerin unter dauerndem Umrühren der Bleiglätte in der gewünschten Menge zufließen. Die angerührte Bleiglätte wird nun in Kittlehren verarbeitet. Diese Lehren ermöglichen eine genaue Kittung. Die fertig gekitteten Isolatoren werden dem in der Kitterei laufenden Transportband zugeführt, das sie der am Ende des Bandes befindlichen Kontroll-

Bild 9. Pneumatischer Hallentoröffner.

stelle zubringt; die Kappen und Fassungen werden dort gestrichen, die Isolatoren auf einen Prüfwagen gesetzt und laufen dem Prüffeld zwecks Isolationsprobe zu (Bild 10). Die leeren Wagen werden vom Prüffeld der Kontrollstelle wieder zurückgegeben. Nach erfolgter Isolationsprobe wird die Festigkeitsprobe vorgenommen und dann werden die Isolatoren in Kästen auf Hubgestellen gesammelt. Elektro-Hubkarren vermitteln den Transport zum Lager.

Bild 10. Isolatoren-Kitterei.

Bei der Fabrikation der Isolatoren ist dafür gesorgt, daß allen gewerblichen Bestimmungen über Verarbeitung von Bleiglätte Rechnung getragen wird. Das Füllen der Transportkästen und das Mischen der Bleiglätte erfolgt unter einer vorzüglichen Absaugevorrichtung. Außerdem ist der Belegschaft Gelegenheit gegeben, sich vor der Frühstückspause gründlich mit heißem Wasser zu reinigen.

An der anderen Seite des Prüffeldes schließt sich die Fließfabrikation der kittlosen Isolatoren an. Diese Isolatoren rollen nach erfolgter Montage dem gleichen Prüffeld über eine schräge Bahn zu. In ähnlicher Anordnung erfolgt in der gleichen Halle die Montage der genormten Trennschalter. Der Transport ist in der gesamten Fabrikation auf das äußerste beschränkt.

Bild 11. Normal-Ölschalterbau.

Normal-Ölschalterbau.

In der Transformatorenfabrik wird für alle Fabrikate das Material zu dem vorgeschriebenen Liefertermin im Hauptlager gesammelt und durch die Rundfahrt den einzelnen Werkstätten angeliefert.

Im Ölschalterbau dient zur Sammlung der Ölschalterteile der entsprechende Ölkasten. Der bearbeitete Deckel wird auf das Montagegestell aufgelegt. Die Montage erfolgt in vier Abschnitten. Jeder Abschnitt umfaßt jedesmal vier gleiche Operationen. Ist die erste Operation — Anbringen der Wellen und Kegelräder — erledigt, so wird das Gestell zum zweiten Abschnitt — Kitten der Isolatoren nach Lehren — weitergeschoben. Nach Erledigung dieser Operation werden die Teile zum nächsten Abschnitt — Anbringen der Kontakte, Montage der Traversen usw. weitergeleitet und hierauf zum letzten Abschnitt — Anbringen der Ölkasten-Senkvorrichtung und Anbringung des Kastens — weitergeführt. Nach Beendigung der letzten Arbeit erfolgt der Transport auf Hubgestell zum Prüffeld. Die ganze Anordnung ist aus Bild 11 ersichtlich. Durch diese Art des Zusammenbaus wird erzielt, daß die Fabrikation und die Besetzung mit Leichtigkeit dem Bedarf angepaßt werden kann. Die hintereinander angeordneten Operationen sind in einem gemeinsamen Akkord vereinigt. Bleibt eine Operation zurück, so hat die nachfolgende Gruppe Interesse, durch Hilfe die Fertigung zu beschleunigen. Jeder Arbeiter ist in der Lage, durch eingebaute Winden den Ölschalter zu heben, zu senken, zu drehen usw., ohne hierzu einen anderen Arbeiter oder einen Kran zu Hilfe nehmen zu müssen und somit wird jede Wartezeit vermieden. Entsprechend dem Beschäftigungsgrad und den verschiedenen Ölschaltertypen wiederholt sich die vorstehend

Bild 12. Herstellung von Magneten usw.

Bild 13. Elektrische Glühöfen.

erwähnte Anordnung. Bei jedem Arbeits-Abschnitt ist die entsprechende Kontrolle eingeschaltet.

Bild 14. Kern- und Schenkelpresse für 1200 t.

Herstellung von Magneten, Motorantrieben usw.

Das Gußgehäuse wird durch Schwenkkran in der Außenbahn an dem Montagegestell (Bild 12) befestigt. Hierauf wird das Montagegestell durch ein Drehkreuz nach innen geschwenkt und der ersten Operation — Einbau des Magneten — zugeführt. Nach Fertigstellung dieser Arbeit wird das Montagegestell zur zweiten Operation weitergefahren usw. Die Arbeiten an den Einzelteilen zu den Montage-Operationen werden außerhalb der Laufbahn gegenüber der jeweiligen Montagestelle ausgeführt. Die erforderlichen Werkzeuge und Einrichtungen liegen an jeder Stelle handgerecht. Zur Montage der Leitungen sind entsprechende Biegeformen bereitgestellt. Nach Fertigstellung des vollständigen Apparates erfolgt in der gleichen Bahn die Isolationsprüfung, die Einstellung der Auslösemechanismen und die Unterlast-Prüfung. Zu diesem Zwecke ist die Laufbahn ausfahrbar eingerichtet. Nach erfolgter Probe wandert der fertige Apparat wieder dem Drehkreuz zu. Dieses wird nach außen geschwenkt und der Magnet dem Spritzlackierer zugeführt. Nach dieser letzten Arbeit ist der Apparat versandbereit und gelangt durch die Rundfahrt zum Versandlager.

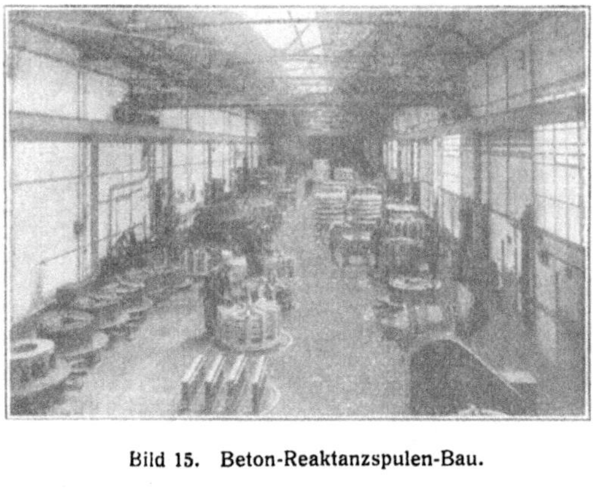

Bild 15. Beton-Reaktanzspulen-Bau.

Das Montagegestell kann in jeder Weise geschwenkt werden, so daß den Monteuren alle Teile leicht zugänglich sind. Die Laufbahn für die Montagegestelle ist durchaus gesichert, so daß bei der Betätigung des Drehkreuzes bzw. beim Öffnen der Laufbahn ein Herausfahren der einzelnen Montagegestelle nicht möglich ist und somit Unglücksfälle vermieden werden.

Bild 16. Bohrerei und Fräserei.

Montage von Schaltkästen.

Die Montage von Schaltkästen geschieht in ähnlicher Art wie die der Motorantriebe und Magnete. Es sind hier, da eine größere Anzahl von Operationen notwendig sind, zwei oder mehrere Laufbahnen nebeneinander gestellt. Durch Betätigung des Drehkreuzes wird das Arbeitstück in die zweite Laufbahn befördert und dort werden weitere Arbeiten ausgeführt. Die Materialzufuhr zu den einzelnen Vor-Operationen erfolgt mittels eines Transportbandes. Die Materialkästen werden auf die entsprechenden Felder des Transportbandes gesetzt und laufen den einzelnen Arbeitern zwecks Erledigung der Teil-Operation zu. Auch hier befindet sich die Herstellung der Einzelteile gegenüber der Montagestelle, an der die Einzelteile einzubauen sind.

Bild 17. Großölschalter-Montage.

Transformatorenbau (Stanzerei).

Ganz besondere Sorgfalt ist bei der Herstellung der Transformatorenbleche aufzuwenden. Die Transformatorenbleche werden auf einer Spezialpresse gelocht und gleichzeitig auf Länge geschnitten.

Nach dem Stanzen wird der beim Stanzen und Lochen unvermeidliche Grat auf Spezialschleifmaschinen restlos beseitigt.

Da durch das Glühen der Bleche nach dem Schneiden und Stanzen eine wesentlich bessere Verlustziffer für die Bleche erreicht wird, so werden die Transformatorenbleche in einem elektrisch beheizten Glühofen, dessen Temperatur selbsttätig geregelt wird, nach besonderen Vorschriften geglüht. Nach dem Glühen und Erkalten der Bleche erfolgt das Emaillieren der Transformatorenbleche mit einem besonderen, ölbeständigen Lack. Der ebenfalls elektrisch beheizte Emaillier- und der Glühofen (Bild 13) wurden von der AEG gebaut. Auch im Emaillierofen ist ein Temperaturregler vorgesehen, der genaue, gleichmäßige Temperaturen gewährleistet. Am Ende des Ofens ist eine Kühlvorrichtung angebracht, um einen sofortigen Weitertransport der lackierten Bleche zu ermöglichen. Das Lackieren der Bleche hat gegenüber dem Bekleben den Vorteil, daß der Füllfaktor des Eisenkernes günstiger ist, und daß das Einschichten der Jochbleche erleichtert wird.

Bild 18. Bau von Transformatoren bis 500 kVA.

Kernbau.

Beim Schichten der Transformatorenschenkel und -Joche wird besondere Sorgfalt angewendet, da ein nachträgliches Hobeln der Stoßfläche unbedingt vermieden werden soll. Durch das Hobeln werden die Bleche, die man vorher durch Lackieren oder Bekleben sorgfältig gegeneinander isoliert hat, wieder verbunden, wodurch der Bildung von Eisenschluß Vorschub geleistet wird. Das Schichten der Joche erfolgt gegen große Magnete, wodurch eine absolut saubere Sitzfläche erzielt wird.

Nachdem das notwendige Gewicht in den einzelnen Paketen erreicht ist, gelangen die Joche bzw. Schenkel unter eine Spezialpresse (Bild 14), in der die Schenkel bzw. Joche auf das vorgeschriebene Maß heruntergepreßt werden. Diese Presse ist so eingerichtet, daß gleichzeitig drei Joche bzw. Schenkel gepreßt werden können, bzw. durch Verbinden der Stahlgußarme, die sich an den Spindeln der sechs Kolben befinden, Kerne größter Abmessungen zusammengepreßt werden können.

Nach dem Pressen werden die sorgfältig isolierten Joch- bzw. Schenkelbolzen eingezogen und gesichert. Hierauf erfolgt die Isolationsprobe der einzelnen Bolzen gegen Preßplatten und aktives Eisen.

Beton-Reaktanzspulen-Bau.

Einen besonderen Fabrikationszweig bildet die Herstellung der Beton-Reaktanzspulen (Bild 15). Diese Spulen enthalten keine brennbaren Substanzen und sind gegen Kurzschlußkräfte völlig sicher aufgebaut.

Um die Spulen elektrisch sicher zu gestalten, ist eine besondere Behandlung des Betons erforderlich. Obwohl schon tausende von Spulen geliefert worden sind, ist bisher nicht ein einziger Schaden infolge Kurzschlusses an diesen Spulen entstanden.

Bild 19. Bau von Transformatoren bis 500 kVA.

Bohren, Fräsen, Drehen.

Die Bohrerei, Fräserei und Dreherei ist so eingerichtet, daß alle Doppeltransporte verhindert sind. Übersichtlich ist das zu verarbeitende Material vor den einzelnen Bänken aufgestellt; es wird auf dem kürzesten Wege zur folgenden Operation weitergeleitet und gelangt schließlich zu der Kontrolle. Der Transport der Gegenstände erfolgt auch hier stets nur in einer Richtung (Bild 16).

Alle Maschinen haben Einzelantrieb, so daß die Übersicht über die Werkstatt denkbar günstig ist.

Großölschalter-Bau.

Der Großölschalter-Bau ist in einer Halle von 33 m Breite und 22 m Höhe untergebracht. Die Halle enthält zwei Krane von je 100 t Tragkraft, die zum Transport von Lasten bis zu 200 t vereinigt werden können.

In besonderen Montagegestellen erfolgt hier der Zusammenbau der Ölschalter bis 220 kV. Durch diese Montagegestelle sind alle Teile der riesigen Ölschalter leicht zugänglich gemacht (Bild 17).

Montage der Transformatoren.

In der gleichen Halle ist auch die Montage für Groß-Transformatoren untergebracht.

Presse und Evakuieröfen größter Abmessungen ermöglichen die sachgemäße Herstellung dieser Transformatoren.

Die Montage der Transformatoren bis zu 500 kVA erfolgt in Fließfabrikation.

Zunächst werden die Kerne auf einer schwenkbaren Vorrichtung geschichtet und verschraubt. Von hier gelangen sie auf kleine fahrbare Wagen und werden dort mit Spulen versehen.

Bild 20. Fertigmachen und Verpacken von Transformatoren.

Hierauf wird der Kern mit Wicklung in Tunnel-Vakuum-Öfen erwärmt und getrocknet (Bild 18).

Dann erfolgt das Pressen der Spulen, Einschichten der Jochbleche und Verschrauben der oberen Preßkonstruktion.

Als nächste Operation wird der an anderer Stelle vorgerichtete Deckel mit Isolatoren aufgelegt und der Transformator geschaltet. Sodann gelangt er zur Vorprobe.

Als nächste Operation wird der Transformator in den Kasten eingesetzt, mit Öl gefüllt und hierauf in den Tunnel-Ofen zwecks Evakuierung gefahren (Bild 19). Danach wird der Transformator einer Hauptprobe unterzogen und gelangt schließlich auf eine Rollenbahn (Bild 20), auf der er auf Öldichtigkeit unter Druck probiert, lackiert und zuletzt fertig verpackt wird.

Isolation und Wicklungsaufbau der Groß-Transformatoren.

Von A. Hundt.

1. Entwicklung der Groß-Transformatoren.

Mit der Vergrößerung der Elektrizitätswerke stieg auch der Bedarf an Groß-Transformatoren, deren Leistungen und Spannungen von Jahr zu Jahr zunahmen.

Während etwa im Jahre 1910 Transformatoren von 5000 kVA und 50 kV als Höchstleistung galten, wurde durch den großen Transformatoren-Auftrag, den die AEG für die Zentrale Randmines (Südafrika) im Jahre 1911 erhielt, ein wesentlicher Fortschritt gemacht.

Für diese Anlage wurden Transformatoren von 7000 und 12 500 kVA mit einer Oberspannung von 85 kV geliefert. Fast zu gleicher Zeit wurden auch die 100 kV-Transformatoren für die Kraftübertragung Lauchhammer mit Leistungen von 6000 und 7000 kVA gebaut. Während des Krieges wurde die Leistung bei den für die Kraftwerke Golpa und Hirschfelde gelieferten Transformatoren auf 25 000 kVA bei 110 kV Oberspannung gesteigert. Im Anschluß hieran wurden dann 60 000 kVA-Transformatoren für das RWE gebaut. Diese erhielten zunächst Aluminium-Wicklungen, die später unter gleichzeitiger Steigerung der Leistung auf 75 000 kVA durch Kupfer-Wicklung ersetzt wurden. In dieser Form stellen sie heute noch eine Spitzenleistung des Transformatorenbaues dar. Durch den Bau des Walchenseewerkes und des Bayernwerkes trat dadurch, daß hier schärfere Prüfbedingungen zu erfüllen waren, eine weitere Entwicklung des Transformatorenbaues ein.

Die AEG baute für das Walchenseewerk vier Transformatoren von je 20000 kVA und 115 kV Oberspannung und für das Bayernwerk fünf Transformatoren von je 16 000 kVA und 110 kV Oberspannung.

Die meisten dieser Transformatoren hatten noch so große Abmessungen, daß sie auch auf dem vorhandenen Spezial-Tiefgangwagen nicht mehr im betriebsfähig montierten Zustand befördert werden konnten.

Der große Vorteil, die Groß-Transformatoren betriebsfertig zu ihrem Bestimmungsort zu befördern, wurde jedoch immer mehr erkannt, so daß ihre Größe durch diese Bedingung bestimmt wurde.

Es ist das Verdienst der AEG, zuerst die Wege gewiesen zu haben, möglichst große Leistungen in bahntransportfähigen Bauarten zu verwirklichen. Die Aufgabe wurde dadurch gelöst, daß der Kessel des Transformators selbst den mittleren Teil eines Eisenbahnwagens bildete.

Gleichzeitig wurde der sogenannte Fünfschenkel-Transformator eingeführt, der infolge des geringen Joch-Querschnittes eine geringere Bauhöhe zuläßt.

Die ersten nach diesem Gedanken ausgeführten Transformatoren wurden 1922/23 für das RWE hergestellt. Zunächst betrug die Höchstleistung 30 000 kVA bei 110 kV Oberspannung; von dieser Ausführung wurde eine größere Anzahl geliefert.

Durch eine neue Isolations-Anordnung (s. Abschnitt 5), die seitens der AEG 1925 eingeführt wurde, konnte die Leistung der Transformatoren bei gleichen Abmessungen wesentlich erhöht werden, so daß es möglich war, 60 000 kVA-Transformatoren für 220 kV bahntransportfähig zu machen.

Als obere Grenze für den Bahntransport dürfte zurzeit die Leistung 100 MVA bei einer Übersetzung von 220/110 kV gelten; ein derartiger Transformator ist zurzeit für das RWE in Arbeit.

2. Scheiben- und konzentrische Wicklungen bei Kern- und Manteltransformatoren.

Bei dem Entwurf eines Groß-Transformators taucht die Frage auf, ob Scheiben- oder Zylinderwicklung zweckmäßiger ist.

Bei der Erstentwicklung der Transformatoren hat man sich für die Scheibenwicklung entschieden und erst später drang die konzentrische Wicklung allgemein durch. Auch die AEG führte zunächst Transformatoren nur mit Scheibenwicklung aus, so z. B. die Transformatoren für Randmines. Aber schon die Transformatoren für die Anlage Lauchhammer erhielten konzentrische Wicklungen.

Auch die Kern- und Manteltypen stehen einander gegenüber. Wenn auch von einzelnen Firmen heute noch Manteltypen mit Scheibenwicklungen für höchste Spannungen gebaut werden, so hat sich der Weg, den die AEG wählte, Groß-Transformatoren mit Zylinderwicklung zu bauen, als richtig erwiesen.

Bei Kerntypen mit runden Schenkeln und kreisförmigen Spulen bietet die konzentrische Wicklung, besonders bei hohen Spannungen, große technische, besonders aber auch wirtschaftliche Vorteile gegenüber der Scheibenwicklung, weil bei der letztgenannten die Isolation sehr schwierig und teuer ist.

Bei gleichen Isolations-Abständen haben Kern- und Manteltypen etwa den gleichen Verbrauch an aktivem Material. Für Oberspannungen bis zu 30 kV bietet der Manteltransformator keine konstruktiven Schwierigkeiten, es kommt jedoch für diesen nur Scheibenwicklung in Frage. Bei kleinen Unterspannungen und hohen Strömen, z. B. Ofen- und Lokomotiv-Transformatoren, bietet der Manteltyp besondere Vorteile, weil bei der Anwendung von Blechspulen sehr hohe Ströme beherrscht werden können.

Bild 1. Röhrenwicklung eines 22000 kVA-Transformators für 82,5/6 kV.

Bezüglich ihrer Kurzschlußfestigkeit sind Kern- und Manteltypen als gleichwertig zu betrachten. Bei richtiger Ausführung der Wicklungs-Anordnungen treten bei den konzentrischen Wicklungen der Kerntransformatoren zwischen den beiden Wicklungen fast keine axialen Kräfte auf, sondern nur Umfangskräfte, die durch die Festigkeit des Wicklungsdrahtes leicht aufgenommen werden.

Bei Manteltransformatoren mit Scheibenwicklung können die beim Kurzschluß auftretenden Kräfte durch den gut verspannten Eisenkörper leicht aufgenommen werden, während beim Kerntyp besondere Abstützkonstruktionen erforderlich sind (s. Abschnitt 8).

3. Röhren- und Scheibenspulen bei der konzentrischen Wicklung.

Die einfachste Wicklung ist die Röhrenwicklung, bei der jede Spule einen Zylinder von etwa 1 cm Wandstärke bildet. Die flachen

Leiter werden hochkant gewickelt, entweder einzeln in Form einer Schraubenlinie, oder mehrere Leiter parallel als mehrgängige Schraube. Diese Wicklung ist einfach herzustellen und hat einen geringen Raumbedarf. Man hat diese Wicklung auch für Groß-Transformatoren angewandt. Bild 1 stellt die Röhrenwicklung eines 22 000 kVA-Transformators für 6000 V dar. Diese Wicklung besteht axial aus vier Teilen, die parallel geschaltet werden. Es hat sich aber herausgestellt, daß die Abstützung der Röhrenwicklung mit Rücksicht auf ihre Kurzschlußfestigkeit wegen der schmalen Auflagefläche sehr schwierig ist.

Für höhere Spannungen werden hintereinander geschaltete Scheibenspulen mit Erfolg angewandt. Diese sind meist einlagige Spulen, bei denen die Leiter flach in radialer Richtung übereinandergewickelt werden. Zwischen den einzelnen Spulen sind Kühlkanäle angeordnet.

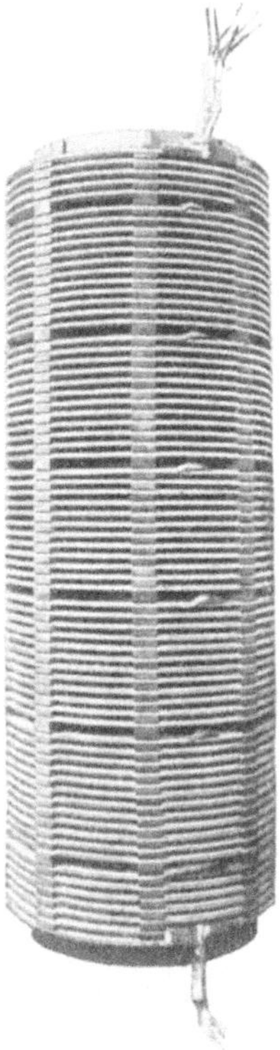

Bild 2. Versuchspule mit „Wendelwicklung“.

Bild 3. Spule mit Wendelwicklung für einen 35 000 kVA-Transformator.

Da sich dieser Scheibenspulen-Aufbau gut bewährt hat, so war es wünschenswert, auch für die niedrigeren Spannungen an Stelle der Röhrenwicklung den gleichen Aufbau anzuwenden. Diese Aufgabe hat die AEG durch Einführung der „Wendelwicklung“ gelöst. Diese besteht ebenfalls aus Scheibenspulen, deren radial übereinanderliegende Leiter parallel geschaltet werden. Zur Erzielung gleicher Stromverteilung werden diese Leiter in einfacher Weise verdrillt.

Bild 2 stellt die erste Versuchspule dieser Wicklungsart dar. Praktisch und mit gutem Erfolg wurde diese Wicklung zuerst bei den 44 000 kVA-Transformatoren für das Großkraftwerk Klingenberg angewandt.

Bild 3 stellt eine 9,5 kV-Wendelwicklung eines 35 000 kVA-Transformators dar, bei der eine andere Verdrillung angewendet wurde.

Da bei dieser Wicklung die parallelen Leiter eine durchlaufende Schraubenlinie bilden, so werden längs der Spule alle Lötstellen vermieden. Dieser Vorteil wird auch bei der Scheibenwicklung mit in Serie liegenden Leitern durch ein besonderes Wickelverfahren erzielt.

Die auf diese Weise hergestellte Wicklung wird als „gestürzte Wicklung" bezeichnet. Hierbei werden sämtliche Spulen radial von innen nach außen gewickelt und jede zweite Spule so gestürzt, daß die Windungen radial von außen nach innen verlaufen. Dieses Wicklungsverfahren ist der AEG durch Patente geschützt und hat sich so gut bewährt, daß es bei allen Groß-Transformatoren angewendet wird.

Bild 4 zeigt eine nach diesem Verfahren hergestellte 115 kV - Wicklung eines 37 500 kVA-Transformators mit Anzapfungen für 110 und 120 kV.

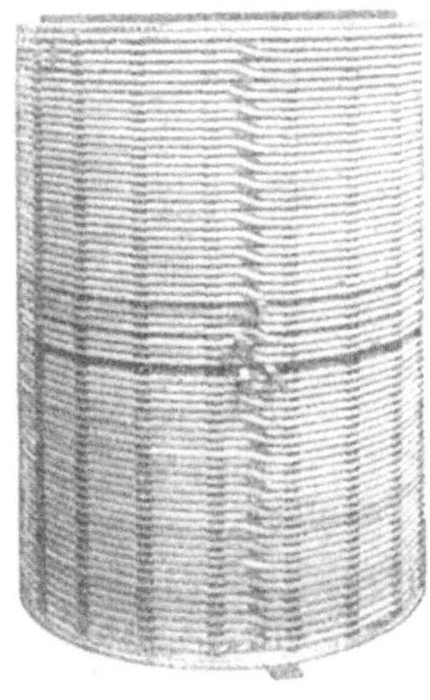

Bild 4. Spule mit „gestürzter Wicklung" für einen 37 500 kVA-Transformator.

4. Isolationsmaterial für die Wicklungen, Durchführungen und Ableitungen.

An die Isolation und Abstützung der Wicklung werden zwei wichtige Forderungen gestellt, die der elektrischen und der mechanischen Festigkeit, die sich bei den verschiedenen Temperaturen nur sehr wenig verändern dürfen.

Für die Drahtisolation verwendete man früher Baumwollumspinnung oder Bandwicklung; diese sind aber durch die Papier-Umwicklung mit großem Erfolg verdrängt worden. Den hohen Anforderungen, die heute an die Isolationsfestigkeit zwischen zwei benachbarten Windungen gestellt werden, konnte nur durch die Papier-Umwicklung entsprochen werden. Die neuzeitlichen Papierdrähte sind durch die große Anzahl von Papierlagen so hochwertig isoliert, daß bei verhältnismäßig geringer Isolationstärke zwischen benachbarten Windungen ohne Schaden kurzzeitig die volle Netzspannung auftreten kann. Die zwischen Oberspannung, Unterspannung und Eisenkern erforderliche Isolation und Abstützung wird entweder aus Holz und Preßspan bzw. Porzellan und Glimmer, oder aber aus Hartpapier ausgeführt. Das letztgenannte Material bietet in der Herstellung und im Betriebe so große Vorteile, daß es die AEG seit etwa 10 Jahren fast ausschließlich verwendet. Neben der hohen mechanischen Festigkeit bietet das Hartpapier zusammen mit dem Öl des Transformators ein ideales Isolationsmaterial.

Die Anwendung von Porzellan oder gleichwertigem keramischen Material beschränkt sich nur noch auf die Durchführungen der Transformatoren. Die Porzellankörper werden nur oberhalb des Transformatorendeckels angewendet, während unterhalb meist Hartpapier verwendet wird. Hierbei ragen die Hartpapierzylinder in den Hohlraum des keramischen Körpers hinein, wie aus Bild 14 ersichtlich ist. Der Raum zwischen den Hartpapierzylindern und dem Porzellan wird mit Öl ausgefüllt. Nur bei geringen Spannungen, etwa unter 40 kV werden durchgehende Porzellan-Isolatoren angewendet.

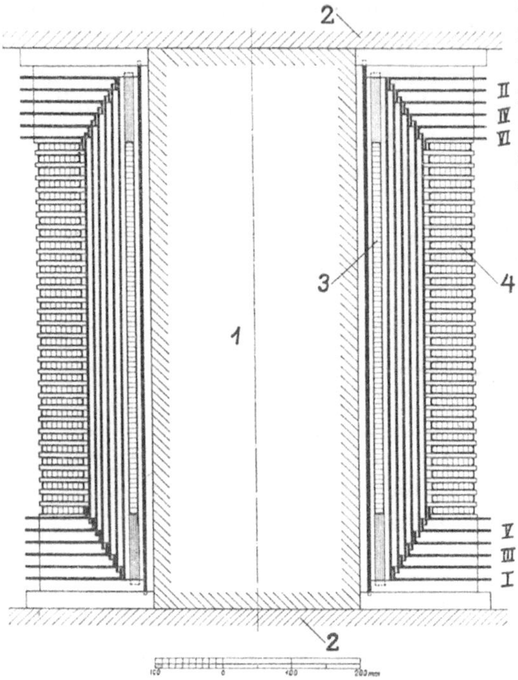

Bild 5. Versuchs-Wicklungsaufbau.

In besonderen Fällen werden die Durchführungen auch ganz aus Hartpapier hergestellt (Bild 16).

Auf die Isolation und Anordnung der Ableitungen, durch welche die Enden der Wicklungen mit den Durchführungen verbunden sind, muß besondere Sorgfalt verwendet werden. Es erfordert dies bei besonders hohen Spannungen die größte Aufmerksamkeit der Konstrukteure.

5. Isolationsanordnung der Wicklungen für hohe Spannungen.

Infolge der steigenden Betriebspannung der Hochspannungsnetze stieg auch der Bedarf an Transformatoren für 100 kV und höhere Spannungen immer mehr und damit zeigte sich auch das

Bestreben, die Gestehungskosten und den Materialaufwand für die Groß-Transformatoren immer mehr herabzusetzen.

Dies konnte nur erreicht werden, wenn es gelang, bei der gleichen Betriebsicherheit die Isolations-Abstände zwischen den Wicklungen untereinander und dem Eisenkörper wesentlich herabzusetzen, ohne hierbei die Oberflächenwege zu verkleinern.

In der Transformatorenfabrik der AEG wurden deshalb schon 1924 umfassende Versuche in dieser Richtung vorgenommen. Zu diesem Zweck wurden mehrere Versuchskörper angefertigt und eingehenden Prüfungen unterzogen. Ein derartiger Versuchskörper ist in Bild 5 dargestellt; er besteht aus einem Schenkel *1* mit zwei Jochen *2* aus Eisenblech, der Unterspannungswicklung *3* und der Oberspannungswicklung *4*. Die Isolation der Oberspannungswicklung gegen die Unterspannungswicklung und den Eisenkern besteht aus sechs konzentrischen Hartpapierzylindern, deren axiale Länge mit steigendem Durchmesser abnimmt und die an beiden Enden in je sechs Hartpapierwinkel *I* bis *VI* eingreifen. Durch diese Anordnung wird die Oberspannungswicklung gegen Eisenkern und Unterspannungswicklung gut abgeschirmt, die elektrische Feldverteilung ist hierbei sehr günstig.

Mit diesem Versuchsaufbau wurden folgende Prüfungen unter Öl vorgenommen: Die Unterspannungswicklung *3*, die Schenkel *1* und die Joche *2* wurden mit dem Erdpol des Prüftransformators und die Oberspannungswicklung *4* mit seiner Spannungsklemme verbunden.

a) Aufbau mit sechs Isolationszylindern.

Prüfung	mit	250	kV	1	h	: ruhig,
„	„	275	„	5	min	: „
„	„	300	„	5	„	: „
„	„	325	„	5	„	: schwache Entladungen,
„	„	350	„	5	„	: starke Entladungen,
„	„	375	„	5	„	: noch stärkere Entladungen,
„	„	400	„	4	„	: Durchschlag.

b) Aufbau mit vier Isolationszylindern.

Der Versuchskörper wurde unter Fortlassung der entsprechenden Winkelscheiben *III* und *IV* und den sie verbindenden Hartpapierzylindern neu aufgebaut.

Prüfung	mit	200	kV	0,5	h	: ruhig,
„	„	250	„	5	min	: „
„	„	300	„	5	„	: schwache Entladungen,
„	„	330	„	5	„	: starke Entladungen,
„	„	360	„	3	„	: Durchschlag.

c) Aufbau mit zwei Isolationszylindern.

Nochmaliger Aufbau mit nur zwei Zylindern und entsprechenden Winkelscheiben *II* und *VI*.

Prüfung mit 200 kV 15 min: ruhig,
„ „ 225 „ 5 „ : schwache Entladungen,
„ „ 250 „ 5 „ : starke Entladungen,
„ „ 300 „ 2 „ : Durchschlag.

Aus diesen und ähnlichen Versuchen ergab sich, daß gegenüber der früheren Isolationsanordnung mit nur einem starken Isolationszylinder, durch die Anordnung von mehreren Isolationszylindern geringer Wandstärke, die in Winkelscheiben enden und mit freien Ölstrecken abwechseln, die Isolationsabstände des Transformators wesentlich verkleinert werden können. Da bei dieser Anordnung mit zunehmender Zahl der Zylinder bei gleichem Abstand der Wicklungen die Summe der Ölstrecken kleiner wird, so wächst die Durchschlagfestigkeit nur etwa mit der 4. Wurzel aus der Zahl der Zylinder.

Die beschriebene Isolationsanordnung wurde von der AEG mit großem Erfolge eingeführt.

Der Isolationsabstand A in mm zwischen Ober- und Unterspannungswicklung für Prüfspannungen über 150 kV berechnet sich nach der empirischen Formel:

$$A = \frac{Up - 40}{K},$$

worin Up = Prüfspannung in kV und K = eine Konstante, die von der Durchschlagfestigkeit des Werkstoffs abhängt. Der Abstand

Bild 6. Zehnachsiger Transportwagen mit Käfig für 30000 kVA- und 60000 kVA-Transformatoren 110 kV.

zwischen der Oberspannungswicklung und dem Joch des Isolators beträgt etwa 2 A.

Um zu zeigen, welche Ersparnis durch die beschriebene Isolationsanordnung erzielt wird, diene die nachstehende Gegenüberstellung eines im Jahre 1923 gebauten 30 000 kVA-Transformators und eines 1930 mit der beschriebenen Isolationsanordnung gebauten 60 000 kVA-Transformators, die beide für das RWE geliefert und für 110 kV isoliert wurden:

Leistung	kVA	30 000	60 000
Übersetzung		104/26 - 23,4 u. 5,85 kV	
Frequenz	Per/s	50	
Form des Eisenkörpers		5 Schenkel	3 Schenkel
Schenkeldurchmesser	mm	840	770
Schenkellänge	mm	2 200	1 550
Fensterbreite	mm	860	630
Eisensättigung	Gauß	13 000	13 500
Aktives Eisengewicht	t	39,4	31,5
„ Kupfergewicht	t	6,7	8,65
Leerlaufverluste	kW	115	140
Wicklungsverluste	kW	200	390
Gesamtverluste	kW	315	530
Kurzschlußspannung	vH	8	9
Wicklungsart		doppelt-konzentrisch	
Kühlungsart		Ölumlaufkühlung	
Transformatorgewicht ohne Öl	t	93	90
Gewicht der Ölfüllung	t	26	26

Die Abmessungen der Ölkästen sind für beide Transformatoren gleich. Wie aus Bild 6 ersichtlich, bildet der Transformatorkasten den mittleren Teil des zehnachsigen Transportwagens. Bild 7 zeigt den 60 000 kVA-Transformator ohne Ölkasten.

Zur Erzielung der verschiedenen Unterspannungen sind die innere und äußere Unterspannungswicklung in axialer Richtung dreifach unterteilt. Die vier oberen und unteren Teile sind für je 5,85 kV, die beiden mittleren parallel geschalteten Teile für 2,6 kV bemessen.

Für die drei Unterspannungen 26 sowie 24,7 und 23,4 kV ist je Phase je eine Durchführung angeordnet. Die Umschaltung auf 5,86 kV erfolgt unterhalb des Deckels. Zu diesem Zwecke sind, wie aus Bild 7 ersichtlich, drei verschließbare Öffnungen am oberen Rande des Deckels angeordnet. Bei dieser Umschaltung werden die drei Durchführungen je Phase wegen der hohen Stromstärke parallel geschaltet.

Bild 7. 60000 kVA-Transformator ohne Ölkasten für 110 kV.

6. Ausführungsbeispiele von Drehstrom-Transformatoren bis 115 kV, 50 Per/s.

Aus der großen Zahl der von der AEG gelieferten Transformatoren sollen einige besonders bemerkenswerte Ausführungen besprochen werden, deren Werte in folgender Übersicht gegenübergestellt sind:

Geliefert für		Randmines	Lauchhammer	Walchensee	Borken	Golpa-Zschornewitz
Leistung	kVA	12 000	7 000	20 000	12 500	50 000
Übersetzung	kV	88,2/5	100/65	115/6,6	115/5,5	115/2×6,4
Schenkel	∅ mm	600	500	800	570	770
Schenkellänge	mm	1 800	1 400	1 900	2 000	1 500
Fensterbreite	„	800	600	750	480	730
Eisensättigung	Gauß	14 000	15 000	12 000	14 500	13 000
Aktives Eisengewicht	t	22,8	12,5	34,3	14,9	34,7
Aktives Kupfergewicht	„	3,7	1,8	4,5	2,3	8,6
Leerlaufverluste	kW	76	53	95	52	125
Wicklungsverluste	„	84	57	145	128	300
Gesamtverluste	„	160	110	240	180	425
Schaltung		⅄/△	⅄/⅄	⅄/△	⅄/⅄	⅄/△
Kurzschlußspannung	vH	3,0	5,0	8,6	9,8	9,0
Kühlungsart		Ölumlaufkühlung				
Transformatorengewicht o. Öl	t	45,5	30,5	70	33	75
Gewicht der Ölfüllung	„	14,5	12,5	23,5	13,5	20
Gesamtgewicht	„	60	43	93,5	46,5	95

Drehstromtransformator 12 500 kVA, 88,2/5 kV für Randmines (Südafrika).

Der Transformator wurde mit Scheibenwicklung ausgeführt, die in Bild 8 dargestellt ist. Die Wicklung ist 16fach unterteilt und besteht ober- und unterspannungseitig aus je acht Doppelspulen, die hintereinander- bzw. parallel geschaltet sind. Die Spulen sind durch am Umfang verteilte Segmente aus Holz und Preßspan gegeneinander und gegen den Eisenkörper distanziert, derart, daß reichlich breite und viele Ölkanäle zwischen den Spulen entstehen. Die nächst den Spulen liegenden Segmente umgreifen diese U-förmig.

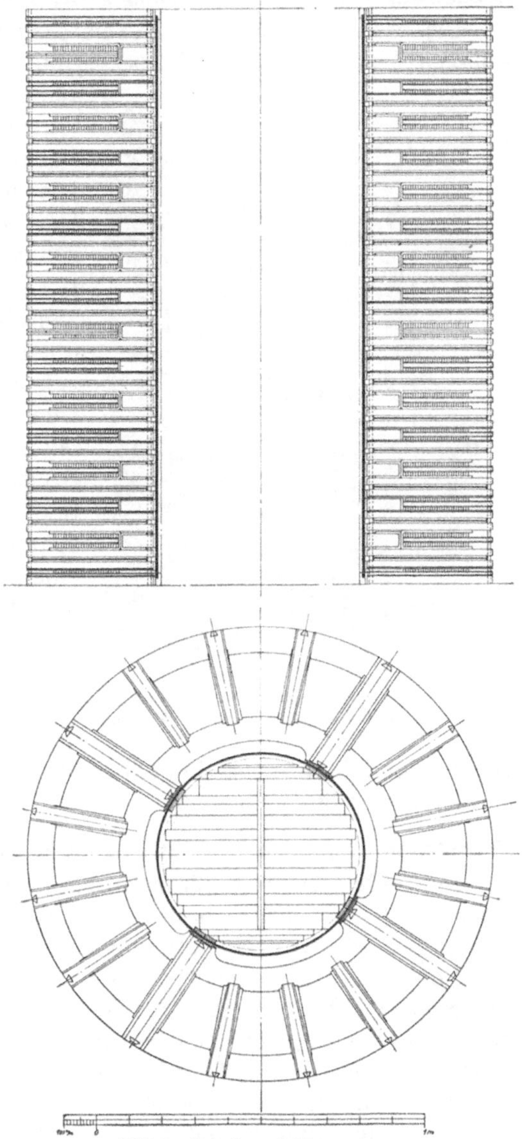

Bild 8. Scheibenwicklung eines 12000 kVA-Transformators, 88,2/5 kV.

Die Isolation zwischen Ober- und Unterspannung besteht aus einer Vereinigung von Mikanit- und Preßspanscheiben, die nach innen und außen reichlich vorstehen, um den erforderlichen Oberflächenweg zu gewährleisten. Als Isolation der Wicklung gegen den Schenkel dient außer dem reichlichen Abstand ein starker Preßspan-Zylinder. Da die Scheibenwicklung bei hohen Spannungen mit der ausgeführten Isolationsanordnung sehr viel Platz erfordert, ist das aktive Eisengewicht verhältnismäßig groß. Durch die schwere Gußeisen-Grundplatte, mit welcher der Ölkasten ausgerüstet ist, fiel das Gewicht des ganzen Transformators noch größer aus.

Drehstrom-Transformator 7000 kVA, 100/65 kV für Lauchhammer.

Die ersten 100 kV-Transformatoren hat die AEG 1912 für die Anlagen Lauchhammer geliefert. Bild 9 stellt den Transformator ohne Ölkasten dar. Bei diesem wurde zuerst statt der Scheibenwicklung die doppelt-konzentrische Wicklung angewendet. Die inneren und äußeren Unterspannungspulen wurden als Röhrenwicklungen ausgeführt. Die zwischen beiden liegende Oberspannungswicklung erhielt Einzelspulen, die durch Ölkanäle getrennt sind. Die am Umfang verteilten Distanzstücke wurden aus Preßspan hergestellt. Die Isolation zwischen Ober- und Unterspannungswicklung bestand aus einem starken Isolationszylinder aus Preßspan und Mikanit, gegen die Joche wurde die Wicklung durch Porzellan - Stützisolation distanziert. Bild 10 zeigt einen Schnitt durch den Spulenaufbau. Die Transformatoren haben sich im 18jährigen Betriebe sehr gut bewährt.

Bild 9. 7000 kVA-Transformator 100/65 kV mit doppelt-konzentrischer Wicklung ohne Ölkasten.

Drehstrom-Transformator 20 000 kVA, 115/6,6 kV für Walchensee.

Die 1922 gebauten Transformatoren sind besonders reichlich bemessen. Die Eisensättigung beträgt nur 12 000 Gauß. Die Isolationsabstände wurden besonders groß gewählt und auf die Drahtisolation wurde besondere Sorgfalt verwendet. Die Unterspannungswicklung besteht aus Röhrenspulen, von denen die innere mit Holzleisten gegen den Schenkel abgestützt ist, während die äußere unmittelbar auf einen Hartpapierzylinder gewickelt wurde, der gleichzeitig als Isolationszylinder gegen die Oberspannungswicklung dient. An den Enden sind diese Röhrenspulen durch starke Hartpapierzylinder gesichert. Die Oberspannungswicklung besteht aus scheibenförmigen Drosselspulen, zwischen denen reichliche Kühlkanäle vorhanden sind. Diese Wicklung stützt sich gegen den inneren Isolationsylinder. Der gesamte Spulenaufbau besteht aus Hartpapier. Bild 11 zeigt den Transformatorenaufbau ohne die äußere Unterspannungswicklung.

Transformator 12 500 kVA, 115/5,5 kV für Borken.

Der in Bild 12 dargestellte Transformator wurde als erster mit dem in Abschnitt 5 beschriebenen Isolationsaufbau ausgeführt.

Die Wicklung ist einfach-konzentrisch aufgebaut. Die Unterspannungswicklung ist als Röhrenwicklung ausgeführt und besteht für jede Phase aus zwei konzentrischen Röhrenspulen, die auf Hartpapierzylinder gewickelt sind. Die Oberspannungswicklung besteht aus scheibenförmigen Doppelspulen mit Kühlkanälen. In der Mitte der Wicklung sind Anzapfungen für 110 und 104,5 kV angeordnet, die von außen mit drei Umschaltvorrichtungen geschaltet werden.

Der neue Isolationsaufbau hat sich bei diesem Transformator während einer fünfjährigen Betriebzeit bewährt.

Transformator 50 000 kVA, 115/2×6,4 kV für Golpa-Zschornewitz.

Bemerkenswert ist an diesem Transformator die Ausführung für zwei Oberspannungen, d. h. 115 und 90 kV, die wahlweise mit einer von außerhalb des Ölkastens durch Kegelradantrieb be-

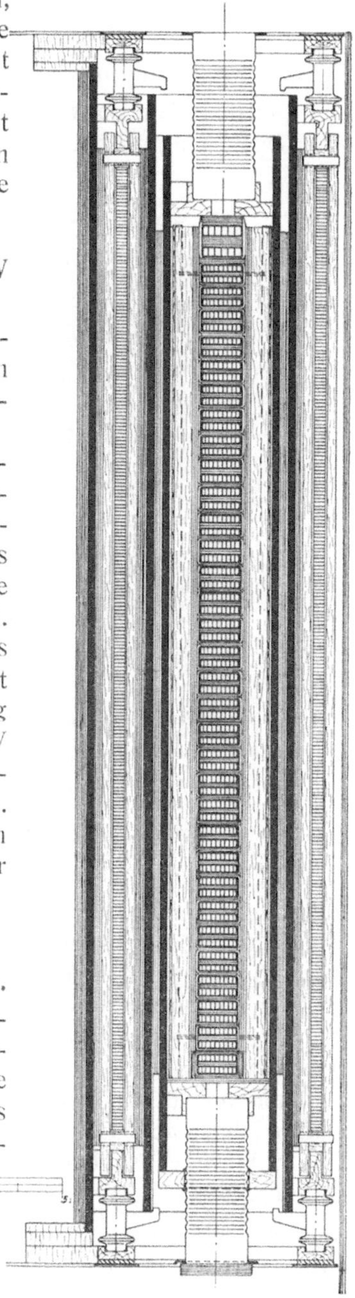

Bild 10. Schnitt durch die doppelt-konzentrische Wicklung eines 7000 kVA-Transformators 100/65 kV.

tätigten, am Nullpunkt angeordneten Umschaltvorrichtung eingestellt werden können (Bild 13). Die Oberspannungswicklung besteht aus einer Hauptwicklung für 90 kV, die als gestürzte Wicklung ausgeführt ist, und einer Schaltspule für 25 kV, die als Röhrenspule ausgeführt und gleiche axiale Länge wie die Hauptwicklung hat. Auf diese Weise wird jede Unsymmetrie vermieden. Die zur Oberspannungswicklung

Bild 11. Aufbau eines 20000 kVA-Transformators 115/6,6 kV.

doppelt-konzentrisch angeordnete Unterspannungswicklung ist als Wendelwicklung ausgeführt und wegen der erforderlichen Umschaltung von 6,4 auf 12,8 kV in der Schenkelmitte unterteilt. Außerdem sind an den Außenspulen Anzapfungen für 6,2 und 6,6 kV bzw. 12,4 und 13,2 kV angebracht. Die Parallel- und Serienschaltung sowie die Umschaltung der Anzapfungen der Unterspannungswicklung erfolgen auf dem Deckel des Transformators; zu diesem Zwecke sind je Phase acht Durchführungen angeordnet. Die Oberspannungs-Durchführungen sind als Kondensatorklemmen ausgeführt.

Hervorzuheben ist noch, daß dieser dreischenklige Transformator ölgefüllt mit einem Tiefgangwagen nach dem Bestimmungsort befördert werden konnte.

Transformatoren 40 000 und 60 000 kVA, 220 kV, für RWE.

Für das Speicherkraftwerk Herdecke des RWE wurden vier 40 000 kVA-Transformatoren geliefert, die bei einer Primärspannung von 10,7 kV sowohl auf das 100 kV-Netz, als auch auf das 220 kV-Netz arbeiten sollen. Bild 14 stellt einen Transformator in zwei Ansichten dar.

Der Eisenkörper ist fünfschenklig ausgeführt und hat einen aktiven Eisenquerschnitt von 4000 cm^2 und ein aktives Gewicht von 50 t.

Die Wicklung ist einfach-konzentrisch, wobei noch eine Kurzschlußspannung von 11,5 vH erreicht wurde. Das aktive Kupfer-

Bild 12. 12 500 kVA-Transformator 115/5,5 kV mit einfach-konzentrischer Wicklung ohne Ölkasten.

gewicht beträgt 5,3 t. Spulenaufbau und die Isolationsanordnung fallen bei der einfach-konzentrischen Wicklung verhältnismäßig einfach aus, wie aus Bild 14 zu ersehen ist.

Da die Oberspannungswicklung bei 220 kV in Stern und bei 110 kV in Dreieck geschaltet wird, sind sechs 220 kV-Durchführungen vorhanden. Um das bei Dreieckschaltung sich ergebende Übersetzungsverhältnis 10,7/127 kV auf 10,7/110 kV zu bringen, wird die Windungszahl der Unterspannungswicklung entsprechend geändert. Zu diesem Zwecke ist diese Wicklung in eine Hauptspule und eine Schaltspule unterteilt; die erstgenannte ist als doppelte Wendelwicklung ausgeführt, die letztgenannte besteht aus zwei nach Art einer doppelgängigen Schraube ineinandergewickelten Spulen, die bei 220 kV parallel und bei 110 kV in Serie geschaltet werden; hierdurch wird erreicht, daß immer alle Wicklungsteile eingeschaltet sind. Die Unterspannungswicklung ist dauernd in Dreieck geschaltet. Die Oberspannungswicklung besteht aus Scheibenspulen, die durchlaufend als gestürzte Wicklung ausgeführt sind. An den beiden Enden der Oberspannungswicklung sind Strahlungsringe eingebaut, die auch die Verbindung zwischen der Wicklung mit den Durchführungen herstellen.

Bild 13. 50000 kVA-Transformator 115/2×6,4 kV ohne Ölkasten.

Der Ölkasten des Transformators bildet gleichzeitig den mittleren Teil des 18achsigen Transportwagens und besteht aus einer käfigartigen Eisenkonstruktion aus hochwertigem Stahl, mit der die Seitenwände und der Boden des Kastens verschweißt sind. Die Träger des Käfigs dienen auch als Kastenversteifung, so daß der Kasten, dessen Deckel entsprechend versteift ist, volles Vakuum aushält. Das Gewicht des vollständigen Transformators beträgt ohne Ölfüllung 120 t und mit Ölfüllung 156 t.

Von den für das RWE gelieferten vier 60 000 kVA-Transformatoren für 220 kV sind zwei für 2×55 kV Unterspannung als Netztransformatoren und zwei für 2×6,3 kV Unterspannung als Primär-Transformatoren ausgeführt.

Bild 15 stellt den 60 000 kVA-Transformator in drei Ansichten dar, dessen Übersetzung 220/2×55 kV bei Stern/Sternschaltung beträgt, mit einer Tertiär-Wicklung von 18 000 kVA für eine Spannung für 10 kV.

Das aktive Gewicht des fünfschenkligen Eisenkörpers beträgt 52 t bei 4000 cm² aktivem Querschnitt.

Die Wicklung ist mit Rücksicht auf die verhältnismäßig niedrige

Kurzschlußspannung von 12,5 vH doppelt konzentrisch angeordnet. Das aktive Kupfergewicht beträgt 10,2 t. Bei dieser Wicklungsanordnung sind zu beiden Seiten der Oberspannungswicklung Isolationszylinder angeordnet, die an ihren Enden die früher beschriebenen Winkelscheiben tragen. Die inneren und äußeren Winkelscheiben greifen mit entsprechenden Abständen kammartig ineinander, so daß, ohne den Ölumlauf zu beeinträchtigen, ein größerer Oberflächenweg entsteht und eine besonders günstige Abschirmung der

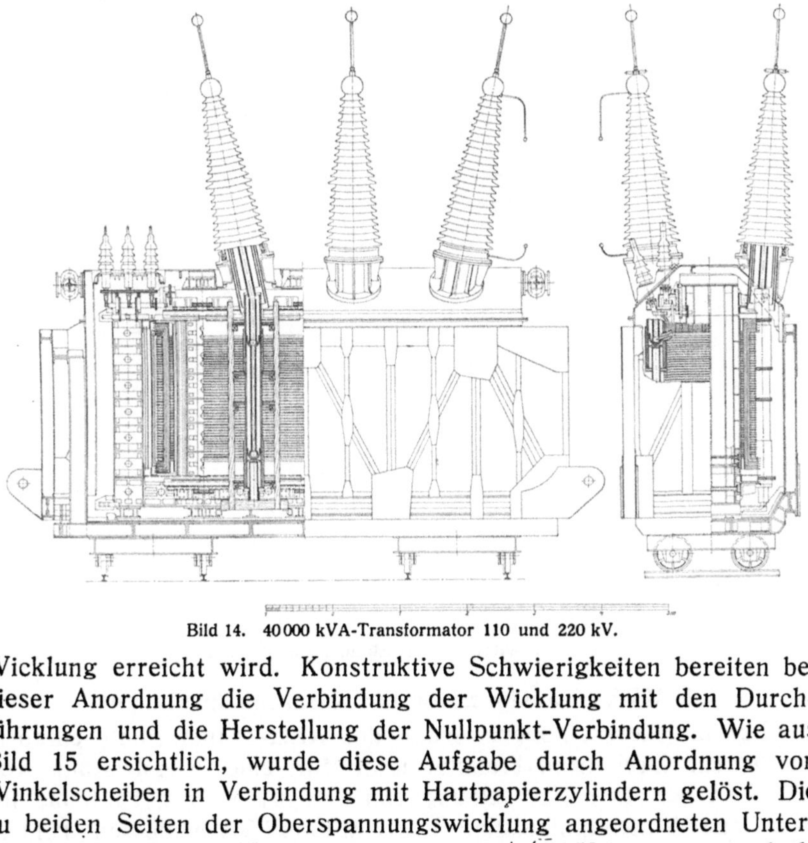

Bild 14. 40000 kVA-Transformator 110 und 220 kV.

Wicklung erreicht wird. Konstruktive Schwierigkeiten bereiten bei dieser Anordnung die Verbindung der Wicklung mit den Durchführungen und die Herstellung der Nullpunkt-Verbindung. Wie aus Bild 15 ersichtlich, wurde diese Aufgabe durch Anordnung von Winkelscheiben in Verbindung mit Hartpapierzylindern gelöst. Die zu beiden Seiten der Oberspannungswicklung angeordneten Unterspannungswicklungs-Hälften sind für je $55/\sqrt{3}$ kV bemessen und als gestürzte Wicklung ausgeführt. Sie werden für 55 kV parallel und für 110 kV hintereinander geschaltet. Die in Dreieck geschaltete Tertiär-Wicklung ist als Wendelwicklung ausgeführt und zwischen Schenkel und Unterspannungspule angeordnet. Die Oberspannungswicklung ist ebenso wie bei den 40 000 kVA-Transformatoren aufgebaut. Auch die Kastenbauart ist ähnlich; der Versand erfolgte mit dem gleichen 18achsigen Wagen. Das Gewicht des vollständigen Transformators beträgt ohne Ölfüllung 140 t und mit Ölfüllung 186 t.

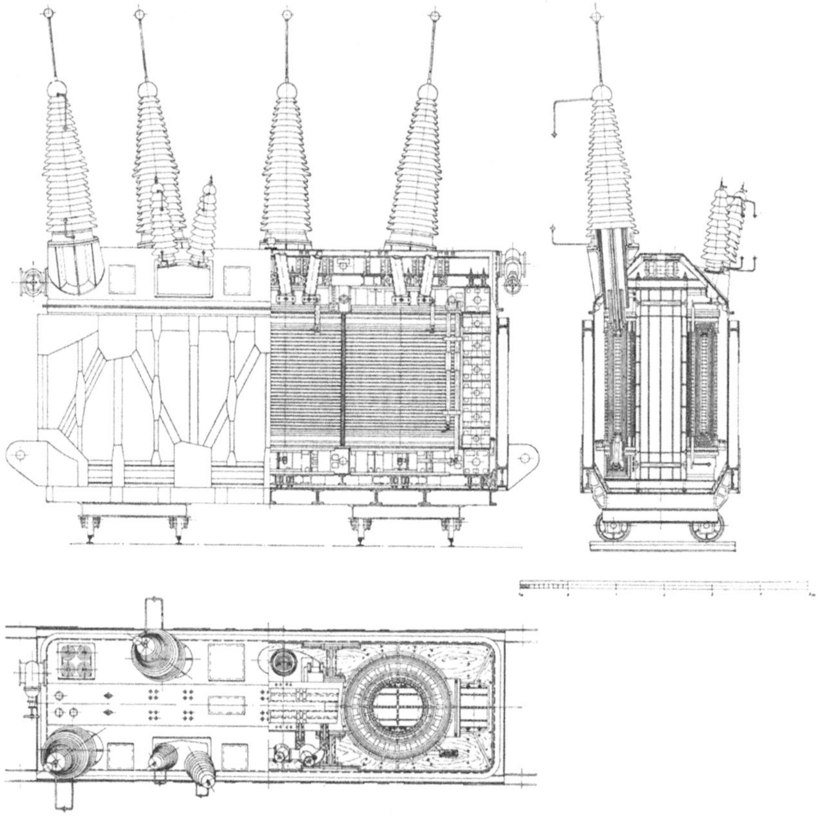

Bild 15. 60000 kVA-Transformator 220/110 kV.

100 MVA-Transformator für Kurzschlußprüfungen.

Für die Kurzschlußprüfanlage der AEG-Transformatorenfabrik wurde ein Drehstrom-Transformator für eine Nennleistung von 100 MVA bei einer Übersetzung von $2 \times 6{,}3/124$ kV gebaut und für eine Dauer-Kurzschlußleistung von 1 Million kVA bemessen. Bild 16 stellt den Transformator in drei Ansichten dar. Der Eisenkörper (Bild 17) wurde, um an Bauhöhe zu sparen, fünfschenklig ausgeführt. Das aktive Eisengewicht beträgt 48,6 t. Mit Rücksicht auf die große Umschaltbarkeit der Oberspannungswicklung und die niedrige Kurzschlußspannung von 3 vH bei 100 MVA, wurde der Transformator mit einer 16fach unterteilten Scheibenwicklung ausgeführt. Es sind je Phase je 16 Ober- und Unterspannungspulen vorhanden, die zu je 8 Doppelspulen geschaltet sind. Die Unterspannungswicklung jedes Schenkels bilden zwei Gruppen von je vier parallel geschalteten Doppelspulen, die getrennt an vier Durchführungen je Phase geführt sind und von außen parallel und in Serie geschaltet werden können, um die beiden Primärspannungen 6,3 bzw. 12,6 kV zu schalten. Die Oberspannungswicklung ist in acht gleiche Teile von je 9 kV unterteilt, so daß bei Dreieckschaltung, bei entsprechender Parallel- bzw. Serienschaltung, die Spannungen 9, 18, 36 und

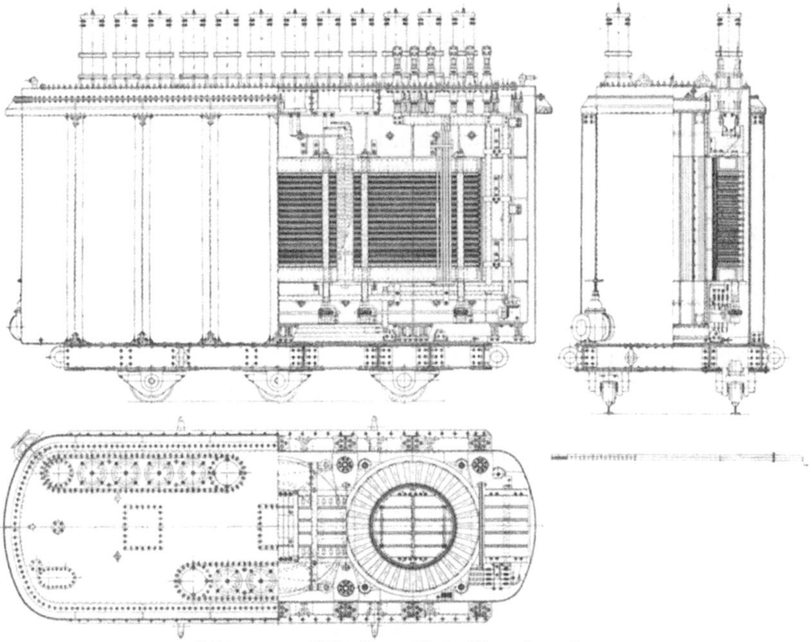

Bild 16. 100 MVA-Kurzschlußprüftransformator.

72 kV bei voller Leistung entnommen werden können. Die entsprechenden Spannungen bei Sternschaltung betragen 15,5, 31, 62 und 124 kV. Anfang und Ende jeder der acht Oberspannung-Doppelspulen eines Schenkels sind mit vier Mehrfach-Durchführungen aus Hartpapier über Deckel herausgeführt. Je zwei benachbarte Spulen haben eine gemeinsame Durchführung. Die Umschaltung der Oberspannungswicklung erfolgt mit Hilfe bereitgehaltener Schaltbügel. Das aktive Kupfergewicht beträgt 6,5 t.

Der Isolationsaufbau wurde aus Hartpapier hergestellt. Da der Abstand zwischen Ober- und Unterspannungswicklung, wegen der niedrigen Kurzschlußspannung möglichst klein gehalten werden mußte, wurde die Isolation besonders sorgfältig behandelt. Es wurden sowohl die Oberspannungspulen, als auch die Unterspannungspulen durch zwei ineinandergreifende kreisförmige Winkelscheiben gegeneinander und gegen den Eisenkörper isoliert, wobei der äußere Durchmesser, um den erforderlichen Oberflächenweg zu erreichen, entsprechend groß gewählt wurde.

Zur Aufnahme des je Schenkel etwa 100 t betragenden axialen Druckes bei Kurzschluß mit 1 Million kVA dienen oberhalb und unterhalb der Wicklungen angeordnete, sehr kräftige Endplatten (Bild 16), die aus hochwertiger Bronze hergestellt und durch vier kräftige Zugstangen miteinander verbunden sind. Mit dieser Preßkonstruktion wird der gesamte Wicklungsaufbau in axialer Richtung zusammengehalten.

Da durch Nachgeben des Isolationsmaterials sich die Wicklung durch wiederholte Kurzschlüsse lockern kann, sind an den unteren Enden der Zugstangen Muttern angeordnet, mit denen die Wicklung nachgepreßt werden kann. Durch Schneckengetriebe und Kegelräder können je zwei Muttern durch eine senkrechte Achse von außen her nachgezogen werden. Auf diese Weise ist es möglich, mit Hilfe von 6 Spindeln die Wicklung des Transformators, und zwar jeden Schenkel für sich nachzupressen.

Das Gewicht des betriebsfertigen Transformators beträgt 116 t einschließlich 20 t Öl.

Dieser Transformator ist seit mehreren Jahren in der Höchstleistungsprüfanlage der AEG im Betriebe, wo er häufig mit seiner vollen Kurzschlußleistung beansprucht wird.

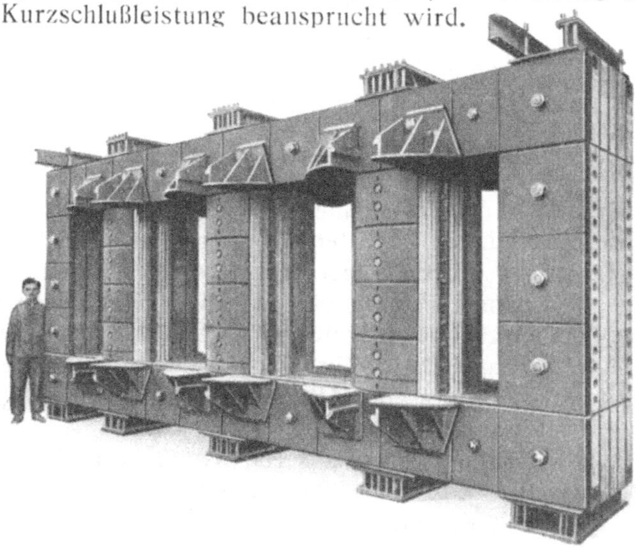

Bild 17. Eisenkörper des 100 MVA-Transformators für Kurzschlußprüfung.

Kernkonstruktionen im Transformatorenbau.

Von W. Köchling.

1. Allgemeines.

Bei Entwurf und konstruktiver Durchbildung des Kernes als Leiters des magnetischen Flusses im Transformator entsteht eine Reihe von Fragen, deren Erkennung nur sorgfältigster Beobachtung und deren restlose Lösung nur langjähriger Erfahrung, und zwar, wie so häufig in der Praxis, gewöhnlich nur auf dem Wege des Kompromisses gelingt. Den Beweis dafür liefern nicht nur die verschiedenen Kernformen, die eine Firma für die vielseitigen Anforderungen herstellt, sondern mehr noch die Tatsache, daß die einzelnen Firmen sich dem Optimum oft auf ganz verschiedenen Wegen zu nähern versuchen.

Während die AEG von jeher für ihre Großtransformatoren den Rundschenkeltyp mit stumpf aufgesetztem Joch bevorzugt hat, bauten z. B. Westinghouse und ehedem auch SSW den Manteltyp weiter aus. Während die amerikanischen Firmen meistens die Joche einschichten, fand man in Europa, wenigstens bis vor wenigen Jahren, meist den stumpfen Stoß.

Wenn auch heute noch die Meinungen über die günstigste Kernform im Einzelfalle stark auseinandergehen, so hat sich doch für Groß-Transformatoren in der Serienfabrikation der von der AEG von Anfang an befürwortete und zu immer höherer Entwicklung gebrachte Rundschenkeltyp mit mehreren in eine Ebene gestellten Schenkeln mit runden Spulen restlos durchgesetzt.

Eine Aufgabe besonderer Art bildet von jeher die Verbindung von Schenkel und Joch. Während das stumpf aufgesetzte, mit geeigneter Preßkonstruktion auf die ebenen Schenkelstirnflächen gepreßte Joch von vornherein eine leichte Lösbarkeit des die Spulen umschlingenden Eisenringes berücksichtigt und diese Lösung zum Zwecke der Änderung oder Instandsetzung der Wicklung beliebig wiederholbar gestaltet, bildet der eingeschichtete Kern mehr oder weniger etwas Einmaliges, Endgültiges, das nur dann berechtigt erscheint, wenn man von Änderungen der Wicklung absieht und Instandsetzungen nicht zu erwarten sind. Das Einschichten der Joche setzt also einen gewissen Abschluß in der Entwicklung des

Transformators voraus. Tatsächlich ist es durch die außerordentlich günstigen Fortschritte der Wickel- und Isolationstechnik gelungen, Wicklungschäden so gut wie auszuschließen. Trotz des Ansteigens der Betriebspannung auf 220 kV hat die AEG an ihren mittleren und Groß-Transformatoren kaum einen Wicklungschaden aufzuweisen. Von diesen Gesichtspunkten geleitet hat die AEG die bei Leistungen bis etwa 3000 kVA früher allgemein geübte Einschichtung des Joches erweitert auf die Leistungsgrößen von vorläufig 10 000 bis 20 000 kVA, und damit den von ihr vielleicht von allen Firmen am besten durchkonstruierten stumpfen Stoß auf die Größt-Transformatoren beschränkt.

Verfolgt man die Entwicklungsgeschichte des Kernbaues der AEG, so findet man eine ruhige aufstrebende Gerade, deren richtunggebendes Ziel stets die beiden mächtigsten Faktoren jeden industrieellen Fortschrittes, höchste Betriebsicherheit und größte Wirtschaftlichkeit, gewesen sind. Diese Linie der Entwicklung wurde gesichert durch eingehende Versuche und häufige Probeausführungen, deren Ergebnisse naturgemäß nicht immer von vollem Erfolg gekrönt waren, die aber vielleicht gerade dadurch wertvoll wurden, weil sie die Richtigkeit des bisherigen Weges bestätigten. Oft auch brachten sie in anderer Richtung als in der ursprünglich gedachten neue Erkenntnisse.

Von einigen derartigen theoretischen Untersuchungen, Versuchen und Probeausführungen, die einen kleinen charakteristischen Ausschnitt aus dem Arbeitsfeld der verschiedenen Abteilungen darstellen, soll im folgenden berichtet werden.

2. Der Kern geringsten Materialaufwandes.

Die Frage nach dem günstigsten Transformator ist so alt, wie der Transformatorenbau selbst. Immer wieder findet man in der Literatur Abhandlungen über dieses Problem, wodurch eigentlich nur bewiesen ist, daß es für die Frage in dieser allgemeinen Form eine befriedigende Lösung kaum gibt, da zu viele Faktoren den Materialaufwand und die Preisgestaltung beeinflussen. Außer vorgeschriebenen technischen Werten sind ja oft noch Raum- und Gewichtbeschränkungen und letzten Endes die für eine wirtschaftliche Herstellung unbedingt erforderliche Stufung und Normung der Einzelteile von Einfluß auf den Preis. Wollte man alle diese Bedingungen berücksichtigen, so würden endlose Formeln entstehen.

Statt der genauen Vorausberechnung führen in derartigen Fällen einige Entwürfe meist schneller zum Ziel. Ein erfahrener Berechner trifft gewöhnlich schon beim ersten Entwurf nicht weit neben das

Ziel; der zweite Entwurf ist dann nur eine Probe, ob auf einem ganz andern Wege noch mehr zu erreichen ist. Wenn nun auch die Kurven für die Bestwerte im allgemeinen recht flach liegen, so daß Abweichungen vom sogenannten Ebenmaß erst in den Extremen sich rächen, so ist doch nicht zu vergessen, daß eine Reihe kleiner Verstöße gegen die Wachstumsgesetze sich verviel-

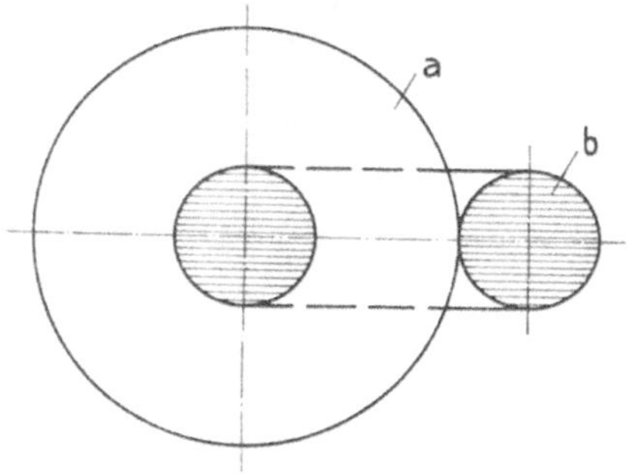

Bild 1. Anordnung von Leitern mit runder Querschnittsform.

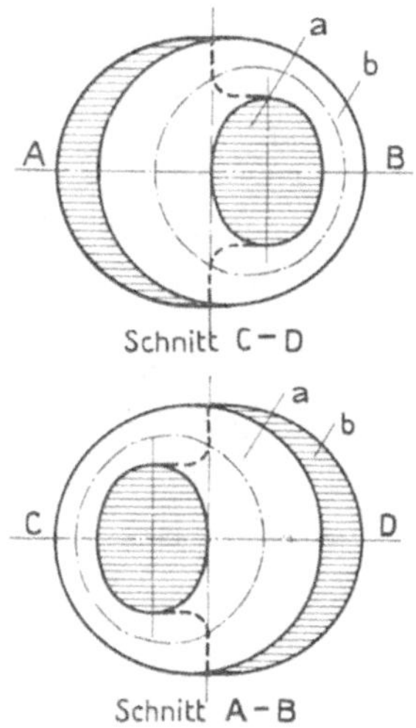

Bild 2. Theoretische Querschnittsform für das absolute Wegminimum.

facht und zu einem großen Fehler werden kann. In diesem Zusammenhang sei betont, daß die Höhe des Aufwandes an aktivem Material, also das Gewicht des Transformators, kein Kriterium für seine Güte oder Überbemessung sein kann, da bei sonst gleichen Materialbeanspruchungen durch geschickte Anordnung und Raumausnutzung das aktive Material u n d die Verluste verringert werden.

Bild 3. Perspektivische Darstellung der theoretischen Kernform für das Wegminimum.

Aus der Summe der technischen Probleme läßt sich eines der primitivsten und doch für jeden wirtschaftlichen Transformator unbedingt geltendes auslösen: das Problem der kürzesten Wege des magnetischen und elektrischen Flusses. Ist dieses Gesetz nicht erfüllt, so läßt sich stets ein Transformator mit weniger aktivem Material konstruieren. Ob er billiger wird, hängt natürlich noch von anderen Faktoren ab. Zu beachten ist aber, daß durch die Verkürzung der Wege sowohl eine Baustoffersparnis als auch gleichzeitig eine Verlustminderung in gleicher prozentualer Höhe erzielt wird.

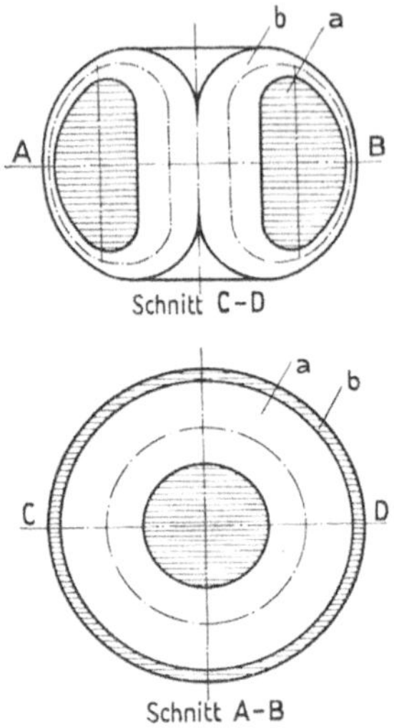

Bild 4. Theoretische Kernform für das Wegminimum bei bedingter Querschnittsform des Teiles a.

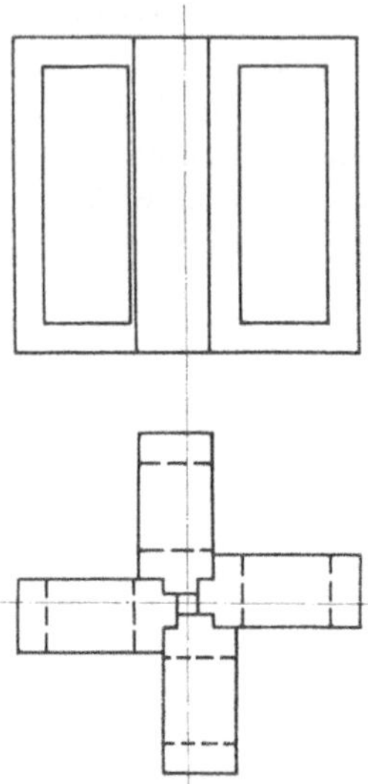

Bild 6. Kern eines Transformators der General Electric Company.

Eine besondere Rolle spielt hierbei die Querschnittsform des bewickelten Schenkels. Betrachtet man rein äußerlich vom Material-Standpunkt aus das Wesen des Transformators als zwei sich gegenseitig umschlingende, aus metallischen Leitern bestehende Wege des magnetischen bzw. elektrischen Flusses mit nur einer einzigen Windung, so ist die Frage nach dem kürzesten Wege für beide Leiter beispielsweise bei der Querschnittsgröße 1 auf dem ganzen Wege nur eine geometrische Fleißaufgabe.

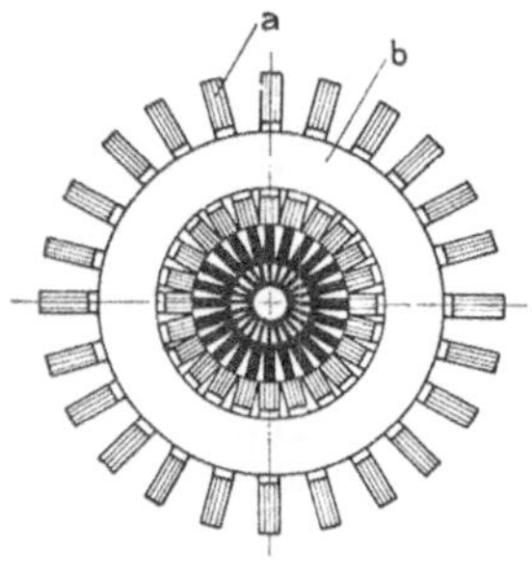

Bild 5. Kern des Berry-Transformators.

Aus einer zuerst hingeworfenen Querschnittsfigur zweier lückenlos ineinandergreifender Wulstringe *a* und *b* nach Bild 1, entsteht, wenn keinerlei Bedingungen für Beibehaltung der Querschnittsform beider Wege vorliegt, bald die Form nach Bild 2, die durch Verteilen der außenliegenden Querschnitte von *a* und *b* auf den Umfang von *b* bzw. *a* entstanden ist. Die äußere Form nähert sich der Kugel, sie dürfte somit die absolut kleinsten Wege ergeben. Bild 3 zeigt dieses interessante Gebilde perspektivisch. Es mutet fast organisch an. In der Tat würde es vollkommen dem Zweckmäßigkeitsprinzip der Natur entsprechen, wenn es — analog z. B. dem Prinzip der Kammernbildung mit einem Mindestmaß von Material bei den Bienenwaben — auch ein Prinzip der Umschlingung zweier „Gefäßwege" gäbe.

Eine einem Transformator ähnlicher aussehende Form ergibt sich bei der Bedingung, daß einer der beiden Leiter auf dem ganzen Wege gleiche Querschnittsform beibehält. Dann entsteht gemäß Bild 4 ein Kreisring von ellipsenähnlicher Querschnittsform *a*, allseitig umschlungen von einem Teil *b*. Bildet *a* den Leiter des magnetischen und *b* den des elektrischen Flusses, so hat man es offenbar mit einem Kerntransformator, bei umgekehrter Annahme mit einem Manteltransformator zu tun. Es erübrigt sich jedoch, an dieser Stelle auf die an sich sehr interessante mathematische Formulierung dieser Querschnittsformen näher einzugehen, da der Konstrukteur derartige theoretische Transformatorenformen mit Recht ablehnen würde. Der praktisch ausführbare Transformator kennt keine gekrümmten bewickelten Kernteile, höchstens bei Nebengeräten wie Pupinspulen und Ringstromwandlern.

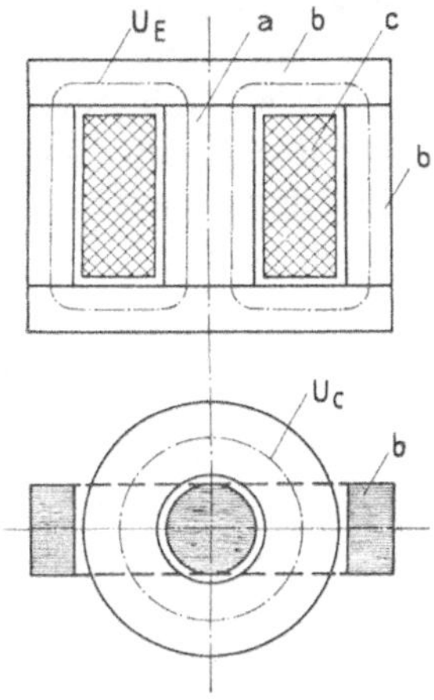

Bild 7. Normaler bewickelter Einphasenkern.

Der dem Wegoptimum am nächsten kommende ausgeführte Kerntyp ist der des Berrytransformators, dessen Querschnitt in Bild 5 dargestellt ist. Man sieht den fein unterteilten Kern *a*, der allseitig die runde Spule *b* umschließt. Eine ähnliche Bauweise findet man bei der Konstruktion der General Electric Company (Bild 6). Hier ist der Kern nur in Vierteln unterteilt, die im Schenkel eigenartig zu einem annähernd quadratischen Querschnitt zusammengefügt sind.

Man erkennt ohne weiteres, daß derartige Kernkonstruktionen infolge des Arbeitaufwandes leicht teurer werden können, als z. B. die in Bild 7 dargestellte übliche Anordnung mit der Zweiteilung des Joches. Es ist daher stets eine Untersuchung notwendig, ob der Materialgewinn durch Verkürzung der Wege die Mehrkosten durch Mehrarbeit rechtfertigt.

Bleibt man bei dem für Großtransformatoren erprobten Kern nach Bild 7 mit dem Schenkel *a* und den Jochen *b*, so ist U_E die mittlere Weglänge für den magnetischen und U_C die für den elektrischen Fluß der Wicklung C. Es läßt sich nun leicht ein Vergleich anstellen, welche der üblichen ausgeführten Querschnittsformen des Schenkels: rund, rechteckig oder elliptisch die kleinste Summe der Weglängen für beide Flüsse ergibt. Man konstruiert die Querschnittsbilder 8 bis 10 mit stets gleichem Querschnitt 1 im Schenkel und Joch und macht die für die Betrachtung zulässige Annahme, daß Fensterbreite und Schenkellänge unendlich klein sind. Offenbar ist dann die Wegsumme für den Kreis nach Bild 8 $U + l$, für das Rechteck nach Bild 9 $U_1 + l_1$ und für die Ellipse nach Bild 10 $U_2 + l_2$, denn die Umfänge U, U_1, U_2

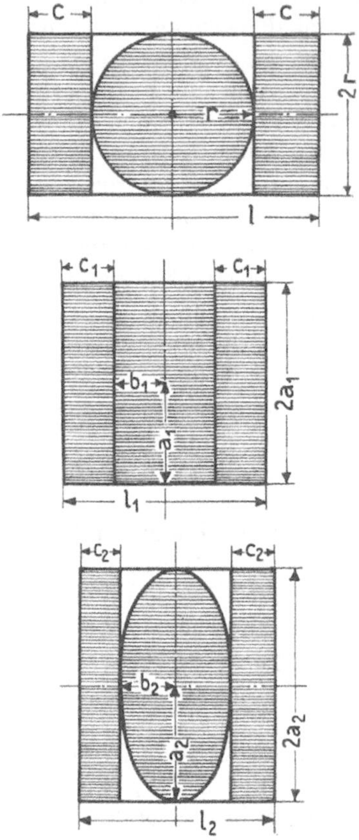

Bilder 8 bis 10. Runde, rechteckige und elliptische Schenkelquerschnittsformen.

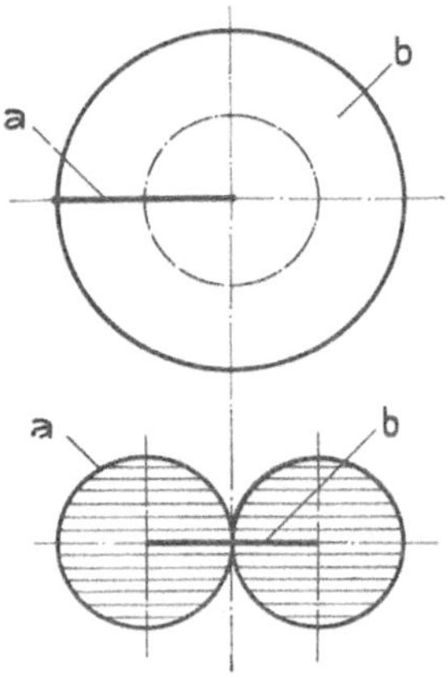

Bild 11. Anordnung von 2 Leitern mit Kreisquerschnitten, von denen „a" unendlich kleinen Querschnitt hat.

der Schenkelfiguren entsprechen den Windungslängen der Wicklung und l, l_1, l_2 etwa den Eisenweglängen.

Für den Kreisquerschnitt nach Bild 8 wird

$$r^2 \pi = 1, \quad 2r \cdot 2c = 1, \quad c = \frac{1}{4r}, \quad r = \sqrt{\frac{1}{\pi}} = 0{,}564,$$

$$U = 2r\pi = 1{,}128\,\pi = 3{,}54,$$

$$l = 2r + 2c = 2r + \frac{1}{2r} = 2{,}015,$$

$$U + l = 3{,}54 + 2{,}015 = 5{,}555.$$

Für das Rechteck und die Ellipse muß man, da das Achsenverhältnis veränderlich ist, zunächst durch Aufstellung des Minimums für $U_1 + l_1$ bzw. $U_2 + l_2$ das Achsenverhältnis festlegen. Es wird für das Rechteck nach Bild 9

$$2\,a_1 + 2\,b_1 = 1,\; b_1 = \frac{1}{4\,a_1},$$

$$2\,a_1 \cdot 2\,c_1 = 1,\; c_1 = b_1,\; l_1 = 4\,b_1,$$

$$U_1 = 4\,a_1 + 4\,b_1$$

$$U_1 + l_1 = \min,\; 4\,a_1 + 4\,b_1 + 4\,b_1 = \min,$$

Setzt man $b_1 = \frac{1}{4\,a_1}$ ein, so ergibt sich $4a_1 + \frac{2}{a_1} = \min.$

Der Differential-Quotient wird $4 - \frac{2}{a_1^2} = 0$,

$$\frac{1}{a_1^2} = 2,\; a_1 = \pm\sqrt{0{,}5} = 0{,}707,$$

$$b_1 = \frac{1}{4 \cdot 0{,}707} = 0{,}3535,$$

$$U_1 + l_1 = 4{,}242 + 1{,}414 = 5{,}656.$$

Ferner für die Ellipse nach Bild 10

$$a_2 \cdot b_2 \cdot \pi = 1,\; a_2 = \frac{1}{b_2 \cdot \pi},$$

$$2\,a_2 \cdot 2\,c_2 = 1,\; c_2 = \frac{1}{4a_2},$$

$$l_2 = 2\,b_2 + 2\,c_2 = 2\,b_2 + \frac{1}{2a_2},$$

$$U_2 = \pi\,(a_2 + b_2) \cdot \varkappa,$$

$$U_2 + l_2 = \min,\; \pi\,(a_2 + b_2) \cdot \varkappa + 2\,b_2 + \frac{1}{2\,a_2} = \min,$$

Wird $a_2 = \frac{1}{b_2 \cdot \pi}$ eingesetzt, so wird

$$\pi\left(\frac{1}{b_2 \cdot \pi} + b_2\right)\varkappa + 2\,b_2 + \frac{b_2 \cdot \pi}{2} = \min.$$

Der Differential-Quotient dieses Ausdruckes, in dem man ohne einen großen Fehler zu machen $\varkappa = \text{konst.}$ setzen kann, muß dann *o* sein, also

$$-\frac{\varkappa}{b_2^2} + \varkappa\,\pi + 2 + \frac{\pi}{2} = 0,$$

$$b_2 = \pm\sqrt{\frac{\varkappa}{\varkappa \cdot \pi + 2 + \frac{\pi}{2}}}$$

Setzt man $\varkappa$ für ein Achsenverhältnis $\frac{a}{b} \cong 2$ mit etwa 1,03 ein[1]), so wird

$$b_2 = 0{,}39,\ a_2 = \frac{1}{0{,}39 \cdot \pi} = 0{,}816,$$

$$U_2 = 3{,}9,\ l_2 = 1{,}39,\ U_2 + l_2 = 5{,}29.$$

Es ergibt sich nun, daß unter den angenommenen Verhältnissen der rundschenklige Transformator die Wertigkeit 5,555, der rechteckige 5,656 und der elliptische 5,29 in bezug auf Weglängen haben. Der elliptische Schenkelquerschnitt hat also in diesem Grenzfall um rd. 7 vH kleinere Wege als der rechteckige und um rd. 5 vH kleinere Wege als der rundschenklige Kern. Das würde bei sonst gleichen technischen Werten eine Materialersparnis von 14 bzw. 10 vH bedeuten.

Aber noch etwas anderes erkennt man aus den Größen U und l für die verschiedenen Querschnittsformen. Es fällt auf, daß das Verhältnis U/l sich stark ändert. Nun bestehen aber für den günstigsten Transformator unter der Annahme, daß sich Eisen bzw. Kupfer auf die ihnen zukommenden Querschnitte gleichmäßig verteilen, die allgemeinen Gesetze:

1. Eisenquerschnitt $\times$ Eisenweglänge $\times$ Const_1 = Kupferquerschnitt $\times$ Kupferweglänge $\times$ Const_2, worin C_1 bzw. C_2 = spezifisches Gewicht $\times$ Preis/kg bedeuten;
2. Eisenweglänge = Kupferweglänge.

Betrachtet man zunächst noch einmal unter diesen Gesichtspunkten die in den Bildern 1 bis 4 dargestellten Querschnittsfiguren, so ergibt sich, daß bei Anordnung nach Bild 1 die Wege beider Leiter immer gleich sind, unabhängig davon, welches Querschnittsverhältnis man zugrunde legt.

Aus Bild 11 geht hervor, daß im Grenzfall, in dem der Leiter a unendlich kleinen Querschnitt hat, der Innendurchmesser des Wulstringes b gleich 0 und sein mittlerer Durchmesser gleich dem von a wird. Die mittleren Windungslängen von a und b sind also gleich geblieben. Das bedeutet, daß für diese Anordnung die Eingehung eines Kompromisses bei Erfüllung beider Gesetze nicht notwendig ist, daß vielmehr für jedes Querschnittsverhältnis, d. h. auch jedes Gewichtsverhältnis Kupfer zu Eisen, das Gesetz der Weggleichheit erfüllt ist. Alle anderen Anordnungen, auch die in den Bildern 2 und 3 gezeigte Anordnung des absoluten Wegminimums, behalten bei Querschnittsverschiebungen ihre Weggleichheit nicht bei. Dadurch

[1]) „Hütte", Ingenieuer-Taschenbuch.

ergeben sich bei den verschiedenen Anordnungen mehr oder weniger große Abweichungen von einem oder beiden Gesetzen, wodurch wiederum ein Kompromiß mit dem Gesetz der Querschnittsform für das Wegsummenminimum notwendig wird.

Es ergibt sich, zurückkommend auf die Querschnittsformen nach den Bildern 8 bis 10, ein Verhältnis $U/l = 3{,}54/2{,}015 = 1{,}75$ für den kreisrunden, $U_1/l_1 = 4{,}242/1{,}414 = 3$ für den rechteckigen und $U_2/l_2 = 3{,}9/1{,}39 = 2{,}8$ für den elliptischen Schenkelquerschnitt.

Das heißt also, daß der Kreisquerschnitt der Bedingung gleicher Weglängen für Kupfer und Eisen zwanglos am nächsten kommt, daß aber bei der Ellipse und mehr noch bei dem Rechteck infolge der Verkürzung der Eisenweglänge auf Kosten der Kupferweglänge für eine bestimmte Leistung der Eisenquerschnitt gegenüber dem runden Schenkel erhöht werden muß, was durch die Praxis bestätigt wird. Nach Arnold[2]) hat die Formel zur Vorausberechnung des Eisenquerschnitts für den runden Schenkel den Faktor 0,5 und für den rechteckigen den Faktor 0,61.

Was für den Transformator mit unendlich kleinem Wicklungsquerschnitt und Schenkellänge gilt, das gilt, wenn auch durch Konstanten etwas abgeschwächt, ebenso für den Transformator mit endlichem Wicklungsquerschnitt und mit Isolationsabständen. Was für den einschenkligen Kern gilt, das gilt sinngemäß auch für den mehrschenkligen.

Statt der reinen Ellipse könnte natürlich auch der rechteckige Querschnitt mit abgerundeten Ecken gewählt werden, der hinsichtlich Weglängen ähnlich günstige Verhältnisse zeigt. Gegenüber der reinen Ellipse, die nächst dem Kreis die günstigsten Verhältnisse für die Expansivkräfte bei Kurzschluß aufweist, bedarf jedoch die rechteckige Spule in jedem Falle auf den geraden Seiten einer Abstützung für den vollen Kurzschlußdruck. Auf Grund dieser Überlegungen wurden seinerzeit die beiden 60 000 kVA-Drehstrom-Transformatoren der AEG für das Goldenbergwerk als dreischenklige Typen mit elliptischen Schenkelquerschnitten ausgeführt (Bild 12). Nachträglich wurden die Aluminiumwicklungen der beiden Transformatoren durch Kupferwicklungen ersetzt und dadurch ihre Leistungen auf je 75 000 kVA erhöht. Dazu ist noch zu bemerken, daß die an sich zur damaligen Kriegszeit besonders wertvolle Ersparnis an aktivem Material nicht allein den Ausschlag für diese Ausführungsform gab, sondern die Tatsache, daß bei einer Schenkelquerschnittsform, die senkrecht zur Schichtung der Bleche größer als in Richtung parallel zu ihr ist, eine Verkleinerung der Jochhöhe

[2]) Band II, 1910, S. 310.

und damit der Bauhöhe des ganzen Transformators eintritt. Nur so konnten damals die vollständigen Transformatoren, ohne Kasten, bahntransportfähig gestaltet werden.

Später wurde diese Ausführungsform durch den bekannten Fünfschenkeltyp mit rundem Schenkelquerschnitt abgelöst. Man hat also auf die elliptische Querschnittsform mit ihrem Wegminimum verzichtet, und zwar zugunsten einer einfacheren Herstellung mit runden Spulen auf Hartpapierzylindern und der bewährten freien Ölstrecke zwischen Ober- und Unterspannungswicklung, sowie im Interesse höherer Kurzschlußfestigkeit der kreisrunden Spule.

Bild 12. Kern eines 75000 kVA-Transformators mit elliptischem Schenkelquerschnitt im Aufbau.

3. Ausbildung des Drehstrom-Mantelkernes.

Vereinheitlichung in der Herstellung ist wirtschaftliches Gebot. Es ergibt sich also die Frage, warum Mantelkerne gewählt werden, die in Konstruktion und Aufbau so wesentlich von den Kerntypen abweichen.

Der Kerntransformator hat ein stabiles mehrphasiges Magnetsystem, meist runde Spulen in konzentrischer Anordnung, der Manteltransformator aber ein nur lose verkettetes Magnetsystem und rechteckige Spulen in Scheibenwicklung. Gerade in dieser Eigenart liegen bei gewissen gegebenen Verhältnissen die Vorteile des Manteltyps.

In erster Linie sind es die Transformatoren für Starkstrom mit kleiner Windungszahl, für die der Kerntransformator nur mühsam, der Manteltransformator aber infolge seiner eckigen Blechspulen hervorragend zu gebrauchen ist. Ferner ist der Manteltyp zu bevorzugen bei Wicklungen mit starker Unterteilung oder mit vielen Anzapfungen, wie sie besonders bei Regeltransformatoren vorkommen.

Die Kurzschlußfestigkeit auch bei den oft nicht zu vermeidenden Unsymmetrien der Wicklungen ist leichter aufrecht zu erhalten. Die bei Scheibenwicklung zwar immer vorhandenen axialen Schubkräfte können durch Abstützung der breiten Flächen der Scheibenspulen leicht beherrscht werden, im Gegensatz zum Kerntyp, dessen konzentrische Wicklungen meist nur schmale Abstützflächen haben. Auch ist infolge der sehr kleinen Schenkellänge ein nachträgliches Schwinden und Losewerden der Wicklung nicht zu befürchten. Selbst die erhöhten Kurzschlußkräfte bei in Sparschaltung arbeitenden Erregertransformatoren sowie bei Zusatztransformatoren werden bei sorgfältiger Abstützung kaum gefährlich. Für Bahntransformatoren wird die widerstandsfähige Bauart des Manteltyps sehr geschätzt, und schließlich benutzt man beim Gleichrichterbetrieb

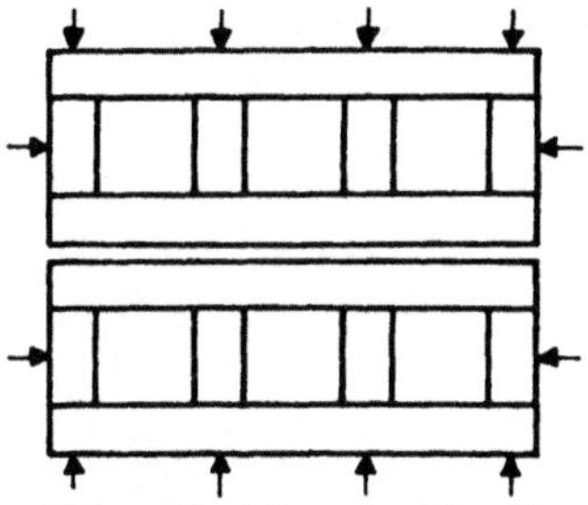

Bild 13. Mantelkern aus 12 rechteckigen Teilen zusammengesetzt.

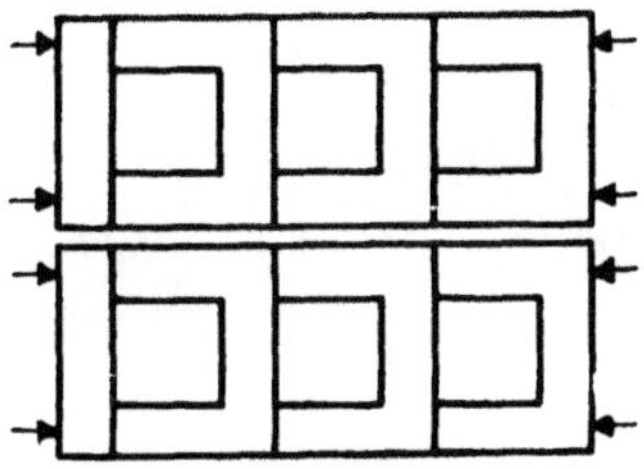

Bild 14. Mantelkern aus 6 U-förmigen und 2 rechteckigen Teilen zusammengesetzt.

die lose Verkettung des Magnetsystems, um durch Spannungverschiebung ein gleichzeitiges Arbeiten zweier benachbarten Phasen des Gleichrichters und dadurch einen höheren Wirkungsgrad zu erzielen. Man könnte noch erwähnen, daß der Mantelkern die kleinsten Blechbreiten unter den Kernen gleicher Leistungsgröße aufweist, wodurch die Frage der Wärmeabfuhr erleichtert und die Sicherheit gegen Eisenschäden durch Blechschluß erhöht ist.

Ist auch der Manteltyp durch die sich als zweckmäßig erweisende Spannungsbegrenzung auf höchstens 30 kV in seiner Verwendung beschränkt, so bleibt doch ein so großes Feld der vorteilhaften Anwendbarkeit, daß man ihn nicht entbehren kann. Im allgemeinen sind die Herstellungskosten eines Drehstrom-Mantelkernes etwas höher als die eines Kernes für einen Kerntransformator gleicher Verhältnisse. Besonders bei kleinen und mittleren Größen macht sich der Preisunterschied bemerkbar. Das liegt in erster Linie an dem etwas umständlicheren Aufbau des Kernes. Der

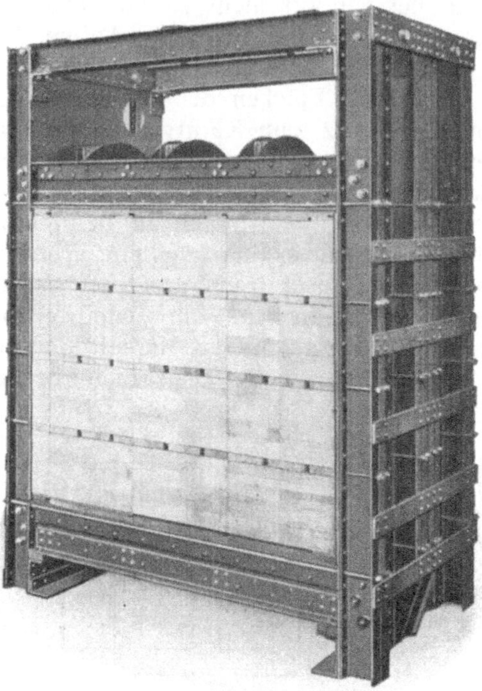

Bild 15. Mantelkern aus U Stücken zusammengesetzt für einen 23500 kVA-Transformator.

Kern des Drehstrom-Kerntransformators mit stumpfem Stoß besteht aus nur fünf Teilen und einer Preßvorrichtung in Richtung der Spulenachse. Die ältere Bauart des Drehstrom-Mantelkernes bestand aus 12 rechteckigen Blechpaketen, die zu ihrem Zusammenhalt einen Preßdruck von allen Seiten brauchten. Hierdurch wurde die Preßkonstruktion schwerfällig und die Grundfläche des Kastens und dadurch die erforderliche Ölmenge groß (Bild 13).

Eine Vereinfachung in jeder Beziehung ergab die in Bild 14 dargestellte, der AEG geschützte Anordnung, die aus sechs U-förmigen Kernteilen und zwei rechteckigen Abschlußstücken besteht. Hier ist nur noch ein Preßdruck in Richtung der Spulenachse notwendig, um Kern und Spulen ähnlich wie bei den Kerntypen mit stumpfem Stoß gleichzeitig zu pressen. Die U-Stücke können aus ganzen Blechschnitten, aber ebenso gut auch aus rechteckigen Blechen eingeschichtet hergestellt werden. Die Anordnung eines derartigen Kernes für einen 23 500 kVA-Transformator ist aus Bild 15 zu erkennen. Man sieht die seitlich angebrachten kräftig gehaltenen Preßplatten, die den Kern und gleichzeitig, nach Einbau auch die Wicklung pressen. Auf den Längsseiten sind keinerlei Preßvorrichtungen vorhanden.

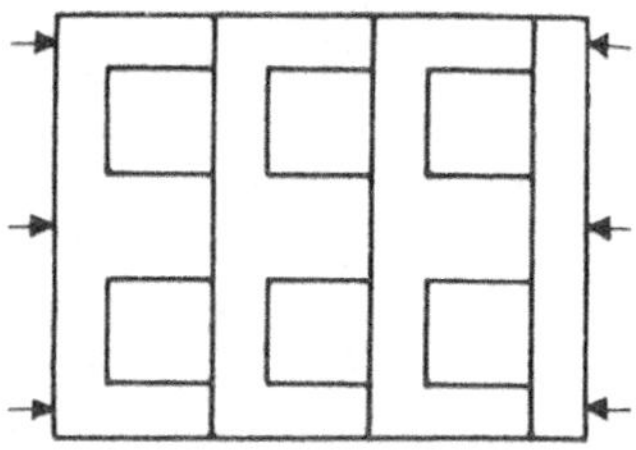

Bild 16. Mantelkern aus 3 E-förmigen und 1 rechteckigen Teil zusammengesetzt.

Während die U-Stücke mehr für Großtransformatoren Ver-

Bild 17. Mantelkern, bestehend aus 3 E-Stücken und 1 rechtwinkligen Abschlußstück.

wendung finden, haben sich Mantelkerne aus drei E-Stücken und einem rechteckigen Abschlußstück für kleine und mittlere Manteltypen gut bewährt (Bild 16). Die Pressung erfolgt auch hier nur in Richtung der Spulenachse, durch Bolzen, die bei kleineren Schichthöhen nur außerhalb des Kerneisens, bei größeren Schichthöhen aber auch in entsprechenden Aussparungen des Kernes liegen. Bild 17 zeigt die Kernteile und Bild 18 den Aufbau eines derartigen Transformators. Jeder der vier Kernteile ist mit seitlichen Kranhaken versehen, die ein bequemes Auf- und Abbauen ermöglichen. Bei der Schichtung der E-Stücke ist besondere Aufmerksamkeit notwendig, da die Stoßstellen von Schenkel und Außenjochen gegen die Querjoche eine sehr saubere Schichtung verlangen. Bei kleineren Typen wird der Stoß ohne Zwischenlage aufgesetzt, bei größeren hat sich eine etwa 1 mm starke Zwischenlage aus Asbest bewährt. Auf die Isolierung der Kernbolzen gegen das aktive Eisen und gegeneinander wird besonderer Wert gelegt. Jeder Bolzen muß einer Prüfspannung von 3000 V standhalten.

Bild 18. Aufbau eines Manteltransformators mit Kern aus E-Stücken.

Um bei großen Ableitungsquerschnitten den

Weg von der Spule bis zur Klemme möglichst zu kürzen, wurde der Kern liegend angeordnet, d. h. die Achse der Fensteröffnungen läuft nicht senkrecht, sondern waagerecht. Da das Öl nun nicht mehr durch seinen natürlichen Auftrieb durch die Wicklung fließen kann, wird diese Anordnung ausschließlich bei Ölumlaufkühlung verwendet. Es ist dann eine Sperrwand notwendig, die nur den Weg durch die Fensteröffnungen des Kernes freiläßt. Die Ober- und Unterspannungsableitungen liegen dann getrennt an je einem der zu beiden Seiten des Eisenkernes herausragenden Wickelköpfe (Bild 19).

Bild 19. Manteltransformator mit Kern aus E-Stücken für Ölumlaufkühlung.

4. Der Plattenkern, ein Versuch.

Eines der schwierigsten Probleme bei der Konstruktion von Kernen größerer Transformatoren ist das Schließen des Eisenweges nach Aufbringung der Wicklung, d. h. die unter einem rechten Winkel erfolgende Vereinigung von Schenkel und Joch.

Wenn man bedenkt, daß die ganze magnetische Energie an diesen Verbindungstellen den wenn auch nur kurzen Luftweg überbrücken muß, so wird ohne weiteres klar, daß diese Stoßstellen die empfindlichsten Stellen des ganzen Kerns sind und daher der größten Aufmerksamkeit bedürfen. Unsachgemäße Ausführung führt zu schweren Mängeln, zu starkem Geräusch beim Arbeiten des Transformators, zu Zusatzverlusten, örtlicher Erwärmung und schließlich zu dem gefürchteten Eisenbrand.

Vergleicht man die bisher bestehenden Verfahren miteinander, so erhält man folgendes Bild:

Während beim stumpfen Stoß die Schnittflächen aller Bleche von Schenkel und Joch an der Stoßstelle in einer Ebene nebeneinanderliegend möglichst glatte Flächen bilden, die meist unter Zwischenlegen einer dünnen Isolationschicht durch einen Preßdruck senkrecht zur Stoßfläche fest aufeinander gepreßt werden, so liegen beim eingeschichteten Joch die Stoßstellen der Bleche nicht in einer, sondern in mehreren unter beliebigem Winkel stehenden Ebenen; die Bleche sind also einzeln oder auch zu zweien miteinander verschachtelt. Die feste Vereinigung von Schenkel und Joch erfolgt nicht durch einen Preßdruck senkrecht zur Stoßfläche wie beim stumpfen Stoß, sondern senkrecht zur Blechebene.

Während beim stumpfen Stoß die Kraftlinien im Spalte im wesentlichen senkrecht zur Stoßfläche, also parallel zur Blechebene verlaufen und so selbst bei größerem Spalt keine nennenswerten Mehrverluste im aktiven Eisen hervorrufen können, wirkt eine Vergrößerung des Spaltes beim eingeschichteten Joch stark verlustvergrößernd, da ein Teil der Kraftlinien dem Weg des kleinsten Widerstandes folgend, senkrecht in die Ebene des benachbarten Bleches eindringt und dadurch Wirbelströme erzeugt. Es ist daher gerade beim eingeschichteten Joch auf möglichste Vermeidung der Spalte Wert zu legen.

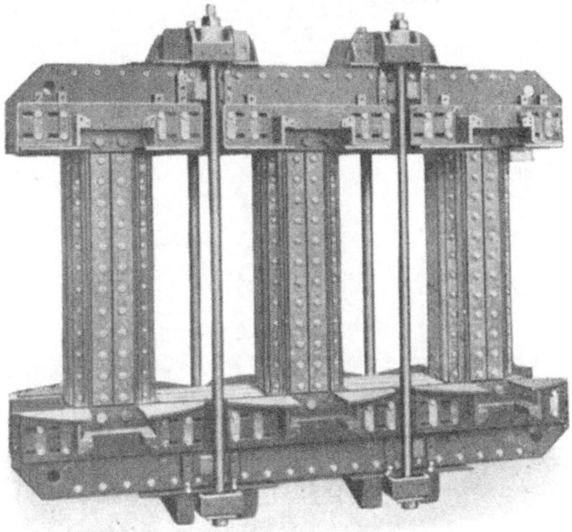

Bild 20. Kern für einen 7000 kVA-Transformator mit außenliegenden Preßbolzen.

Beim stumpfen Stoß ist es erforderlich, die Stoßfläche von Joch und Schenkel in ihrer ganzen Ausdehnung peinlich sauber und eben herzustellen. Vor allem dürfen keine Bleche vorstehen, dabei müssen aber anderseits die Bleche sorgfältig voneinander isoliert sein. Eine nachträgliche Bearbeitung der Stoßflächen etwa durch Hobeln oder Fräsen muß also unterbleiben, weil dadurch leicht eine größere Zahl von Blechen Kontakt erhält, so daß sich mehr oder weniger gefährlich wirkende kurzgeschlossene Windungen in der Stoßfläche bilden könnten. Aber nicht nur die Fläche jedes Schenkels muß eben sein, sondern auch die Stoßflächen aller Schenkel — beim Fünfschenkeltransformator also fünf — müssen, da das Joch als unelastisches Ganzes angenommen werden muß, genau in einer Ebene liegen. Liegt das Joch nicht ganz gleichmäßig auf, so tritt bei Betrieb starkes Brummen ein, wodurch Schäden eingeleitet werden können. Die restlose Erfüllung dieser Bedingungen bildet immerhin auch für eine vorzüglich arbeitende Werkstatt eine schwierige Aufgabe.

Der stumpfe Stoß erfordert ferner zur Jochpressung starke Bolzen in Richtung der Kernachse. Ursprünglich außerhalb der Wicklung liegend (Bild 20) wurden sie später innerhalb des Kernes in entsprechend weiten Kühlkanälen (Bild 21) und schließlich in entsprechende Aussparungen der starken Schenkel- und Jochpreßplatten verlegt (Bild 22). Durch die großen Kühlkanäle im aktiven Eisen einerseits und durch die zur Stabilität der Schenkel erforderlichen Preßplatten anderseits wird der Füllfaktor, d. h. das Verhältnis des tatsächlichen aktiven Eisenquerschnittes, zum Inhalt des den Schenkel zu umschreibenden Kreises empfindlich verkleinert.

Bild 21. Joch für einen 20000 kVA-Transformator mit Preßbolzen in Kühlkanälen des aktiven Eisens.

Der eingeschichtete Kern (Bild 23) der keinem axialen Druck ausgesetzt ist und daher statt der Preßplatten nur wenig Raum beanspruchender Endbleche bedarf, erzielt leicht einen um etwa 10 vH größeren Füllfaktor. Eine Vergrößerung des Füllfaktors um 10 vH bedeutet bei allerdings 10 vH größerem Eisengewicht und -verlust, 10 vH kleineres Kupfergewicht und 10 vH kleinere Kupferverluste oder 20 vH kleineres Kupfergewicht bei gleichbleibenden Kupferverlusten. Da aber bei 20 vH verkleinertem Kupfergewicht auch die erforderlichen Ausmaße des Kernfensters und damit auch das Eisengewicht wiederum kleiner werden, so werden Eisengewicht und Eisenverluste etwa wie ursprünglich, und als Reingewinn ist ein um rd. 20 vH kleineres Kupfergewicht zu buchen. Da die Außenmaße des Transformators kleiner geworden sind, so wird auch eine Verkleinerung des Kessels mit seinem Ölinhalt möglich sein.

Die Kurzschlußspannung geht ebenfalls bei gleichangenommener Schenkellänge um rd. 20 vH zurück, was bei Transformatoren an der Grenze der Bahntransportfähigkeit sehr wichtig werden kann.

Dafür hat aber der eingeschichtete Kern andere Unvollkommenkeiten. Vor allem macht das Einschichten bei größeren Blechbreiten Schwierigkeiten, man kann sogar sagen, es wird schließlich unmöglich, da man nicht mehr in der Lage ist, die stark auseinanderfedernden Bleche einzuschieben und spaltlos gegeneinanderstoßen zu lassen. Zwar könnte man durch Unterteilung der Blechbreite bei der sogenannten Rahmenkonstruktion eine etwas einfachere Schichtung erzielen, doch wird dadurch, wie Versuche ergeben haben, besonders bei den Mehrphasentypen eine ungünstige Feldverteilung bewirkt, die neben andern Schönheitsfehlern auch Anlaß zu Zusatzverlusten im Eisen gibt.

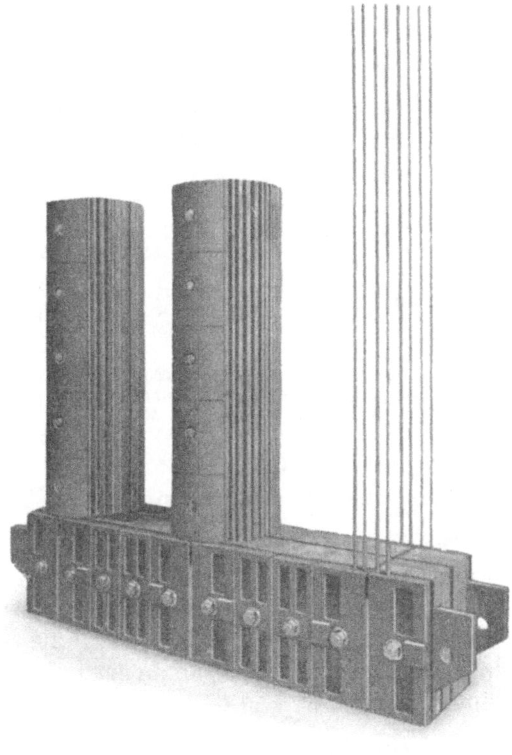

Bild 22. Kern eines 10000 kVA-Transformators.

Auf der Suche nach einer Lösung des Problems, welche die Vorteile beider Verfahren vereinigen sollte, ohne ihre Nachteile zu haben, kam man auf den Gedanken, das unstabile, meist auch nicht ganz ebene, schwer einzuschichtende Einzelblech durch ein Paket von wenigstens zehn Blechen zu ersetzen, die durch ein Bindemittel mit starker Klebefähigkeit zu einem fest zusammenhaltenden Ganzen, also zu einer Platte vereinigt sind. Als wärme- und ölbeständiges Klebemittel sollte ein synthetisches Harz, wie es in der Hartpapierfabrikation verwendet wird, benutzt werden. Dieses Verfahren ist der AEG durch DRP geschützt.

Eine erste Probe aus mit Bakelit unter Preßdruck zu einer

Platte zusammengebackenen Blechen zeigte den guten mechanischen Zusammenhalt, so daß zu erwarten war, daß man ohne besondere Kernbolzen und Preßplatten einen derartigen Plattenkern zusammenbauen könnte. Der Fortfall der Bolzen bzw. deren Beschränkung auf nur eine mittlere Reihe mit nur schwachen Haltebolzen würde nämlich die Bolzenzusatzverluste und die Bolzenschäden so gut wie ausschließen.

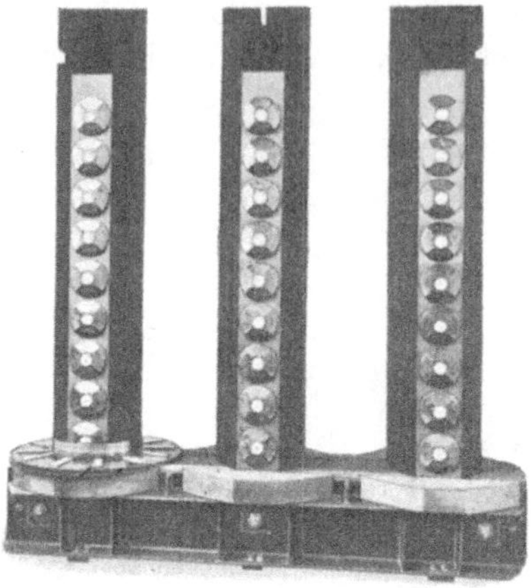

Bild 23. Eingeschichteter Kern eines 20000 kVA-Transformators vor dem Spulenaufbau.

Auch war Aussicht auf besten Blechfüllfaktor gegeben, denn das erste Versuchspaket, das ohne Papierzwischenlagen aus nur mit Bakelitlack gestrichenen 0,35 mm starken Blechen unter Druck hergestellt war, zeigte eine Ausfüllung von mehr als 95 vH. Der normale Blechfüllfaktor für 0,35 mm starke, mit 0,04 Papier beklebte Bleche beträgt dagegen rd. 85 vH.

Die magnetischen Untersuchungen im Epsteinapparat, und an später ausgeführten Versuchskernen zeigten jedoch überraschende Ergebnisse, die im Nachstehenden zusammengestellt sind.

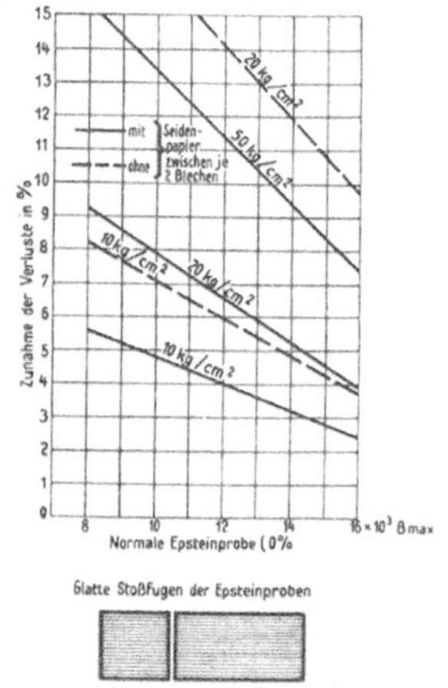

Bild 24. Erhöhung der Eisenverluste durch Bakelisieren und Pressen bei verschiedenen Drücken.

Die einzelnen Kurven des Bildes 24 zeigen die durch Pressung verursachten Zusatzverluste gegenüber einer normalen Epsteinprobe in Abhängigkeit von der Induktion und für verschiedene Drucke nach Zusammenbacken mit Bakelitlack unter der hydraulischen Presse.

Die Schichtung der Platten hätte nun in der gleichen Weise erfolgen können wie bei einzelnen Blechen. Es zeigte sich jedoch an Epsteinproben, daß besonders bei stärkeren Paketen Mehrverluste entstehen, deren Ursache Wirbelströme sind, die bei teilweisem Übergang des Flusses von dem gestoßenen Paket zu den beiden benachbarten durchgehenden Paketen entstehen, und die um so größer sind, je größer der magnetische Widerstand an der Stoßstelle ist.

In Bild 25 sind die Mehrverluste der verschiedenen Anordnungen eingetragen.

In den Bildern 25a und 25b ist gezeigt, wie man durch Einlegen von Pappe zwischen die einzelnen Pakete eine wesentliche Herabminderung der Wirbelströme an den Stoßstellen erzielt. Durch

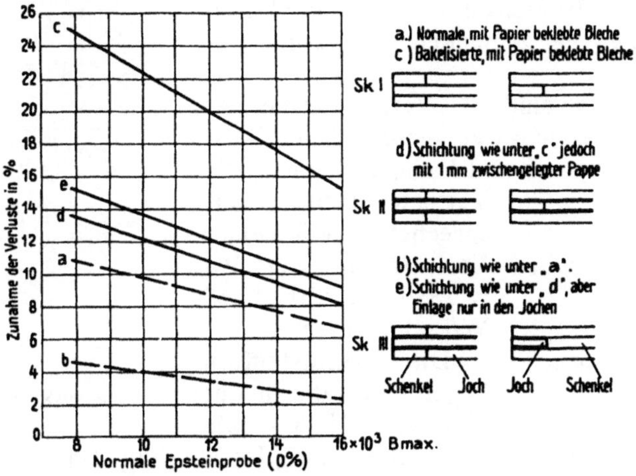

Bild 25. Erhöhung der Eisenverluste beim Schichten mit versetzten Fugen von Paketen von 8 mm Stärke Preßdruck bei den bakelisierten Paketen 10 kg/cm².

die Einlagen von je 1 mm Pappe zwischen die Pakete von 8 mm z. B. würde der Füllfaktor empfindlich sinken. Um dies wenigstens für den Schenkel als den Wicklungträger vermeiden zu können, wurden, wie Bild 25c zeigt, die Einlagen nur in den Jochen gemacht. Dafür sollten die Joche zur Querschnittserhaltung mit größeren Blechbreiten ausgeführt werden. Die entsprechend ausgeführte Epsteinprobe zeigte nur eine geringe Verschlechterung bei dieser Anordnung (Bild 25, Kurve *e*) gegenüber der mit durchgehenden Pappstreifen in Bild 25, Kurve *d*.

Der auf Grund dieser Messungen ausgeführte Versuchskern entsprach einer Typengröße von etwa 2000 kVA. Der Kern bestand aus 6 mm starken Platten, die aus je 15 Stück 0,35 mm starken, hochlegierten, mit amerikanischem Lack unter Druck zusammengeklebten Blechen hergestellt waren. Die Jochplatten waren, wie Bild 26 zeigt, nur mit einem schmalen Dreieck in die Schenkelplatten eingeschichtet. Der Schenkelquerschnitt betrug 549 cm^2 bei einem Durchmesser von 300 mm. Der Jochquerschnitt betrug 664 mm^2. Die Anordnung des Plattenkernes ist in Bild 27 dargestellt. Die Schenkelplatten sind nur weitläufig mit dünnen Bolzen zusammengehalten, die Jochplatten durch entsprechende Profileisen und je einen stärkeren Bolzen je Schenkelkopf zusammengepreßt.

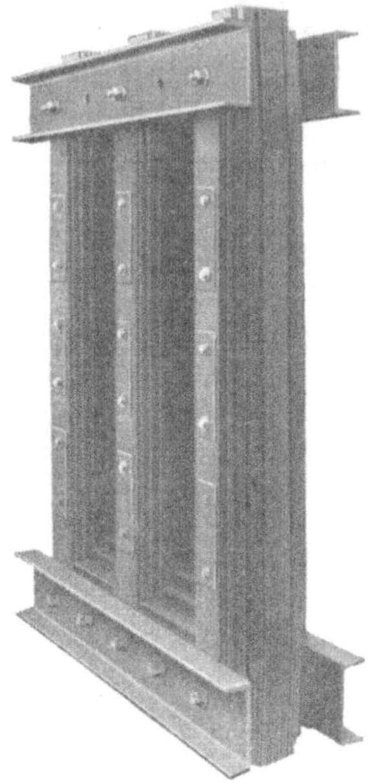

Bild 27. Aus Platten zusammengesetzter Kern.

In Bild 28 sind die Verlustkurven des Plattenkernes in zwei verschiedenen Ausführungsformen *a* und *b* eingezeichnet. Die Verluste nach *b* entsprechen ungefähr einer Verlustziffer von $V_{10} = 138$ in Luft bzw. 1,52 W/kg im Kessel. Die Verlustziffern liegen ungefähr in der gleichen Höhe wie die der normalen mit Bolzen und Preßplatten gepreßten Kerne.

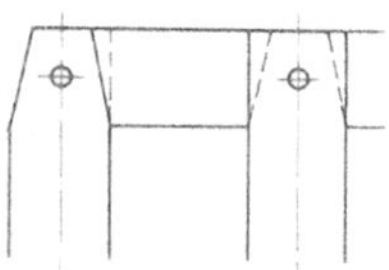

Bild 26. Schichtplan der Platten.

5. Weiterentwicklung des Kernbaues für Großtransformatoren.

Da das Gewicht des Transformators mit der vierten Wurzel aus der dritten Potenz seiner Leistung und die linearen Abmessungen nur mit der vierten Wurzel aus der Leistung zunehmen, so wäre es aus Wirtschaftlichkeitsgründen stets erwünscht, zu immer größeren Einheiten überzugehen. Eine starke Beschränkung dieser Aufwärtsbewegung ist jedoch die meist geforderte Bahntransportfähigkeit im betriebsfertigen Zustand. Die verschiedenen Bahnverwaltungen schreiben äußerste Maße für Höhe und Breite vor, die bei Überschreitung gewisser Längen, besonders auf Strecken mit kleinem Krümmungsradius der Kurven noch weiter eingeschränkt sind. Auch die hohen Gewichte der Groß-Transformatoren machen den Bahnversand schwierig. Durch Konstruktion von Transformatorenkernen besonders niedriger Bauart, wie etwa des gegenüber dem dreischenkligen Typ um fast eine volle Jochhöhe niedrigeren Fünfschenkeltyps und Benutzung besonderer Tiefgangwagen mit kleiner Plattformhöhe bzw. des Spezialkäfigwagens mit bis zu 20Tragachsen, ist es heute gelungen, die Größen der ohne Öl bahntransportfähigen Einheiten gewaltig heraufzusetzen. Während z. B. noch vor wenigen Jahren die 30 MVA-Einheit für 110 kV eine Grenze darstellte, würde heute die Grenze für die gleiche Spannung bei etwa 250 MVA liegen.

Nun ist es aber mit Rücksicht auf die Wirtschaftlichkeit der Fernleitung erforderlich, mit Zunahme der Leistung auf höhere

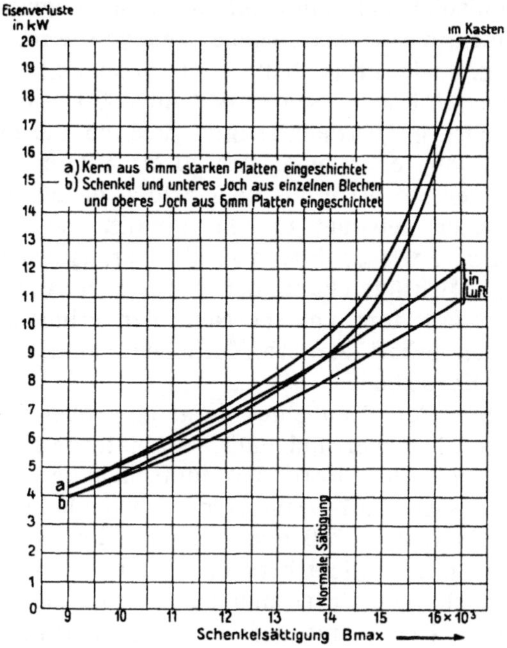

Bild 28. Leerlauf-Verluste des Plattenkernes bei 50 Per/s.

Betriebspannungen überzugehen. Da nach den genannten Wachstumsgesetzen die Leistung mit der vierten Potenz der linearen Abmessungen, die Isolationsabstände wenigstens proportional mit der Spannung sich ändern, so folgt, daß die Leistung zur Erzielung gleich günstiger Verhältnisse zunächst einmal mit der vierten Potenz der Spannung wachsen müßte. Praktisch kommt man, da die Ansprüche an Wirkungsgrad bei erhöhter Spannung auch herabgesetzt werden müssen, mit einem Leistungswachstum nach dem Quadrat der Spannung aus. Weit darunter zu gehen, ist aber zu verwerfen. Hieraus folgt, daß die Forderung der Bahnversandfähigkeit mit zunehmender Spannung immer kostspieliger wird, da man mit der Leistung, anstatt mit mindestens dem Quadrat herauf, mit der gleichen Potenz heruntergehen müßte. Durch besondere Kunstgriffe gelingt es wohl noch, das Wachstumverhältnis zwischen Leistung und Spannung herabzusetzen. So war es möglich, von der Einheit 250 MVA bei 110 kV auf 100 MVA bei 220 kV übergehend bis zu einem gewissen Grade noch den Anforderungen des Bahntransportes gerecht zu werden.

Für künftige Groß-Übertragungen ist eine Betriebspannung von 380 kV mit vollisoliertem Nullpunkt in Aussicht genommen. Es ist nicht anzunehmen, daß es noch einmal gelingen wird, die Isolationsabstände weniger als proportional der Spannung heraufzusetzen. Man kann daher jetzt schon sagen, daß für 380 kV-Transformatoren der Bahntransport im betriebsfertigen Zustand ausgeschlossen erscheint. Selbst wenn es gelänge, den 60 MVA-Typ noch bahntransportfähig zu bauen, so wäre das kein Erfolg, da die Wirtschaftlichkeit bei so kleiner Leistung zu sehr abfällt. Bei etwa 250 MVA wird wieder ein gewisses Ebenmaß des Transformators erreicht. Die übermäßige Schrägstellung der etwa 3 m Abstand haltenden Durchführungen fällt fort, und die Neutralenverbindung für 380 kV am unteren Joch erhält die erforderlichen Isolationsabstände von Wicklung und Kesselboden.

An sich steht dem Bau eines derartig großen Transformators nichts im Wege. Der Versand muß aber naturgemäß im zerlegten Zustand erfolgen. Der Kern ist fünfschenklig und hat einen Schenkeldurchmesser von 1400 mm, eine Schenkellänge von 2600 mm, einen Mittenabstand von 2850 mm und eine Gesamtlänge von nicht ganz 10 m. Das Kerngewicht beträgt etwa 186 t. Die Wicklung ist doppelkonzentrisch. Die Oberspannungsneutrale ist vollisoliert über Deckel geführt. Die Kurzschlußspannung beträgt 15 vH. Die radialen Kurzschlußkräfte bei theoretischem Kurzschluß sind von einer Größenordnung, daß sie noch gut von der Festigkeit des Kupfers aufgenommen werden können.

Umkehrung des Regelsinns bei Regeltransformatoren.

Von K. Bölte.

Bei Regeleinrichtungen für Transformatoren wird meist die Aufgabe gestellt, die Spannung der geregelten Seite nach oben und nach unten zu verändern. Besonders bei Spartransformatoren und Zusatzaggregaten, aber auch bei Leistungstransformatoren mit eingebauter Reglung, liegt es für den wirtschaftlich denkenden Konstrukteur nahe, eine Regelwicklung je einmal für die Aufwärts- und Abwärtsregelung zu verwenden, weil hiermit eine beträchtliche Verbilligung des Transformators eintreten muß. Diese erstreckt sich außer auf die Wicklung auch auf die Leitungsführung, weil eine derartige Wicklung ja nur die halbe Stufenzahl zu haben braucht.

Eine Verbilligung der ganzen Regeleinrichtung läßt sich aber nur erzielen, wenn die zugehörigen Apparate nicht um mehr verteuert werden, als die Verbilligung des Transformators ausmacht. Es sind also, um die günstigste Lösung festzustellen, zunächst folgende Fragen zu untersuchen: Welche Lösungen sind möglich, wie gestaltet sich die konstruktive Lösung der einzelnen Möglichkeiten und welche Lösung empfiehlt sich in jedem Fall am meisten, bei welcher ergibt sich also, wenn die Kosten und die technischen Vorteile gegeneinander abgewogen werden, ein Optimum? Dabei wird auch in beträchtlichem Maße zu berücksichtigen sein, bei welcher Art von Transformatoren die Reglung am häufigsten zur Anwendung kommt, und welche konstruktive Form möglichst für alle Fälle geeignet erscheint, weil eine einheitlich anwendbare Konstruktion mit Rücksicht auf die Fertigung der Apparate die billigste ist.

Im Nachstehenden werden zunächst die verschiedenen Ausführungsmöglichkeiten für die Umschaltung der Regelwicklung untersucht und die Schaltbilder bei den verschiedenen Regelarten dargestellt. Schließlich werden einige Ausführungsbeispiele mit besonderer Berücksichtigung der AEG-Konstruktionen beschrieben.

1. Doppelschaltung.

Die Doppelschaltung besteht in der gleichzeitigen Anwendung zweier Regeleinrichtungen für die Umschaltung der Anzapfungen einer gemeinsamen Regelwicklung unter Last. Um die Spannung des einen Netzes gegenüber der des anderen zu erhöhen, können entweder beide Kontaktbahnen gleichzeitig im gegenläufigen Sinn oder jede einzeln in dem entsprechenden Sinne bewegt werden. Bild 1 stellt eine derartige Einrichtung für eine Phase eines Spartransformators dar. Die Anzapfungen *1* bis *9* sind je einmal an die beiden Regelkontaktbahnen angeschlossen, die sehr vereinfacht dargestellt sind. Die zu den beiden angeschlossenen Netzen N_1 und N_2 gehörigen Kontakte K_1 und K_2 müssen ohne Unterbrechung des Netzstromes

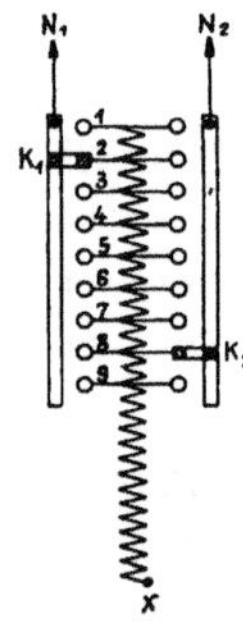

Bild 1 a. Doppelschaltung mit Spartransformator, Grundschema in vereinfachter Darstellung.

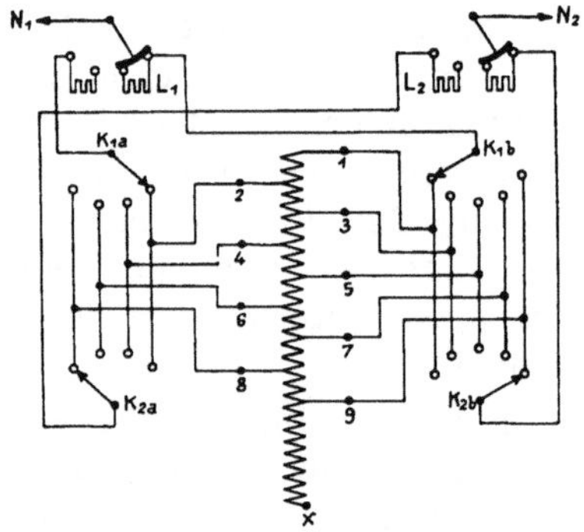

Bild 1 b. Gleiche Schaltung wie Bild 1 a mit Momentlastschaltung, ausführlicher dargestellt.

von einer auf die andere Anzapfung umschalten und müssen daher als Lastschalter ausgebildet werden, die entweder mit Überschalt-Widerständen oder mit Spannungsteilern so zusammengeschaltet werden, daß während des Überschaltens kein Kurzschluß zwischen den Windungen entsteht, die zwischen den beiden zu vertauschenden Anzapfungen liegen. Bei Verwendung von Überschalt-Widerständen würde die Schaltung nach Bild 1a, ausführlicher dargestellt, Bild 1b, ergeben. Der Lastschalter L_1 des Netzes N_1 arbeitet mit den beiden Stufenwählergruppen K_{1a} und K_{1b} zusammen, während K_{2a} und K_{2b} und L_2 zu dem Netzanschluß N_2 gehören. Die Lastschalter sind über die Überschalt-Widerstände mit Vorkontakten verbunden, die beim Überschalten vorübergehend die Verbindung zwischen den beiden benachbarten und zu vertauschenden Anzapfungen herstellen. Der Netzstrom ist hierbei gezwungen, über die Widerstände zu fließen, und der Kurzschlußstrom der zwischen den beiden Anzapfungen liegenden Windungen wird durch die Widerstände begrenzt. In den Dauerstellungen der beiden Lastschalter sind die Widerstände überbrückt oder ausgeschaltet, so daß sie nur während des Überschaltens belastet werden. Bei Bild 1b ist das Schaltsystem nach Jansen zugrunde gelegt, bei dem die Umschaltung der Lastschalter außerdem noch momentan vor sich geht, was von günstigem Einfluß auf die Belastung der Widerstände und die Abnutzung der Kontakte ist.

In jeder Dauerstellung fließt der Strom über je einen der Kontakte der beiden Lastschalter. Der Strom verläuft von N_1 über L_1 und eine der beiden Stufenwählergruppen K_{1a} oder K_{1b}, über einen Teil der Regelwicklung, — der bei der Spannungsübersetzung $1:1=0$ ist —, ferner über eine der beiden anderen Stufenwählergruppen K_{2a} oder K_{2b} und L_2 nach N_2. Hierbei sind die beiden Stufenwählergruppen mit dem Index a an die geradzahligen Anzapfungen, die beiden Gruppen b an die ungeradzahligen Anzapfungen angeschlossen. Diese Schaltung ist für jede Phase der Reglung einmal auszuführen, stellt also bei einem Drehstromtransformator ein ziemlich verwickeltes Gebilde dar. Auch bei anderen Regelsystemen muß man im allgemeinen mit einer ähnlichen Anordnung von Stufenwählern und Lastschaltern rechnen. Bei den nachfolgend behandelten Schaltungen hat man sich das ausführliche Schaltbild in ähnlicher Weise ergänzt vorzustellen.

Wird die Spannung von N_1 als gleichbleibend, die von N_2 als veränderlich angenommen, so wird die Sättigung des Spartransformators durch Veränderung der Stellung des Kontaktes K_1 verändert, während die Verstellung des Kontaktes K_2 allein eine Veränderung der Spannung von N_2 bei unveränderter Sättigung zur Folge hat. Nimmt man die Spannung von K_2 als gleichbleibend an, so sind die Verhältnisse umgekehrt. Daraus ist sofort zu erkennen, daß die beiden Netze völlig gleichberechtigt sind, daß also eine derartige Schaltung besonders dort von Vorteil ist, wo bei einem Netzknotenpunkt durch die Reglung die verschiedenen Spannungsverhältnisse berücksichtigt werden sollen, die sowohl bei Strombezug als auch bei Stromabgabe jedes der beiden Netze gegeben sind.

Wendet man die Doppelschaltung bei einem Zusatzaggregat, bestehend aus einem Erregertransformator mit Regelwicklung und einem Zusatztransformator an, so ergibt sich die Schaltung nach Bild 2. Der Erregertransformator ist hier als Spartransformator an die gleichbleibende Netzspannung gelegt, und die an die Reglung angelegte Wicklung des Zusatztransformators wird je nach Stellung der Regelkontakte in dem einen oder anderen Sinne erregt, so daß die zusätzliche Spannung der erregten Netzseite spannungvermindernd oder -erhöhend wirkt. Die Kontaktanordnung ist die gleiche, wie bei dem Spartransformator nach den Bildern 1a oder 1b.

Die gleiche Regeleinrichtung läßt sich auch bei einem Haupttransformator mit einer Zusatz-Regelwicklung verwenden (Bild 3). Hier ist angenommen, daß die Hauptwicklung von der konstanten Netzseite her erregt wird, und daß die Spannung des Netzes N_2 allein verändert werden soll. Regel- und Hauptwicklung werden von dem gleichen Kraftlinienstrom induziert, so daß die Spannung einer Stufe unverändert bleibt, gleichgültig welche Stellungen die beiden Regelkontaktbahnen einnehmen.

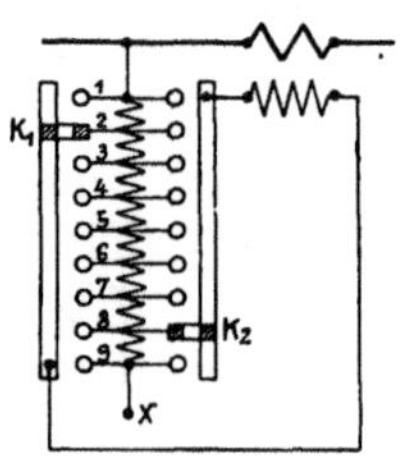

Bild 2. Doppelschaltung bei einem Zusatz-Aggregat.

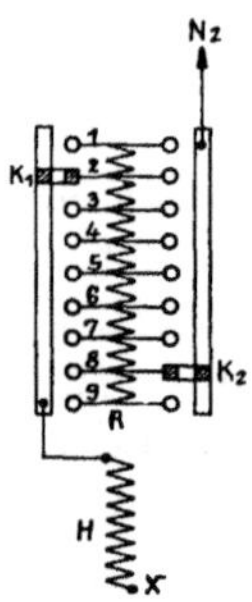

Bild 3. Doppelschaltung mit Leistungstransformator.

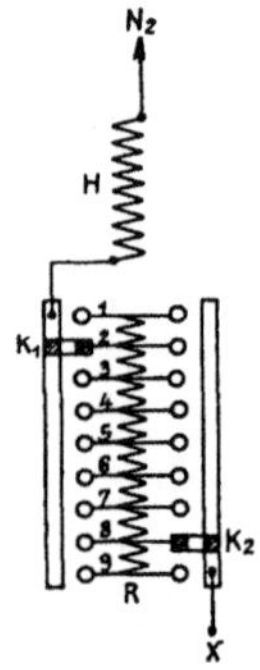

Bild 4. Doppelschaltung am Nullpunkt.

Stehen die beiden Kontakte K_1 und K_2 in den gezeichneten Stellungen, so wird die Regelwicklung der Hauptwicklung gegengeschaltet, so daß die resultierende Spannung kleiner ist als die der Hauptwicklung H. Da sechs Stufen gegengeschaltet sind, so wird die mittlere Spannung des Netzes N_2 um den Betrag von sechs Stufen vermindert. Werden nun die beiden Kontakteinrichtungen aufeinander zu bewegt, so nimmt die Spannung von N_2 zu. Nach drei Schaltschritten stehen die Kontakte K_1 und K_2 auf der Anzapfung 5, und N_2 erhält die mittlere Spannung. Bei dem weiteren Fortschreiten der beiden Kontakte im vorherigen Sinne wird schrittweise die Spannung weiter erhöht, bis N_2 die höchste Spannung von acht zusätzlichen Stufen hat.

Die Schaltungen der Bilder 1 und 3 haben die Eigenschaft, daß die Regelwicklungen über die Regelkontakte unmittelbar an die

Netze angeschlossen werden. Dies vermeidet man gern bei Netzen höherer Spannung mit Rücksicht auf die Durchschlaggefahr bei in den Netzen auftretenden Überspannungen, gegen welche die Regeleinrichtung oft nicht genügend widerstandsfähig ist. Daher zieht man die Reglung im Nullpunkt vor (Bild 4), sofern diese möglich ist. Vergleicht man diese Schaltung mit Bild 3, so ist leicht zu erkennen, daß die Wirkung die gleiche ist, nur daß die Überspannungen des Netzes zuerst in die Hauptwicklung H eintreten, so daß die Regelwicklung geschützt ist. Bei Regeleinrichtungen, die lediglich eine spannungverändernde Kupplung zwischen zwei benachbarten Netzen mit Hilfe eines Spartransformators darstellen, ist eine Reglung im Nullpunkt nicht möglich, weil eine Vertauschung der Netze naturgemäß nur an der dem Netz zugekehrten Seite des Schenkels vorgenommen werden kann.

Die beiden Regelkontaktbahnen der Doppelschaltung können in verschiedener Weise zusammenarbeiten. Mit Rücksicht auf den Antrieb, der am besten beide Einrichtungen gemeinsam schaltet, kuppelt man am einfachsten beide Regeleinrichtungen miteinander. Dann bewegen sich die beiden Kontakte K_1 und K_2 bei einem Schaltschritt der Doppelschaltung gleichzeitig um je eine Stufe in entgegengesetzter Richtung, die Kontakte nähern oder entfernen sich daher gleichzeitig im Verhältnis zueinander. Man verdoppelt die Stufenzahl und halbiert den Schaltschritt, wenn man die gleiche Bewegung der Kontakte wie vorher, aber nacheinander vornimmt. Hierbei ist entweder Voraussetzung, daß die beiden Regelkontaktbahnen um einen halben Schaltschritt gegeneinander versetzt werden, was im allgemeinen nur bei Regelsystemen mit Momentschaltung der Lastschalter möglich ist, oder es müßte ein Getriebe eingebaut werden, das abwechselnd die eine und die andere Regeleinrichtung um einen vollen Schaltschritt bewegt.

Es besteht auch die Möglichkeit, erst die eine, dann die andere Regelkontaktbahn von Anfang bis zu Ende zu schalten. Mit dieser Arbeitsweise ist gleichfalls die doppelte Stufenzahl bei der halben Größe der Schaltschritte zu erreichen. Der Antrieb hierfür wäre besonders auszubilden.

Die Doppelschaltung wird von der Allmänna Svenska A.-B. ausgeführt.

Eine Abart stellt die Schaltung nach Bild 5 dar, die von der General Electric Company für Zusatzaggregate ausgeführt wird. Die mittlere Anzapfung der Regelwicklung wird fest mit der Mitte der Erregerwicklung des Zusatztransformators verbunden, so daß auch beim Öffnen eines der beiden gegenlaufenden Kontakte K_1 und K_2 die Erregung des Zusatztransformators erhalten bleibt. Während des Überschaltens hat also die halbe Regelwicklung die ganze Leistung aufzubringen, wie sie der jeweiligen Belastung entspricht. Während des Dauerbetriebes sind stets beide bewegliche Kontakte geschlossen. Zur Schaltung einer Stufe müssen beide bewegliche Kontakte nacheinander verstellt werden, da die in den Dauerstellungen angeschlossenen Anzapfungen mit Rücksicht auf die andernfalls auftretenden Ausgleichströme symmetrisch zur festen mittleren Verbindung liegen müssen. Die Stufenzahl einer derartigen Reglung ist daher ebenso groß wie die der Regelwicklung. Die Bauart der Regeleinrichtung entspricht dem Regelsystem mit Spannungsteiler, und es ist nur e i n e Regelkontaktbahn erforder-

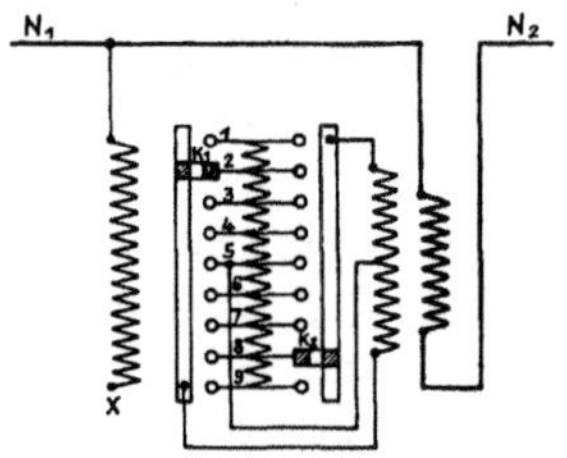

Bild 5. Gegenschaltung mit mittlerem Anschluß der Regelwicklung bei einem Zusatz-Aggregat.

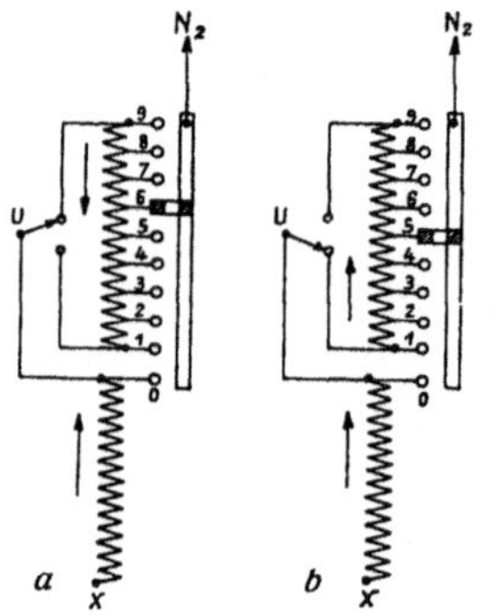

Bild 6. Einpolige Umschaltung, Grundschema.

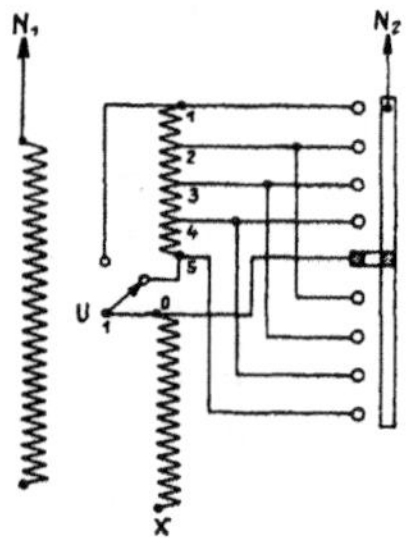

Bild 7. Einpolige Umschaltung mit getrennter Kontaktbahn.

lich, weil, wie bereits erwähnt, hier je einer der beiden Kontakte K_1 und K_2 beim Überschalten infolge des Vorhandenseins der mittleren festen Verbindung geöffnet werden kann. Bei den vorher beschriebenen Schaltungen, beispielsweise nach Bild 1, führt jeder der beiden Schalter K_1 und K_2 stets den Laststrom und darf daher nur unterbrechungslos schalten. Bei der Schaltung nach Bild 5 ist also trotz Verwendung von nur einer Regeleinrichtung erreicht, daß Regel- und Zusatztransformator nur für das halbe Regelbereich zu bemessen sind.

2. Einpolige Umschaltung.

Bei der einpoligen Umschaltung werden die einzelnen Anzapfungen der Regelwicklung zweimal in der gleichen Reihenfolge durchlaufen. Die Schaltungen beim ersten und zweiten Mal unterscheiden sich nur dadurch, daß ein einpoliger Umschalter das eine Mal in der einen, das andere Mal in der anderen Endstellung steht.

Die Bilder 6a und 6b zeigen die grundsätzlichen Schaltungen der beiden Regelbereiche. Die Regelwicklung mit den Anzapfungen *1* bis *9* und die Hauptwicklung mit dem oberen Ende *0* sind durch den gleichen Kraftlinienstrom miteinander verkettet. Bei der Schaltung des Bildes 6a wirkt die elektromotorische Kraft der Regelwicklung der der Hauptwicklung entgegen, die Spannung der Hauptwicklung wird also um den Betrag der eingeschalteten Stufen der Regelwicklung vermindert. Hier ist das obere Ende der Hauptwicklung mit dem oberen Ende der Regelwicklung verbunden. Im Gegensatz dazu ist bei der Schaltung des Bildes 6b das obere Ende der Hauptwicklung mit dem unteren Ende der Regelwicklung verbunden, so daß die elektromotorischen Kräfte beider Wicklungen im gleichen Sinne wirken und die Spannungen sich addieren. Die Schaltung des Bildes 6a stellt daher die Gegen- und die des Bildes 6b die Zuschaltung dar.

Bei beiden Schaltungen bedeutet das Durchlaufen der Anzapfungen im Sinne der wachsenden Zahlen Zunahme der Spannung der Netzseite N_2, wobei vorausgesetzt ist, daß die andere Netzseite, die nicht dargestellt ist, gleichbleibende Spannung hat. Die Anzapfungen werden daher bei Aufwärtsregelung in folgender Reihenfolge durchlaufen:

1 bis 9, Umschaltung, nochmals 1 bis 9.

Das Umlegen des Umschalters und das gleichzeitige Überschalten des beweglichen Kontaktes der Kontaktbahn von der letzten auf die erste Stufe beim Durchlaufen der mittleren Stellungen des Regelbereiches wird bei einer gestreckten Kontaktbahn dadurch erreicht, daß man die Anzapfungen zweimal in der angegebenen Reihenfolge an die Kontaktbahn anschließt und in der Mitte einen Kontakt vorsieht, der mit einem unveränderlichen Potential, beispielsweise mit dem oberen Ende der Hauptwicklung, verbunden wird. Während der so angelegte Mittelkontakt an N_2 angeschlossen ist, wird der Umschalter umgelegt. Bei einer derartigen Kontaktbahn haben der mittlere und die beiden benachbarten Kontakte die gleiche Spannung. Es tritt also, um bei dem Beispiel der Bilder 6a und 6b zu bleiben, bei der Schaltung von 9 über 0 nach 1 keine Veränderung der Spannung ein. Die hierdurch eingeschalteten zwei toten Schaltschritte sind nicht erwünscht. Will man sie vermeiden, so kommt bei einer gestreckten Kontaktbahn die Anordnung des Bildes 7 in Betracht. Hier sind in der Mitte der Kontaktbahn die beiden Enden der Wicklung bei der Reihenfolge der Kontakte ausgelassen, so daß jeder Schaltschritt mit einem Spannungsprung verbunden ist. Eine derartige Regelkontaktbahn hat bei n Stufen der Wicklung $2n$ Regelstufen und $2n + 1$ Kontakte.

Wesentliche Vorteile bietet bei der einpoligen Umschaltung die kreisförmige Kontaktbahn, bei der jede Anzapfung nur einmal angeschlossen wird und der ganze Schaltwinkel bei voller Ausnutzung der Kontaktbahn zwei Schaltschritte weniger als 2×360^0 beträgt. Bild 8 zeigt eine derartige Kontaktbahn mit 4 Stufen der Regelwicklung, also 5 Enden, und 6 Kontakten der Kontaktbahn, deren mittlerer 0 an das Ende der Hauptwicklung angeschlossen ist. Die Regelwicklung ist voll ausgenützt, die Regelkontaktbahn hat aber

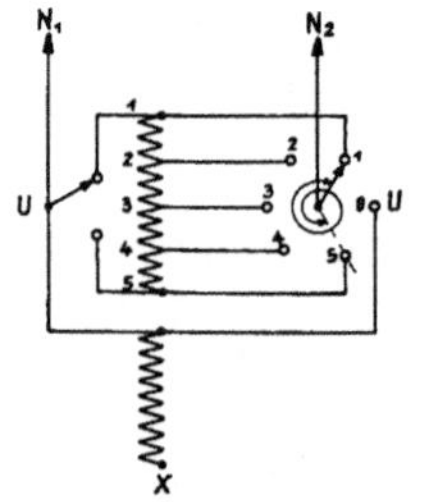

Bild 8. Einpolige Umschaltung bei kreisförmiger Kontaktbahn mit Leerstufen.

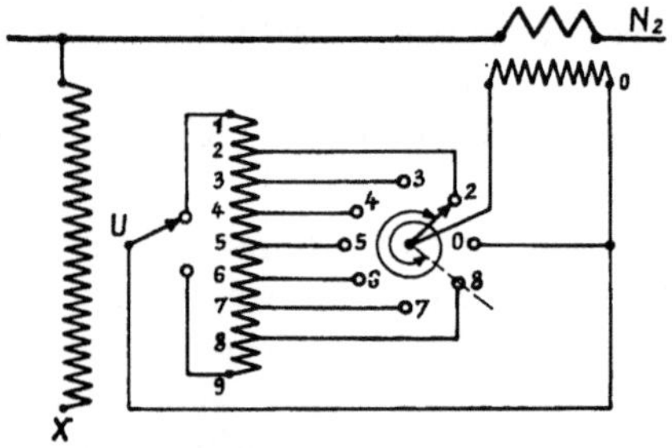

Bild 9. Einpolige Umschaltung bei kreisförmiger Kontaktbahn ohne Leerstufen.

2 tote Schaltschritte. Insgesamt hat diese Kontaktbahn bei n Stufen der Wicklung $2n$ Regelstufen, 2 tote Stufen und $n + 2$ Kontakte.

Bei größeren Stufenzahlen ist die Schaltung nach Bild 9 zu empfehlen. Hier sind, ähnlich wie bei der Schaltung nach Bild 7, auf der Kontaktbahn die beiden Enden der Regelwicklung ausgelassen, so daß die toten Schaltschritte vermieden sind. Dafür wird die Regelwicklung nicht voll ausgenützt, da die Endstufen fortfallen. Eine derartige Kontaktbahn hat bei n Stufen der Regelwicklung $2(n-1)$ Regelstufen und n Kontakte.

Die Umlegung des Umschalters U muß vor sich gehen, während das Netz oder die geregelte Leitung nicht an die Regelwicklung angeschlossen ist, also solange der Kontakt der mittleren neutralen Stellung den Netzstrom führt. Da sich zwischen den beiden umzuschaltenden Kontakten des Umschalters die ganze Regelwicklung befindet, so müssen die Schaltwege des Umschalters für ein Vielfaches der Stufenspannung bemessen werden. Es ist daher konstruktiv nicht ganz einfach, den ganzen Umschaltweg in die kurze zur Verfügung stehende Schaltstrecke einzuschalten, wenn man nicht allein aus diesem Grund ein oder mehrere tote Schaltschritte einfügen will. Am besten eignet sich für das Zusammenarbeiten mit derartigen Umschaltern ein Lastschalter mit Momentschaltung, weil dieser den längsten Schaltweg für die Umschaltung übrig läßt.

Die Umschaltung der beiden Enden der Regelwicklung bringt es mit sich, daß die Regelwicklung in der Zeit, die zwischen dem Abschalten des einen Endes bis zum Anschließen des anderen liegt, an kein Potential angeschlossen ist, was bei Hochspannung ohne besondere Maßnahmen zu Ladeerscheinungen zwischen den spannungführenden Teilen und dieser Wicklung führen würde. Man muß daher in dieser Zeit die Regelwicklung mit Hilfe von hochohmigen Widerständen an ein bestimmtes Potential anlegen, wozu man entweder die Mitte der Regelwicklung dauernd an das Netz mit gleichbleibender Spannung anschließt oder besondere Schalteinrichtungen vorsieht, die dies bewerkstelligen, solange es erforderlich ist.

Bezüglich der mit einpoliger Umschaltung geregelten Arten von Transformatoren ist zu sagen, daß die Regelung ausgeführt werden kann bei Leistungstransformatoren (Bild 7), Spartransformatoren (Bild 8) und Zusatzaggregaten (Bild 9). Für Spartransformatoren gilt dies jedoch nur mit der sehr wesentlichen Beschränkung, daß die eine Netzseite konstant, die andere nach oben und unten geregelt sein muß, also für Zu- und Gegenschaltung. Die symmetrische Schaltung bei Spartransformatoren, die in den meisten Fällen erwünscht ist, läßt sich nicht ausführen.

3. Zweipolige Umschaltung.

Die zweipolige Umschaltung besteht, kurz gesagt, in der Vertauschung der beiden zur Regelwicklung führenden Zuleitungen, deren eine an das feste Ende der Regelwicklung und deren andere an den beweglichen Regelkontakt angeschlossen wird. In den Bildern 10a und b ist eine derartige Umschaltvorrichtung dargestellt, und man erkennt, daß in den beiden Schaltstellungen des Umschalters bei der gleichen Richtung des Stromes in den Zuleitungen sich die Stromrichtung in der Schaltspule umkehrt.

Diese Umschaltung läßt sich für alle auftretenden Fälle anwenden und ist besonders geeignet für den Hauptfall eines Spartransformators mit fest an die Sparwicklung angeschlossener Durchgangswicklung und für symmetrische Schaltung der beiden Netzanschlüsse, eine Schaltung, die man mit „Netzvertauschung" bezeichnen kann. Derartige zweipolige Umschaltvorrichtungen sind von der AEG zum Patent angemeldet worden.

Es soll angenommen werden, daß es sich bei Bild 10 um die Durchgangswicklung eines Spartransformators handelt. Dann sind die beiden von außen an den Umschalter herangeführten Leitungen die Anschlüsse der beiden durch den Regeltransformator verbundenen Netze. Bei Bild 10a ist durch den Umschalter *U* das obere feste Ende der Wicklung mit N_2 verbunden, während der bewegliche Kontakt der Regeleinrichtung an N_1 geführt ist. N_2 habe gleichbleibende Spannung, dann verändert sich die Spannung von N_1 mit

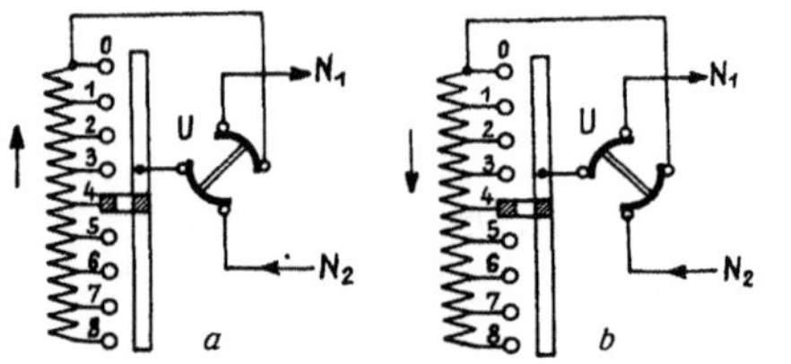

Bild 10. Zweipolige Umschaltung, Grundschema.

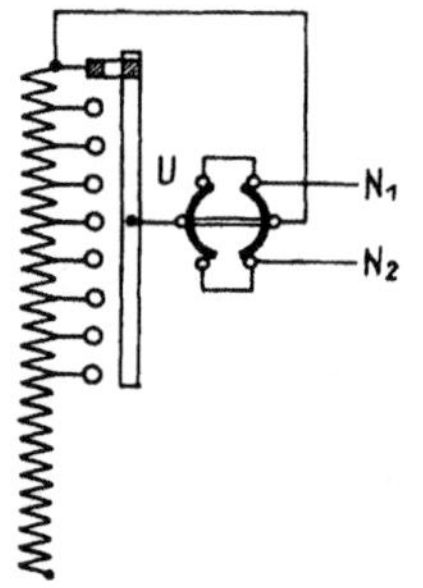

Bild 11. Zweipolige Umschaltung bei einem Spartransformator.

der Verstellung des Regelkontaktes und nimmt in Kontaktstellung *O* den gleichen Betrag an wie die Spannung von N_2. Wird der Umschalter bei der Übersetzung 1 : 1 umgelegt, so erhält man Bild 10b. Während der Umschaltung würde eine Unterbrechung des Stromes eintreten, so daß beide Netze vorübergehend voneinander und von der Regelwicklung getrennt würden, wenn der Schalter *U* nach Bild 10 verwendet werden würde. Dieser ist also noch nicht geeignet, vielmehr muß er ohne Unterbrechung arbeiten und gemäß Bild 11 ausgebildet werden. Wenn man von der fehlerhaften Bauart des Umschalters des Bildes 10 absieht und von Stellung *0* auf *1* schaltet, so wird das gleichbleibende Netz N_2 an Kontakt *1* gelegt. Die Spannung von N_1 steigt also weiter bei gleichzeitiger Sättigungsveränderung des Transformators, bis bei Kontaktstellung *8* die höchste Spannung von N_1 erreicht ist.

Wird angenommen, die Spannung N_1 bleibe gleich, so ergeben sich die gleichen Wirkungen für die Änderung der Spannung von N_2

wie vorher bei N_1, die Schaltung ist also symmetrisch für beide Netzanschlüsse. Der ideale Fall, bei dem keine Veränderung der Sättigung eintritt, ist der, bei dem in dem einen Regelbereich (Bild 10a) N_2, in dem anderen (Bild 10b) N_1 gleichbleibende Spannung hat.

Bild 11 stellt die Schaltung eines Spartransformators mit einem richtig ausgebildeten Umschalter während der Vornahme der Umschaltung in der Mittelstellung dar. Man erkennt, daß alle Pole des Umschalters gleiches Potential haben und daher miteinander verbunden werden können. Dies ist auch Bedingung für die Umschaltung, denn die Netze dürfen nicht voneinander und von der Wicklung elektrisch getrennt werden, weil sonst die Unterbrechungsstellen durch den einen Lichtbogen bildenden Netzstrom überbrückt

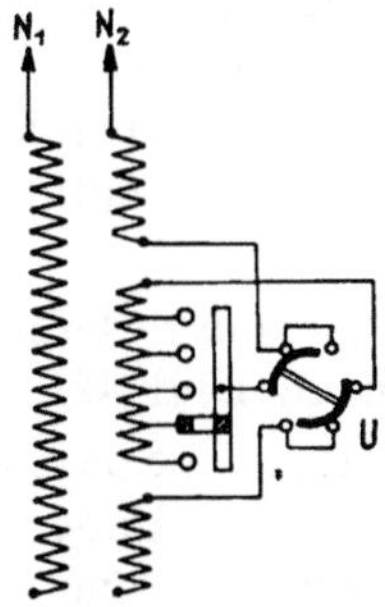

Bild 12. Zweipolige Umschaltung, Regelwicklung in Schenkelmitte.

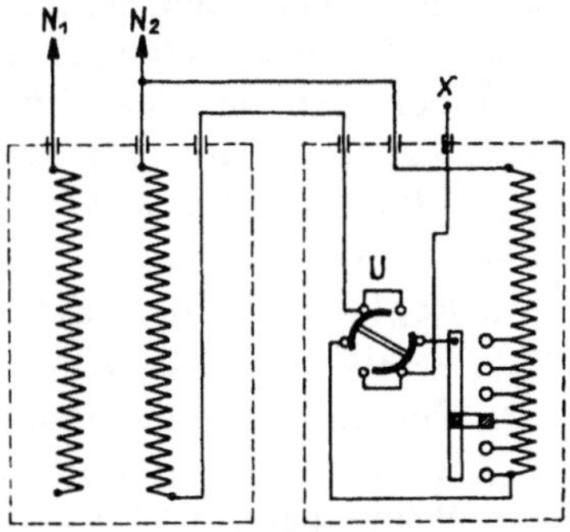

Bild 13. Zweipolige Umschaltung bei Zusatz-Aggregaten.

werden würden. Der Umschalter schließt daher erst seine neuen Kontaktstellungen, ehe er die alten unterbricht, und während des ganzen Umschaltvorganges ist die Regelwicklung über den Umschalter mit den beiden über diesen geführten Leitungen stromleitend verbunden. Außerdem kann das eine Ende der Regelwicklung dauernd fest mit der Sparwicklung verbunden sein, ohne daß die Wirkungsweise geändert wird.

Die Einrichtung hat weiter die charakteristische Eigenschaft, daß die Anzapfungen beim Durchlaufen der ganzen Reglung in der einen Hälfte des Regelbereiches in der einen, bei der anderen Hälfte in der anderen Richtung durchlaufen werden, so daß es die nächstliegende Lösung wäre, den Antrieb in der Mitte des Regelbereiches gleichzeitig mit dem Umlegen des Umschalters kehrt machen zu lassen und eine Kontaktbahn von der halben Länge vorzusehen. Es hat sich jedoch ergeben, daß es nach dem jetzigen Stand der Entwicklung bequemer ist, die Anzapfungen je zweimal, und zwar beiderseits symmetrisch zu dem Kontakt mit der Spannungs-Übersetzung 1 : 1 anzuordnen, weil dann die verhältnismäßig verwickelten Einrichtungen zur Umkehrung des Gestängedrehsinns mitten im Regelvorgang in Fortfall kommen.

Erleichternd für die Herstellung derartiger Umschaltvorrichtungen ist die Eigenschaft, daß die an die einzelnen Kontakte der Stufenwähler angeschlossenen Anzapfungen in der richtigen Reihenfolge zusammengeschaltet werden, und daß Spannungsprünge größeren Umfanges, wie bei der einpoligen Umschaltung, vermieden werden. Dies folgert aus der Reihenfolge der Anzapfungen während der Reglung, die bei $\pm$ 8 Stufen folgendes Bild ergibt:

$$-8, -7, -6, -5, -4, -3, -2, -1, \quad 0, +1, +2, +3, +4, +5, +6, +7, +8,$$

wobei die Zahlen die Nummern der Anzapfung bedeuten und das Vorzeichen die Schaltstellung des Umschalters angibt.

Außer den in den früheren Abschnitten bereits erwähnten Schaltungen, die alle mit der zweipoligen Umschaltung ausführbar sind, sollen nachstehend noch drei bemerkenswerte Schaltungen angeführt werden:

1. Reglung in der Schenkelmitte bei Stern- oder Dreieckschaltung eines Leistungstransformators nach Bild 12.
2. Reglung eines Leistungstransformators durch einen Spartransformator am Nullpunkt (Bild 13). Anfänge und Enden der Wicklungen von Haupt- und Regeltransformator sind über Deckel geführt. Die mit dem Netz verbundenen Anschlüsse des Leistungstransformators werden gleichzeitig an die Enden der Sparwicklung angeschlossen, während der offene Nullpunkt über den zweipoligen Umschalter an die Regelwicklung des Spartransformators geführt wird. Die Netzspannung der geregelten Seite des Haupttransformators wird also durch Verlegung des Nullpunktes im Spartransformator verändert, und die Regeleinrichtung ist auf diese Weise vor den Überspannungen des Netzes geschützt.

   Der Nullpunkt ist über Deckel geschlossen. Durch Umklemmen über Deckel läßt sich daher der gleiche Regeltransformator auch so umklemmen, daß er für Reglung an den Netzklemmen oder für Dreieckschaltung verwendbar ist.
3. Reglung eines Leistungstransformators durch einen Zweiwicklungs-Regeltransformator in Stern- oder Dreieckschaltung. Diese Schaltung unterscheidet sich in der Hauptsache von dem vorher beschriebenen Fall (Bild 13) durch die Zweiwicklungs-Anordnung des Regeltransformators. Hierbei ist es also möglich, die Primärwicklung des Regeltransformators so zu

wählen, daß möglichst günstige Verhältnisse bezüglich Strom und Spannung eintreten. Die geregelte Wicklung des Haupttransformators kann auch hier in Stern oder Dreieck geschaltet sein. Voraussetzung ist auch hier, daß die Stromstärke der geregelten Wicklung durch die ausführbaren Schalteinrichtungen bewältigt werden kann. Andernfalls muß ein Regelaggregat, bestehend aus zwei Transformatoren, gewählt werden, dessen Regeltransformator als Spar- oder Zweiwicklungstransformator ausgebildet sein kann. Bei richtiger Wahl der Regelspannung kann mit dieser Einrichtung jede praktisch vorkommende Netzstromstärke bewältigt werden.

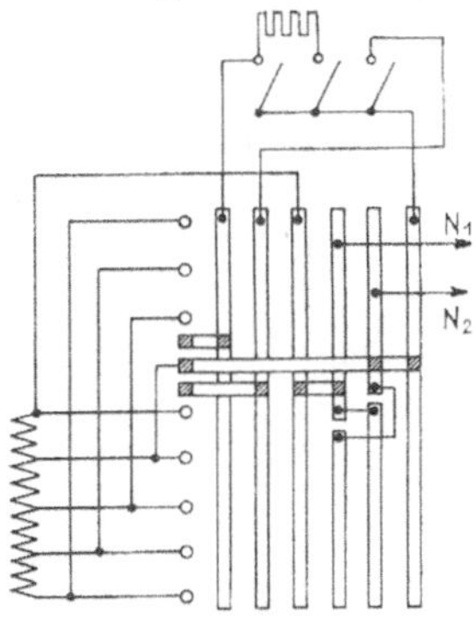

Bild 14. Zweipolige Umschaltung, Luftkontaktbahn.

4. Ausführungsbeispiele der AEG.

a) Getrennte Regeleinrichtung mit Luftkontaktbahn.

Die Bilder 14 und 15 zeigen eine Luftkontaktbahn mit zweipoliger Umschaltung durch Umschaltschienen.

Diese älteste von der AEG entwickelte Umschaltvorrichtung ist in beträchtlicher Stückzahl bei getrennten Regeleinrichtungen für Innenraumaufstellung im Betrieb. Die Anzapfungen der Regelwicklung sind mit Ausnahme der der mittleren Spannungsübersetzung zweimal an die Kontaktbahn herangeführt. Die zweipolige Umschaltung wird bei der mittleren Kontaktstellung durch in geeigneter Weise angeordnete Kontaktschienen vorgenommen. Die über die einzelnen Anzapfungen gleitende Kontakteinrichtung besteht aus drei gegeneinander isolierten Teilen, die durch die eigentlichen Lastschalter mitein-

Bild 15. Zweipolige Umschaltung, Luftkontaktbahn.

ander leitend verbunden werden können. Zum Anschluß der Lastschalter sind gleichfalls Stromschienen vorgesehen. Durch die Lastschalter werden die unvermeidlichen Lichtbögen und Verbrennungen der Kontakte von der Kontaktbahn fortgenommen und an eine bestimmte bequem zugängliche Stelle verlegt, und die Umschaltungen an den Schienen werden im stromlosen Zustand vorgenommen. Zum Überschalten von Stufe zu Stufe dient ein Widerstand. Die Umschaltung bei der mittleren Schaltstellung muß vollzogen sein, ehe die neu zu schaltende Anzapfung durch die Kontaktbahn berührt wird.

Bild 16. 60 kV-Regeleinrichtung, getrennte Aufstellung.

Diese Umschalteinrichtung der Regelwicklung ist einfach und übersichtlich, kann aber nur in Luft und bei Spannungen bis höchstens 30 kV Verwendung finden.

Es hat sich jedoch in immer stärker werdendem Maße der Bedarf für Transformatoren-Regeleinrichtungen herausgestellt, die für höhere Spannungen Verwendung finden, mit dem Transformator zusammengebaut werden und für Aufstellung im Freien geeignet sind. Deshalb wurden eingebaute Regelvorrichtungen entwickelt, die sowohl nach dem Spannungsteilersystem, als auch mit Überschalt-Widerständen arbeiten.

b) Getrennte Regeleinrichtung mit Ölkontaktbahn.

Die älteste Ausführung mit Stufenwähler und Lastschalter unter Öl stellt in ihrer vom Transformator getrennten Bauart eine Übergangsform dar. Es ist dies die Regeleinrichtung mit Stufenwähler in Schaltwalzenform für 60 kV mit angebautem einpoligem Umschalter nach den Bildern 16 und 17. Die Schaltwalze ist etwa nach Art des Bildes 8 geschaltet, es sind also zwei tote Schaltschritte zur Umlegung des Umschalters vorgesehen. Sowohl die Walzenkontakte als auch die Stromabnehmerfinger sind an senkrecht im Öl stehende Hartpapierprofile angeklemmt und für die volle Spannung isoliert, der oberhalb der Walze befindliche Umschalter wird durch einen malteserartigen Antrieb umgelegt. Die Lastschalter sind oberhalb des Ölbehälters angeordnet, werden durch Innenraum-Isolatoren getragen und arbeiten mit Überschalt-Widerständen. Sämtliche Anzapfungen müssen durch den Deckel geführt werden, wozu Mehrfach-Durchführungen dienen. Das Klinkwerk für die Momentschaltung der Lastschalter ist mit dem Antrieb an der Außenseite des Ölbehälters angebracht.

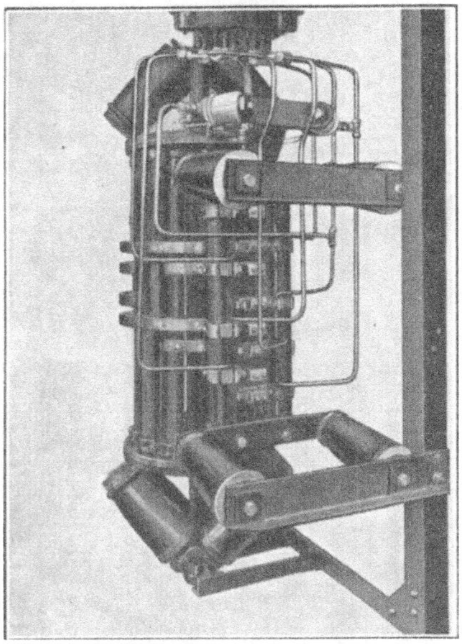

Bild 17. Kontaktbahn der Regeleinrichtung nach Bild 16.

c) Eingebaute Regeleinrichtung mit einpoliger Umschaltung.

Eine ähnliche Schaltwalze wie vorher beschrieben, enthält das Regelaggregat nach Bild 18. Hier ist jede Anzapfung zweimal angeschlossen und alle Kontakte liegen in zwei Ebenen senkrecht zur Drehachse. Während so die beiden Gruppen des Stufenwählers einer Phase zwei Etagen bilden, sind in der dritten Etage die Umschaltschienen zum Zwecke der einpoligen Umschaltung angeordnet. Die Kontaktbahn hat einen kleineren Arbeitswinkel als 360°. Diese Stufenwähler sind in den Ölraum des Transformators eingebaut und werden daher für Freiluft verwendet. Bild 19 stellt eine Serie derartiger Regeleinrichtungen, zusammengebaut mit dem Regelaggregat, für 15000 kVA und 10 kV dar. Die Lastschalter werden durch die Freiluft-Durchführungen des Deckels getragen und sind oberhalb der zugehörigen Stufenwähler mit Hilfe einer durch den Deckel geführten Antriebwelle mit diesen verbunden. Die Schaltung entspricht etwa dem Schema des Bildes 8, die Stufenzahl ist ± 7.

Bild 18. Eingebauter Regler mit einpoliger Umschaltung und Regelaggregat.

Bild 19. Außenansicht des Reglers nach Bild 18.

Die nachstehend beschriebenen zweipoligen Umschaltvorrichtungen sind für alle vorkommenden Fälle, insbesondere für Spartransformatoren, sowie für Freiluftausführung geeignet und werden so in die Wirkungsweise der Regeleinrichtung eingeschaltet, daß Leerstufen vermieden werden, so daß bei Motorantrieb der Reglung nicht zu merken ist, wenn der Umschalter in Kraft tritt. Bei Handantrieb ist die Überschaltung fühlbar, weil zur Betätigung des Umschalters ein größeres Drehmoment benötigt wird als bei einer gewöhnlichen Schaltstufe.

d) Zweipolige Umschaltung mit Spannungsteiler-Schaltung.

Zwei Lastschalter L_1 und L_2 (Bild 20) stellen die Verbindung zwischen zwei Kontaktgruppen K_1 und K_2 und den beiden Enden eines Spannungteilers *Sp* her, dessen Mitte an den Umschalter *U* angeschlossen ist. Dieser Kontakt am Umschalter stellt also die geregelte Zuleitung zur Wicklung dar, denn die beiden Kontaktgruppen sind an die Anzapfungen angeschlossen. Es ist ein zweiteiliger Stufenwähler mit 2×8 Kontakten vorgesehen, und die Anzapfungen sind mit Ausnahme der ersten und letzten je zweimal in jeder Kontaktgruppe vertreten. Die Umlegung des Umschalters soll auf Kontakt *0* vorgenommen werden. Der Kontakt *4* würde also in jeder der beiden Drehrichtungen des beweglichen Kontaktes das Ende des Regelbereiches abgeben. Die zeitliche Aufeinanderfolge der einzelnen Schaltvorgänge ist aus Bild 21 zu erkennen. Es ist die Aufgabe gestellt, ohne einen toten Schaltschritt die Umschaltung während der Spannungsübersetzung 1 : 1, also während der Spannungsteiler beiderseits an die Anzapfung *0* angeschlossen ist, zu vollziehen. Bild 21 zeigt die drei mittleren Stellungen — 1,0 und + 1, in denen beide Lastschalter geschlossen sind. Zum Schalten einer Schaltstufe wird vorübergehend ein Lastschalter geöffnet, der Stufenwähler um eine Anzapfung verstellt und dann der geöffnete

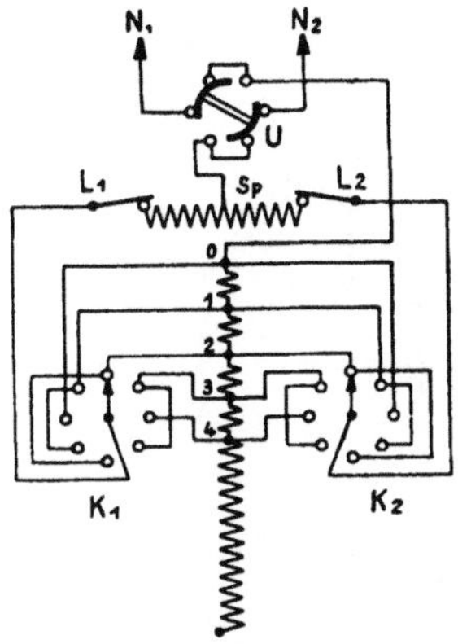

Bild 20. Reglung mit Spannungsteiler und zweipoliger Umschaltung.

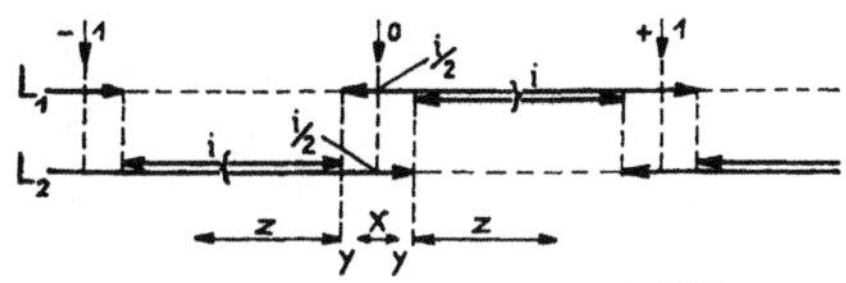

Bild 21. Taktbild einer Reglung nach Bild 20.

Lastschalter wieder geschlossen. In Schaltstellung 0, also bei Spannungsübersetzung 1 : 1, sind die Kontakte K_1 und K_2 an die Anzapfung *0* angeschlossen, alle Kontakte des Umschalters haben also gleiches Potential. Wird L_1 oder L_2 unterbrochen, so fließt der Netzstrom nur über die eine Hälfte des Spannungsteilers, so daß dieser als Drosselspule einen Spannungsabfall erzeugt. Alsdann haben die Kontakte des Umschalters nicht mehr gleiches Potential. Daher steht für das gleichzeitige Berühren aller Kontakte des Umschalters untereinander nur die Schaltstrecke des Reglers zur Verfügung, in der die Anzapfung *0* über L_1 und L_2 parallel mit U verbunden ist, vorausgesetzt, daß der Umschalter nicht unter Spannung schalten darf. Dies ist aber wieder Bedingung, wenn der Umschalter in einen Ölraum mit dem Transformator eingebaut werden soll.

Die Aufgabe ist dadurch erleichtert, daß die Kontakte des Umschalters erst um einen verhältnismäßig geringen Betrag geöffnet zu haben brauchen, entsprechend der Spannung einer Schaltstufe, also 1 bis 3 vH der Phasenspannung, wenn die Öffnung von L_1 oder L_2 beginnen kann. In Bild 21 ist mit x die Schaltstrecke bezeichnet, die ein gleichzeitiges gegenseitiges Berühren aller Umschaltkontakte gemäß Bild 11 zuläßt. Die beiden Schaltstrecken y sind erforderlich, um den nötigen Abstand der Kontakte zu erzeugen, ehe der Lastschalter L_1 oder L_2 geöffnet wird.

Offenbar sind die gemäß Bild 21 für die Umschaltung zur Verfügung stehenden Schaltwege sehr gering, und es mußte eine Bauart

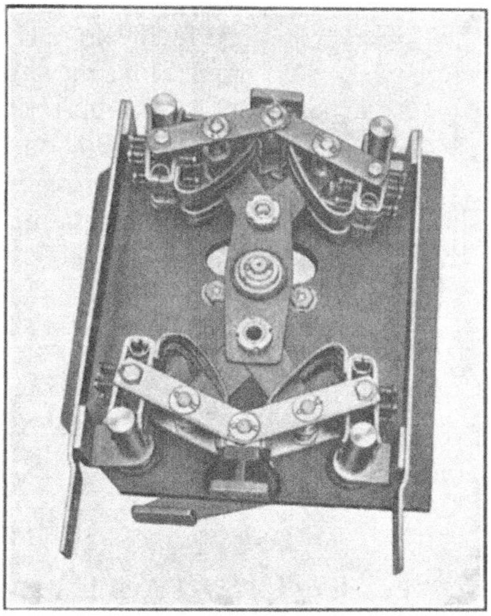

Bild 22. Zweipoliger Umschalter des Regel-Transformators nach Bild 20.

gewählt werden, bei der die gleichzeitige Berührung aller Kontakte nur einen sehr geringen Betrag des für die Umschaltung benötigten Schaltweges ausmachte. Die für diesen Zweck gefundene Lösung stellt Bild 22 dar. Unter Anwendung von Kniehebeln wird bei diesem Umschalter erreicht, daß die Zeit der gleichzeitigen Berührung aller Kontakte beliebig kurz gewählt werden kann. Zur Betätigung des Umschalters ist ein Getriebe vorgesehen, das nur in der Schaltstellung 0 zum Eingriff kommt und hier eine sehr beträchtliche Übersetzung hat. Der durch die Schaltstrecke y erzeugte Abstand der Kontakte a und b voneinander reicht nur für eine Stufe. Er muß nachträglich so weit vergrößert werden, daß er für den ganzen Regelbereich ausreicht. Zu diesem Zwecke hört die Bewegung des Umschalters erst auf, wenn auch noch die Schaltstrecke *z* zurückgelegt ist. Bild 23 zeigt einen 15 000 kVA-Transformator in dieser Ausführung.

Bild 23. Ansicht des Regeltransformators mit Schaltung nach Bild 20.

e) Anwendung der zweipoligen Umschaltung bei Momentlastschaltern und Überschaltwiderständen.

Der vollständige Schaltplan (Bild 24) der Regeleinrichtung für eine Phase eines Spartransformators enthält zwei Kontaktgruppen, von denen K_I mit den geradzahligen, K_{II} mit den ungeradzahligen Anzapfungen verbunden ist. Jede Anzapfung mit Ausnahme von 0 ist zweimal an den Stufenwähler angeschlossen. Die beiden Hauptkontakte L_I und L_{II} des Lastschalters sind einerseits mit den Ableitungen der beiden Kontaktgruppen, anderseits über die Überschaltwiderstände mit ihren Vorkontakten verbunden. Während des momentanen Überschaltens von einer gerade eingeschalteten auf die eine der beiden nächstliegenden Anzapfungen werden die Widerstände vorübergehend vom Netzstrom durchflossen, und in der Mittelstellung lagert sich über diesen der durch die beiden Widerstände in Serie begrenzte Kurzschlußstrom der Windungen zwischen den in Frage kommenden Anzapfungen. Die benachbarten Anzapfungen liegen stets auf verschiedenen Stufenwählergruppen, die Umschaltung geschieht also von der einen auf die andere Stufenwählergruppe. In den Dauerstellungen sind die Widerstände überbrückt oder ausgeschaltet. Da der ganze Überschaltvorgang in etwa $^1/_{20}$ s vollzogen ist, so werden die Widerstände nur einen Teil dieser Zeit eingeschaltet und sehr schwach beansprucht. Durch die Momentschaltung wird außerdem der Abbrand der Kontakte sehr gering. Der Umschaltkontakt L sowie das feste Ende O der Regelwicklung werden an den Umschalter U herangeführt und können durch diesen mit den beiden Netzanschlüssen parallel oder gekreuzt verbunden werden. Es wird in der gezeichneten Schaltstellung N_2 an O, N_1 an L gelegt, in der anderen Schaltstellung des Umschalters N_1 an O, N_2 an L.

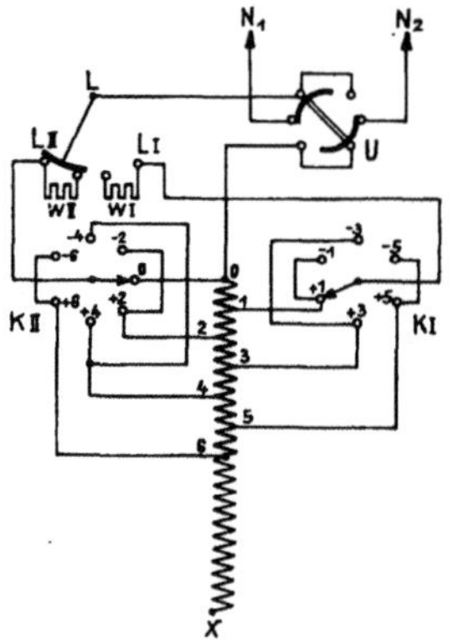

Bild 24. Regler mit Widerstands-Momentschaltung nach Jansen mit zweipoliger Umschaltung.

Der ganze Schaltvorgang einer Stufe erfordert außer dem Umschalten des Lastschalters auch das Wählen einer neuen An-

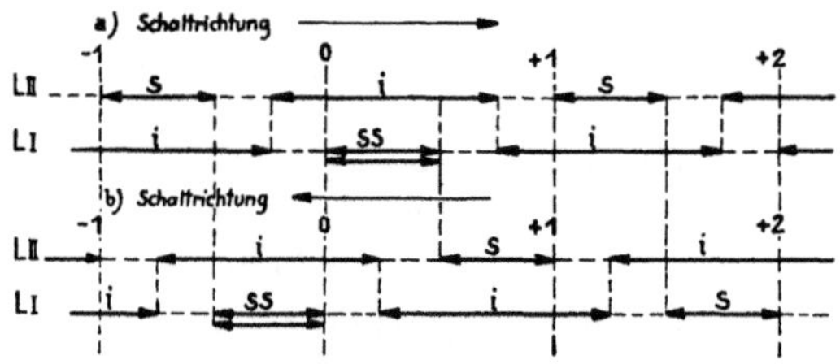

Bild 25. Taktbild der Schaltung nach Bild 24.

zapfung durch den Stufenwähler. Die Taktmäßigkeit einer Stufenschaltung vollzieht sich nach Bild 25. In diesem sind die mittleren Schaltstellungen (— 1, 0, + 1, + 2) dargestellt, und zwar für Aufwärts- und Abwärtsreglung. Beim Schalten einer Stufe wird etwa auf der ersten Hälfte des Schaltweges der Stufenwähler, der nicht vom Strom durchflossen wird, auf die nächste Anzapfung umgelegt. Die hierfür erforderliche Schaltstrecke ist mit *S* bezeichnet. Auf etwa dem halben Weg des übrigbleibenden Schaltweges schaltet der Lastschalter momentan auf die neu gewählte Anzapfung, und der Antrieb kommt zur Ruhe, ehe der Stufenwähler beginnt, sich von neuem zu bewegen. Die Strecken, auf denen der Lastschalterkontakt L_I bzw. L_{II} vom Netzstrom durchflossen wird, sind mit *i* bezeichnet. Da der Lastschalter nur umschalten darf, wenn beide Stufenwählergruppen ihren Kontakt geschlossen haben, so folgt daraus, daß beim Umkehren der Drehrichtung des Antriebes die vorher in der entgegengesetzten Richtung vorgenommene Schaltung erst einmal zurückgeschaltet werden muß. Hierbei dürfen aber die Stufenwählerkontakte nicht verstellt werden, weil anderenfalls dieser Schaltschritt sich über mehr als eine Stufe erstrecken würde. Wird also zurückgeschaltet, so bleibt der Stufenwähler während des ersten Schaltschrittes unverändert stehen.

Verfolgt man die Verhältnisse beiderseits der Schaltstellung 0, so ergibt sich, daß die Kontaktgruppe K_I der ungeraden Anzapfungen stets erst verstellt wird, nachdem die Stellung 0 überschritten wird, und daß nach dem Überschreiten noch 75 vH des Schaltweges vergehen, ehe der Lastschalter momentan umschaltet. Bis dahin müssen die Kontakte von *U* umgelegt sein. Man erkennt weiter, daß der Umschalter gleichzeitig mit der Kontaktgruppe K_I geschaltet werden kann, während L_{II} auf Anzapfung 0 geschaltet ist.

Auf dieser Grundlage ist der Umschalter als besonderer Apparat ausgebildet und mit dem Stufenwähler so zu einem Ganzen vereinigt, daß er durch einen Maltesertrieb von der Kontaktgruppe K_I aus umgelegt wird, während N_1 und N_2 gleiche Spannung haben. In Bild 25 sind die Schaltstrecken, die zur Umschaltung des Stufenwählers dienen, mit *S* bezeichnet, dagegen die, welche die gleichzeitige Umschaltung des Stufenwählers und des Umschalters *U* angeben, mit *SS*. Dabei ist es nicht erforderlich, daß der Umschalter auf der Schaltstrecke *SS* seinen vollen Schaltweg, entsprechend den Abständen für die ganze Regelwicklung, ausführt, denn nach zwei weiteren Schaltstufen macht die gleiche Kontaktgruppe der Stufenwähler wiederum eine Schaltbewegung, so daß hier die Schaltbewegung des Umschalters vollendet werden kann, während auf der Strecke *SS* die Umschalterkontakte nur einen der Spannung von zwei Schaltstufen entsprechenden Abstand zu erreichen brauchen.

Man erkennt, daß die Bedingungen für die Bewegung des Umschalters bei diesem System recht günstig sind, und daß es sich hier bequem erreichen läßt, die Umschaltung ohne einen toten Schritt der Reglung vorzunehmen. Mit einem nach diesen Grundsätzen ausgebildeten Stufenwähler, verbunden mit Umschalter, lassen sich daher alle Bedingungen erfüllen, die man an eine Umschaltung zwecks Umkehrung des Regelsinns der Regelwicklung stellen kann.

Thermische Kurzschlußbeanspruchung von Transformatoren.

Von R. Küchler.

Von Leistungs-Transformatoren verlangt man mit Recht eine unbedingte Kurzschlußsicherheit, um gegen alle betriebsmäßig vorkommenden Zufälle gewappnet zu sein. Sie müssen daher den höchstmöglichen Kurzschlußstrom kurzzeitig aushalten können, der bekanntlich bei sekundärem Klemmenkurzschluß und unverminderter Primärspannung auftritt. Spar- bzw. Zusatz-Transformatoren und Stromwandler, also Apparate mit sehr geringer Eigenimpedanz, lassen sich dagegen nur mit bedingter Kurzschlußfestigkeit herstellen. Bei ihnen ist es deshalb üblich, den höchstzulässigen Kurzschlußstrom als ein bestimmtes Vielfaches des Nennstromes anzugeben.

Der Kurzschlußstrom beansprucht die Wicklungen des Transformators in doppelter Hinsicht, nämlich dynamisch und thermisch. Maßgebend für die dynamische Beanspruchung ist im wesentlichen die Stoßamplitude des Kurzschlußstromes, für die thermische aber der Dauerkurzschlußstrom und die Abschaltzeit. Das Hauptinteresse galt bisher im allgemeinen der dynamischen Beanspruchung, da bei genügend kurzen Abschaltzeiten Erwärmungschwierigkeiten kaum auftreten können. Im Laufe der Zeit haben sich die Verhältnisse jedoch insofern gewandelt, als immer häufiger relativ lange Abschaltzeiten, nämlich solche von der Dauer mehrerer Sekunden, vorgeschrieben werden. Es erscheint daher angezeigt, die Frage der Kurzschlußerwärmung einer genaueren Betrachtung zu unterziehen.

Die relative Höhe des Dauerkurzschlußstromes ergibt sich bei normalen Transformatoren aus der Kurzschlußspannung, in allen anderen Fällen aus den hierfür maßgebenden Vorschriften. Die Richtigkeit der Ansicht, daß das schnell abklingende Gleichstromglied des Kurzschlußstromes ohne Bedeutung für die Erwärmung ist, wird durch folgende Überlegung bestätigt.

Der ungünstigste Fall in thermischer Hinsicht ist offenbar der, bei welchem der Kurzschlußbeginn mit dem Höchstwert des Dauerkurzschlußstromes zeitlich zusammenfällt, da der Anfangswert des Gleichstromgliedes hierbei seinen Höchstwert, nämlich den des Scheitelwertes des Dauerkurzschlußstromes erreicht. Bezeichnet man dessen Effektivwert mit J_w, so ergibt sich hierfür der Momentanwert i_g des Gleichstromgliedes nach einer Zeit t bei einem ohmschen Spannungsabfall u_r, einer Streuspannung u_s und einer Winkelgeschwindigkeit ω zu

$$i_g = \sqrt{2} \cdot J_w \cdot e^{-\frac{u_r}{u_s}\omega t}. \qquad (1)$$

Der quadratische Mittelwert des Gleichstromes ist also für das Zeitintervall 0 bis t

$$J_g = \sqrt{\frac{2 \cdot J_w^2}{t} \int_0^t e^{-2\frac{u_r}{u_s}\omega t}\, dt},$$

woraus folgt

$$J_g = J_w \sqrt{\frac{\frac{u_s}{u_r}}{\omega t}\left(1 - e^{-2\frac{u_r}{u_s}\omega t}\right)} \qquad (2)$$

Ohne einen merklichen Fehler zu begehen, kann das abklingende Gleichstromglied durch einen konstanten Gleichstrom von der Größe des quadratischen Mittelwertes J_g ersetzt werden. Mit dieser Vereinfachung wird der Effektivwert des resultierenden Kurzschlußstromes

$$J_k = \sqrt{J_w^2 + J_g^2} \qquad (3)$$

Aus den Gleichungen (2) und (3) errechnet sich der Wärmezuwachs durch das Gleichstromglied zu

$$\frac{J_k^2 - J_w^2}{J_w^2} = \frac{\frac{u_s}{u_r}}{\omega t}\left(1 - e^{-2\frac{u_r}{u_s}\omega t}\right) \approx \frac{\frac{u_s}{u_r}}{\omega t} \qquad (4)$$

Nimmt man beispielsweise an

$$\frac{u_s}{u_r} = 10, \quad \omega = 314\ \mathrm{s}^{-1}, \quad t = 1\ \mathrm{s},$$

so erhält man

$$\frac{J_k^2 - J_w^2}{J_w^2} = \frac{10}{314} = 3{,}2\ \mathrm{vH}.$$

Der Einfluß des Gleichstromgliedes ist also selbst in extremen Fällen für die vorliegende Betrachtung zu vernachlässigen.

Die durch den Kurzschlußstrom in der Zeiteinheit erzeugte Wärme ist in hohem Maße temperaturabhängig, da der Gleichstromwiderstand des Kupfers bei den hier in Betracht kommenden Erwärmungen erheblich zunimmt. Der Hauptanteil der Kupferverluste, der sogenannte J^2R-Verlust, ist dem Gleichstromwiderstand direkt, der Wirbelstromverlust dagegen umgekehrt proportional. Da der Wirbelstromanteil im allgemeinen jedoch gering ist, erscheint es unbedenklich, den Gesamtverlust dem Gleichstromwiderstand proportional zu setzen. Man kann daher für die in der Zeit dt bei einer Temperatur τ erzeugte Verlustwärme schreiben

$$dQ = W_0 (1 + \alpha_0 \tau)\, dt, \tag{5}$$

worin W_0 den Gesamtkupferverlust in W bei 0^0 und α_0 den entsprechenden Temperaturkoeffizienten des elektrischen Widerstandes bezeichnet.

Diese Wärme wird zum größten Teil im Spulenkupfer aufgespeichert, während der Rest durch Wärmeleitung in die Windungsbespinnung gelangt, um dort ebenfalls aufgespeichert zu werden oder nach Erreichung der Wicklungsoberfläche durch Konvektion und Strahlung an das Kühlmedium bzw. die Umgebung abgegeben zu werden. Eine genaue Erfassung der Wärmeabgabe des Kupfers ist kaum möglich, da die Bedingungen für die einzelnen Drähte des Spulenquerschnittes bzw. die einzelnen Kanten der Kupferprofile sehr verschiedenartig sind. Es ist deshalb notwendig, Vereinfachungen zu machen.

Die Wärmeaufspeicherung in der Windungsbespinnung dürfte im allgemeinen nicht sehr erheblich sein, da bei einem spezifischen Gewicht von etwa 0,7 kg/dm³ und einer spezifischen Wärme von etwa 2000 Joule/kg° C die auf die Volumeneinheit bezogene Wärmekapazität der Bespinnung nur etwa 40 vH derjenigen des Kupfers beträgt. Nimmt man an, daß die Bespinnung 20 vH des Kupfervolumens ausmacht, so ergibt sich für den stationären Erwärmungszustand eine Vergrößerung der Wärmekapazität durch die Bespinnung um 8 vH. Bei nicht stationären Vorgängen, um die es sich hier handelt, ist der Einfluß natürlich geringer, da die durchschnittliche Erwärmung der Bespinnung mit der des Kupfers nicht Schritt hält. Vernachlässigt man also den Einfluß der Bespinnung, so wird um schätzungsweise 5 vH zu ungünstig gerechnet. Dieser Fehler wird jedoch teilweise durch die vernachlässigte Wärmeentwicklung des Gleichstromgliedes kompensiert.

Es ist bekannt, daß die stationäre Erwärmung des Wicklungskupfers bei Belastung mit Nennstrom in etwas geringerem Maße als die Oberflächenbelastung zunimmt. Setzt man zur Vereinfachung der Rechnung die stationäre Erwärmung der Oberflächenbelastung proportional und überträgt man dieses Ergebnis auf die kurzzeitigen Erwärmungsvorgänge bei Kurzschlußbelastungen, so findet man, daß der von der Spulenoberfläche abgegebene Wärmeanteil der Kupferübertemperatur proportional ist. Da der größte Teil dieser Wärme bei Transformatoren, insbesondere bei solchen mit Ölkühlung, durch Konvektion abgegeben wird, ist als Bezugstemperatur selbstverständlich die des Kühlmediums zu wählen, das sich in unmittelbarer Nähe der Spulen befindet, d. h. bei Öltransformatoren also die mittlere Öltemperatur. Diese kann mit Rücksicht auf die außerordentlich große Wärmekapazität der Ölfüllung gegenüber der des Spulenkupfers als konstant angenommen werden.

Nach vorstehendem läßt sich die Wärmebilanz für einen beliebigen Augenblick durch die Differentialgleichung

$$W_0 (1 + \alpha_0 \tau)\, dt = C\, d\tau + K (\tau - \vartheta)\, dt \tag{6}$$

darstellen, in der C die Wärmekapazität des Spulenkupfers, K die sekundliche Wärmeabgabe der Spule je ^{0}C und ϑ die Temperatur des umgebenden Kühlmediums bezeichnet. Durch Umformung erhält man

$$dt = \frac{C}{W_0} \cdot \frac{d\tau}{1 + \left(\alpha_0 - \frac{K}{W_0}\right) \tau + \frac{K}{W_0} \vartheta}. \tag{7}$$

Die Integration ergibt

$$t = \frac{C}{W_0} \cdot \frac{1}{\alpha_0 - \frac{K}{W_0}} \ln \left[1 + \alpha_0 \tau - \frac{K}{W_0} (\tau - \vartheta) \right] + \text{const.}$$

Für $t = 0$ und $\tau = \tau_a$ errechnet sich die Integrationskonstante zu

$$\text{const} = - \frac{C}{W_0} \frac{1}{\alpha_0 - \frac{K}{W_0}} \ln \left[1 + \alpha_0 \tau_a - \frac{K}{W_0} (\tau_a - \vartheta) \right];$$

somit wird

$$t = \frac{C}{W_0} \cdot \frac{1}{\alpha_0 - \frac{K}{W_0}} \ln \frac{1 + \alpha_0 \tau - \frac{K}{W_0} (\tau - \vartheta)}{1 + \alpha_0 \tau_a - \frac{K}{W_0} (\tau_a - \vartheta)}. \tag{8}$$

Durch Reihenentwicklung läßt sich dieser unhandliche Ausdruck mit für den vorliegenden Zweck ausreichender Genauigkeit in die bequemere Form

$$t = \frac{C}{W_0} \cdot \frac{\tau - \tau_a}{1 + \alpha_0 \cdot \frac{\tau + \tau_a}{2} - \frac{K}{W_0}\left(\frac{\tau + \tau_a}{2} - \vartheta\right)} \tag{9}$$

verwandeln.

Diese Näherungsformel ergibt etwas zu ungünstige Werte. Der Fehler beträgt für $\tau = 200^0$ jedoch weniger als 3 vH. Der Charakter der Temperatur-Zeit-Funktion wird durch Bildung der 2. Ableitung des durch Gleichung (7) gegebenen Differentialquotienten $\frac{d\tau}{dt}$ ermittelt:

$$\frac{d^2\tau}{dt^2} = \frac{1}{C^2}(\alpha_0 W_0 - K)(W_0 + \alpha_0 W_0 \tau - K\tau + K\vartheta) \tag{10}$$

Der 2. Differentialquotient wird positiv, wenn $\alpha_0 W_0 > K$ und negativ, wenn $\alpha_0 W_0 < K$, d. h. die Temperatur steigt rascher als proportional mit der Zeit, wenn die Verlustzunahme die Wärmeabgabe übersteigt und langsamer als proportional im umgekehrten Falle. Dazwischen liegt der der Zeit direkt proportionale Temperaturanstieg für den Sonderfall $\alpha_0 W_0 = K$. Weiter kann man der Gleichung (10) entnehmen, daß die Temperatur-Zeit-Kurve nur mit $\alpha_0 W_0 < K$ einem endlichen Temperaturwert zustrebt.

Die folgenden Betrachtungen dienen der praktischen Auswertung der Gleichung (9). Die Wärmekapazität des Spulenkupfers ist bei einem Kupfergewicht G in kg und einer spezifischen Wärme c in Joule/kg ^{0} C

$$C = G \cdot c \text{ in Joule/}^0\text{ C.}$$

Der durch einen Kurzschlußstrom von n-fachem Betrage des Nennstromes hervorgerufene Kupferverlust bei einer Temperatur von 0^0 und vernachlässigbaren Wirbelstromverlusten beträgt

$$W_0 = \frac{10^3}{\gamma \lambda_0} n^2 s_1{}^2 G \text{ in } W.$$

γ bezeichnet das spezifische Gewicht in kg/dm^3 des Kupfers, λ_0 seine Leitfähigkeit in $\frac{\text{m}}{\Omega\,\text{mm}^2}$ bei 0^0 und s_1 die Stromdichte in A/mm^2 bei Belastung des Kupfers mit Nennstrom.

Zur Bestimmung von K/W_0 in $^0\text{C}^{-1}$ muß man auf den stationären Erwärmungszustand der Wicklung bei Belastung mit dem

Nennstrom zurückgreifen. Der dabei gemessene Unterschied zwischen der mittleren Kupfertemperatur τ_1 und der mittleren Kühlmitteltemperatur ϑ ermöglicht den Ansatz

$$K(\tau_1 - \vartheta) = \frac{W_0}{n^2}(1 + \alpha_0 \tau_1).$$

Hieraus folgt

$$\frac{K}{W_0} = \frac{1 + \alpha_0 \tau_1}{n^2(\tau_1 - \vartheta)}.$$

Werden diese Ausdrücke in Gleichung (9) eingesetzt und nimmt man an, daß der Kurzschluß nach Dauerbelastung mit dem Nennstrom eintritt, wobei $\tau_a = \tau_1$ wird, so ergibt sich:

$$t = \frac{c \cdot \gamma \cdot \lambda_0}{n^2 \cdot s_1^2} \cdot \frac{\tau - \tau_1}{1 + \alpha_0 \frac{\tau + \tau_1}{2} - \frac{1 + \alpha_0 \tau_1}{n^2}\left[1 + \frac{\tau - \tau_1}{2(\tau_1 - \vartheta)}\right]} 10^{-3}. \quad (11)$$

Um den Einfluß der Kühlung deutlicher hervortreten zu lassen, wird geschrieben

$$t = \frac{c \cdot \gamma \cdot \lambda_0}{n^2 s_1^2} \cdot \frac{\tau - \tau_1}{\left(1 + \alpha_0 \frac{\tau + \tau_1}{2}\right) \cdot \zeta} \cdot 10^{-3}, \quad (12)$$

worin ζ ein die Abkühlung berücksichtigender Korrektionsfaktor ist, der sich aus

$$\zeta = 1 - \frac{1 + \alpha_0 \tau_1}{n^2\left(1 + \alpha_0 \frac{\tau + \tau_1}{2}\right)}\left[1 + \frac{\tau - \tau_1}{2(\tau_1 - \vartheta)}\right] \quad (13)$$

errechnet. Nach Einführung der Zahlenwerte

$$\begin{aligned} c &= 390 \text{ Joule/kg}^0 \text{ C}, \\ \gamma &= 8{,}9 \text{ kg}/dm^3, \\ \lambda_0 &= 61 \frac{\text{m}}{\Omega \text{ mm}^2} \\ \alpha_0 &= 0{,}00425 \end{aligned} \Bigg\} \text{ bei } 0^0,$$

wird

$$t = \frac{212}{n^2 s_1^2} \cdot \frac{\tau - \tau_1}{\left(1 + 0{,}00425 \frac{\tau + \tau_1}{2}\right) \cdot \zeta} \quad (14)$$

Bei Transformatoren, die unter Dauernennlast die Grenzerwärmungen nach den *RET* 30 voll ausnützen, ist bei Zugrundelegung einer Raumtemperatur von 20° im allgemeinen mit den in Zahlentafel 1 angegebenen stationären Temperaturwerten zu rechnen.

Zahlentafel 1.

Bei Dauernennlast	Öltransformatoren mit Selbstkühlung	Öltransformatoren mit Fremdkühlung	Trockentransformatoren
Mittlere Kupfertemperatur τ_1	90°	90°	75°
Mittlere Kühlmitteltemperatur ϑ	70°	60°	20°
Unterschied $\tau_1 - \vartheta$	20°	30°	55°

Mit einer für Kurzschlußbelastungen als höchstzulässig anzusehenden Kupferspitzentemperatur $\tau = 200^0$ ergibt sich aus diesen Werten ein Korrektionsfaktor

$$\left.\begin{aligned} \zeta &= 1 - \frac{3{,}2}{n^2} \text{ für selbstkühlende} \\ \zeta &= 1 - \frac{2{,}4}{n^2} \text{ für fremdgekühlte} \end{aligned}\right\} \text{Öltransformatoren,}$$

$$\zeta = 1 - \frac{1{,}8}{n^2} \text{ für Trockentransformatoren.}$$

Der Einfluß der Spulenkühlung macht sich demnach erst bei $n < 10$ fühlbar. Da im Kurzschlußfalle die Stromvervielfachung n jedoch gewöhnlich zwischen 10 und 30 liegt, ist nach der obigen Rechnung die Wirkung des Kühlmittels so verschwindend, daß sie ohne praktischen Nutzen bleibt. Dieses Resultat würde sich auch nicht ändern, wenn man die Verbesserung der Wärmeabgabe mit steigender Temperatur berücksichtigt hätte. Dies läßt sich durch eine einfache Näherungsrechnung leicht zeigen:

Die Wärmeabgabe ist erfahrungsgemäß etwa der 1,25ten Potenz der Übertemperatur proportional, d. h., um im Rahmen der vereinfachten Rechnung zu bleiben, daß die Wärmeabgabe K je ^{0}C ungefähr mit der 4. Wurzel aus der Übertemperatur wächst. Die mittlere Übertemperatur bei einer Temperatursteigerung von τ_1 auf τ ist nun

$$\frac{\tau + \tau_1}{2} - \vartheta .$$

Es wäre also statt mit K mit

$$K' = K \cdot \sqrt[4]{\frac{\frac{\tau + \tau_1}{2} - \vartheta}{\tau_1 - \vartheta}} = K \cdot \sqrt[4]{1 + \frac{\tau - \tau_1}{2(\tau_1 - \vartheta)}}$$

zu rechnen. Beim selbstkühlenden Öltransformator wird mit den oben gegebenen Temperaturwerten und $\tau = 200^0$

$$K' = 1{,}39 \cdot K.$$

Da nun $1-\zeta$ dem Werte K proportional ist, bringt demnach die Verbesserung der Wärmeabgabe in dem vorliegenden Beispiel nur eine Vergrößerung von $1-\zeta$ um 39 vH, was wegen der geringen Größe dieses Wertes aber ganz belanglos ist.

Nach dieser Überlegung kann die Wärmeabgabe bei der Kurzschlußerwärmung vernachlässigt und der Korrektionsfaktor $\zeta = 1$ gesetzt werden. Hiermit erhält man durch Einsetzen der höchstzulässigen Kupfertemperatur $\tau = 200^0$ und der Nennbetriebs-Kupfertemperatur $\tau_1 = 90^0$ für die maximale Abschaltzeit von Öltransformatoren aus Gleichung (14) die einfache Formel

$$t_{max} = \frac{14500}{n^2 s_1^2} = 1{,}45 \left(\frac{u_k}{s_1}\right)^2, \qquad (15)$$

da die Stromvervielfachung bekanntlich

$$n = \frac{100}{u_k}$$

ist, worin u_k die Kurzschlußspannung des Transformators in vH bezeichnet, Da das Verhältnis $\frac{u_k}{s_1}$ bei kleineren Öltransformatoren etwa 1, bei mittleren etwa 1,5 und bei Groß-Transformatoren etwa 2 bis 2,5 beträgt, ergeben sich größte Abschaltzeiten von rund

1,5 s für kleinere
3 s für mittlere } Öltransformatoren,
6 bis 9 s für große

also Werte, die im allgemeinen als ausreichend zu bezeichnen sind. Längere Abschaltzeiten lassen sich nach vorstehendem nur durch Vergrößerung der Kurzschlußspannung bzw. Herabsetzung der Stromdichte erreichen, da eine Kühlflächenvergrößerung innerhalb der durch die Wirtschaftlichkeit der Konstruktion gezogenen Grenzen keinen praktischen Gewinn bringt.

Analog ergibt sich die größte Abschaltzeit von Trockentransformatoren mit einer betriebsmäßigen mittleren Kupfertemperatur von 75° für eine höchste Kurzschlußkupfertemperatur von ebenfalls 200° zu

$$t_{max} = \frac{16700}{n^2 \cdot s_1^2} = 1{,}67 \left(\frac{u_k}{s_1}\right)^2.$$

Den Durchschnittswert für $\frac{u_k}{s_1}$ kann man bei Trockentransformatoren mit 1,5 annehmen und erhält damit eine größte Abschaltzeit von etwa 4 s.

Bei Stromwandlern ist es üblich, die thermische Kurzschlußsicherheit durch den zulässigen Sekundenstrom festzulegen, der als das n'-fache des Nennstromes angegeben wird. Außerdem ist zu berücksichtigen, daß die stationäre Erwärmung der Wandler bei Betrieb mit Nennstrom erheblich niedriger liegt als bei Leistungs-Transformatoren. Wandler mit Ölfüllung beispielsweise zeigen etwa eine mittlere Öltemperatur $\vartheta = 30^0$ und eine mittlere Kupfertemperatur $\tau_1 = 40^0$. Mit diesen Werten und $\tau = 200^0$ errechnet sich aus Gleichung (13) ein Korrektionsfaktor

$$\zeta = 1 - \frac{7}{n'^2},$$

der bei den in Betracht kommenden relativen Sekundenströmen $n' = 50$ bis 100 praktisch gleich eins wird.

Die Kühlung ist also auch hier für die Kurzschlußerwärmung bedeutungslos. Daraus folgt nach Gleichung (14) mit $t = 1$ s und $\zeta = 1$, daß durch den verlangten relativen Sekundenstrom n' die Stromdichte s_1 bei Nennstrom eindeutig bestimmt ist. Sie ist aus

$$s_1 = \frac{14{,}5}{n'} \sqrt{\frac{\tau - \tau_1}{1 + 0{,}00425 \frac{\tau + \tau_1}{2}}} \qquad (16)$$

zu ermitteln. Mit den angenommenen Temperaturwerten $\tau = 200^0$ und $\tau_1 = 40^0$ wird

$$s_1 = \frac{150}{n'} . \qquad (17)$$

Während also ein relativer Sekundenstrom $n' = 50$ hiernach noch eine Nennstromdichte $s_1 = 3{,}0$ A/mm² zuläßt, bedingt der doppelte Sekundenstrom eine Nennstromdichte $s_1 = 1{,}5$ A/mm² und kann natürlich nur durch einen entsprechend vergrößerten Kupferaufwand erkauft werden.

Die vorstehende Untersuchung bezog sich im wesentlichen auf Kurzschußströme, die ein hohes Vielfaches des Nennstromes betragen. In Extremfällen können aber auch relativ niedere Kurzschlußströme in Betracht kommen, bei denen die Oberflächenkühlung der Wicklung die Erwärmung bereits merkbar beeinflußt. Die Berechnung hat sodann von der allgemein gültigen Gleichung (11) auszugehen. Von besonderem Interesse ist als Grenzfall der der Zeit proportionale Temperaturanstieg, der, wie bereits erwähnt, zur

Voraussetzung hat, daß $\alpha_0 W_0 = K$, wofür, unter Benutzung des für K/W_0 gefundenen Ausdruckes, geschrieben werden kann

$$\alpha_0 = \frac{1 + \alpha_0 \tau_1}{n^2 (\tau_1 - \vartheta)}$$

Hieraus läßt sich der relative Kurzschlußstrom n, der eine genau geradlinige Temperaturzunahme ergibt, leicht berechnen. Aus

$$n = \sqrt{\frac{1 + \alpha_0 \tau_1}{\alpha_0 (\tau_1 - \vartheta)}} \tag{18}$$

folgt mit den Temperaturwerten der Zahlentafel 1 für

selbstkühlende Öltransformatoren $n = 4$,
fremdgekühlte „ $n = 3{,}3$,
Trockentransformatoren $n = 2{,}4$.

Wie zu erwarten war, liegen diese Werte von n so niedrig, daß sie nur ausnahmsweise in Betracht kommen. Die entsprechende Temperatur-Zeit-Funktion bestimmt sich aus Gleichung (7) unter Berücksichtigung der gemachten Voraussetzung ($\alpha_0 W_0 = K$) zu

$$t = \frac{C(\tau - \tau_a)}{W_0 (1 + \alpha_0 \vartheta)} = \frac{212}{n^2 s_1^2} \cdot \frac{\tau - \tau_1}{1 + 0{,}00425\,\vartheta} \tag{19}$$

Ihrer Einfachheit wegen ist diese Formel für Näherungsberechnungen sehr beliebt. Es kann jedoch kein Zweifel darüber bestehen, daß sie bei relativ hohen Kurzschlußströmen viel zu günstige Resultate ergibt, da bei diesen die vorausgesetzte Gleichheit von Verlustzunahme und abgeführter Wärme nicht mehr vorhanden, sondern im Gegenteil die Abkühlung gegenüber der Verlustzunahme zu vernachlässigen ist.

Mit der Frage der Kurzschlußerwärmung ist das Problem der Abkühlung des stark erhitzten Spulenkupfers innerhalb der der Abschaltung des Transformators folgenden Ruhepause innig verknüpft. Da während der Ruhepause keine Verlustwärme erzeugt wird, ist lediglich die im Spulenkupfer aufgespeicherte Wärme an das umgebende Kühlmedium abzugeben, dessen Temperatur, auch bei Öltransformatoren, als unveränderlich angenommen werden kann. Der Ansatz lautet also in Anlehnung an Gleichung (6)

$$K(\tau - \vartheta)\,dt = -C\,d\tau. \tag{20}$$

Durch Umformung erhält man

$$dt = -\frac{C}{K}\frac{d\tau}{\tau - \vartheta}$$

und

$$t = -\frac{C}{K} \ln(\tau - \vartheta) + \text{const.}$$

Bei $t = 0$ ist die Kupfertemperatur gleich derjenigen, die am Ende der Erwärmungsperiode erreicht wurde, also gleich der höchsten Kurzschlußkupfertemperatur, die mit τ_k bezeichnet werden soll. Die Integrationskonstante ergibt sich damit zu

$$\text{const.} = \frac{C}{K} \ln (\tau_k - \vartheta),$$

so daß man erhält:

$$t = \frac{C}{K} \ln \frac{\tau_k - \vartheta}{\tau - \vartheta}. \tag{21}$$

Der Quotient C/K ist nichts anderes als die Zeitkonstante der Wicklung. Sie läßt sich aus

$$C = G \cdot c \text{ in Joule}/{}^0 C$$

und

$$K = \frac{\frac{10^3}{\gamma \lambda_0} (1 + \alpha_0 \tau_1) s^2_1 G}{\tau_1 - \vartheta} \text{ in } W/{}^0C$$

zu

$$C/K = \frac{c \cdot \gamma \lambda_0}{s^2_1} \cdot \frac{\tau_1 - \vartheta}{1 + \alpha_0 \tau_1} 10^{-3} \text{ in } s \tag{22}$$

ermitteln. Zur Bestimmung der M i n d e s t r u h e p a u s e t_{min}, die bis zur Abkühlung auf die stationäre Kupfertemperatur τ_1 bei Nennbetrieb erforderlich ist, ist in Gleichung 21) $\tau = \tau_1$ zu setzen und man erhält mit den oben angegebenen Zahlenwerten

$$t_{min} = \frac{212}{s^2_1} \frac{\tau_1 - \vartheta}{1 + 0{,}00425\, \tau_1} \ln \frac{\tau_k - \vartheta}{\tau_1 - \vartheta} \text{ in } s. \tag{23}$$

Für den ungünstigsten Fall, daß das Spulenkupfer am Ende der Kurzschlußperiode seine höchstzulässige Temperatur von 200° erreicht hatte, errechnen sich für Transformatoren mit den stationären Nennbetriebstemperaturen nach Zahlentafel 1 die in Zahlentafel 2 angegebenen Mindestruhepausen.

Zahlentafel 2.

	Angenommene Nennstromdichte s_1 in A/mm²	Mindestruhepause t_{min} in min
Selbstkühlende Öltransformatoren	3,5	7,6
Fremdgekühlte Öltransformatoren	4,5	6
Trockentransformatoren	2,5	28

Zahlentafel 2 zeigt deutlich die hohe Überlegenheit der Öltypen gegenüber den Trockentypen. Man wird also gut tun, bei Trockentypen mit Rücksicht auf die Abkühlungsdauer die höchste Kurzschlußtemperatur erheblich herabzusetzen. Mit $\tau_k = 100^0$ verringert sich beispielsweise die Mindestruhepause für Trockentypen bei sonst unveränderten Verhältnissen auf etwa 9 min.

Es wäre unbillig, bei Stromwandlern nach dem Kurzschluß eine Abkühlung des Spulenkupfers auf die Nennbetriebs-Temperatur zu fordern, da diese im allgemeinen, insbesondere aber bei Öltypen, weit unter der zulässigen Temperaturgrenze für Dauerbetrieb liegt. Erachtet man eine Abkühlung auf die zulässige Dauerbetriebstemperatur für ausreichend, so ergeben sich Mindestruhepausen, die etwa den für Leistungstransformatoren gleicher Kühlungsart ermittelten entsprechen. Bei Trockenwandlern für hohe Spannungen liegen die Verhältnisse allerdings wesentlich ungünstiger als bei Trockentransformatoren, da die aus Porzellan oder Hartpapier bestehende Isolation der Primärseite den Wärmeausgleich stark verzögert, ein Umstand, der bei der Beurteilung der verschiedenen Wandler-Konstruktionen nicht außer acht gelassen werden darf.

Die magnetischen Eigenschaften des Kernmaterials bei Ringstromwandlern und die Fehlergrößen in ihrer wechselseitigen Beziehung.

Von J. Goldstein.

Einleitung.

Im Stromwandlerbau ist die Kenntnis der magnetischen Eigenschaften des Kernmaterials von außerordentlicher Bedeutung. Zwischen den magnetischen Charakteristiken des Materials und den Fehlergrößen des Stromwandlers aus diesem Kernmaterial besteht ein direkter Zusammenhang. Die Vorausberechnung eines Stromwandlers bzw. seiner Fehlerkurven beruht auf den Magnetisierungs- und Verlustkurven, die an einem Probekern, in den meisten Fällen an einer Ringprobe, aufgenommen werden. Die Kurven müssen auch insbesondere im Gebiet der Anfangmagnetisierung bekannt sein. Deshalb sind zu ihrer Aufnahme hochempfindliche Meßgeräte erforderlich. Dies trifft insbesondere für die Aufnahme der Verlustkurve zu. Es ist umständlich, derartige Versuche laufend auszuführen, und so kommt es, daß man sich im Stromwandlerbau auf Materialkurven stützt, die sich von der laufenden Stromwandlerfabrikation entfremden und eine gewisse Unsicherheit für den Berechner zur Folge haben. Wie im Transformatorenbau, in dem man durch Epsteinproben laufend das Kernmaterial prüft, ist eine derartige ständige Überwachung auch im Stromwandlerbau notwendig. Alberti und Vieweg[1]) haben bereits eine Methode zur experimentellen Bestimmung des Magnetisierungstromes eines Stromwandlers aus dem Übersetzungsfehler und Fehlwinkel angegeben. Man hat in der Tat in der Schering-Alberti-Meßbrücke ein geeignetes Mittel, auch die Kurven des Kernmaterials — Magnetisierungs- und Verlustkurve — zu ermitteln. Die Zweckmäßigkeit, das gleiche Meßverfahren, mit dem man die Übersetzungsfehler und Fehlwinkel ermittelt, auch für die Ermittlung der magnetischen Materialcharakteristiken zu verwenden, ist nicht von der Hand zu weisen.

Ziel dieser Arbeit ist es, ein rechnerisches Verfahren zur Ermittlung der Kurven abzuleiten und an Beispielen zu erläutern. Zu-

[1]) Arch. f. El. 1913, H. 5.

gleich soll auch der Ringstromwandler, der als Hilfsmittel für diese Untersuchungen diente, mit Rücksicht auf seine hohe Bedeutung für die zukünftige Entwicklung im Stromwandlerbau eine gebührende Beachtung im Schlußteil finden.

A) Verfahren zur Herleitung der charakteristischen magnetischen Kurven aus den gemessenen Fehlergrößen des Stromwandlers.

1. Fehlergrößen des Ringwandlers.

Die Fehlergrößen eines Stromwandlers lassen sich unter Zuhilfenahme der Magnetisierungs- und Verlustkurve ermitteln.

Mit der Ersatzschaltung[2]) des Bildes 1 können nach der komplexen Rechenmethode die Verhältniszahlen der Stromgrößen J_1, J_2 und des Leerlaufstromes J_0, sowie ihre gegenseitige Phasenlage

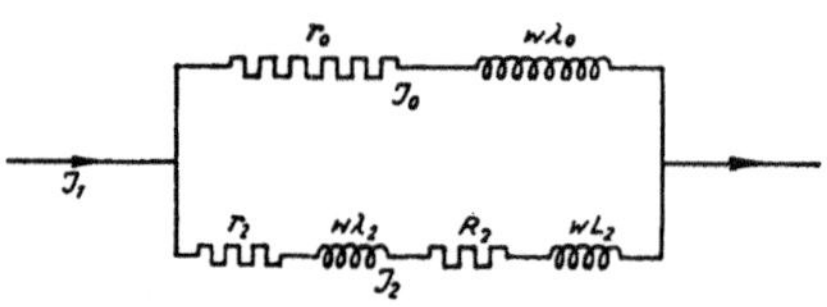

Bild 1. Ersatzschaltung eines Stromwandlers.

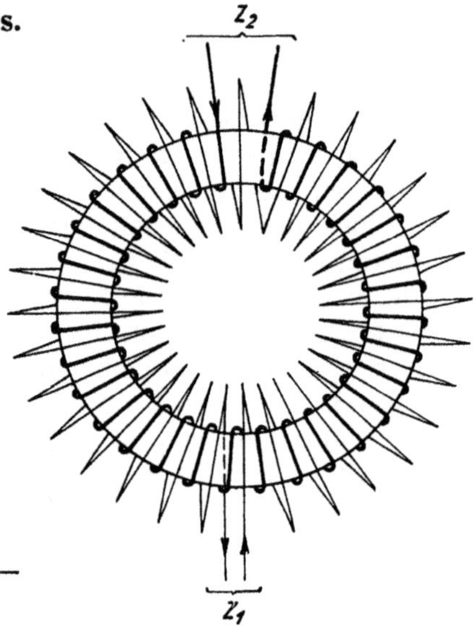

Bild 2. Gleichmäßig bewickelter Eisenring.

leicht ermittelt werden. Im Ersatzschema haben die Größen r_0, $\omega\lambda_0$, r_2, $\omega\lambda_2$, R_2 und ωL_2 folgende Bedeutung:

r_0 = Wirkwiderstand des Eisenkernes }
$\omega\lambda_0$ = Blindwiderstand des Eisenkernes } Ersatzgrößen,
r_2 = Ohmscher Widerstand der Sekundärwicklung,
λ_2 = Streuinduktivität der Sekundärwicklung,
R_2 = Ohmscher Widerstand des Belastungskreises,
L_2 = Induktivität des Belastungskreises,
ω = Kreisfrequenz.

Beim Ringstromwandler mit gleichmäßig verteilter Wicklung ist die sekundäre Streuinduktivität gleich Null. Dies geht aus einer

[2]) s. Goldstein: „Die Meßwandler, ihre Theorie und Praxis", S. 48. Julius Springer, Berlin 1929.

Messung der sekundären Streuspannung hervor, die am Ringstromwandler nach Bild 2 in der Gegenschaltung beider Wicklungen am Schleifdraht-Kompensator ausgeführt wurde. Die sekundäre Wicklung wurde direkt auf den Eisenring gewickelt, die primäre wurde im Abstand von 1 cm von der sekundären angeordnet, die Windungszahl jeder Wicklung war 100 ($z_1 = z_2 = 100$). Die Messung nach der Schaltung in Bild 3 ergab folgende Werte:

Strom in A	Spannung in V an der Sekundärwicklung Wirkkomponente	Blindkomponente
5,0	1,113	0

Bezeichnet man mit E_{s_2} die Streuspannung,
mit E_{r_2} den Ohmschen Spannungsabfall,
so errechnet sich

$$E_{s_2} = \sqrt{1{,}113^2 - E_{r_2}^2}.$$

Nun wurde der Ohmsche Widerstand zu 0,2189 Ω bei 19° C bestimmt. Es bleibt für E_{s_2} kein meßbarer Betrag übrig und daher kann E_{s_2} gleich Null gesetzt werden.

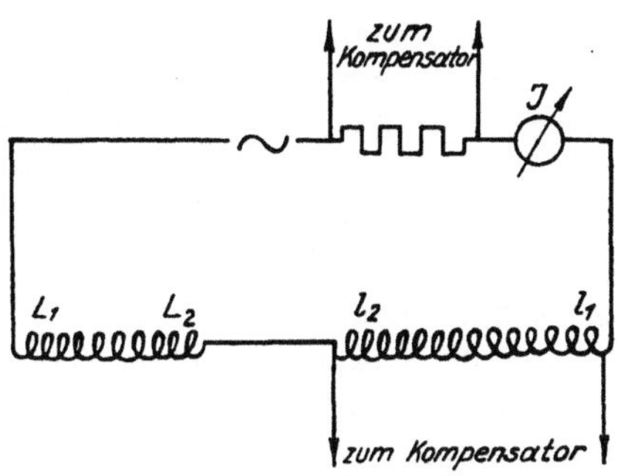

Bild 3. Messung der Streuspannung in Gegenschaltung.

Unter dieser Voraussetzung kann in Ersatzschema des Bildes 1 auch $\omega\lambda_2 = 0$ gesetzt werden.

Es ergeben sich dann unter der Voraussetzung $z_1 = z_2$ für die Strom- und Winkelgrößen folgende Gleichungen:

$$\left.\begin{aligned} J_0 &= J_1 \frac{\sqrt{(r_2 + R_2)^2 + \omega^2 L_2^2}}{\sqrt{(r_0 + r_2 + R_2)^2 + \omega^2 (\lambda_0 + L_2)^2}}, \\ J_2 &= J_1 \frac{\sqrt{r_0^2 + \omega^2 \lambda_0^2}}{\sqrt{(r_0 + r_2 + R_2)^2 + \omega^2 (\lambda_0 + L_2)^2}}, \\ tg\,(J_2, J_1) &= \frac{(r_2 + R_2)\,\omega\,\lambda_0 - r_0\,\omega\,L_2}{r_0\,(r_0 + r_2 + R_2) + \omega^2 \lambda_0\,(\lambda_0 + L_2)}\,. \end{aligned}\right\} \quad (1)$$

Für die weitere Behandlung der Aufgabe kann noch eine Spezialisierung eingeführt werden, nämlich der Fall der rein Ohmschen Belastung, wobei $\omega L_2 = 0$ zu setzen ist.

Werden die Fehlergrößen,

$$\text{der Übersetzungsfehler } f_ü\text{[3]} = \frac{J_1 - J_2}{J_2}$$

und der Fehlwinkel $tg\,(J_1, J_2) = tg\delta$ eingeführt, so erhalten die letzten beiden Gleichungen (1) folgende Form:

$$\left.\begin{aligned} (1 + f_ü)^2 &= \frac{(r_0 + r_2 + R_2)^2 + \omega^2 \lambda_0^2}{r_0^2 + \omega^2 \lambda_0^2} = \alpha\,, \\ tg\,\delta &= \frac{(r_2 + R_2)\,\omega\,\lambda_0}{r_0\,(r_0 + r_2 + R_2) + \omega^2 \lambda_0^2} = \beta\,, \end{aligned}\right\} \qquad (2)$$

Aus diesen Gleichungen können die Fehlergrößen $f_ü$ und δ, wenn r_0 und $\omega\lambda_0$ für den Stromwandler bekannt sind, ermittelt werden.

2. Ermittlung der Magnetisierungs- und Verlustkurve aus den Fehlergrößen.

Die in der Scheringbrücke gemessenen Werte $f_ü$ bzw. f_{st} und δ gestatten die zugehörigen Werte von r_0 und $\omega\lambda_0$ für den betreffenden Ringstromwandler zu ermitteln.

Der Zusammenhang zwischen den Größen r_0 und $\omega\lambda_0$ und den Charakteristiken des Kernmaterials ist der folgende:

Die Sättigung im Eisen bzw. die Linienzahl ist nach der bekannten Gleichung

$$E_2 = 4{,}44\, f z_2 q\, B_{max}\, 10^{-8}\ \text{V}$$

gegeben, wobei

f die Periodenzahl in Per/s,

q den Eisenquerschnitt in cm^2

bedeuten.

Entsprechend der EMK E_2 ergibt sich für den Kern ein Leerlaufstrom J_0, der gegen die um 180^0 verschobene EMK, also gegen $-E_2$, eine Phasenverschiebung φ_0 hat.

Wird die Leerlaufimpedanz des Stromwandlers z_0 als komplexe Größe $z_0 = r_0 + j\omega\lambda_0$ eingeführt, so ergeben sich für r_0 und $\omega\lambda_0$ folgende Beziehungen:

$$\left.\begin{aligned} r_0 &= \frac{E_2}{J_0}\cos\varphi_0, \\ \omega\,\lambda_0 &= \frac{E_2}{J_0}\sin\varphi_0, \\ \frac{\omega\,\lambda_0}{r_0} &= tg\,\varphi_0. \end{aligned}\right\} \qquad (3)$$

Der Wert E_2 liegt beim Ringstromwandler fest, sobald die Bürde

---

[3]) Der Stromfehler $f_{st} = \frac{J_1 - J_2}{J_1}$ ist zugleich $f_{st} = f_ü \frac{J_2}{J_1}$.

und der Ohmsche Spannungsabfall der Sekundärwicklung gegeben sind.

Der Leerlaufstrom und der Wattverbrauch sind durch folgende Ausdrücke gegeben:

$$\left.\begin{aligned} J_0 &= \frac{E_2}{\sqrt{r_0^2 + \omega\lambda_0^2}}, \\ W &= E_2 J_0 \cos\varphi_0 = \frac{E_2^2 r_0}{r_0^2 + \omega\lambda_0^2}. \end{aligned}\right\} \quad (4)$$

Aus diesen Gleichungen ist ersichtlich, daß, wenn r_0 und $\omega\lambda_0$ bekannt sind, die Magnetisierungs- und Wattkurve sich leicht errechnen lassen.

Nun sollen r_0 und $\omega\lambda_0$ aus den Gleichungen (2) ermittelt werden. Ordnet man die Gleichungen nach den Unbekannten r_0 und $\omega\lambda_0$, so ergibt sich

$$\alpha r_0^2 - r_0^2 + \alpha\omega^2\lambda_0^2 - \omega^2\lambda_0^2 - 2(r_2 + R_2) r_0 - (r_2 + R_2)^2 = 0, \quad (5)$$

$$\beta r_0^2 + \beta\omega^2\lambda_0^2 + \beta(r_2 + R_2) r_0 - (r_2 + R_2)\omega\lambda_0 = 0. \quad (6)$$

Die Gleichungen (5) und (6) sind algebraische Gleichungen zweiten Grades in r_0 und $\omega\lambda_0$ und ihre Auflösung führt allgemein auf eine Gleichung vierten Grades.

Im vorliegenden Falle ist die Lösung einfacher zu ermitteln. Aus Gleichung (5) ergibt sich die Substitutionsgleichung

$$\omega^2\lambda_0^2 = \frac{(1-\alpha) r_0^2 + 2(r_2 + R_2) r_0 + (r_2 + R_2)^2}{\alpha - 1}. \quad (7)$$

Wird mit Hilfe dieser Substitutionsgleichung $\omega\lambda_0$ in Gleichung (6) eingesetzt, wobei für $\omega\lambda_0$ der positive Wurzelwert zu nehmen ist, so erhält man nach einiger Umformung für r_0 folgende quadratische Gleichung:

$$\left[\beta^2\left(\frac{\alpha+1}{\alpha-1}\right)^2 + 1\right] r_0^2 + 2\left[\frac{\beta^2(\alpha+1) - (\alpha-1)}{(\alpha-1)^2}\right](r_2 + R_2) r_0 + \frac{\beta^2 - (\alpha-1)}{(\alpha-1)^2}(r_2 + R_2)^2 = 0. \quad (8)$$

Aus dieser Gleichung ist r_0 durch die aus der Messung an der Scheringbrücke ermittelten Werte α und β zu errechnen. Ist der Wert r_0 bekannt, so wird aus Gleichung (7) $\omega\lambda_0$ als positiver Wurzelwert

$$\omega\lambda_0 = \sqrt{\frac{(1-\alpha) r_0^2 + 2(r_2 + R_2) r_0 + (r_2 + R_2)^2}{\alpha - 1}} \quad (8a)$$

ermittelt.

Die Gleichungen (4) liefern dann die Magnetisierungs- und Verlustkurve.

3. Ausgeführte Messungen.

An einem Ringkern aus einer Nickel-Eisen-Legierung, dessen Abmessungen aus Bild 4 ersichtlich sind, wurde eine Sekundärwicklung von $z_2 = 40$ Windungen gleichmäßig angeordnet.

Als Einleiter-Stromwandler mit einer Übersetzung 200/5 A wurde der Wandler in der Schering-Brücke untersucht. Den Meßergebnissen seien die Werte entnommen, die für die weitere Behandlung von Bedeutung sind. Bei einer Bürde von 15 VA und $\cos\varphi = +1$ kommt zur Klemmenspannung von 3 V nur noch der sekundäre ohmsche Spannungsabfall der Wicklung bei 5 A von $5 \cdot 0{,}068 = 0{,}34$ V hinzu. Für die Induktion bei Nennstrom ergibt sich somit ein Wert von

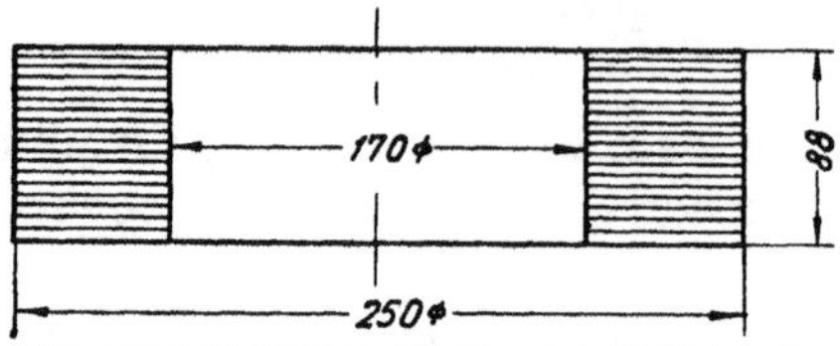

Kerngewicht 17,9 kg. Eff. Querschnitt 30,4 cm².

Bild 4. Kern aus einer Nickel-Eisenlegierung.

$$B_{max} = \frac{3{,}34 \cdot 10^8}{4{,}44 \cdot 50 \cdot 30{,}4 \cdot 40} = 1\,240 \text{ Linien.}$$

Die gemessenen Fehlergrößen sind in Zahlentafel 1 zusammengestellt.

Zahlentafel 1.

$R_2 = 0{,}6\ \Omega,\ \omega L_2 = 0.$

Stromstärke	B	$f_ü$ in vH	in Min
0,2 J_n	248	— 1,0	100,0
0,5 J_n	620	— 1,2	63,0
1,0 J_n	1240	— 1,1	35,0

Zu diesen Werten werden die Werte (s. Gl. 2) $\alpha = (1 + f_ü)^2$ und $\beta = tg\delta$ und ferner die Konstanten der Gleichungen (8) und (8a) β^2, $\alpha + 1$ und $\alpha - 1$ ermittelt. Diese und die sich daraus ergebenden Werte für r_0 und $\omega\lambda_0$ sind in Zahlentafel 2 zusammengefaßt.

Zahlentafel 2.

$r_2 + R_2 = 0{,}668\ \Omega.$

B_{max}	β^2	$\alpha + 1$	$\alpha - 1$	r_0	$\omega\lambda_0$
1240	0,000103	2,022	0,022	33,0	30,9
620	0,000332	2,024	0,024	16,7	25,7
248	0,000841	2,020	0,020	6,72	20,7

Die Werte r_0 und $\omega\lambda_0$ in Abhängigkeit von der Induktion B_{max} enthalten in sich bereits die magnetischen Charakteristiken des Materials. Aus den Gleichungen (3) und (4) lassen sich $tg\,\varphi_0$, J_0 und W ermitteln. Die Magnetisierungskurve pflegt man in AW/cm aufzutragen, die Werte sind als Effektivwerte der nahezu sinusförmigen Stromkurve ermittelt. Die gefundenen Werte sind in Zahlentafel 3 enthalten.

Zahlentafel 3.

B_{max}	E in V	J_0 in A	AW/cm	$\cos\varphi_0$	mW/kg
248	0,668	0,0306	0,0186	0,31	0,352
620	1,67	0,0492	0,0300	0,55	2,53
1240	3,34	0,075	0,0456	0.73	10,20

In den Bildern 5 und 6 sind die Magnetisierungs- und Verlustkurve dargestellt. Zum Vergleich sind auch die im Forschungs-Institut der AEG laboratoriumsmäßig direkt ermittelten Kurven des gleichen Materials eingetragen.

Geringe Abweichungen in den Kurven ergeben sich auch, wenn

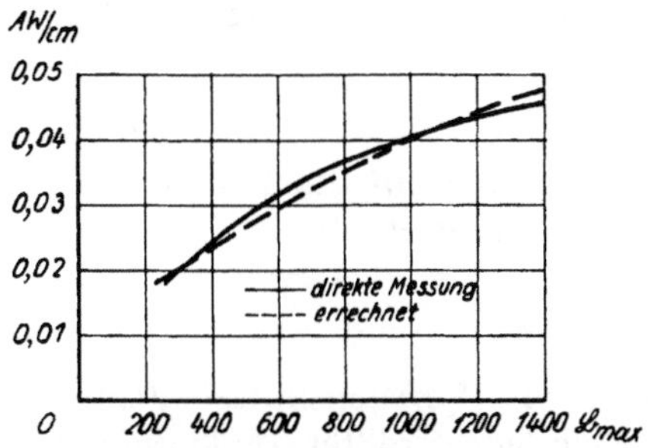

Bild 5. Magnetisierungskurve einer Nickel-Eisen-Legierung bei 50 Per/s.

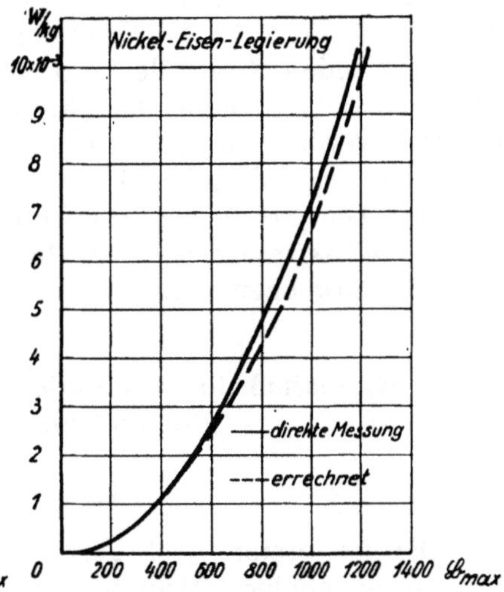

Bild 6. Verlustkurve.

Messungen an verschiedenen Proben des gleichen Materials ausgeführt werden. Der Vergleich zeigt jedenfalls, daß die Ermittlung der Kurven aus den Fehlergrößen des Ringwandlers zu brauchbaren Ergebnissen führt.

4. Praktische Verwertung.

Die an der hochpermeablen Nickel-Eisen-Legierung als Beispiel durchgeführte Rechnung und Messung läßt sich selbstverständlich auch an Ringproben aus hochlegierten Eisenblechen durchführen. Die ausgeführten Messungen haben Kurven ergeben, die mit den Urkundsunterlagen gut übereinstimmen. Zur laufenden Kontrolle, der für die Stromwandlerkerne zur Verwendung gelangenden silizierten Eisenbleche ist das hier entwickelte Verfahren besonders gedacht. Die Bleche für Stromwandler müssen nach anderen Gesichtspunkten geprüft werden als die Transformatorenbleche. Das Verhalten der Bleche bei niedriger Linienzahl interessiert den Transformatorenbauer überhaupt nicht, während diese Eigenschaften für den Stromwandlerbau ausschlaggebend sind.

Um viel Abfallmaterial zu vermeiden, sind die Ringproben aus den hochlegierten Blechen möglichst klein zu halten. Es empfiehlt sich, Ringe aus Blechen mit 50/120 mm Durchmesser und einer Schichthöhe von 70 mm zu nehmen. Das Eisengewicht einer derartigen Ringprobe beträgt rd. 5 kg. Der Ring ist mit 60 Windungen von isoliertem, 1,5 mm starken Draht zu versehen und als Stromwandler 300/5 A in der Schering-Alberti-Brücke zu messen. Bei einer laufenden Kontrolle wird die hier ausgeführte Rechnung, die zeitraubend und mühsam ist, zweckmäßig durch Nomogramme ersetzt werden, indem zu den gemessenen Fehlergrößen die magnetischen Werte und zwar W/kg und AW/cm zugeordnet werden. Die Erfahrung des Betriebes und der Prüffeldmessungen liefern zulässige Grenzwerte, bei deren Überschreitung das Kernmaterial zurückgewiesen werden muß.

B) Einfluß der Materialeigenschaften auf die Fehler von Einleiterstromwandlern.

1. Allgemeines.

Die im ersten Teil der Arbeit als Versuchsmittel dienende Ringstromwandler ist an und für sich von größter Bedeutung für den Stromwandlerbau. Der Einleiter-Ringstromwandler entspricht allen Anforderungen, die man in bezug auf mechanische Festigkeit, Kurzschlußsicherheit, Isolation- und Spannungfestigkeit in Hochspannungnetzen stellen kann. Der Einbau in Durchführungen, Ölschalter, Kabel, Generatoren und Transformatoren ist immer möglich und einfach. Der ganze Stromwandler besteht nur aus dem Eisenkern und der Sekundärwicklung, da die Hochspannungswicklung einen bereits vorhandenen Teil der Anlage darstellt. So wäre der Einleiterstromwandler der gegebene Wandler für Hochspannungsanlagen. Als Stromwandler mit einer einzigen Hochvoltwindung hat der Einleiterstromwandler eine hohe — man kann sagen — die unbegrenzte Kurzschlußsicherheit, die man in Hochspannungsanlagen mit Abzweigen so stark vermißt. Die Kurzschlußstromstärke kann bekanntlich in Abzweigen die Nennstromstärke des Abzweiges auch 1000fach überschreiten. Die durch die VDE-Vorschriften festgelegte Kurzschlußsicherheit für Stromwandler reicht in diesem Falle bei weitem nicht aus.

Daß der Ringstromwandler bis jetzt die ihm gebührende Bedeutung nicht erlangt hat, ist auf das magnetische Verhalten des Einleiter-Stromwandlers zurückzuführen, auf das hier näher eingegangen werden soll.

Die Amperewindungszahl bei einem Einleiterstromwandler ist gleich der primären Stromstärke. Bei geringen Stromstärken, die ja durch die hohe Spannung gegeben sind, nimmt die Meßgenauigkeit sehr stark ab. Alle Mittel, wie Erhöhung des Eisenquerschnittes, Verminderung des Kraftlinienweges, Serienschaltung mehrerer Kerne, Vormagnetisierung der Kerne, reichen nicht aus, um die Leistungsfähigkeit des Stromwandlers auf die gewünschte, von der Praxis verlangte Höhe zu bringen.

Es bleibt schließlich nur der Weg übrig, der im Auslande — in England und in den Vereinigten Staaten — und neuerdings auch in Deutschland, beschritten wird, nämlich die Verwendung eines hochpermeablen Kernmaterials. Im folgenden sollen die Momente, die dabei in Frage kommen, hervorgehoben werden.

2. Magnetisches Verhalten.

Der Leerlaufstrom bedingt die hohen Fehler beim Einleiterstromwandler. Kernmaterial mit geringem Stromverbrauch ist deshalb ein wirksames Mittel, um die Fehler zu vermindern. Es ist wichtig, wenn man die Permeabilität des Materials μ kennt, daraus weitere quantitative Folgerungen ziehen zu können. Der Zusammenhang der Liniendichte und der Magnetisierung ist durch die Gleichung

$$\mathfrak{B} = \mu \mathfrak{H}$$

gegeben.

Da es sich um das Anfangsgebiet handelt, so ist eine hohe Anfangspermeabilität μ_0 von größter Bedeutung. Man kann aber nicht aus dem Verhältnis der Permeabilitäten zweier Kernstoffe den Grad der Verbesserung der Fehlergrößen der Stromwandler aus diesen Materialien ableiten. In Bild 7 sind die Permeabilitätskurven für hochlegiertes Eisenblech und für die bereits früher durch die magnetischen Kurven dargestellte Nickel-Eisen-Legierung gegeben.

Das Verhältnis der Werte

$$\frac{\mu_{Fe}}{\mu_{Ni-Fe}}$$

ist keineswegs ein Maß für die zu erwartende Verminderung der Fehlergrößen. Auch ist dies nicht der Fall, wenn die Anfangspermeabilitäten

$$\frac{\mu_{0\,Fe}}{\mu_{0\,Ni-Fe}}$$

verglichen werden.

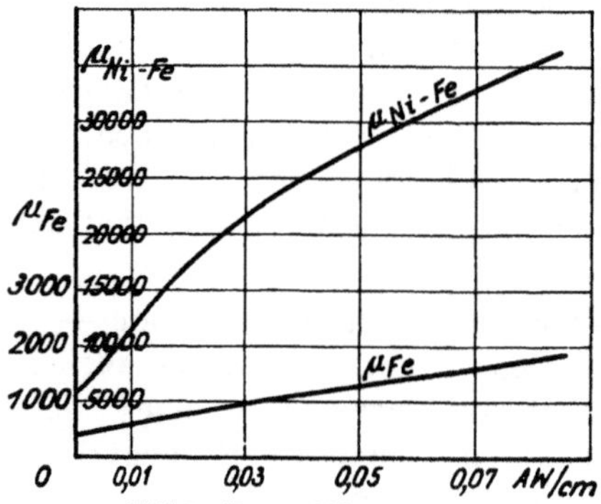

Bild 7. Permeabilitätskurven.

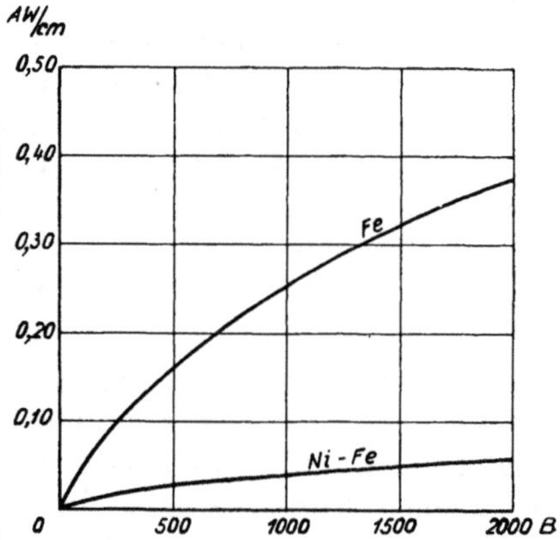

Bild 8. Magnetisierungskurven bei 50 Per/s.

Eine richtige Abschätzung erhält man, wenn man den Stromverbrauch oder die AW/cm-Zahl beider Werkstoffe bei gleicher Induktion vergleicht (Bild 8).

Man muß vom magnetischen Fluß ausgehen, der für Stromwandler mit Kernen aus verschiedenem Werkstoff bei gleichen Abmessungen und gleicher Bürde der gleiche sein muß. Nicht die Permeabilitätskurven, sondern die Wechselstrom-Magnetisierungskurven geben Aufschluß über den Verbrauch an Leerlaufstrom. Die in Bild 8 dargestellten Kurven ergeben als Verhältnis der AW-Zahlen über einer bestimmten Induktion einen Quotienten, der im gegebenen Falle zwischen 5,5 und 6,2 schwankt. Allgemein ist der Verlauf der Funktion

$$\frac{\mathfrak{H}_{Fe}}{\mathfrak{H}_{Ni-Fe}} = f(\mathfrak{B})$$

zu bestimmen, um sich daraus ein Urteil über die zu erwartende

Verbesserung der Fehlergrößen zu bilden. Zu bemerken ist noch, daß die Kurven des Bildes 8 in der AW-Zahl auch die Verlustkomponente des Leerlaufstromes enthalten.

In der vorhergehenden Darstellung ist das Hauptkriterium für die Leistungsfähigkeit des Stromwandlers bereits ermittelt. Es sind aber noch weitere Momente zu beachten, und zwar die Aufteilung des Leerlaufstromes in Blind- und Wirkstrom. Der Wirkstrom ist durch die Verluste bestimmt. Nun zeigt es sich, daß man bei den Nickel-Eisen-Legierungen die Verlustkomponente des Leerlaufstromes nicht in dem Maße vermindert, wie dies für die Blindkomponente der Fall ist. Für den in Bild 4 dargestellten Ringwandler sind die Komponenten des Leerlaufstromes für zwei Fälle ermittelt und gegenübergestellt.

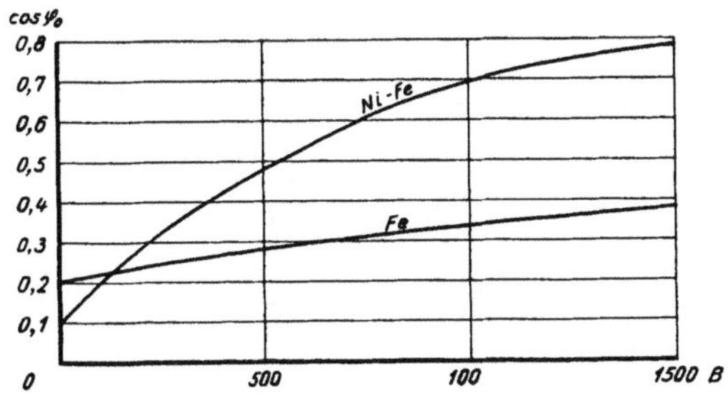

Bild 9. cos φ_0-Kurven.

Fall 1: Kernmaterial: Hochlegiertes Eisen.

B	J_0 mA	Wirkstrom mA	Blindstrom mA	$\cos\varphi_0$
1250	406,0	142,0	381,0	0,35

Fall 2: Kernmaterial: Nickel-Eisen-Legierung.

1250	75,3	56,0	51,0	0,74

Nun kommt für die Größe des Übersetzungfehlers nicht der Leerlaufstrom, sondern seine Wattkomponente $J_0 \cos\varphi_0$ in Frage. In Bild 9 ist der Verlauf der $\cos\varphi_0$-Funktion für beide Kernmaterialien dargestellt. Daraus geht hervor, daß durch den verhältnismäßig hohen Anteil des Wirkstromes ein Teil der Vorteile, die durch die hohe Permeabilität der Nickel-Eisen-Legierung erzielt worden sind, wieder verloren geht.

Es muß also neben der hohen Permeabilität bei den stark permeablen Werkstoffen auch geringer Anteil der Verlustkomponente des Stromes angestrebt werden.

Die Verluste sind zum Teil Wirbelstromverluste, zum Teil Hysteresis-Verluste. Die Wirbelstromverluste können durch die Verminderung der Blechstärke, die Hysteresis-Verluste durch eine zweckentsprechende Glühbehandlung vermindert werden.

Theoretische Untersuchungen über den Einfluß der gegenseitigen Blechisolation auf die Eisenverluste von Transformatoren.

Von G. Stein.

1. Technische und physikalische Voraussetzungen.

Die Eisenkerne von Transformatoren werden in dünne Bleche unterteilt, um die Größe der Wirbelströme und somit die Wirbelstromverluste herabzusetzen. Diese hängen hierbei in erster Linie für eine bestimmte Induktion in Eisen von der Blechstärke und dem

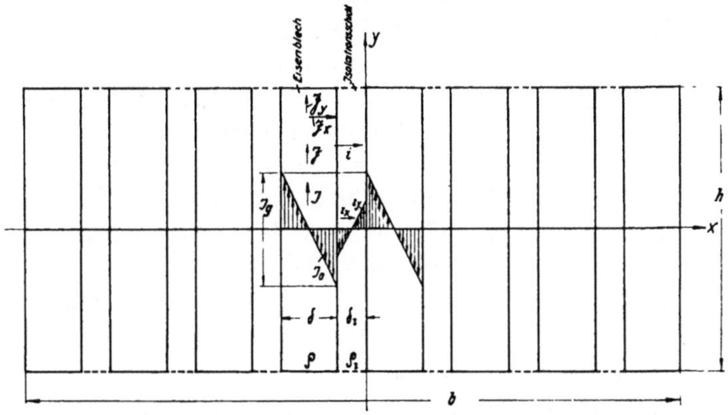

Bild 1. Schematische Darstellung eines rechteckigen Paketquerschnittes.

spezifischen Widerstand der Bleche ab. Hat jedoch der gegenseitige Isolationswiderstand der Bleche einen endlichen Wert, so können sich auch Ströme von Blech zu Blech ausbilden und sowohl durch Verluste in der Isolationschicht als auch durch Erhöhung der ursprünglichen Wirbelströme im Eisen zu einer Vergrößerung der Wirbelstromverluste führen. Der Isolationswiderstand wiederum schwankt in sehr weiten Grenzen, je nachdem, ob die Bleche direkt aneinander liegen, ob ein Papier- oder Lacküberzug Verwendung findet.

Bei der Berechnung dieser Vorgänge sei von einer Untersuchung von F. Emde[1]) ausgegangen, nach der man sich das gesamte elek-

[1]) s. F. Emde: „Wie wird in einem Transformator eine elektromotorische Kraft induziert?", E. u. M. 1922, Heft 35, S. 409.

trische Feld als durch die Wirbelströme der einzelnen Bleche erregt denken kann, die dort ohne Rücksicht auf die Isolationströme entstehen. Die hierzu in Bild 1 beispielsweise in einem Schnitt durch ein rechteckiges Blechpaket, senkrecht zur Richtung des magnetischen Flusses dargestellten Größen seien im einzelnen bezeichnet:

h	in	cm	Blechhöhe,
δ	„	„	Blechbreite,
δ_i	„	„	Stärke der Isolationschicht,
b	„	„	„ eines Blechpaketes,
J	„	A/cm²	resultierender Eisenstrom,
J_0	„	„	Eisenstrom ohne Berücksichtigung des Isolationstromes,
J_g	„	„	Unterschied der Eisenströme an den beiden Blechrändern,
i	„	„	Isolationstrom,
$\mathfrak{J}$	„	„	von dem Isolationstrom im Eisen erzeugter Überlagerungstrom,
ϱ	„	$\Omega \cdot$ cm	spezifischer elektrischer Widerstand des Eisens für einen Würfel von 1 cm³,
ϱ_i	„	$\Omega \cdot$ cm	spezifischer elektrischer Widerstand der Isolationschicht für einen Würfel von 1 cm³,
λ	„	$\Omega \cdot$ cm²	spezifischer elektrischer Übergangswiderstand von Blech zu Blech,
$\mathfrak{B}$	„	Gauss	zeitlicher Scheitelwert der magnetischen Induktion im Eisen,
ν	„	Per/s	Frequenz.

Die Länge der Bleche sei mit 1 cm eingesetzt. Das Koordinaten-System x, y liege in der Mitte des Blechpaketes, wobei die y-Achse auf einen Blechrand fällt. $\frac{h}{\delta}$ ist in Wirklichkeit weit größer als in Bild 1, so daß bei der Verteilung von J_0 die Komponenten in der y-Richtung vernachlässigt werden können. J_0 steigt alsdann für jedes y in allen Blechen in der bezeichneten Weise von $-\frac{J_g}{2}$ am linken Blechrand linear auf $+\frac{J_g}{2}$ am rechten Blechrand, es wird also

$$J_0 = J_g\left[\frac{1}{2} - \frac{x}{\delta}\right], \tag{1}$$

wobei naturgemäß x vom Rand eines jeden Bleches aus neu zu zählen ist. Hierin errechnet sich J_g nach dem Induktionsgesetz zu

$$J_g = \sqrt{2}\,\pi\,\nu\,\frac{\delta}{\varrho}\,10^{-8}\,\mathfrak{B}\,. \tag{2}$$

Die von J_0 verursachten Wirbelstromverluste w_0 eines Bleches werden nunmehr:

$$\left.\begin{aligned} w_0 &= \int_{-\frac{h}{2}}^{+\frac{h}{2}} dy \int_0^{\delta} \varrho\, J_0^2\, dx; \\ w_0 &= \varrho\,\frac{\delta\, h}{12}\,J_g^2 \end{aligned}\right\} \tag{3}$$

In der Isolationschicht seien i_x und i_y die Komponenten von i. Da sich die Tangentialkomponenten der elektrischen Spannungsvektoren über den Blechrand stetig fortsetzen, so wird in Bild 1 am linken Rande der Isolationschacht $i_y = -\frac{\varrho}{\varrho_i}\frac{J_g}{2}$ und wächst von dort aus stetig auf $i_y = +\frac{\varrho}{\varrho_i}\frac{J_g}{2}$ am rechten Rande; d. h. es ist unter der Annahme eines linearen Verlaufs

$$i_y = J_g\,\frac{\varrho}{\varrho_i}\left[\frac{x}{\delta_i} - \frac{1}{2}\right], \tag{4}$$

wenn x vom linken Rande der Isolationschicht aus gezählt wird. Ihre Verluste je Volumeneinheit v_i lassen sich zerlegen in

$$v_i = i^2 \cdot \varrho_i = i_x^2 \cdot \varrho_i + i_y^2 \cdot \varrho_i = v_{ix} + v_{iy}. \tag{5}$$

Die von J_0 erzeugten Verluste v_{eo} in der Volumeneinheit des Eisens sind demgegenüber aus Formel (3) zu entnehmen mit

$$v_{eo} = J_0^2 \varrho. \tag{6}$$

Nach Gl. (4) wird dann zum Beispiel am Blechrande:

$$\frac{v_{iy}}{v_{eo}} = \frac{\left(\frac{\varrho}{\varrho_i}\,\frac{J_g}{2}\right)^2 \varrho_i}{\left(\frac{J_g}{2}\right)^2 \varrho} = \frac{\varrho}{\varrho_i}\,.$$

Das Verhältnis der zu v_{iy} und v_{eo} gehörenden Gesamtverluste erhält naturgemäß die gleiche Größenanordnung. Da nun im allgemeinen $\varrho \lesseqq \varrho_i$ ist, so kann man die von den i_y erzeugten v_{iy} gegenüber v_{eo} und zugleich i_y selbst vernachlässigen, d. h. $i_x = i$ setzen. Ferner erscheint stets $\delta_i \lesseqq \delta \lesseqq$ h. Aus diesen beiden Gründen darf in jeder Isolationschicht i unabhängig von x angenommen und so der Widerstand eines Abschnittes von der Höhe *1* zu einem Übergangs- bzw.

Isolationswiderstand zwischen den Blechen zusammengefaßt oder

$$\varrho_i \delta_i = \lambda \tag{7}$$

gesetzt werden.

Das in das Eisen eintretende i liefert dort den Überlagerungstrom $\mathfrak{J}$, d. h. die zwei Komponenten $\mathfrak{J}_x$ und $\mathfrak{J}_y$. Die resultierenden Eisenverluste je Volumeneinheit v_e werden deshalb zerlegt in

$$v_e = J^2 \cdot \varrho = \mathfrak{J}_x{}^2 \varrho + (J_0 + \mathfrak{J}_y)^2 \varrho = v_{ex} + v_{ey}.$$

Hierin ist $\mathfrak{J}_x$ der Anteil von i, der das Blech von Isolationschicht zu Isolationschicht quer durchströmt. Deshalb wird $\mathfrak{J}_x \leqq i$ und kann ebenso wie in erster Näherung in jedem Blech in Abhängigkeit von x als konstant angenommen werden. Unter diesen Umständen erhält man für das Verhältnis der $\mathfrak{J}_x$ und i_x entsprechenden Gesamtverluste eines Ausschnittes von der Höhe l nach einer Mittelwertbildung

$$\frac{v_{ex}\,\delta}{v_{ix}\,\delta_i} \leq \frac{\varrho\,\delta}{\varrho_i\,\delta_i}.$$

Man findet im allgemeinen $\varrho\,\delta \ll \varrho_i\,\delta_i$, so daß v_{ex} gegenüber v_{ix} und schließlich $\mathfrak{J}_x$ selbst zu vernachlässigen oder $\mathfrak{J}_y = \mathfrak{J}$ zu setzen ist.

Die zur Erregung von i gehörige Spannung zwischen zwei Blechen entsteht dadurch, daß entsprechend Bild 1 die Strom- bzw. Spannungsvektoren an zwei benachbarten Blechrändern einander entgegengesetzt sind und so in der y-Richtung in einem Blech die Spannung steigt, im anderen fällt.

Es sei erstens angenommen, daß die Isolationschicht homogen, d. h. λ überall das gleiche ist. Alsdann wächst i in erster Näherung, d. h. unter Vernachlässigung von $\mathfrak{J}$ von $y = y_0$ aus, wo die Blechränder auf gleichem Potential sind, linear gegen das obere und untere Blechende; d. h. es ist

$$i = \mathrm{Const}\,(y - y_0),$$

und es werden die durch i in jeder Isolationschicht verursachten Gesamtverluste

$$w_i = \lambda \int_{-\frac{h}{2}}^{+\frac{h}{2}} i^2\,dy = \lambda\,(\mathrm{Const})^2 \int_{-\frac{h}{2}}^{+\frac{h}{2}} (y - y_0)^2\,dy = \lambda\,(\mathrm{Const})^2 \left(\frac{h^3}{12} + h y_0{}^2\right). \tag{9}$$

Ein stabiler Zustand tritt bei Änderung von y_0 bekanntlich dann ein, wenn w_i am kleinsten ist, d. h. hier für $y_0 = 0$. Bei überall konstantem λ sind demnach zwei benachbarte Bleche an der x-Achse auf gleichem Potential.

Es ist zweitens ein besonders extremer Fall einer inhomogenen Isolationschicht, daß durch Gratbildung oder durch ähnliche Unebenheiten der Blechränder am oberen oder unteren Rande des Blechpaketes, d. h. für $y = +\frac{h}{2}$ oder $-\frac{h}{2}$ die Blechenden gegeneinander einen vollständigen elektrischen Schluß haben, λ aber in den übrigen Teilen das gleiche bleibt wie im ersten Fall. Dann sind jene Ränder auf gleichem Potential und der Zustand wird identisch mit der Stromverteilung bei homogener Isolationschicht, aber doppelter Blechhöhe, wenn man sich die Bleche über den betreffenden Rand um h verlängert denkt und diese Fortsetzung dem ursprünglichen Bereiche kongruent ist. Fällt die Verlängerung fort, so schließt sich i statt durch die untere Blechhälfte über die verbundenen Ränder und $\mathfrak{J}$ geht in ihrer Nähe von der senkrechten in die waagerechte Richtung über. Diese Änderungen sind mit Rücksicht auf die Größe von $\frac{h}{\delta}$ vernachlässigbar klein. Außerdem kann i an jenen Rändern, soweit sie auf gleichen Potential sind, keinerlei Verluste erzeugen.

Unter diesen Umständen sollen die Untersuchungen auf den erstgenannten Fall einer homogenen Isolationschicht beschränkt und dessen Ergebnisse auf den zweiten einer besonders inhomogenen übertragen werden.

Schließlich sei darauf hingewiesen, daß der Blechquerschnitt eines Transformatorenschenkels so zu konstruieren ist, daß er einerseits mit möglichst großem Füllfaktor einen Kreis ausfüllt, anderseits die Zahl der hierzu notwendigen Blechhöhen der wirtschaftlichen Herstellung halber nicht so große werde. Aus diesem Grunde reiht man in der Praxis eine Anzahl von rechteckigen Blechpaketen in der in Bild 2 gezeichneten Form aneinander. Der Jochquerschnitt ist in ähnlicher Weise abgestuft, besteht aber auch mitunter nur aus einem Rechteck. Deshalb sollen die Stromverteilung und Verluste zunächst in einem solchen rechteckigen Einzelpaket ermittelt und dann dieses Ergebnis auf einen kreisförmigen Paketquerschnitt übertragen werden.

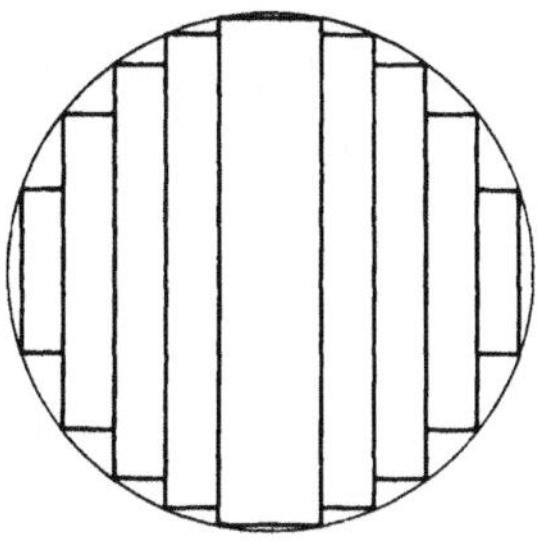

Bild 2. Aus rechteckigen Blechpaketen bestehender Schenkelquerschnitt eines Transformators.

2. Näherungs-Rechnung bei rechteckigen Paketquerschnitten.

Bei rechteckigen Paketquerschnitten erhält man eine erste Näherung der gesamten Wirbelstromverluste W unter Berücksichtigung der Blechisolation dadurch, daß man bei der Berechnung von i

den Überlagerungstrom $\mathfrak{J}$ vernachlässigt, d. h. hier nur die von J_0 erzeugten Spannungsabfälle zugrunde legt. Die entsprechenden Größen seien durch i_n, $\mathfrak{J}_n$, w_{ni} usw. gekennzeichnet. So ist dann

$$i_n = \frac{\varrho}{\lambda} J_g y, \tag{10}$$

und es folgt nach Gl. (9)

$$w_{ni} = \frac{\varrho^2}{\lambda} J_g{}^2 \frac{h^3}{12} . \tag{11}$$

In einem Blechpaket ist die Anzahl der Isolationschichten um 1 kleiner als die der Bleche. Bei starken Blechpaketen kann man deshalb die Anzahl der Isolationschichten der Blechzahl gleichsetzen und so

$$\Delta_{ni} = \frac{w_{ni}}{w_o} \tag{12}$$

einführen. Das ergibt hier

$$\Delta_{ni} = \frac{\varrho}{\delta \lambda} h^2. \tag{13}$$

Bei der Berechnung von $\mathfrak{J}$ setzt man mit Rücksicht auf $h \gg \delta$ voraus, daß es in jedem Blech in der x-Richtung konstant ist. Alsdann folgt:

$$\mathfrak{J} = \frac{1}{\delta} \int\limits_{y}^{\frac{h}{2}} i \cdot dy. \tag{14}$$

Außerdem sei angenommen, daß das gesamte i_n nur in je einem Blech als $\mathfrak{J}_n$ hin- und zurückfließe und erhält auf Grund von Gl. (10):

$$\mathfrak{J}_n = \frac{1}{2} \frac{\varrho}{\lambda} \frac{J_g}{\delta} \left[\frac{h^2}{4} - y^2\right]. \tag{15}$$

Definitionsgemäß schreibt man

$$J = J_0 + \mathfrak{J} \tag{16}$$

und für die gesamten Verluste w_e in einem Blech

$$w_e = \varrho \int\limits_{-\frac{h}{2}}^{+\frac{h}{2}} dy \int\limits_0^{\delta} J^2 \, dx. \tag{17}$$

Diese lassen sich sodann, da J_0 nach Gl. (1) nur von x, $\mathfrak{J}$ nach Gl. (15) nur von y abhängen, in der Form

$$w_e = \varrho \int\limits_{-\frac{h}{2}}^{+\frac{h}{2}} dy \int\limits_0^{\delta} J_0{}^2 \, dx + 2 \varrho \int\limits_{-\frac{h}{2}}^{+\frac{h}{2}} \mathfrak{J} \, dy \int\limits_0^{\delta} J_0 \, dx + \varrho \, \delta \int\limits_{-\frac{h}{2}}^{+\frac{h}{2}} \mathfrak{J}^2 \, dy$$

schreiben. Das erste Glied dieser Formel wird nach Gl. (3) gleich w_0. Das zweite wird gleich Null, da J_0 entsprechend Bild 1 eine ungerade Funktion in bezug auf jede Blechmitte ist. Man erhält also für Gl. (17) die Formel

$$w_e - w_0 = \varrho\,\delta \int_{-\frac{h}{2}}^{+\frac{h}{2}} \mathfrak{J}^2 dy\,. \tag{18}$$

Hierauf folgt mit Hilfe von Gl. (15) für $\mathfrak{J} = \mathfrak{J}_n$

$$w_{ne} - w_0 = \varrho\,\frac{\delta h}{12} J_g{}^2 \left[0{,}1 \left(\frac{\varrho}{\delta\lambda}\right)^2 h^4\right]. \tag{19}$$

Die durch $\mathfrak{J}_n$ bedingte relative Zunahme der Verluste in einem Blech sei

$$\Delta_{ne} = \frac{w_{ne} - w_0}{w_0}\,,$$

und erhält nach Gl. (3) die Form

$$\Delta_{ne} = 0{,}1 \left(\frac{\varrho}{\delta\lambda}\right)^2 h^4\,. \tag{20}$$

Aus Δ_{ni} Gl. (13) und Δ_{ne} Gl. (20) kann man in der angenommenen Näherung beispielsweise die relativen Zusatzverluste Δ_n eines aus zwei Blechen bestehenden Paketes (Bild 3) zusammensetzen. Dieses hat nur eine Isolationschicht und seine Stromverteilung ist in bezug auf die y-Achse symmetrisch. Unter diesen Umständen erhält man

$$\Delta_n = 0{,}5\,\Delta_{ni} + \Delta_{ne} \tag{21}$$

und es lautet:

$$\Delta_n = 0{,}1\,\frac{\varrho}{\delta\lambda} h^2 \left[5 + \frac{\varrho}{\delta\lambda} h^2\right]. \tag{22}$$

Dieser Wert ist größer als in Wirklichkeit, da, wie im nächsten Abschnitt gezeigt wird, sowohl i als auch $\mathfrak{J}$ durch die Rückwirkung von $\mathfrak{J}$ auf die Isolationspannung gegenüber i_n und $\mathfrak{J}_n$ verkleinert werden.

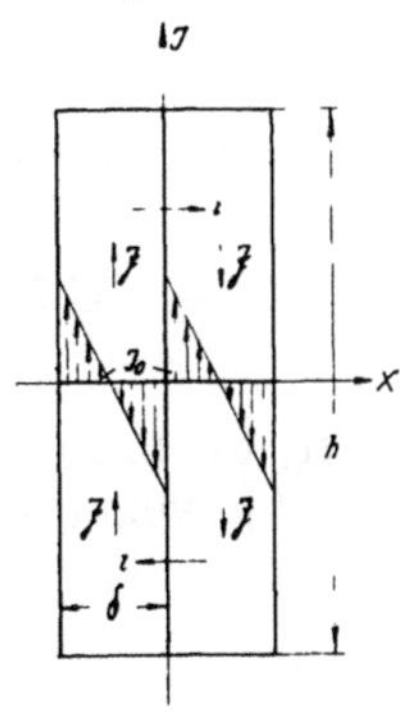

Bild 3. Schematische Darstellung der Stromverteilung in zwei Blechen.

3. Genaue Rechnung bei schmalen rechteckigen Paketquerschnitten.

Es werde nunmehr bei schmalen rechteckigen Paketquerschnitten in einer genauen Rechnung der von $\mathfrak{J}$ im Eisen erzeugte Spannungsabfall berücksichtigt. Dieses bleibe jedoch nach wie vor in der x-Richtung in jedem Blech konstant. Die Ermittelung sei bei

Blechpaketen durchgeführt, die aus zwei, drei und fünf Blechen bestehen.

Die Stromverteilung von zwei Blechen (Bild 3) ist dann wieder in bezug auf die y-Achse symmetrisch und man erhält in jedem von ihnen neben der Gl. (14)

$$i = \frac{\varrho}{\lambda}\int_0^y [J_g - 2\mathfrak{J}]\, dy.$$

Hieraus folgt die Integralgleichung für i zu

$$i = \frac{\varrho}{\lambda}\left[J_g y - \frac{2}{\delta}\int_0^y dy \int_y^{\frac{h}{2}} i\, dy\right]. \tag{23}$$

Die zugehörige Differentialgleichung lautet

$$\frac{d^2 i}{dx^2} = 2\frac{\varrho}{\delta\lambda}\, i.$$

worin

$$\alpha^2 = 2\frac{\varrho}{\delta\lambda} \tag{24}$$

zusammengefaßt sei. Ihre Lösung schreibt sich dann, da $i\,(y)$ eine ungerade Funktion sein muß

$$i = C\,\mathfrak{Sin}\,\alpha y.$$

Man setzt diesen Wert in (23) ein und findet:

$$C\,\mathfrak{Sin}\,\alpha y = \frac{\varrho}{\lambda} J_g y - 2\frac{\varrho}{\delta\lambda}\int_0^y dy \int_y^{\frac{h}{2}} C\,\mathfrak{Sin}\,\alpha y\, dy$$

oder, da nach Auflösung des Doppelintegrals sich die Glieder mit $\mathfrak{Sin}\,\alpha y$ wegheben,

$$C = \frac{\varrho}{\lambda}\frac{1}{\alpha} J_g \frac{1}{\mathfrak{Cof}\,\alpha\frac{h}{2}}.$$

Hieraus sowie für Gl. (14) folgt

$$\left.\begin{aligned} i &= \frac{\delta}{2}\alpha J_g \frac{\mathfrak{Sin}\,\alpha y}{\mathfrak{Cof}\,\alpha\frac{h}{2}} \\ \mathfrak{J} &= \frac{1}{2} J_g\left[1 - \frac{\mathfrak{Cof}\,\alpha y}{\mathfrak{Cof}\,\alpha\frac{h}{2}}\right]. \end{aligned}\right\} \tag{25}$$

In diesen Formeln wird mit Rücksicht auf die Ungleichung $\mathfrak{Tg}\, x < x$:

$$\frac{\mathfrak{Sin}\,\alpha y}{\mathfrak{Cof}\,\alpha\frac{h}{2}} = \frac{\mathfrak{Tg}\,\alpha y}{\mathfrak{Cof}\,\alpha\left(\frac{h}{2}-y\right)\left[1+\mathfrak{Tg}\,\alpha\left(\frac{h}{2}-y\right)\right]} < \alpha y\,,$$

$$1-\frac{\mathfrak{Cof}\,\alpha y}{\mathfrak{Cof}\,\alpha\frac{h}{2}} = \mathfrak{Tg}\frac{\alpha}{2}\left(\frac{h}{2}+y\right)\mathfrak{Tg}\frac{\alpha}{2}\left(\frac{h}{2}-y\right)\frac{\mathfrak{Cof}\,\alpha\frac{h}{2}+\mathfrak{Cof}\,\alpha y}{\mathfrak{Cof}\,\alpha\frac{h}{2}} < \frac{\alpha^2}{2}\left(\frac{h^2}{4}-y^2\right).$$

Über Gl. (24) folgt alsdann

$$i < \frac{\varrho}{2} J_g\, y$$

$$\mathfrak{J} < \frac{1}{2}\frac{\varrho}{\lambda}\frac{1}{\delta}\left[\frac{h^2}{4}-y^2\right];$$

d. h. i und $\mathfrak{J}$ werden hier, wie schon erwähnt, kleiner als i_n und $\mathfrak{J}_n$ bei der Näherungsrechnung Gl. (10) und (15) des vorhergehenden Abschnittes.

Man setze i aus Gl. (25) in Gl. (9) ein und erhält durch einfache Integration und Umordnung

$$w_i = \frac{1}{4}\,\delta\,\varrho\,h\,J_g{}^2\left[\frac{1}{\alpha\frac{h}{2}}\,\mathfrak{Tg}\,\alpha\frac{h}{2}+\mathfrak{Tg}^2\,\alpha\frac{h}{2}-1\right]. \tag{26}$$

Daneben schreibe man mit Hilfe von $\mathfrak{J}$ aus Gl. (25) und auf Grund von Gl. (1) und (17)

$$w_e - w_o = \frac{1}{8}\,\varrho\,\delta\,h\,J_g\left[3-3\,\frac{1}{\alpha\frac{h}{2}}\,\mathfrak{Tg}\,\alpha\frac{h}{2}-\mathfrak{Tg}^2\,\alpha\frac{h}{2}\right]. \tag{27}$$

Die relativen Zusatzverluste infolge der Isolationströme werden in diesem Falle für beide Bleche zusammen

$$\varDelta = \frac{w_i + 2\,(w_e - w_o)}{2\,w_o}\,,$$

und man erhält nach Gl. (24), (26) und (27)

$$\varDelta = 3\left[1-\frac{1}{0{,}707\,h\sqrt{\frac{\varrho}{\delta\lambda}}}\,\mathfrak{Tg}\,0{,}707\,h\sqrt{\frac{\varrho}{\delta\lambda}}\right]. \tag{28}$$

Bei drei Blechen (Bild 4) ist im mittleren nur J_0 von Bedeutung, während die Stromverteilung der beiden äußeren symmetrisch wird.

In jedem von diesen fließt das gesamte i als $\mathfrak{J}$ zurück. So erhält man dort neben der Gl. (14)

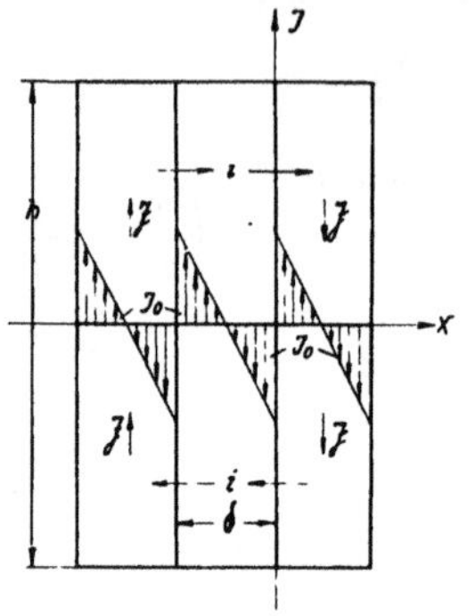

Bild 4. Schematische Darstellung der Stromverteilung in drei Blechen.

$$i = \frac{\varrho}{\lambda} \int_0^y \left[J_g - \mathfrak{J} \right] dy,$$

und es folgt

$$i = \frac{\varrho}{\lambda} \left[J_g y - \frac{1}{\delta} \int_0^y dy \int_y^{\frac{h}{2}} i \, dy \right];$$

$$\frac{d^2 i}{dx^2} = \frac{\varrho}{\lambda \delta} i.$$

Man löst diese beiden Gleichungen unter Zusammenfassung von

$$\beta^2 = \frac{\varrho}{\delta \lambda}. \tag{29}$$

in der gleichen Weise wie bei zwei Blechen auf und erhält nacheinander bei Vertauschung von α Gl. (24) mit β Gl. (29) bis auf den Faktor $\frac{1}{2}$ bzw. $\frac{1}{4}$ die gleichen Formeln wie dort, nämlich

$$i = \delta \beta J_g \frac{\operatorname{Sin} \beta y}{\operatorname{Cof} \beta \frac{h}{2}};$$

$$w_i = \frac{1}{2} \varrho \delta h J_g^2 \left[\frac{1}{\beta \frac{h}{2}} \operatorname{Tg} \beta \frac{h}{2} + \operatorname{Tg}^2 \beta \frac{h}{2} - 1 \right]; \tag{30}$$

$$\mathfrak{J} = J_g \left(1 - \frac{\operatorname{Cof} \beta y}{\operatorname{Cof} \beta \frac{h}{2}} \right);$$

$$w_e - w_0 = \frac{1}{2} \varrho \delta h J_g^2 \left[3 - 3 \frac{1}{\beta \frac{h}{2}} \operatorname{Tg} \beta \frac{h}{2} - \operatorname{Tg}^2 \beta \frac{h}{2} \right]. \tag{31}$$

Die relativen Zusatzverluste infolge der Isolationströme sind hier

$$\Delta = \frac{2 w_i + 2 (w_e - w_0)}{3 w_0},$$

so daß man auf Grund von Gl. (29) bis (31) erhält

$$\Delta = 8 \left(1 - \frac{1}{0{,}5 h \sqrt{\frac{\varrho}{\delta \lambda}}} \operatorname{Tg} 0{,}5 h \sqrt{\frac{\varrho}{\lambda \delta}} \right). \tag{32}$$

Bei fünf Blechen ist gemäß Bild 5 die Stromverteilung ähnlich wie bei drei Blechen symmetrisch zum mittleren Blech, d. h. in diesem ist nur mit J_0 zu rechnen, während zu beiden Seiten der Isolationstrom i_1 ein- und austritt. Dieser zerteilt sich in den beiden rechts und links anschließenden Blechen je in $\mathfrak{J}_1$ und das in die beiden äußeren Bleche übertretende i_2. Durch diese schließt sich i_2 als $\mathfrak{J}_2$. Unter diesen Umständen gelten folgende Beziehungen

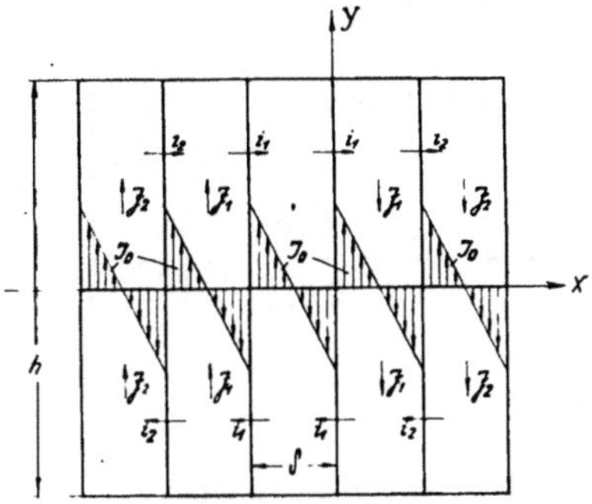

Bild 5. Schematische Darstellung der Stromverteilung in fünf Blechen.

$$\left.\begin{aligned} i_1 &= \frac{\varrho}{\lambda}\int_0^y (J_g - \mathfrak{J}_1)\,dy, \\ i_2 &= \frac{\varrho}{\lambda}\int_0^y [J_g - (\mathfrak{J}_2 - \mathfrak{J}_1)]\,dy, \\ \mathfrak{J}_1 &= \frac{1}{\delta}\int_y^{\frac{h}{2}} (i_1 - i_2)\,dy, \\ \mathfrak{J}_2 &= \frac{1}{\delta}\int_y^{\frac{h}{2}} i_2\,dy. \end{aligned}\right\} \tag{33}$$

Bei Elimination von $\mathfrak{J}_1$ und $\mathfrak{J}_2$ ergeben sich hieraus die beiden Integralgleichungen

$$\left.\begin{aligned} i_1 &= \frac{\varrho}{\lambda}\left[J_g\, y - \frac{1}{\delta}\int_0^y dy \int_y^{\frac{h}{2}} (i_1 - i_2)\,dy\right], \\ i_2 &= \frac{\varrho}{\lambda}\left[J_g\, y - \frac{1}{\delta}\int_0^y dy \int_y^{\frac{h}{2}} (2\,i_2 - i_1)\,dy\right], \end{aligned}\right\} \tag{34}$$

denen die Differentialgleichungen

$$\left.\begin{aligned} \frac{d^2 i_1}{dy^2} &= \frac{\varrho}{\lambda\,\delta}(i_1 - i_2), \\ \frac{d^2 i_2}{dy^2} &= \frac{\varrho}{\lambda\,\delta}(2\,i_2 - i_1), \end{aligned}\right\} \tag{35}$$

entsprechen. Ihre Lösungen haben ähnlich wie bei zwei und drei Blechen die Gestalt

$$i_1 = C\,\mathfrak{Sin}\,\gamma\,y;\; i_2 = D \cdot \mathfrak{Sin}\,\gamma\,y.$$

Sie müssen die Gl. (35) identisch ausfüllen, welshalb für γ die Werte

$$\gamma_1{}^2 = \frac{3+\sqrt{5}}{2}\,\frac{\varrho}{\lambda\,\delta}, \qquad \gamma_2{}^2 = \frac{3-\sqrt{5}}{2}\,\frac{\varrho}{\lambda\,\delta} \tag{36}$$

gefolgert werden können. Unter diesen Umständen erweitert sich der Ansatz für i_1 und i_2 zu

$$\left.\begin{aligned} i_1 &= C_1 \operatorname{\mathfrak{Sin}} \gamma_1 y + C_2 \operatorname{\mathfrak{Sin}} \gamma_2 y, \\ i_2 &= D_1 \operatorname{\mathfrak{Sin}} \gamma_1 y + D_2 \operatorname{\mathfrak{Sin}} \gamma_2 y. \end{aligned}\right\} \tag{37}$$

Man setze diese Größen in Gl. (34) ein und erhält die Konstanten C_1, C_2, D_1, D_2, so daß sich schließlich ergibt

$$\left.\begin{aligned} i_1 &= \frac{1}{2\sqrt{5}} J_g \delta \left[(3\sqrt{5} - 7)\, \gamma_1 \frac{\operatorname{\mathfrak{Sin}} \gamma_1 y}{\operatorname{\mathfrak{Cof}} \gamma_1 \frac{h}{2}} + (3\sqrt{5} + 7)\, \gamma_2 \frac{\operatorname{\mathfrak{Sin}} \gamma_2 y}{\operatorname{\mathfrak{Cof}} \gamma_2 \frac{h}{2}} \right], \\ i_2 &= \frac{1}{\sqrt{5}} J_g \delta \left[(\sqrt{5} - 2)\, \gamma_1 \frac{\operatorname{\mathfrak{Sin}} \gamma_1 y}{\operatorname{\mathfrak{Cof}} \gamma_1 \frac{h}{2}} + (\sqrt{5} + 2)\, \gamma_2 \frac{\operatorname{\mathfrak{Sin}} \gamma_2 y}{\operatorname{\mathfrak{Cof}} \gamma_2 \frac{h}{2}} \right]. \end{aligned}\right\} \tag{38}$$

Die Gl. (38) liefern zusammen mit (33)

$$\left.\begin{aligned} \mathfrak{J}_1 &= J_g \left[1 + \frac{3 - \sqrt{5}}{2\sqrt{5}} \frac{\operatorname{\mathfrak{Cof}} \gamma_1 y}{\operatorname{\mathfrak{Cof}} \gamma_1 \frac{h}{2}} - \frac{3 + \sqrt{5}}{2\sqrt{5}} \frac{\operatorname{\mathfrak{Cof}} \gamma_2 y}{\operatorname{\mathfrak{Cof}} \gamma_2 \frac{h}{2}} \right], \\ \mathfrak{J}_2 &= J_g \left[2 - \frac{5 - 2\sqrt{5}}{5} \frac{\operatorname{\mathfrak{Cof}} \gamma_1 y}{\operatorname{\mathfrak{Cof}} \gamma_1 \frac{h}{2}} - \frac{5 + 2\sqrt{5}}{5} \frac{\operatorname{\mathfrak{Cof}} \gamma_2 y}{\operatorname{\mathfrak{Cof}} \gamma_2 \frac{h}{2}} \right]. \end{aligned}\right\} \tag{39}$$

Aus den i_1, i_2, $\mathfrak{J}_1$, $\mathfrak{J}_2$ bildet man unter Berücksichtigung von (18) die zugehörigen Verluste

$$w_{i_1} = \lambda \int_{-\frac{h}{2}}^{+\frac{h}{2}} i_1^2\, dy; \qquad w_{i_2} = \lambda \int_{-\frac{h}{2}}^{+\frac{h}{2}} i_2^2\, dy;$$

$$w_{e_1} - w_0 = \varrho\, \delta \int_{-\frac{h}{2}}^{+\frac{h}{2}} \mathfrak{J}_1^2\, dy; \qquad w_{e_2} - w_0 = \varrho\, \delta \int_{-\frac{h}{2}}^{+\frac{h}{2}} \mathfrak{J}_2^2\, dy,$$

aus denen sich die gesamten relativen Zusatzverluste der fünf Bleche in der Form

$$\varDelta = 2 \frac{[w_{i_1} + w_{i_2} + (w_{e_1} - w_0) + (w_{e_2} - w_0)]}{5\, w_0}$$

zusammensetzen lassen. Führt man alle zugehörigen Integrationen aus und ordnet die Ergebnisse entsprechend um, so folgt schließlich auf Grund von Gl. (36), (38) und (39)

$$\left.\begin{aligned}\Delta = 24 \Big[1 &- 0{,}008058 \frac{1}{0{,}809\, h\cdot\sqrt{\frac{\varrho}{\lambda\,\delta}}}\,\mathfrak{Tg}\, 0{,}809\, h\sqrt{\frac{\varrho}{\lambda\,\delta}} - \\ &- 0{,}991942 \frac{1}{0{,}309\, h\cdot\sqrt{\frac{\varrho}{\lambda\,\delta}}}\,\mathfrak{Tg}\, 0{,}309\, h\sqrt{\frac{\varrho}{\lambda\,\delta}}\Big].\end{aligned}\right\} \quad (40)$$

Man führt nun die dimensionslose Größe:

$$\sigma = \frac{2}{h}\sqrt{\frac{\lambda\,\delta}{\varrho}} \qquad (41)$$

ein und unterscheidet die in Gl. (22), (28), (32) und (40) berechneten prozentualen Zusatzverluste von zwei, drei und fünf Blechen durch Δ_{n_2}, Δ_2, Δ_3 und Δ_5. Sie nehmen alsdann neben Δ_{ni} und Δ_{ne} aus Gl. (12) und (20) folgende Form an

$$\left.\begin{aligned}\Delta_{ni} &= \frac{4}{\sigma^2},\\ \Delta_{ne} &= \frac{1{,}6}{\sigma^4},\\ \Delta_{n2} &= \frac{4}{\sigma^2}\left(0{,}5 + \frac{0{,}4}{\sigma^2}\right),\\ \Delta_2 &= 3\left[1 - \frac{\sigma}{\sqrt{2}}\,\mathfrak{Tg}\,\frac{\sqrt{2}}{\sigma}\right],\\ \Delta_3 &= 8\left[1 - \sigma\,\mathfrak{Tg}\,\frac{1}{\sigma}\right],\\ \Delta_5 &= 24\left[1 - 0{,}008058\,\frac{\sigma}{1{,}618}\,\mathfrak{Tg}\,\frac{1{,}618}{\sigma} - 0{,}991942\,\frac{\sigma}{0{,}618}\,\mathfrak{Tg}\,\frac{0{,}618}{\sigma}\right].\end{aligned}\right\} \quad (42)$$

Für $\lambda \to \infty$, d. h. $\sigma \to \infty$ oder bei vollständiger Isolation werden nach dem Grenzübergang

$$\lim_{t \to \infty} t\,\mathfrak{Tg}\,\frac{1}{t} = 1$$

alle Δ gleich Null.

Für $\lambda = 0$, d. h. $\sigma = 0$ hingegen folgt mit Rücksicht auf

$$\lim_{t \to 0} t\,\mathfrak{Tg}\,\frac{1}{t} = 0$$

ein $\Delta_2 = 3$, $\Delta_3 = 8$, $\Delta_5 = 24$. Bezeichnet allgemein q die Anzahl der Bleche des Paketes, so wird dieser Fall durch die Wirbelstromverteilung eines einzigen Bleches von der Stärke $q\delta$ wiedergegeben. Die zugehörigen Gesamtverluste w_q können demnach aus den Gl. (2) und (3) durch Vertauschung von δ mit $q\delta$ errechnet werden und lauten

$$w_q = \frac{\varrho\,(q\,\delta)\,h}{12}\,(q\,J_g)^2.$$

Die entsprechenden relativen Zusatzverluste erhalten hierauf die Form

$$\Delta_q = \frac{w_q - q\,w_0}{q\,w_0} = q^2 - 1, \tag{43}$$

sind also für $q = 2$; 3 und 5 gleich den aus Gl. (42) abgeleiteten Grenzwerten 3; 8 und 24. Gl. (43) ist allerdings nur solange richtig, als $h \gg \delta q$ bleibt, da sonst bei der Berechnung von W_0 die x-Komponenten von J nicht mehr wie in Gl. (3) zu vernachlässigen sind.

Ferner läßt sich die Entwicklung

$$\mathfrak{Tg}\,t = t - \frac{1}{2}\,t^3 + \frac{2}{15}\,t^5 - \frac{17}{315}\,t^7 + \dots \tag{44}$$

für kleine t, also in Gl. (42) für große σ bzw. λ beim zweiten Gliede abbrechen und liefert dann

$$\Delta_2 \sim \frac{2}{\sigma^2} = \frac{1}{2}\,\Delta_{ni}\,,$$

$$\Delta_3 \sim \frac{2}{3}\,\Delta_{ni}\,,$$

$$\Delta_5 \sim \frac{4}{5}\,\Delta_{ni}$$

oder, wenn man diese Resultate verallgemeinert

$$\Delta_q \sim \frac{q-1}{q}\,\Delta_{ni}\,. \tag{45}$$

Δ_q läuft also nach Gl. (45) bei $\sigma \to \infty$, bzw. $\lambda \to \infty$ asymptotisch in die Kurve $\frac{q-1}{q}\,\Delta_{ni}$, nach Gl. (43) bei $\sigma \to 0$ bzw. $\lambda \to 0$ hingegen, solange q selbst nicht zu groß wird, asymptotisch gegen $q^2 - 1$ und bleibt außerdem in

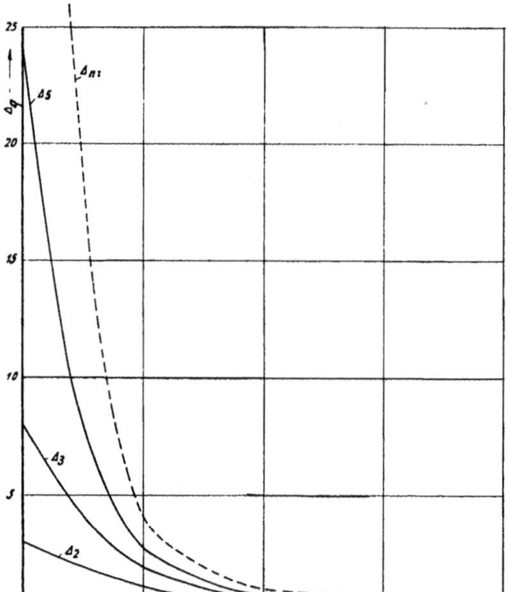

Bild 6. Relative Zusatzverluste infolge der Isolationsströme schmaler, rechteckiger Paketquerschnitte.

Gl. (42) unter Berücksichtigung der höheren Potenzen von Gl. (44) überall

$$\Delta_q < \frac{q-1}{q}\,\Delta_{ni}\,.$$

Im einzelnen wurde dieser Verlauf aus Gl. (42) berechnet und in Bild 6 in Abhängigkeit von σ eingezeichnet. Die Δ_q nähern sich demnach mit wachsendem q dem Verlaufe von Δ_{ni}. Diese Näherung geht nicht nur im Verhältnis $\frac{q-1}{q}$ vor sich, sondern es nehmen entsprechend

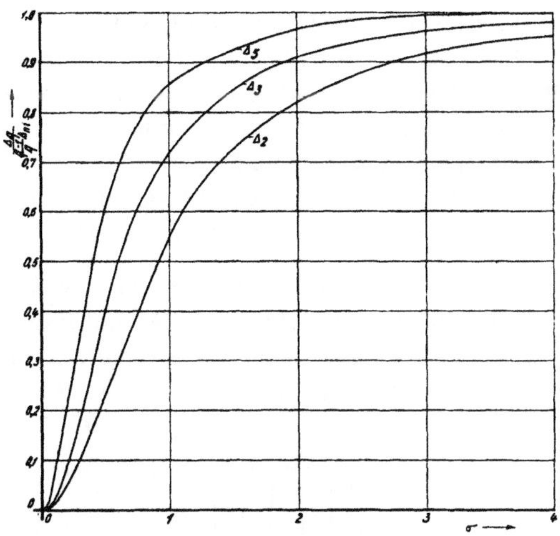

Bild 7. Zusatzverluste infolge der Isolationsströme schmaler, rechteckiger Paketquerschnitte im Verhältnis zu den ohne Rückwirkung auf das Eisenfeld in der Isolation entstehenden Verlusten.

Bild 7 auch der Quotient $\dfrac{\Delta_q}{\frac{q-1}{q}\,\Delta_{ni}}$ d. h. die Zusatzverluste der Isolationströme im Verhältnis zu den ohne Rückwirkung auf das Eisenfeld in der Isolation entstehenden Verlusten in Abhängigkeit von σ mit q zu, so daß sich also Δ_q mit steigendem q dem Δ_{ni} in zweifacher Hinsicht, d. h. besonders gut, anschmiegt. Δ_{ni} wiederum ist in Abschnitt 3 aus den allein in der Isolation auftretenden Verlusten berechnet worden, wenn die durch $\mathfrak{J}$ bedingte Veränderung des Spannungsunterschiedes zwischen den Blechen vernachlässigt wird. Da nach dem vorliegenden Ergebnis bei großem λ und q, also bei breiten Paketquerschnitten diese Näherung statthaft ist, so kann man sich dort den Verlauf von i so vorstellen, daß er (Bild 1) parallel zur x-Achse z. B. in der oberen Blechhälfte hin-, in der unteren zurückströmt und erst in unmittelbarer Nähe des Randes umkehrt. $\mathfrak{J}$ muß sich deshalb in wenigen Randblechen zusammendrängen, ohne im Mittel über die Näherung der Gl. (15) anwachsen zu können, denn hier wie dort wird es von dem gesamten Strom i gebildet, der jedesmal nahezu gleich ist. Außerdem sind die von $\mathfrak{J}$ herrührenden relativen Zusatzverluste nach Gl. (42)

$$\Delta_{ne} = \frac{0{,}4}{\sigma^2}\,\Delta_{ni}\,.$$

Unter diesen Umständen sind, solange nicht $\sigma \ll 1$ wird, die von $\mathfrak{J}$ in den Randblechen erzeugten Verluste klein gegenüber den von i in den Isolationschichten des ganzen Paketes verursachten, und es erscheint so die asymptotische Näherung von Δ_q gegen Δ_{ni} mit wachsendem q erklärlich.

Die mutmaßliche Verteilung von i und $\mathfrak{J}$ in starken Blechpaketen wird durch die Rechnung des nächsten Abschnittes vollauf bestätigt.

4. Genaue Rechnung bei breiten rechteckigen Paketquerschnitten.

Bei breiten rechteckigen Paketquerschnitten sei die Stromverteilung durch Bild 8 gekennzeichnet. $\mathfrak{J}$ sei zunächst wieder in jedem Blech in Abhängigkeit von x als konstant angenommen, so daß der

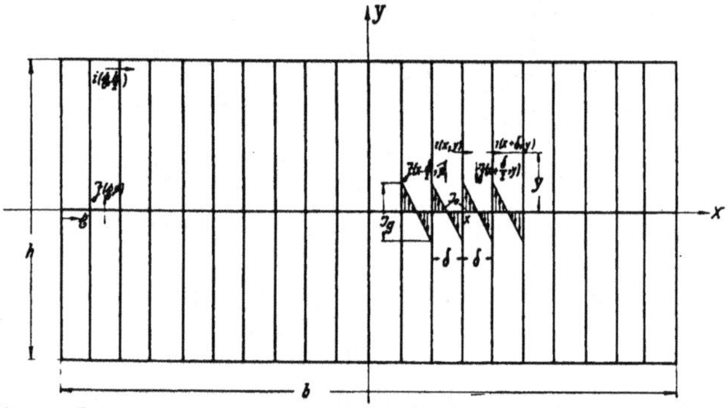

Bild 8. Schematische Darstellung der Stromverteilung in breiten rechteckigen Paketquerschnitten.

zugehörige Abszissenwert in dessen Mitte gelegt werden kann. Das Koordinatenkreuz x, y liege in der Mitte des Blechpaketes parallel zu seinen Rändern. Dann ist

$$\mathfrak{J}\left(x+\frac{\delta}{2}, y\right) = \frac{1}{\delta} \int\limits_{y}^{\frac{h}{2}} [i(x, y) - i(x+\delta, y)]\, dy.$$

Wegen $\frac{\delta}{h} \ll 1$ sei der für i und $\mathfrak{J}$ in Abhängigkeit von x entstehenden Treppenzug durch eine stetige Kurve ersetzt, so daß u. a. die Voraussetzung eines in jedem Blech von x unabhängigen $\mathfrak{J}$ wieder wegfällt. Man kann demnach schreiben

$$\lim_{\delta \to 0} \mathfrak{J}\left(x+\frac{\delta}{2}, y\right) = -\int\limits_{y}^{\frac{h}{2}} \left[\lim_{\delta \to 0} \frac{i(x+\delta, y) - i(x, y)}{\delta}\right] dy$$

oder

$$\mathfrak{J}(x, y) = -\int\limits_{y}^{\frac{h}{2}} \frac{\partial i}{\partial x}\, dy\,. \tag{46}$$

Auf dem gleichen Wege erhält man

$$i = \frac{\varrho}{\lambda} \int_0^y \left[J_g - \delta \frac{\partial \mathfrak{J}}{\partial x} \right] dy \; ;$$

aus den letzten beiden Ausdrücken folgt die Integralgleichung

$$i = \frac{\varrho}{\lambda} \left[J_g \, y + \delta \int_y^{\frac{h}{2}} \frac{\partial^2 i}{\partial x^2} dy \right] \tag{47}$$

und durch zweimalige Differentiation nach y

$$i = -\frac{\varrho \delta}{\lambda} \frac{\partial^2 i}{\partial x^2} \,. \tag{48}$$

Führt man in diese Gleichung die dimensionslose Größe

$$K^2 = \frac{\varrho \, \delta}{\lambda} \tag{49}$$

ein und berücksichtigt, daß i aus Symmetriegründen in bezug auf x eine gerade Funktion, in bezug auf y eine ungerade Funktion sein muß, so erhält man in bekannter Weise für die Lösung von Gl. (47) und (48) den Ansatz

$$i = \Sigma (\vartheta) \, A_\vartheta \cos \vartheta \, x \, \mathfrak{Sin} \, (K \, \vartheta) \, y. \tag{50}$$

Hierin bezeichnen A_ϑ die Konstanten und ϑ die Eigenwerte der Integralgleichung (46). Da an den Seitenrändern, d. h. für $x = \pm \frac{b}{2}$ das $i = 0$ ist, so folgt aus Gl. (50) für alle y

$$\Sigma (\vartheta) \, A_\vartheta \cos \left(\vartheta \frac{b}{2} \right) \mathfrak{Sin} \, (K \, \vartheta) \, y = o$$

oder

$$\vartheta = \mu \frac{\pi}{b} \,.$$

Für μ kommt hierbei der Wertebereich 1; 2; 3 usw. in Frage. Unter diesen Umständen nimmt Gl. (50) die Form an

$$i = \Sigma (\mu) \, A_\mu \, \cos \mu \frac{\pi}{b} x \, \mathfrak{Sin} \, \mu \, K \frac{\pi}{b} y \tag{51}$$

wobei A_ϑ sinngemäß mit A_μ vertauscht ist. Diesen Ausdruck setzt man in Gl. (47) ein und erhält durch Auswertung der Integrale

$$\frac{b}{\pi \delta} K \, J_g = \Sigma (\mu) \, \mu \, A_\mu \cos \mu \frac{\pi}{b} x \, \mathfrak{Cof} \, \mu \frac{K \, \pi}{b} \frac{h}{2} \,. \tag{52}$$

Man hat also eine Konstante, die in eine Fourier-Reihe zu entwickeln ist. Aus diesem Grunde denkt man sich das Feld des Blechpaketes über die Seitenränder, d. h. über $x = \pm \frac{b}{2}$ hinaus verlängert. Es bleiben alsdann alle Randbedingungen, vor allem $i = 0$ für $x = \pm \frac{b}{2}$ erhalten, wenn jene Verlängerung durch Spiegelung des ursprünglichen Feldes mit negativem Vorzeichen erfolgt. Dann ist z. B. für $x = + \frac{b}{2}$ bis $x = \pm \frac{3}{2} b$ mit $-J_g$ zu vertauschen und erhält so für $J_g(x)$ den in Bild 9 gezeichneten Verlauf eines rechteckigen Wellenzuges. Man entwickelt demnach

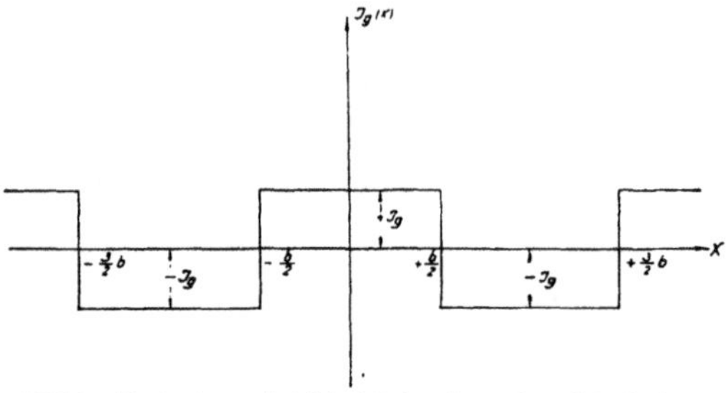

Bild 9. Verlauf von $J_g(x)$ bei Spiegelung des elektrischen Feldes an den Seitenrändern eines rechteckigen Paketquerschnittes.

$$J_g(x) = \frac{4}{\pi^2} J_g \sum_{m=1}^{\infty} \frac{(-1)^{m-1}}{(2m-1)} \cos(2m-1)\frac{\pi}{b} x,$$

wobei m alle ganzen Zahlen durchläuft. Führt man diesen Ausdruck in Gl. (52) für J_g ein, so folgt aus der sich ergebenden Identität

$$\mu = (2m - 1)$$

und

$$A_\mu = A_m = \frac{4}{\pi^2} J_g \frac{(-1)^{m-1}}{(2m-1)^2} \frac{1}{\mathfrak{Cof}\,(2m-1) K \frac{\pi}{b} \frac{h}{2}}.$$

Schließlich ergibt sich durch Einsetzen dieser Werte in Gl. (51) und in Verbindung mit Gl. (46)

$$\left.\begin{aligned} i &= \frac{4}{\pi^2} \frac{b}{\delta} K J_g \sum_{m=1}^{\infty} \frac{(-1)^{m-1}}{(2m-1)} \cos(2m-1)\frac{\pi}{b} x \frac{\mathfrak{Sin}\,(2m-1) K \frac{\pi}{b} y}{\mathfrak{Cof}\,(2m-1) K \frac{\pi}{b} \frac{h}{2}}; \\ \mathfrak{J} &= \frac{4}{\pi^2} \frac{b}{\delta} J_g \sum_{m=1}^{\infty} \frac{(-1)^{m-1}}{(2m-1)^2} \sin(2m-1)\frac{\pi}{b} x \left[1 - \frac{\mathfrak{Cof}(2m-1) K \frac{\pi}{b} y}{\mathfrak{Cof}(2m-1) K \frac{\pi}{b} \frac{h}{2}}\right]. \end{aligned}\right\} \quad (53)$$

Nach den am Schlusse des vorhergehenden Abschnittes gegebenen Darlegungen ist die Größe von i und $\mathfrak{J}$ in erster Linie in der Nähe der Seitenränder des Blechpaketes von Bedeutung.

Man setzt deshalb z. B. für den linken Rand

$$\frac{b}{2} + x = \mathfrak{x}$$

und erhält für Gl. (53)

$$\left.\begin{aligned} i &= \frac{4}{\pi^2}\frac{b}{\delta} K J_g \sum_{m=1}^{\infty} \frac{1}{(2m-1)^2} \sin(2m-1)\frac{\pi}{b}\mathfrak{x} \frac{\mathfrak{Sin}(2m-1)K\frac{\pi}{b}y}{\mathfrak{Cof}(2m-1)K\frac{\pi}{b}\frac{h}{2}}, \\ \mathfrak{J} &= -\frac{4}{\pi^2}\frac{b}{\delta} J_g \sum_{m=1}^{\infty} \frac{1}{(2m-1)^2} \cos(2m-1)\frac{\pi}{b}\mathfrak{x} \left[1 - \frac{\mathfrak{Cof}(2m-1)K\frac{\pi}{b}y}{\mathfrak{Cof}(2m-1)K\frac{\pi}{b}\frac{h}{2}}\right]. \end{aligned}\right\} \quad (54)$$

Diese beiden Reihen konvergieren in den interessierenden Wertebereichen sehr schwach, so daß sich beim Übergang von m zu $m+1$ das betreffende Reihenglied nur wenig verändert. Trägt man anderseits die einzelnen Summanden in Abhängigkeit von m auf, so entsteht ein Treppenzug, dessen Inhalt gleich der unendlichen Summe ist. Wegen des geringen Unterschiedes zweier aufeinanderfolgender Ordinaten kann man diesen Treppenzug durch eine stetige Kurve und seinen Inhalt durch deren Integral ersetzen. Hierbei ist zu beachten, daß das Intervall zwischen zwei Ordinaten der Reihe gleich $(2m+1)-(2m-1)=2$ beträgt.

Daß dieser Übergang erlaubt ist, zeigt auch folgende Betrachtung: Legt man die stetige Kurve einmal durch die zu den einzelnen m gehörenden Enden der Ordinaten, ein anderes Mal in die über $(m-1)$ befindlichen, so ist das erste Integral größer, das zweite kleiner als i; d. h. es ist der jedesmal gemachte absolute Fehler $|f|$ kleiner als der absolute Unterschied dieser beiden Integrale, und so beträgt

$$f \left| \leq \right| \frac{2}{\pi^2}\frac{b}{\delta} K J_g \int_0^1 \frac{1}{(2m-1)^2} \sin(2m-1)\frac{\pi}{b}\mathfrak{x} \frac{\mathfrak{Sin}(2m-1)K\frac{\pi}{b}y}{\mathfrak{Cof}(2m-1)K\frac{\pi}{b}\frac{h}{2}} dm \bigg| .$$

In den äußeren Randflächen ist außerdem $\mathfrak{x} \ll \frac{b}{2}$. Deshalb sind die Argumente der unter dem Integral stehenden Funktionen im Bereiche $m=0$ bis 1 so klein sein, daß

$$\sin(2m-1)\frac{\pi}{b}\mathfrak{x} \sim (2m-1)\frac{\pi}{b}\mathfrak{x},$$

$$\mathfrak{Cof}(2m-1)K\frac{\pi}{b}\frac{h}{2} \sim 1,$$

$$\mathfrak{Sin}\,(2m-1)\,K\frac{\pi}{b}y \sim (2m-1)\,K\frac{\pi}{b}y$$

gesetzt werden kann. Dann wird bei Vergleich mit Gl. (10)

$$\left|f\right| \leqq \left|\frac{\mathfrak{x}}{\frac{b}{2}}\cdot i_n\right|.$$

Hierin ist einerseits $\mathfrak{x} \ll \frac{b}{2}$, anderseits erscheint, wie man sehen wird, das Resultat von i in der Größenordnung von i_n. Aus diesen Gründen wird $|f| \ll |i|$ und die Integraldarstellung der unendlichen Reihe für i sowie nach einer analogen Überlegung auch für $\mathfrak{J}$ aus Gl. (54) statthaft.

Zur Vereinfachung seien hierbei unter Berücksichtigung von Gl. (41) die dimensionslosen Größen

$$\left.\begin{aligned} \xi &= \frac{\pi}{b}\frac{h}{2}K\,(2m-1),\\ s &= \frac{2}{K}\frac{\mathfrak{x}}{h} = \sigma\frac{\mathfrak{x}}{\delta} \end{aligned}\right\} \tag{55}$$

gebildet. Außerdem genügt in Abhängigkeit von y die Betrachtung der größten Werte von i und $\mathfrak{J}$, d. h. $i\left(\mathfrak{x},\frac{h}{2}\right)$ und $\mathfrak{J}\,(\mathfrak{x},o)$ (Bild 8). Für sie entwickelt man aus Gl. (54) die Darstellung

$$\left.\begin{aligned} i\left(\mathfrak{x},\frac{h}{2}\right) &= \frac{h}{\pi}\frac{\varrho}{\lambda}J_g\int_0^\infty \frac{1}{\xi^2}\sin s\,\xi\,\mathfrak{Tg}\,\xi\,d\,\xi,\\ \mathfrak{J}\,(\mathfrak{x},o) &= -\frac{h^2}{\pi}\frac{\varrho}{\lambda}\frac{1}{2\,\mathfrak{x}}J_g s\int_0^\infty \frac{1}{\xi^2}\cos s\,\xi\left[1-\frac{1}{\mathfrak{Cof}\,\xi}\right]d\,\xi. \end{aligned}\right\} \tag{56}$$

Hierin faßt man die Ausdrücke

$$\left.\begin{aligned} \mathfrak{g}\,(s,\xi) &= \frac{1}{\xi^2}\sin s\,\xi\,\mathfrak{Tg}\,\xi\,;\ \mathfrak{G}\,(s) = \int_0^\infty \mathfrak{g}\,(s,\xi)\,d\xi\,;\\ \mathfrak{h}\,(s,\xi) &= \frac{1}{\xi^2}\cos s\,\xi\left[1-\frac{1}{\mathfrak{Cof}\,\xi}\right];\ \mathfrak{H}\,(s) = s\int_0^\infty \mathfrak{h}\,(s,\xi)\,d\,\xi \end{aligned}\right\} \tag{57}$$

zusammen. Alsdann wird aus Gl. (56) im Verhältnis zu $i_n\left(\frac{h}{2}\right)$ und

$\mathfrak{J}_n(o)$ in Gl. (10) und (15) und in Verbindung mit (49) und (55)

$$\left.\begin{aligned} \frac{i\left(\mathfrak{x}, \frac{h}{2}\right)}{i_n\left(\frac{h}{2}\right)} &= \frac{2}{\pi}\,\mathfrak{G}(s) = \frac{2}{\pi}\,\mathfrak{G}\left(\sigma\frac{\mathfrak{x}}{\delta}\right), \\ -\frac{\mathfrak{J}(\mathfrak{x}, o)}{\mathfrak{J}_n(o)} &= +\frac{4}{\pi}\,\frac{\delta}{\mathfrak{x}}\,\mathfrak{H}(s) = +\frac{4}{\pi}\,\frac{\delta}{\mathfrak{x}}\,\mathfrak{H}\left(\sigma\frac{\mathfrak{x}}{\delta}\right). \end{aligned}\right\} \tag{58}$$

Hierin rührt das negative Vorzeichen daher, daß man in der Nähe des linken Blechrandes (Bild 8) ist, wo $\mathfrak{J}$ nach der positiven y-Richtung fließt, während $\mathfrak{J}_n$ für das rechte Blech des Bildes 3, also für die entgegengesetzte Richtung berechnet war.

Über den Verlauf von $\mathfrak{G}(s)$ und $\mathfrak{H}(s)$ läßt sich aus der Darstellung Gl. (57) ganz allgemein folgendes aussagen:

Für $s = 0$ wird $\mathfrak{g}(o, \xi) = 0$ im gesamten Bereiche von $\xi = 0$ bis ∞ und man erhält auch $\mathfrak{G}(o) = 0$.

Anderseits wird

$$\int_0^\infty d\xi \cdot \mathfrak{h}(o, \xi) = \int_0^\infty \frac{1}{\xi^2}\left[1 - \frac{1}{\operatorname{Cof}\xi}\right] d\xi = \left[-\frac{1}{\xi}\left(1 - \frac{1}{\operatorname{Cof}\xi}\right)\right]_0^\infty$$

$$+ \int_0^\infty \frac{1}{\xi}\,\frac{\operatorname{Tg}\xi}{\operatorname{Cof}\xi}\,d\xi\,.$$

Das erste Glied dieser Gleichung verschwindet, da

$$\lim_{\xi \to o} \frac{1 - \frac{1}{\operatorname{Cof}\xi}}{\xi} = 0$$

ist, für beide Grenzen, während im zweiten $\operatorname{Tg}\xi < \xi$ und so

$$\int_0^\infty \mathfrak{h}(o, \xi)\,d\xi < \int_0^\infty \frac{1}{\operatorname{Cof}\xi}\,d\xi = [\operatorname{arctg} \operatorname{Sin}\xi]_0^\infty = \frac{\pi}{2}$$

gesetzt werden kann. Unter diesen Umständen wird in Gl. (57) $\mathfrak{H}(o) = 0$.

Für $s = \infty$ sei zur Bestimmung von $\mathfrak{G}(\infty)$ zerlegt:

$$\mathfrak{G}(s) = \int_0^{\xi_0} \mathfrak{g}(s, \xi)\,d\xi + \int_{\xi_0}^\infty \mathfrak{g}(s, \xi)\,d\xi \tag{59}$$

wobei ξ_0 ein beliebiger endlicher Wert ist. Hierin wird

$$\int_0^{\xi_0} \mathfrak{g}(s, \xi)\,d\xi = \int_0^{\xi_0} \frac{\sin s\xi}{\xi}\,d\xi - \int_0^{\xi_0} \frac{\xi - \operatorname{Tg}\xi}{\xi^2}\,\sin s\xi\,d\xi.$$

Der erste Teil kann

$$Si(s\cdot\xi_0) = \int_0^{s\xi_0} \frac{\sin s\xi o}{s\xi o}\, d(s\cdot\xi o),$$

also gleich dem Integral-Sinus[2]) von $s\xi_0$ geschrieben werden, für den bekanntlich

$$\lim_{s \to \infty} Si(s\cdot\xi_0) = \frac{\pi}{2}$$

gilt. Im zweiten Teil steigt wegen

$$\lim_{\xi \to 0} \frac{\xi - \mathfrak{Tg}\,\xi}{\xi^2} = 0$$

$\frac{\xi - \mathfrak{Tg}\,\xi}{\xi^2}$ von $\xi = 0$ bis $\xi = \xi_0$ monoton an und man erhält die Ungleichung

$$\lim_{s \to \infty} \int_0^{\xi_0} \frac{\xi - \mathfrak{Tg}\,\xi}{\xi^2} \sin s\xi\, d\xi < \frac{\xi_0 - \mathfrak{Tg}\,\xi_0}{\xi_0^2} \lim_{s \to \infty} \int_0^{\xi_0} \sin s\xi\, d\xi$$

$$= \frac{\xi_0 - \mathfrak{Tg}\,\xi_0}{\xi_0^2} \lim_{s \to \infty} \frac{1}{s}(1 - \cos s\xi_0) = 0\,.$$

Es folgt also

$$\lim_{s \to \infty} \int_0^{\xi_0} \mathfrak{g}(s,\xi)\, d\xi = \frac{\pi}{2}\,. \tag{60}$$

Für die zweite Hälfte von Gl. (59) ist die Ungleichung einzuführen

$$\int_{\xi_0}^{\infty} \mathfrak{g}(s,\xi)\, d\xi < \int_{\xi_0}^{\infty} \frac{1}{\xi^2} \sin s\xi\, d\xi$$

Man findet durch partielle Integration

$$\int_{\xi_0}^{\infty} \mathfrak{g}(s,\xi)\, d\xi < \frac{1}{\xi_0} \sin s\xi_0 - s\, Ci(s\xi_0)\,,$$

worin $Ci(s\xi_0)$ den Integral-Cosinus[2]) bezeichnet. Setzt man hierfür die bekannte Reihenentwicklung[2]) ein, so folgt schließlich

[2]) Vgl. Jahnke-Emde, „Funktionentafeln“, S. 19 ff.

$$\left.\begin{aligned}\lim \int_{\xi_0}^{\infty} \mathfrak{g}\,(s,\xi)\,d\,\xi < \lim_{s \to \infty} \Bigg[& \frac{\sin s\,\xi_0}{\xi_0}\left(\frac{2\,!}{(s\,\xi_0)^2} - \frac{4\,!}{(s\,\xi_0)^4} + \cdots\right) \\ & - \frac{\cos s\,\xi_0}{\xi_0}\left(\frac{1\,!}{(s\,\xi_0)} - \frac{3\,!}{(s\,\xi_0)^3} + \ldots\right)\Bigg] = 0.\end{aligned}\right\} \tag{61}$$

Aus Gl. (59) und (60) ergibt sich nunmehr $\mathfrak{G}\,(\infty) = \frac{\pi}{2}$.

Bei der Bestimmung von $\mathfrak{H}(\infty)$ sei eine Zerlegung gewählt

$$\mathfrak{H}\,(s) = s\int_0^{\frac{p\,2\pi}{s}} \mathfrak{h}\,(s\,\xi)\,d\,\xi + s\int_{\frac{p\,2\pi}{s}}^{\infty} \mathfrak{h}\,(s,\xi)\,d\,\xi, \tag{62}$$

worin p eine ganze Zahl und $|\,p - s\,| < 1$ sein soll. $\frac{p\,2\,\pi}{s}$ ist also für $s > 1$ stets ein endlicher Wert. So erhält man z. B.

$$\lim_{s \to \infty} \frac{p\,2\,\pi}{s} = \lim_{s \to \infty} \frac{p - s}{s}\,2\,\pi + \pi.$$

Hierin schreibt man

$$\left|\lim_{s \to \infty} \frac{p - s}{s}\,2\,\pi\right| < \lim_{s \to \infty} \frac{2\,\pi}{s} = 0$$

und findet so

$$\lim_{s \to \infty} \frac{p\,2\,\pi}{s} = 2\,\pi. \tag{63}$$

Außerdem ist

$$\lim_{\xi \to 0} \frac{1 - \frac{1}{\mathfrak{Cof}\,\xi}}{\xi^2} = 1,$$

weshalb $\frac{1 - \frac{1}{\mathfrak{Cof}\,\xi}}{\xi^2}$ von 1 aus mit wachsendem ξ monoton gegen 0 abnimmt. Aus diesem Grunde wird das erste Glied von Gl. (62)

$$\lim_{s \to \infty} \int_0^{\frac{p\,2\pi}{s}} \mathfrak{h}\,(s,\xi)\,d\,\xi < \lim_{s \to \infty} s \cdot \int_0^{\frac{p\,2\pi}{s}} \cos s\,\xi\,d\,\xi - \lim_{s \to \infty} [\sin s\,\xi]_0^{\frac{p\,2\pi}{s}} = 0. \tag{64}$$

Für das zweite schreibt man die Ungleichung

$$s\int_{\frac{p\,2\pi}{s}}^{\infty} \mathfrak{h}(s\,\xi)\,d\,\xi < s\int_{\frac{p\,2\pi}{s}}^{\infty} \frac{1}{\xi^2}\cos s\,\xi\,d\,\xi = s^2\left[\frac{\cos p\,2\,\pi}{p\,2\,\pi} - \left(\frac{\pi}{2} - S_i\,(p\,2\,\pi)\right)\right].$$

Mit Hilfe der Reihenentwicklung für $S_i\;(p\,2\,\pi)$[3]) und aus Gl. (63)

[3]) Vgl. Jahnke-Emde a. a. O.

folgt sodann

$$\left.\begin{aligned}\lim_{s\to\infty} s\int\limits_{\frac{p2\pi}{s}}^{\infty} \mathfrak{h}(s,\xi)\,d\xi &< \lim_{s\to\infty}\left(\frac{s}{p\,2\,\pi}\right)^2\left[\frac{1}{s}\,\frac{2\,!}{\left(\frac{p\,2\,\pi}{s}\right)}\right.\\ &\left.-\frac{1}{s^3}\,\frac{4\,!}{\left(\frac{p\,2\,\pi}{s}\right)^3}+\cdots\right]=0.\end{aligned}\right\}\quad(65)$$

Aus Gl. (62) bis (65) ergibt sich nunmehr $\mathfrak{H}(\infty)=0$.

Nach diesen Untersuchungen wächst $\mathfrak{G}(s)$ mit s von dem Wert 0 aus asymptotisch gegen den Wert $\frac{\pi}{2}$ während $\mathfrak{H}(s)$, da es

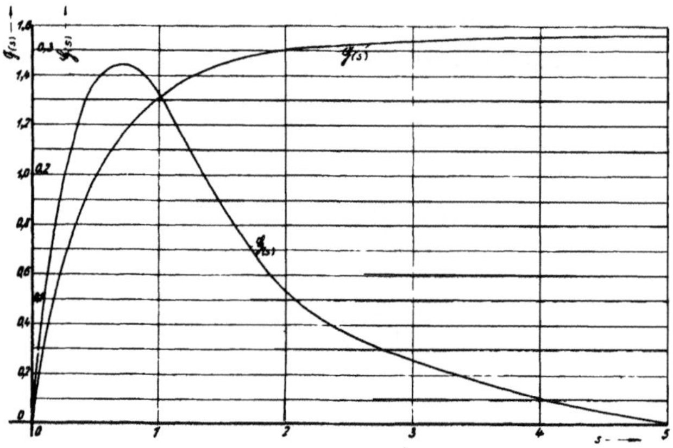

Bild 10. Verlauf von $\mathfrak{G}$ (s) und $\mathfrak{H}$ (s).

in Gl. (57) für ein endliches s auch eine endliche Größe ist, von 0 aus bis zu einem Scheitelwert ansteigt und dann wieder asymptotisch gegen 0 abnimmt. Bei der numerischen Berechnung dieses auf Bild 10 gezeigten Verlaufes geht man davon aus, daß für $\xi=2$ die Funktion $\mathfrak{Tg}\,\xi \backsim 1$ für $\xi=4$ die Funktion $\frac{1}{\mathfrak{Cof}\,\xi}\ll 1$ wird und entwickelt nach einer entsprechenden Zerlegung die Ausdrücke Gl. (57)

$$\left.\begin{aligned}\mathfrak{G}(s) &\sim \int\limits_0^2 \mathfrak{g}(s\,\xi)\,d\xi+\frac{1}{2}\sin 2\,s-s\,C_i\,(2\,s),\\ \mathfrak{H}(s) &\sim s\int\limits_0^4 \mathfrak{h}(s,\xi)\,d\xi+\frac{s}{4}\cos 4\,s-s^2\left[\frac{\pi}{2}-S_i(4\,s)\right].\end{aligned}\right\}\quad(66)$$

Für S_i (4 s) und C_i (2 s) gibt es ausreichende Tafeln[3]), während sich die Integrale durch graphische Integration leicht als Funktionen von s bestimmen lassen. Hierbei sei noch ergänzt, daß:

$$\lim_{s \succ 0} \frac{\mathfrak{H}(s)}{s} = 1{,}172$$

wird.

Es werde nunmehr die Bedeutung der in den Gl. (56) bis (58) und in Bild 10 niedergelegten Ergebnisse betrachtet.

Durch den Übergang von der Reihendarstellung Gl. (54) zu der für $\mathfrak{x} \ll \frac{b}{2}$ gültigen Integraldarstellung von $i(\mathfrak{x}, h)$ und $\mathfrak{J}(\mathfrak{x}, 0)$ verschwindet in den Formeln die Stärke des Blechpaketes b. D. h. es wird in dieser Näherung die Verteilung jener Funktionen in der Nähe der Seitenränder des Blechpaketes von b unabhängig. Das ist dort bei dem gesamten Verlauf von $i(\mathfrak{x}, y)$ und $\mathfrak{J}(\mathfrak{x}, y)$ der Fall und die speziellen Resultate der vorliegenden Betrachtung sind für diesen charakteristisch, wie man sich durch die entsprechende allgemeine Umformung von Gl. (54) leicht überzeugen kann.

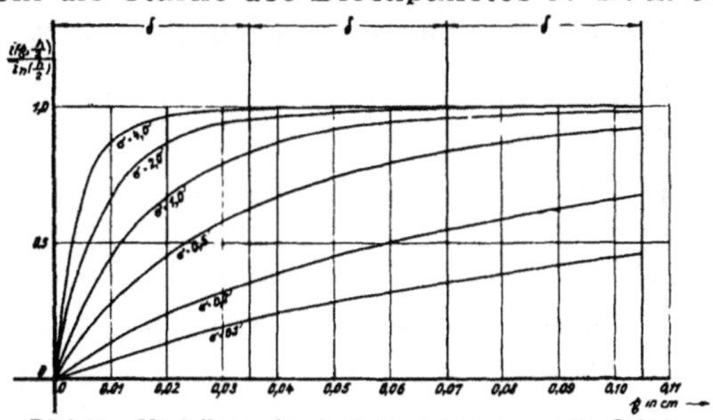
Bild 11. Verteilung der Isolationsströme an den Seitenrändern breiter, rechteckiger Paketquerschnitte.

Im übrigen erfaßt man die bemerkenswertesten Eigenschaften jener Verteilung einmal durch die Darstellung von $\dfrac{i\left(\mathfrak{x}, \frac{h}{2}\right)}{i_n\left(\frac{h}{2}\right)}$ und $\dfrac{\mathfrak{J}(\mathfrak{x}, o)}{\mathfrak{J}_n(o)}$ (Gl. (58)) für verschiedene Werte von σ (Gl. (41)) in Abhängigkeit von $\mathfrak{x}$ in den Bildern 11 und 12. Diese erstreckt sich über die drei äußersten Randbleche ($\delta = 0{,}035$ cm). Wie man sieht, bestätigt sie die am Schlusse des vorhergehenden Abschnittes aufgestellte Vermutung, daß i am Rande steil abfällt und nach der Mitte hin asymptotisch gegen den Wert i_n ansteigt. Beides geschieht umso stärker, je größer σ, d. h. je höher λ oder je kleiner h wird. In gleichem Maße drängt sich dann auch $\mathfrak{J}$ an den Seitenrändern zusammen.

Weiterhin läßt sich die Stromverteilung am Rande auch in Abhängigkeit von σ durch den Verlauf des in das äußerste Rand-

[3]) Vgl. Jahnke-Emde a. a. O.

blech eintretenden $i_n\left(\frac{h}{2}\right)$ und des Mittelwertes von dem dort fließenden $\mathfrak{J}_n(\mathrm{o})$ darstellen. Hierfür sind in Bild 13 $\dfrac{i\left(\delta, \frac{h}{2}\right)}{i_n\left(\frac{h}{2}\right)}$ und $\dfrac{(\mathfrak{J}(\delta, \mathrm{o}))_{Mittel}}{\mathfrak{J}_n^{(o)}}$ als Funktionen von σ aufgezeichnet, wobei

$$\frac{(\mathfrak{J}(\delta, \mathrm{o}))_{Mittel}}{\mathfrak{J}_n^{(o)}} = \frac{1}{\delta}\int_0^\delta \frac{\mathfrak{J}(\mathfrak{x}, o)}{\mathfrak{J}_n^{(o)}}\, d\,\mathfrak{x}$$

durch graphische Integration der Kurven des Bildes 12 ermittelt wurde. Demnach nähern sich im äußersten Randblech mit wachsendem σ die Ströme i und $\mathfrak{J}$ den Werten i_n und $\mathfrak{J}_n$, bleiben aber stets unter diesen Größen. In den übrigen Teilen des Blechpaketes strebt i noch stärker gegen i_n, $\mathfrak{J}$ dagegen in gleichem Maße gegen 0. Deshalb mußten sich im vorhergehenden Abschnitt die gesamten relativen Zusatzverluste Δ asymptotisch dem Werte Δ_{ni} mit wachsendem σ und größer werdender Blechzahl anschmiegen (Bilder 5 und 6).

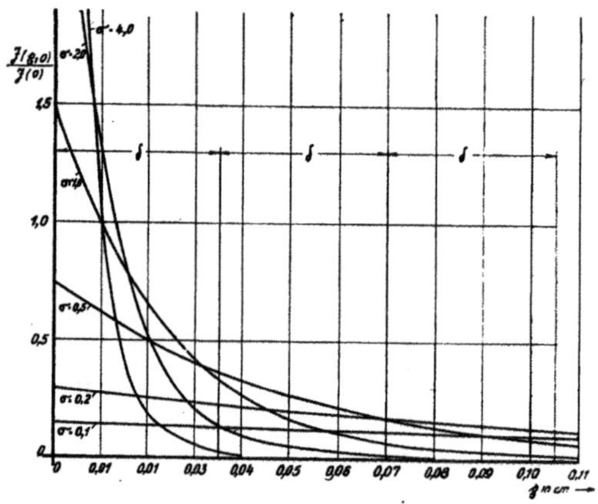

Bild 12. Verteilung der Überlagerungsströme an den Seitenrändern breiter, rechteckiger Paketquerschnitte.

Bei der numerischen Auswertung werden demgemäß in breiten rechteckigen Paketquerschnitten die relativen Gesamtverluste Δ gleich dem Δ_{ni} aus Gl. (13) gesetzt und man ermittelt sie hier beispielsweise für hochlegiertes Dynamoblech, d. h. für $\varrho = 0{,}6 \cdot 10^{-4}$ und $\delta = 0{,}035$ cm. Das Ergebnis der Rechnung wird in Abhängigkeit von λ und für verschiedene Werte von h eine Hyperbelschar und ist in dieser Form in Bild 14 dargestellt.

5. Näherungsrechnung bei kreisförmigen Paketquerschnitten.

Bei kreisförmigen Paketquerschnitten ist das Ergebnis des vorigen Abschnittes auszunutzen, wonach in einem rechteckigen Blech-

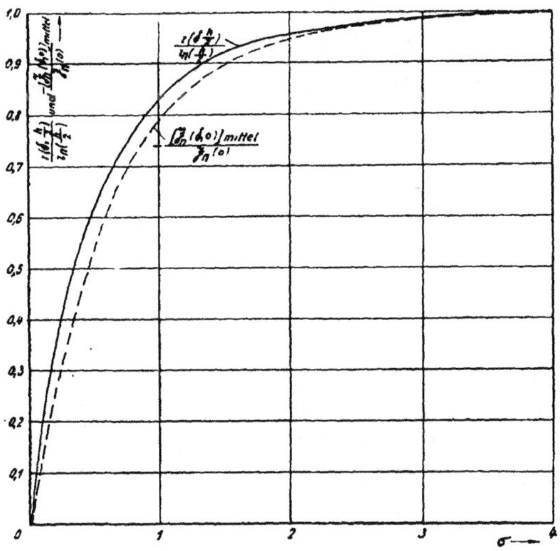

Bild 13. Verhältnis der mittleren Isolations- und Überlagerungsströme im Randblech eines breiten, rechteckigen Paketquerschnittes im Verhältnis zu den ohne Rückwirkung auf das Eisenfeld entstehenden Strömen.

paket im allgemeinen nur am äußersten Seitenrande die Verteilung von i von der von i_n verschieden ist. Es besteht ja der Kreisquerschnitt in Wirklichkeit (Bild 2) aus einer größeren Anzahl rechteckiger Blechpakete. Da nun ein abgeschlossener Rand bei jedem dieser Pakete die Verteilung von i in der Mitte kaum beeinflußt, so macht sich in dieser Hinsicht der Übergang von einem Rechteck auf das anschließende mit wenig veränderter Höhe h noch weit geringer bemerkbar; d. h. man kann in jedem dieser Rechtecke bei einer Breite b die gesamten Zusatzverluste infolge der Isolationströme gleich $\frac{b}{\delta} w_{ni}$ setzen, wobei w_{ni} nach Gl. (11) aus dem entsprechenden h zu errechnen ist. Es entsteht dann sicherlich auch kein großer Fehler, wenn man durch stetige Verkleinerung von b von dem aus Rechtecken bestehenden Polygon (Bild 2) zur geschlossenen Kreisfläche (Bild 15) übergeht und deren Gesamtverluste durch Integration über die Einzelverluste der entstehenden elementaren Rechtecke bestimmt. Es sei h als der Durchmesser des Kreises und an Stelle von x die Polkoordinate φ

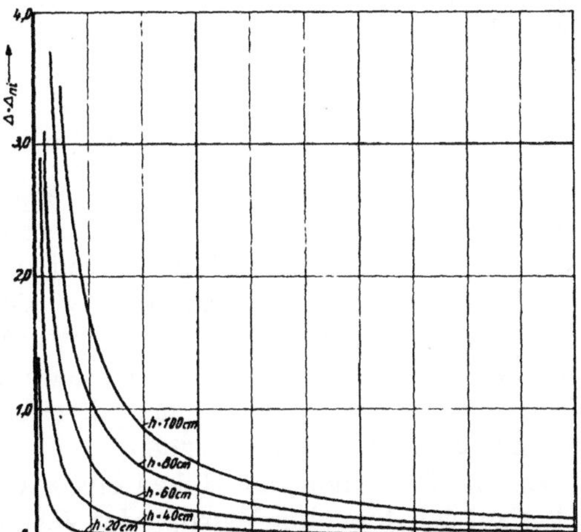

Bild 14. Relative Zusatzverluste von hochlegiertem Dynamoblech infolge der Isolationsströme breiter, rechteckiger Paketquerschnitte in Abhängigkeit von dem Isolationswiderstand und der Blechhöhe.

eingeführt, also in $\frac{b}{\delta} w_{ni}$ (Gl. 11) das h durch $\frac{h}{2}\sin\varphi$, das b durch $=\frac{h}{2}$ $\sin\varphi\cdot d\varphi$ ersetzt. Alsdann werden die gesamten Zusatzverluste W_{ni} des Kreisquerschnittes

$$W_{ni} = -\frac{h}{\delta}\int\limits_0^{\frac{\pi}{2}} w_{ni}\sin\varphi\, d\varphi = \frac{1}{12}\frac{\varrho^2}{\lambda\delta} h^4 J_g{}^2 \int\limits_0^{\frac{\pi}{2}} \sin^4\varphi\, d\varphi\ ;$$

$$W_{ni} = \frac{1}{64}\pi\frac{\varrho^2}{\lambda\delta} h^4 J_g{}^2\,. \tag{67}$$

Da die ursprünglichen Wirbelstromverluste w_0 in den einzelnen Blechen unabhängig von der Größe der Nachbarbleche sind, so kann eine gleiche Integration wie näherungsweise für W_{ni} in strenger Form für die gesamten ursprünglichen Wirbelstromverluste W_0 der Kreisfläche durchgeführt werden. Man erhält dann aus Gl. (3)

$$W_0 = -\frac{h}{\delta}\int\limits_0^{\frac{\pi}{2}} w_0\sin\varphi\, d\varphi = \frac{1}{12}\varrho\, h^2 J_g^2 \int\limits_0^{\frac{\pi}{2}} \sin^2\varphi\, d\varphi\ ;$$

$$W_0 = \frac{1}{48}\pi\, h^2 J_g^2\,. \tag{68}$$

Nach Gl. (67) und (68) bildet man für die relativen Gesamtverluste infolge der Isolationströme in dem kreisförmigen Schenkel-Querschnitt eines Transformators (Bild 2) entsprechend Gl. (12) die Näherungsformel

$$\varDelta_{ni} = \frac{3}{4}\frac{\varrho}{\lambda\delta} h^2\,. \tag{69}$$

Diese Verluste sind 0,75mal so groß, also nur wenig kleiner als die $\varDelta_{ni}$ in Gl. (13), bzw. in Bild 14 für den rechteckigen Querschnitt. Die Form des Jochquerschnittes wiederum schwankt zwischen der reinen Rechteckform und der Kreisform (Bild 2). Deshalb muß auch sein $\varDelta_{ni}$ zwischen den aus Gl. (13) und (69) errechneten Werten liegen.

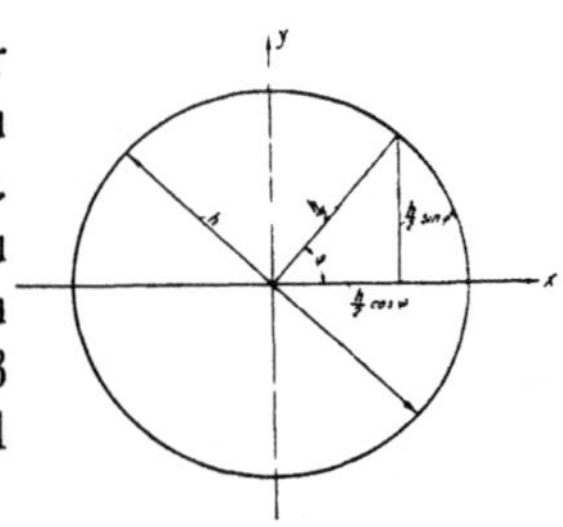

Bild 15.
Schematische Darstellung des Kreisquerschnittes.

Bei Verlängerung der Höhen eines Rechteckes auf den doppelten Wert ist der Verlängerungsbereich dem ursprünglichen kongruent. Ein Paketquerschnitt anderseits besteht aus einem oder mehreren solcher Rechtecke (Bilder 1 bis 5). Soweit diese sich nicht gegenseitig beeinflussen, erhält man deshalb für den inhomogenen

Fall des einseitigen Randschlusses aller Bleche und bei konstantem λ in den übrigen Teilen nach Abschnitt 1 die entsprechenden relativen Zusatzverluste infolge der Isolationströme unmittelbar aus Gl. (13) und Bild 14, bzw. aus Gl. (69) lediglich durch Vertauschung von h mit $2h$. Diese Verluste werden demnach viermal so groß wie in einer homogenen Isolationschicht von dem gleichen λ.

6. Zusammenfassung.

Das Ergebnis der vorliegenden Untersuchung läßt sich, etwa wie folgt, zusammenfassen:

In rechteckigen Paketquerschnitten (Bilder 1, 3 bis 5 und 8) sind die gesamten relativen Zusatzverluste Δ infolge der Isolationströme im Verhältnis zu den ohne diese im Eisen vorhandenen Wirbelstromverluste näherungsweise gleich den entsprechenden allein in der Isolation entstehenden relativen Verlusten Δ_{ni}. Diese werden hierbei von einem Strom erzeugt, der in der oberen Hälfte des Blechpaketes senkrecht zur Blechebene hin-, in der unteren zurückströmt und dessen Verteilung durch seine Rückwirkung auf das Eisenfeld nicht beeinflußt wird. Diese Näherung ist umso besser, je größer die Stärke des Paketes, d. h. je höher die Blechzahl, außerdem je größer $\sigma = \frac{2}{h}\sqrt{\frac{\lambda\delta}{\varrho}}$, d. h. je höher der Isolationswiderstand λ *in* $\Omega \cdot \mathrm{cm}^2$ oder je kleiner die Blechhöhe h wird und hat die Form

$$\Delta = \Delta_{ni} = \frac{\varrho}{\delta\lambda} h^2.$$

Dieser Wert wächst proportional dem spezifischen Isolationswiderstand des Eisens ϱ, proportional dem Quadrate von h, nimmt proportional λ oder der Blechstärke δ ab, ist unabhängig von der Stärke des ganzen Blechpaketes, von der magnetischen Induktion im Eisen und auch von allen sich nicht auf den Paketquerschnitt beziehenden Abmessungen des Eisenkernes. Er stellt für hochlegiertes Dynamoblech und $\delta = 0{,}035$ cm in Bild 14 in Abhängigkeit von λ und für verschiedene Werte von h eine Hyperbelschar dar.

Bei kreisförmigen Paketquerschnitten wird Δ nur 0,75mal so groß wie bei rechteckigen. Im übrigen bleibt sein Formelwert erhalten, wenn man unter h den Durchmesser des Kreises (Bild 15) versteht; d. h. er lautet

$$\Delta = \Delta_{ni} = \frac{3}{4}\frac{\varrho}{\delta\lambda} h^2.$$

Für den Fall, daß der obere oder untere Rand des Blechpaketes durch Gratbildung u. dgl. einen vollständigen elektrischen Schluß erhält, ist bei rechteckigen wie bei kreisförmigen Paketquerschnitten h mit $2h$ in den betreffenden Formeln zu vertauschen, so daß sich die Isolationsverluste auf das Vierfache erhöhen.

Es sei erinnert, daß Δ das Verhältnis der Isolationsverluste zu den ohne die Isolationsströme im Eisen entstehenden Wirbelstromverlusten bildet. Die letztgenannten stellen nur einen Teil, und zwar bei unlegiertem Dynamoblech ($\delta = 0{,}05$ cm, $\varrho =$ rd. $0{,}16 \cdot 10^{-4}\,\Omega \cdot$ cm) etwa 60 vH, bei schwach legiertem ($\delta = 0{,}05$ cm, $\varrho =$ rd. $0{,}22 \cdot 10^{-4}\,\Omega \cdot$ cm), etwa 50 vH, bei mittellegierten ($\delta = 0{,}05$ cm, $\varrho =$ rd. $0{,}41 \cdot 10^{-4}\,\Omega \cdot$ cm) etwa 40 vH, bei hochlegiertem ($\delta = 0{,}035$ cm, $\varrho =$ rd. $0{,}6 \cdot 10^{-4}\,\Omega \cdot$ cm) etwa 20 vH der gesamten Eisenverluste dar, weil ja noch die Hysterese-Verluste hinzukommen. Deshalb sind die Δ mit der entsprechenden dieser Prozentzahlen zu multiplizieren, um die Isolationsverluste in vH der gesamten Eisenverluste des Blechpaketes auszudrücken.

Die numerische Auswertung der Ergebnisse seien schließlich auch an einem praktischen Zahlenbeispiel erläutert:

Gegeben sei ein Großtransformator aus hochlegiertem Dynamoblech mit kreisförmigem Schenkelquerschnitt vom Durchmesser $h_s = 50$ cm und mit rechteckigem Jochquerschnitt von der Höhe $h_j = 43$ cm. Querschnittsfläche und magnetische Induktion werden so im Schenkel und Joch die gleichen. Außerdem sei das ganze Schenkelgewicht gleich dem gesamten Jochgewicht gesetzt, so daß auch die beiderseitigen Eisenverluste in erster Näherung dieselben sind. λ werde mit $50\,\Omega \cdot \mathrm{cm}^2$ eingesetzt. Dem Bild 14 wird nun für $h_s = 50$ cm durch Interpolation ein $\Delta = 0{,}09$ entnommen und so für den Kreisquerschnitt des Schenkels ein $\Delta_s = \frac{3}{4} \cdot 0{,}09 = 0{,}0675$ erhalten. Demnach werden die Isolationsverluste im Verhältnis zu den Eisenverlusten in den Schenkeln $20 \cdot 0{,}0675 = 1{,}35$ vH. Für den rechteckigen Querschnitt des Joches mit $h_j = 43$ cm liefert Bild 14 direkt ein $\Delta_j = 0{,}06$, weshalb man hier im Verhältnis zu den Eisenverlusten einen Isolationsverlust von $20 \cdot 0{,}06 = 1{,}2$ vH erhält. Für die Isolationsverluste des ganzen Transformators bilde man aus den Ergebnissen von Schenkel und Joch den entsprechenden Mittelwert zu $\frac{1{,}35 + 1{,}20}{2} = 1{,}28$ v. H.

Im Falle des einseitigen Randschlusses in Schenkel und Joch entstehen bei dem gleichen Großtransformator überall die vierfachen Isolationsverluste, so daß diese hier insgesamt im Verhältnis zu den Eisenverlusten $4 \cdot 1{,}28 = 5{,}12$ vH werden.

Aus der Praxis der Transformatorenbehandlung.

Von L. Schätz.

1. Allgemeines.

Der Transformator enthält, abgesehen vom neuzeitlichen Reguliertransformator, keine beweglichen Teile; die technischen Probleme, die bei seinem Entwurf und bei seiner Herstellung auftreten, sind deshalb nicht weniger einfach. Die Beherrschung der mechanischen und elektrischen Beanspruchungen eines Transformators bei Kurzschlüssen und Blitzentladungen im Netz ist allein schon eine schwierige Aufgabe. Die heutigen Anforderungen, große, bahntransportfähige Einheiten von 100 MVA und 220 kV Betriebspannung herzustellen, stellen die Transformatorenfabrikation vor wichtige Probleme. Aber auch die besondere Art des Aufbaues eines Transformators bringt gewisse Schwierigkeiten, die in der Natur der verwendeten Baustoffe und der Eigenart der dielektrischen Beanspruchung begründet liegen. Das gute Arbeiten eines Transformators, des Eisenkerns und der Kupferwicklung hängt von der zweckmäßigen Verwendung und Behandlung der Isoliermaterialien und ihrer einwandfreien isolierenden Beschaffenheit ab. An diese Isolierstoffe werden in bezug auf Güte die höchsten Ansprüche gestellt. Die größte Schwierigkeit in der Transformatorenfabrikation von großen Leistungseinheiten bei hohen Betriebspannungen bleibt immer, daß kleine Fehler in den Isolationsverhältnissen unter Umständen mit Folgen verknüpft sind, die in gar keinem Verhältnis zur Ursache stehen. Aus diesem Grunde ist auch die Prüfung der halbfertigen und fertigen Transformatoren sehr sorgfältig. Prüfspannung und Bruchgrenze liegen in der Hochspannungstechnik nicht soweit auseinander, wie sonst in der Technik üblich. Die Herstellung eines Transformators verlangt deshalb von Anfang an größte Aufmerksamkeit. Es muß in der Fabrikation Vorsorge getroffen werden, daß jeder Fehler, sowohl im Rohstoff, als auch beim Fortschreiten der Fabrikation mit Sicherheit so früh wie möglich erkannt und beseitigt wird. Das Öl, das gleichzeitig als Isolier- und Kühlmittel verwendet wird, ist, als einziger Teil des eigentlichen Öltransformators, der später mit Außenluft in Verbindung steht, hygroskopisch und ist dem Angriff des Luftsauerstoffes ausgesetzt. Die früher üblichen Behandlungsverfahren, das Kochen und Trocknen des Transformators, haben das Öl in seiner Güte beeinträchtigt. Es wurden deshalb im Laufe von Jahren neue Behandlungsverfahren entwickelt, die diese verschlechternden Einflüsse ausschalten. Im folgenden soll auf die für den Transformator so außerordentlich wichtigen Behandlungsverfahren der Isoliermaterialien, des fertigen Transformators in der Fabrik und am Aufstellungsort näher eingegangen werden.

2. Vorbehandlung der Isolierstoffe.

Die Vorbehandlung der Isolierstoffe eines Transformators und die Behandlung des eigentlichen Transformators selbst vor den Isolationsprüfungen läuft immer auf eine Verbesserung der Isolationseigenschaften hinaus. Die in den Isolierstoffen enthaltene Feuchtigkeit muß auf einen technisch erreichbaren Mindestwert herabgedrückt werden. Durch Imprägnierverfahren wird am Schlusse der Vorbehandlung der Materialien die Wiederaufnahme von Feuchtigkeit während der Herstellungszeit abgesperrt. Alle Isolierstoffe wie Holz, Preßspan, Hartpapiermaterial in Form von Platten, Winkelringen und Zylindern, sowie die Wicklungsisolation (Papier und Baumwolle) und das Öl werden heute im Transformatorenbau der AEG jedes für sich vorbehandelt, in besten elektrischen Zustand gebracht und gegen Wiederverschlechterung bis zur eigentlichen Hauptbehandlung des Transformators soweit als möglich gesichert. Mit dieser Vorbehandlung geht naturgemäß Hand in Hand auch eine Prüfung und Auswahl der Stoffe, um fehlerhaftes Material bereits bei der Vorbehandlung ausscheiden zu können. Es darf nicht vorkommen, daß Fehler im Werkstoff bis zur Hauptprobe durchgeschleppt werden, um dann erst als solche erkannt zu werden.

Ein weiterer Grund für dieses Verfahren ist auch das Materialschwinden. Schwindvorgänge hängen hier immer mit den Trocknungsprozessen zusammen; bei der Haupttrockenbehandlung des Transformators soll kein Isolierstoff mehr schwinden. Isoliermaterial, das den ganzen Schwindvorgang erst bei der Hauptbehandlung durchmacht, bringt elektrische Gefahren; es können Risse entstehen, Überschlagstrecken können verkleinert werden, Materialverwerfungen können Ölkanäle absperren oder ungünstige Kriechwege bilden u. a. m. Man kann allerdings unter bestimmten Umständen teilweise auf die Vorbehandlung des Materials verzichten, maßgebend dafür sind dann aber konstruktive und werkstattechnische Sicherungen gegen die oben angeführten Nachteile.

a) Holz.

Als Holz wird Rotbuchen- und Weißbuchenholz verwendet und zwar zu Abstützungen bei kleineren Leistungen und zu Konstruktionselementen bei den Ableitungen und den Schaltverbindungen. Holz soll elektrisch nur wenig beansprucht werden. In der Hauptsache wird Rotbuchenholz verwendet. Es muß aber so vorbehandelt werden, daß bei der Schlußbehandlung des Transformators keine Veränderung des Holzes mehr zu fürchten ist. Das Holz wird nach einer zwei- bis dreijährigen Lufttrocknung im Freien zunächst auf ein halbes Jahr in einem temperierten Raume eingelagert. Dann wird es in Trockenkammern einer durchgreifenden Austrocknung unterzogen. Grundsatz der Trocknung muß sein, die Feuchtigkeitsabwanderung des Holzes von innen nach außen so in Gang zu bringen, daß sie möglichst gleichmäßig und ohne mechanische Beanspruchung des Holzes vor sicht geht. Das Holz darf nicht reißen. Die Trocknung in den Holzkammern mit heißer Luft beginnt bei Raumtemperatur und steigert sich allmählich bis auf etwa 90°. Die Richtung des Luftstromes zum Holzstapel der Kammer wird öfters geändert. Die Trockenzeit beträgt dabei bis zu vier oder fünf Wochen. Nach dem durch Gewichtsprüfungen der nötige Trockengrad gewährleistet ist, wird das Holz aus der Trockenkammer ausgebaut und imprägniert. Dieses geschieht dadurch, daß das Holz luftleer gepumpt und mit warmen Transformatorenöl von hohem Durchschlagwert unter Vakuum überflutet wird. Dann läßt man durch Herstellung normaler Druckverhältnisse das Öl in die luftleer gemachten Poren eindringen. Dieses imprägnierte Holz wird nunmehr verarbeitet.

b) Preßspan.

Preßspan wird in geglättetem Zustand mit etwa 6 vH Feuchtigkeit angeliefert. Seine Vorbehandlung muß so weit getrieben werden, daß er später bei der Haupttrocknung im Transformator nicht mehr „arbeitet". Die Trocknung und Imprägnierung von Preßspan ist nicht so einfach, wie es auf den ersten Blick scheinen möchte. Um vor Rückschlägen gesichert zu sein, ist eine genaue Überwachung seiner elektrischen Eigenschaften während der verschiedenen Phasen der Herstellung nötig. Das vorhergehende Trocknen vollzieht sich bei niedrigen Temperaturen bei 50° bis 60° und hohem Vakuum von 70 bis 75 cm Hg-Säule. Das nachfolgende Imprägnieren geschieht durch Kochen in Öl von 105°. Die Säurezahl des Kochöles muß neben seiner Durchschlagfestigkeit genau überwacht werden. Der imprägnierte Preßspan wird dann einer Durchschlagprobe in warmen Öl unterworfen. Wenn die Stichprobe aus der Behandlungscharge den vorgeschriebenen Wert erreicht hat, wird der geölte Preßspan in einem temperierten Raume bis zur Verarbeitung gelagert. Seine Durchschlagfestigkeit sinkt etwas ab, die Schlußbehandlung des Transformators stellt aber den vorhergehenden Wert wieder her. Eine Imprägnierung mit Transformatorenöl wurde praktisch als vorteilhafter gegenüber einer Imprägnierung mit Leinöl gefunden.

c) Geaxmaterial.

Geax ist ein Hartpapiermaterial, bestehend aus abwechselnden Lagen von Papier und Bakelite, unter Druck und Hitze ausgebacken. Es wird in Form von Platten, Zylindern, Rohren und Wickelringen verwendet. Der elektrische Prüfwert dieses Materials liegt für Plattenmaterial bei 10 kV/mm. Diese Spannung muß 5 min lang in Öl von 75° gehalten werden. Das Material wird durch den Bearbeitungsvorgang an vielen Stellen angefrischt. Um die Oberflächenleitfähigkeit so günstig wie möglich zu gestalten, und das Material vor Wiederaufnahme von Feuchtigkeit bei Verwendung in Luft bzw. bis zum Einbringen unter Öl (bei Verwendung unter Öl) zu schützen, wird ein besonderer Überzug aus Bakelitlack selbst aufgebracht. Diese Lackierbehandlung dauert drei Tage und besteht aus einer mehrfachen Lufttrocknung des Lackes, einer Ofenbackbehandlung; ein Ölauskochen dieser Teile beschließt das Verfahren. Diese verwickelte Behandlung der Oberfläche bringt dem Material eine bedeutende Verbesserung seiner elektrischen Oberflächeneigenschaften.

d) Vorbehandlung der Wicklungsisolation.

Die Windungsisolation von modernen Transformatoren besteht aus Lack, Papier und Baumwolle. Um der Wicklung eine gewisse Festigkeit zu geben, wird mit Elektropaste gewickelt; es ist dies ein Gemisch von Lithopone (Gemenge aus Zinksulfid und Bariumsulfat) verdünnt mit einem Speziallack. Dieses Gemisch wird dadurch aufgetragen, daß man dünne Drähte durch die Masse laufen läßt, stärkere Drähte damit bestreicht. Nach der Trocknung der Spulen in heißer Luft erhärtet dieses Gemisch und gibt den Windungen eine feste Lage zueinander, d. h. befestigt die Windungen so, daß sie eine Einheit bilden. Die elektrischen Durchschlagwerte der Drähte gegeneinander werden dadurch nicht beeinflußt. Außerdem verbessert dieses Mittel die Wärmeleitfähigkeit der Spule. Im Sinne der Befestigung der Spulen, ihrer Absperrung gegen Feuchtigkeitsaufnahme wirkt auch die darauf folgende Imprägnierung. Dieser geht eine gründliche Trocknung der Spulen im Vakuum voraus. Die Imprägnierung mit Spezialspulenlack erfolgt dann ebenfalls im Vakuum, die Trocknung des Spulenlacküberzuges wird in heißer Luft vorgenommen. Alle Spulen müssen vor der Trocknung auf genaues Maß gepreßt werden. Soweit man die Spulen dabei einspannen kann, werden sie in Transportgestelle eingespannt, die zugleich die Pressung aufrecht erhalten. Bei großen Spulen müssen zum Pressen hydraulische Pressen zu Hilfe genommen werden. Alle Spulenzwischenlagen bei modernen Wendel- und gestürzten Wicklungen[1]) sind ebenfalls einer genauen Vorpressung mit einigen 100 at unterworfen, um einen unveränderlichen festen Spulenaufbau zu bekommen. Die folgenden Imprägniervorgänge fixieren bis zu einem gewissen Grade die Lage der Drähte im zusammengepreßten Zustande der Spulen.

e) Behandlung des Öles in der Fabrik.

In früheren Zeiten wurde das Öl durch Kochen teils mit, teils ohne Vakuum für sich allein von Feuchtigkeit befreit. Dann wurden Transformator und Öl zusammen nochmals getrocknet, und zwar um den eigentlichen Transformator nebst Wicklung „durch das Öl hindurch" zu trocknen. Unter Umständen mußte am Aufstellungsort nochmals „gekocht" werden. Diese Behandlung ging am Öl nicht spurlos vorüber; die Säure- und Teerzahl wurde verschlechtert. Der Verlauf der Säurezahl eines solchen Öles ist in Bild 1 wiedergegeben. Die Schlammbildung hingegen braucht zunächst nicht unbedingt in gleichem Maße wie die Verschlechterung der Säurezahl anzusteigen.

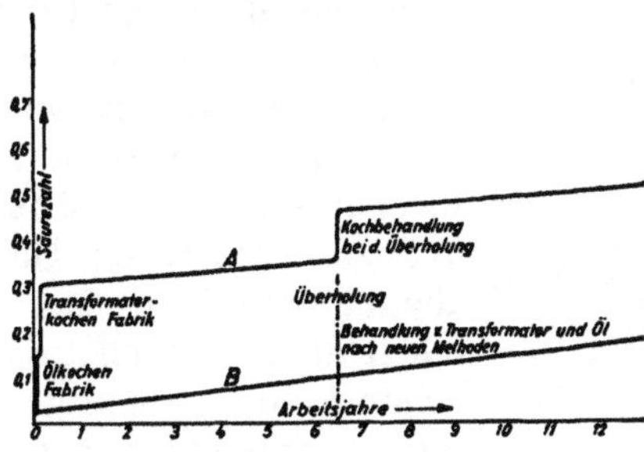

Bild 1. Säurezahlkurve.

Es sind heute noch nicht alle Ursachen für eine Ölverschlammung bekannt. Eine starke Ölverschlammung wird aber eines Tages zum thermischen Tod eines Transformators führen, wenn nichts dagegen geschieht. Ein Öl mit höherer Säurezahl bzw. Teerzahl würde aber im Laufe der Zeit den Isolationszustand der Wicklung und der Kernbolzen beeinflussen. Sobald die Säurezahl einen bestimmten Betrag überschritten hat, werden daher aus diesem Grunde, und weil bei höherer Säurezahl meist auch stärkere

[1]) S. a. „Isolation und Wicklungsaufbau von Groß-Transformatoren", S. 25.

Schlammbildung einsetzt, diese Öle einer erneuten Raffinierbehandlung unterworfen. Die Öle werden also durch unsachgemäße Kochvorgänge verschlechtert und um Jahre in ihrer Gebrauchsfähigkeit verkürzt. Eine Raffinierbehandlung bringt zwar vollen Erfolg, aber sie ist an Kosten gebunden, die nicht außer Rechnung gelassen werden dürfen. Raffinierbehandlung und Altölpreis bei Ausschlachtung werden stets sorgfältig gegeneinander abgewogen werden müssen. Bei dem hohen Wert der Ölfüllung eines Transformators ist der Gesichtspunkt der Ölbehandlung für die Werterhaltung entscheidend. Die Öltrocknung hat in der AEG-Transformatorenfabrik folgende Entwicklung durchgemacht.

Es wurde zuerst die Stickstofftrocknung des Öles durchgeführt. Stickstoff wurde deshalb genommen, weil er relativ leicht trocken zu erhalten war. Stickstoff wurde in die Ölumwälzleitung eines unter Vakuum befindlichen Öltanks eingeblasen. Der feuchtigkeitshungrige Stickstoff wurde innig mit dem Öl gemischt, nahm Feuchtigkeit aus dem Öl auf und wurde durch die Vakuumpumpe entfernt. Von diesem Verfahren ist man abgekommen und hat ein noch einfacheres angewendet. Man bläst keinen Stickstoff mehr in die Umwälzleitung des Vakuumtanks, sondern man läßt das umgewälzte Öl oben an der höchsten Stelle des Tanks durch eine Sprühdüse in kleine Tropfen zerstäuben. Das Öl wird dabei mechanisch erschüttert und zu lebhaftester Gasabgabe veranlaßt. Das Öl bildet dabei zunächst eine schäumende Flüssigkeit von schmutzig-gelber Farbe. Nach einiger Zeit hört die Gasabgabe auf, das Öl wird wieder klar und damit ist dann ein hoher Durchschlagwert erreicht. Am Schlusse der Behandlung wird der Tank mit Trockenluft von sehr geringer relativer Feuchtigkeit belüftet, damit das gashungrige Öl zunächst sich wieder mit trockener Luft absättigt, ohne seine Durchschlagfestigkeit zu ändern. In Bild 2 ist die Sprühanlage der AEG-Transformatorenfabrik zu sehen. An der Stirnseite befinden sich Glasfenster zur Beobachtung der Vorgänge im Innern. Das Innere des Tanks ist beleuchtet. Der Anstieg der Durchschlagfestigkeit des so behandelten Öles geht nach der Kurve

Bild 2. Vakuumsprühtank.

des Bildes 3 vor sich. Bemerkenswert ist die sehr kurze Zeit, in der eine große Menge Öl (in diesem Falle 20 m³) auf höchste Durchschlagwerte gebracht wird. Ein sehr wesentliches Hilfsmittel in der Ölbehandlung ist die Konservierung von Öl mittels Trockenluft. In der Transformatorenfabrik wird alles eingehende Öl zunächst im Sprühtank behandelt, mit Trockenluft teilweise abgesättigt und dann aus dem Tank heraus in große Lagerbehälter gepumpt. Diese Lagerbehälter haben ebenfalls wieder Trockengasschutz. Obwohl diese Behälter direkt an der Spree stehen, so ist durch das Trockengaslagerverfahren erreicht worden, daß die Durchschlagwerte des Öles der Lagerbehälter sich jahrelang immer in den Grenzen von 190 bis 240 kV/cm gehalten haben. Aus diesen Lagerbehältern wird das Öl dann direkt den Füllstationen der Transformatoren im Betriebe, unter Zwischenschaltung von Abfüllgefäßen, die wieder unter Trockengasschutz stehen, zugepumpt. Es sei hier an dieser Stelle bereits erwähnt, daß das Öl in den AEG-Transformatoren selbst lediglich die Kaltvakuum - Behandlung durchmacht. Das Öl durchläuft die Fabrik ohne durch Kochvorgänge in Mitleidenschaft gezogen zu werden und befindet sich auf höheren Durchschlagwerten, als sie mit anderen Verfahren betriebsmäßig erreicht werden können.

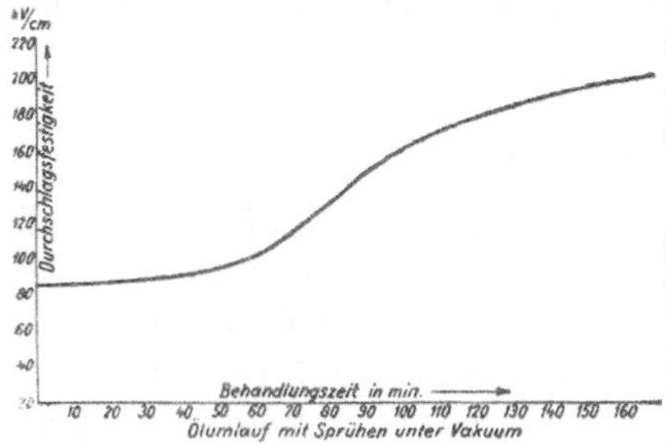

Bild 3. Durchschlagwerte des Öles beim Vakuumsprühen.

Bild 4. Vakuumsprühanlage und Öllagerung mit Trockenluftschutz im Dampfkraftwerk Schwandorf (Grube Else) der Bayernwerk A.-G.

Das Dampfkraftwerk Schwandorf (Grube Else) der Bayernwerk A.-G. besitzt eine solche moderne Vakuumsprüh- und Trockengaslagerungsanlage. All die umständlichen und zeitraubenden Ölbehandlungsfragen in Kraftwerken sind damit gelöst. Es gibt eben keine Schwierigkeit mehr, gutes Öl mit höchsten Durchschlagwerten betriebsmäßig zu erreichen und dauernd zu erhalten. In Bild 4 ist die von der AEG im Dampfkraftwerk Schwandorf erstellte Anlage zu sehen. Der Gedanke, die hohe Durchschlagfestigkeit der Öle in Transformatoren und Ölschaltern auch im Betriebe dauernd zu erhalten, ist in Abschnitt 5 dieses Aufsatzes noch weiter ausgeführt.

3. Behandlung des Transformators in der Fabrik.

Wenn die Spulen auf dem Transformatorkern aufgebaut sind, erfolgt das Auflegen der oberen Spulenabstützung und des oberen Joches, nachdem vorher eine Erwärmung und Pressung des gesamten Spulenaufbaues stattgefunden hat. Das Pressen des Spulenaufbaues von Großtransformatoren findet auf einer hydraulischen Sonderpresse statt. Bild 5 zeigt diese Presse mit einem 60 000 kVA-Transformator besetzt.

Bild 5. Kernspulenpresse 600 t beim Pressen eines Transformators von 60000 kVA, 220 kV.

a) Trockenbehandlung des Transformators.

Nachdem ein Transformatorenaufbau gepreßt ist, werden die Schaltverbindungen hergestellt. Nach dem Herstellen der Schaltverbindungen kommt die eigentliche Trocken- und Vakuumbehandlung. Das Prinzip ist, den Transformatorenkern mit Spulen für sich allein im Vakuumofen zu trocknen und dann den trockenen Transformator in trockenes Öl einzusetzen und in kaltem Zustand zu evakuieren. Die Öfen haben die für eine Wärmeübertragung von den Heizschlangen nach den Transformatoren günstigste Form. Bild 6 zeigt einen Tunnelofen für kleine Transformatoren, Bild 7 einen Ofen für Drehstrom-Transformatoren bis 100 000 kVA Leistung. Auf dem Bilde wird ein 30 000 kVA-Transformator oben in den Ofen eingesetzt. Durch Sondereinrichtungen wird bei den großen Öfen die Temperatur am Transformator selbst an verschiedenen Stellen gemessen und auf einen Registrierstreifen übertragen, um die Sicherheit zu haben, daß an allen Stellen

Bild 6. Tunnelvakuumofen für kleine Transformatoren.

die richtigen Temperaturverhältnisse herrschen. Es ist unbedingt notwendig, daß in sehr großen Vakuumöfen die Temperaturverhältnisse stets am Objekt selbst kontrolliert werden.

b) Kalt-Evakuieren von Transformatoren in der Fabrik.

Nachdem der trockene Transformatorkern in seinen eigenen Kasten in trockenes Öl eingesetzt ist, bleibt als letzte Aufgabe den Transformator in seinem Innern frei von Lufteinschlüssen zu machen. Lufteinschlüsse an elektrisch hoch beanspruchten Stellen führen unter der Einwirkung der hohen Prüfspannungen zu Isolationsschäden. Das Freimachen von Luftblasen ist bei Transformatoren mit hohen Betriebspannungen außerordentlich wichtig. Dieses wird allgemein durch eine sogenannte Kalt-Vakuumbehandlung erreicht, d. h. der Transformator wird, mit Öl gefüllt, einem hohen Vakuum im kalten Zustande ausgesetzt. Wellblech und Glattblechkästen, die kein hohes Vakuum vertragen, werden in große Tanks eingesetzt und dort als Ganzes evakuiert, so daß der Kasten frei von Druckbeanspruchungen ist. Es sind in der Fabrik Tanks vorhanden, in denen die größten Kästen dieser Art untergebracht werden können (Bild 7, rechter Tank). Alle übrigen Transformatoren mit vakuumfesten Glattblech-Röhren und Radia-

Bild 7. Einsetzen eines 30000 kVA-Transformators in einen großen Vakuumtank.

torenkästen werden in ihren eigenen Kästen einem möglichst hohen Vakuum ausgesetzt. Die Zeit für diesen Vorgang schwankt je nach der Höhe des möglichen Vakuums zwischen 24 und 72 Stunden; Prüftransformatoren bis zu 1000 kV wurden sogar 100 Stunden lang bei einem Vakuum von 75 cm Hg-Säule behandelt. Man ist zu dieser Behandlungsart erst nach eingehenden Versuchen übergegangen. Es wurden an Transformatorenkästen in verschiedenen Höhen Glasfenster mit Innenbeleuchtung der Wicklung eingesetzt und durch Inaugenscheinnahme des Zustandes der Wicklungen an ungünstig gestalteten Stellen der Vorgang des Luftfreimachens untersucht. Es hat sich dabei gezeigt, daß die Öle durchschnittlich bei 30 cm Hg-Säule anfangen, unter der Wirkung des Vakuums stark Gas abzugeben. Beim Höhergehen mit dem Vakuum steigert sich die Gasabgabe zu einem sehr starken Wirbel, so daß die Umrisse der Wicklungen und Isolationsteile vollständig unsichtbar werden. Es ist zu bedenken, daß man bei diesem Vorgang alle Gasblasen durch die Wirkung des Vakuums wie unter sehr starker Vergrößerung beobachten kann. Nach einiger Zeit tritt Beruhigung ein und nunmehr steigen immer noch ganz kleine Bläschen in großen Abständen voneinander auf. Diese Beobachtungen durch das Glasfenster haben auch ergeben, daß eine große Beschleunigung des ganzen Vorganges erreicht wird, wenn man die Transformatoren beim Evakuieren schräg stellt. Die Luftblasen, die sich unter horizontalen Hindernissen sammeln, kommen dadurch sofort zum Aufwärtssteigen. Zum Schlusse sind wohl nach Aufhören des Unterdruckes noch ab und zu winzigste Bläschen vorhanden; diese werden aber sehr bald, meistens in einigen Stunden schon, durch das stark gashungrige Öl aufgezehrt und sind dann für die elektrischen Verhältnisse schadlos. Man gibt deshalb zweckmäßig jedem Transformator in der Fabrik eine kleine „Zehrpause", bis das Öl restlos alle kleinsten Luftteilchen aufgezehrt hat.

Eines aber lehren auch diese Beobachtungen: wenn überhaupt evakuiert wird, so muß diese Behandlung bis zum restlosen Freimachen des Transformators von Gasblasen durchgeführt werden. Halbe Maßnahmen bringen die im Öl gelösten Gasmengen in Bewegung, die ein Vielfaches dessen ausmachen, was beim normalen Einsetzen einer gut imprägnierten und abgesperrten Wicklung unter Öl wirklich noch an Luftblasen an der Wicklung usw. hängen bleibt. Einen Vakuumvorgang zur Unzeit unterbrechen, bedeutet, daß Luft in das Dielektrikum gebracht wird; dieses kann zu einem Anfressen bzw. früheren oder späteren Zusammenbruch der Isolation führen. Die Isolationsprobe ist eine harte und genaue Probe auf die sorgfältige Evakuierung. In der Fabrik werden wegen der hohen Beanspruchung durch die Prüfspannungen alle Transformatoren, auch die mit niedrigen Betriebspannungen, einer Vakuumbehandlung unterworfen. Am Aufstellungsort selbst wird etwas anders verfahren, wie in Abschnitt 4 noch beschrieben werden soll.

Die amerikanische Praxis lehnt teilweise aus Gründen einer Emulsionierung des Öles beim Evakuieren, dieses Verfahren selbst ab. Die Transformatoren werden dort in Vakuumtanks mit Öl befeuchtet, mit Öl imprägniert. Das Öl selbst wird wieder abgelassen. Dann werden die Transformatoren in das eigene Öl gesetzt und durch Erwärmen im Kurzschlußverfahren wird die hängengebliebene Luft ausgetrieben. Bei sehr hohen Spannungen mit Winkelring-Konstruktionen und bei komplizierten modernen Spulen (Wendel und gestürzte Wicklungen) kommt man aber damit nicht mehr zum Ziele. Es ist eine Beschädigung der Isolation durch Luftblasen möglich, die bei der Isolationsprobe vorhanden waren; die Abstellung dieses Schadens ist mit sehr hohen Unkosten verknüpft.

4. Behandlung von Transformatoren am Aufstellungsort.

Die AEG-Transformatoren werden meist mit Öl verschickt. Vom Standpunkt der Betriebsicherheit sollte davon keinesfalls abgewichen werden. Alle Transformatoren mit fest angeordneten Ausdehnungsgefäßen werden so verschickt, daß die Entlüftungslöcher im Ausdehnungsgefäß während des Versandes geschlossen sind. Vorher und nachher sind diese Löcher stets geöffnet. Der Versand von Transformatoren ohne Öl außerhalb des eigenen Kastens ist gefährlich und verlangt unbedingt eine sorgfältige, fachmännische Behandlung am Aufstellungsort. Die unangenehmste Abart dieses Versandes ist das Verschicken eines Transformators mit demontierten Eisenkernen und Wicklungen. Die letztgenannten werden meistens mit den Isolationsteilen zusammen unter Öl in geschlossenen Sonderkesseln verschickt. Eine Mittelstufe ist der Versand von Transformatoren im eigenen Kasten, aber unter Trockengasschutz. Das Trockengas kann entfeuchtete Luft oder trockener Stickstoff sein. Man stellt dieses dadurch her, daß man in den mit Öl voll gefüllten Transformator beim Entleeren des Öles Trockenluft oder trockenen Stickstoff nachströmen läßt. Der Kessel wird dann lediglich gas- und wasserdicht geschlossen. Das Trockengas hat nur den Zweck, eine Durchfeuchtung der Isolation bzw. Kondensationserscheinungen im Innern des Transformators, an den Blechwänden des Kessels, an der Kupferwicklung oder am Eisenkern zu verhindern. Bei Versand im Winter oder nach kalten Ländern müssen Hygrometer und Minimalthermometer eingebaut werden, um zu prüfen, daß der Taupunkt im Innern während der Trockenluftperiode nicht erreicht worden ist. Von diesen Umständen wird dann die Behandlung des Transformators am Aufstellungsort abhängig gemacht.

Das Öl wird hauptsächlich in Fässern verschickt. Diese werden in der Fabrik einer außerordentlich sorgfältigen Behandlung mit Lauge, Dampf, Heißluft und Trockenluft unterzogen, um zu verhindern, daß der Zustand der Innenseite der Fässer die Öle verschlechtert. Es wird nur vorbehandeltes Öl mit höchster Durchschlagfestigkeit verschickt. Der in jedem Faß über dem Öl befindliche freie Raum ist wiederum mit Trockengas gefüllt, um eine Durchfeuchtung des Öles zu verhindern. Bei Versand von Öl in Tankwagen seitens der Fabrik wird die gleiche Schutzmaßnahme angewendet. Der Versand von Öl in Fässern oder Tankwagen unter der Bedingung der Unveränderlichkeit der hohen Durchschlagwerte des Öles ist sehr schwierig. Geringste Spuren von Feuchtigkeit ändern sofort die Durchschlagwerte des Öles. Die sorgfältige Abdichtung von Fässern und Tankwagen während des Versandes und während der Lagerung gegen eindringendes Regenwasser durch die Füllöffnung spielt ebenfalls eine wichtige Rolle.

a) Betriebsbereitmachen von Transformatoren, die mit Öl verschickt sind.

Der von der Fabrik gelieferte Transformator braucht an Ort und Stelle nicht mehr behandelt zu werden. Das zum Auffüllen des Transformators notwendige Öl (bei Lieferung mit demontiertem Ausdehnungsgefäß) muß höchste Durchschlagwerte haben, bevor es in den Transformator eingefüllt wird. Wenn auch beim Versand in Fässern und Tankwagen alle nur erdenklichen Vorsichtsmaßregeln angewendet werden, um eine Durchfeuchtung des Öles zu verhindern, so darf doch an Ort und Stelle dieses Öl erst zugefüllt werden, wenn es auf Durchschlagwert geprüft und für gut befunden ist (etwa 150 kV/cm). Sollte eine Filterung des Öles notwendig sein, so muß erst in ein Zwischengefäß gefiltert werden und dann erst, wenn das Öl in diesem Gefäß in Ordnung ist, darf der Transformator damit aufgefüllt werden. Wenn der Transformator die richtige Ölhöhe hat, sind nochmals Ölproben an der höchsten und tiefsten Stelle zu entnehmen und diese Proben durchzuschlagen.

b) Ölauffüllen von Ölumlaufleitungen.

Die Leitungen müssen eine Vorbehandlung durchmachen, damit sie frei von Zunder und Schweißperlen sind. Alle Schweiß- und Biegestellen sind mechanisch zu bestoßen und mit Stahlbürsten zu säubern, um die Gewißheit zu haben, daß diese Leitungen, die hernach im Betriebe mit dem Isolieröl in Berührung kommen, keinerlei schädliche Teile ins Öl bringen können. Die Leitungen erhalten innen meist einen Lackanstrich mit Bakelitlack. Das Öl wird aus den Fässern über eine Filterpresse den Leitungen zugepumpt. Das Öl des Transformators selbst wird zunächst noch nicht mit dem Öl im Umlaufsystem gemischt, da die Durchschlagfestigkeit des Öles nach dem Einpumpen in die Leitungen sinkt. Man schaltet zunächst eine Filterpresse in das Zirkulationssystem ein. Vor dem Eintrittsventil der Ölleitung in den Transformator und hinter dem Austrittventil aus dem Transformator wird zweckmäßigerweise je ein sogenannter Filterstutzen mit einem Abschlußventil aufgesetzt. Mit der Filterpresse kann man dann gleichzeitig eine Druckprobe der Leitungen auf Öldichtheit vornehmen. Die Ölleitungen nebst Ölpumpen sind genauestens auf Undichtheiten zu untersuchen, damit nicht in den Saugleitungen Luft eingesaugt wird. Diese Luft würde sich dem Öl beimischen und seine Durchschlagfestigkeit allmählich herabsetzen. Luftsäcke in den Saug- oder Druckleitungen müssen ebenfalls vermieden werden, sie müssen durch entsprechend angebrachte Entlüftungshähne abgelassen werden. Diese Luftsäcke bringen beim An- und Abstellen der Ölpumpen, je nachdem ob sie in der Saug- oder Druckleitung sitzen, die Buchholzrelais zum Ansprechen. Das Buchholzrelais ist zur Kontrolle dieser Verhältnisse selbst sehr gut zu verwenden.

Dem eigentlichen Inbetriebsetzen von Transformatoren mit Ölumlaufleitungen geht dann ein Probeumlaufbetrieb voraus mit Beobachtung der Durchschlagwerte des umgewälzten Gesamtöles nach einigen Stunden Laufzeit. Bei Ölkühlern mit Wasserumlauf erfolgt dann die Zuschaltung der Wasserkühlung unter ständiger Kontrolle der Öldurchschlagwerte. Dann erst kommt das Unterspannungsetzen des Transformators.

c) Prinzip der modernen Transformatorenbehandlung am Aufstellungsort.

Der von der Fabrik neu gelieferte, mit Öl gefüllte Transformator erhält an Ort und Stelle lediglich eine Ergänzung seiner Ölfüllung. Wird aber am Aufstellungsort aus irgendeinem Grunde der Ausbau eines Transformators erforderlich, so kann man die ölschonenden Verfahren wie sie in der Fabrik angewendet werden, auch dort durchführen.

Der Transformator wird in Heißluft getrocknet, das Öl durch Filtern oder Sprühen auf höchste Durchschlagwerte gebracht. Der trockene Transformator wird in das trockene Öl eingesetzt und durch eine Kalt-Vakuumbehandlung (bei vakuumfesten Kästen) oder durch ein abgekürztes Kochverfahren (bei nicht vakuumfesten Kästen) von Luftblasen befreit.

d) Trocknung des Transformatorenöls.

Die Trocknung von feuchtem Transformatorenöl erfolgt vorteilhaft durch eine Filterpresse, wobei gleichzeitig der Schlamm entfernt wird. Nicht verschlammtes, lediglich feuchtes Öl wird zweckmäßig mit einer Vakuum-Sprüh-Trocknungsanlage auf hohe Durchschlagfestigkeit gebracht. Diese beiden Verfahren sind die schonendsten Verfahren des Öltrocknens am Montageort.

Die Filterpresse und ihre Arbeitsweise soll an dieser Stelle nicht näher beschrieben werden. Durch Verwendung eines Spezialpapiers wird die Verseuchung des Öles mit Fasern praktisch aufgehoben. Das Filterpapier muß sehr sorgfältig getrocknet und sofort nach Entnahme aus dem Trockenschrank in die Presse eingesetzt werden, da sich die Filterpapiere sehr bald der relativen Luftfeuchtigkeit in ihrem Wassergehalt anpassen. Durch sorgfältige Einhaltung der Betriebsvorschriften für die Filterpresse lassen sich vorzügliche Resultate erzielen. Wenn die Filterpresse gut in Ordnung gehalten wird, so ist die Gefahr der Luftblasenbeimischung zum gefilterten Öl bei direktem Filtern eines Transformators nicht vorhanden.

Bild 8. Filter und Vakuumsprühanlage für Elektrizitätswerke.

e) Öltrocknungsanlage nach dem Vakuum-Sprüh-Verfahren.

Auf sehr einfache und billige Weise läßt sich Öl auf eine hohe Durchschlagfestigkeit durch Benutzung einer von der AEG hergestellten transportablen Vakuum-Sprüh-Trocknungsanlage bringen (Bild 8).

Die Anlage besteht aus einem Vakuumkessel, einer Ölpumpe, einer Vakuumpumpe und einer Filterpresse. Die Ölpumpe fördert das Öl aus dem unteren Teil des Kessels heraus und drückt dieses dem Kessel von oben über eine Sprühdüse wieder zu. Die Vakuumpumpe erhält einen Anschlußstutzen zur Kalt-Vakuumbehandlung von Transformatoren mit vakuumfesten Kästen. Die Filterpresse ergänzt die Anlage auch zur Behandlung verschmutzten Öles. Das Öl ist dabei in kaltem Zustande.

Die Sprühdüse verteilt das Öl im luftleeren Raum in feiner Form, wobei dem Öl nach einer bestimmten Umwälzzeit Gas und die gesamte Feuchtigkeit entzogen werden.

Die aus dem Öl austretende Feuchtigkeit wird durch die zur Anlage gehörende Vakuumpumpe entfernt. Eine Sondervorrichtung sorgt dafür, daß das entgaste Öl zunächst nur trockene Luft aufnimmt. Nach kurzer Zeit steigt die Durchschlagfestigkeit auf Werte von 200 kV und darüber (ähnlich der Kurve des Bildes 3).

f) Trocknung des Transformatorkerns in Heißluft.

Der Transformator selbst wird in einer provisorischen Heißluftkammer in heißer Luft getrocknet. In der Montageabteilung der AEG-Transformatorenfabrik sind in jahrelanger Arbeit Heißluftapparate entwickelt worden, die es ermöglichen, Transformatoren bis zu den größten Einheiten zu trocknen (Bild 9). Die heiße Luft wird durch elektrische Widerstände in Heißluftsonderöfen außerhalb der Heißluftkammer erzeugt und in die Kammern durch Rohre mit Asbestisolierung geleitet. Die heiße Luft umspült den Transformatorkern und die Spulen und bringt ihn auf eine Temperatur von 100 bis 105°. Sie nimmt Feuchtigkeit auf und entweicht dann durch Ventilationsöffnungen auf der Oberseite des Heißluftkastens ins Freie. Der Heißluftkasten läßt sich aus zusammenknöpfbaren feuersicher imprägnierten Zeltplanen jeder Transformatorgröße anpassen. Die Befestigung oben erfolgt entweder am Transformatordeckel oder an einem provisorischen Hilfsgerüst. Die Trockenzeit für Kerntypen beträgt nach Erreichen der vollen Temperatur erfahrungsgemäß 40 bis 50 Stunden. Der Kerntransformator läßt sich auf diese Weise vollkommen austrocknen.

Bild 9. Heißlufttrocknung eines 2000 kVA-Transformators.

g) Keine Vakuumbehandlung für niedrige Spannungen und Leistungen am Aufstellungsort.

Der trockene Transformator wird dann in das trockene Öl gesetzt. Bei allen Transformatoren bis 30 kV und etwa 5000 kVA wird dann lediglich beim Einsetzen der Transformatorkern etwas hin und her bewegt und der Kasten etwas schräg gestellt, damit in der Wicklung und in den Isolationsteilen hängen gebliebene Luftblasen leichter aufsteigen können. Nachdem man dem Transformator noch eine Ruhezeit von etwa 48 Stunden gegeben hat, damit sich Luftblasen im Öl auflösen können, kann der Transformator unter Spannung genommen werden.

Bei Transformatoren über 30 kV und bei Leistungen über 5000 kVA wird zur Entfernung der Luft aus den Wicklungen eine Sonder-Vakuumbehandlung vorgenommen.

h) Kalt-Vakuumbehandlung bei Transformatoren mit vakuumfesten Kasten.

Ist der Transformatorenkasten vakuumfest, d. h. verträgt er ein Vakuum von 60 bis 75 cm Hg-Säule, so läßt sich die Luft auf einfache Weise dadurch entfernen, daß man den Kasten etwa 48 bis 72 Stunden unter ein möglichst hohes Vakuum stellt (60 bis 75 cm Hg-Säule); das Öl ist dabei in kaltem Zustande. Nach dem Evakuieren wird am besten noch eine 24- bis 48stündige Ruhezeit gegeben (je nach der Höhe der Betriebspannung), um dem gashungrigen Öl Gelegenheit zu geben, etwa noch vorhandene Luftblasen aufzehren zu können. Dann wird der Transformator erst unter Spannung gesetzt.

i) Sonder-Vakuumbehandlung bei Transformatoren mit nicht vakuumfesten Kasten.

Bei Wellblechkasten, also nicht vakuumfesten Kasten für Transformatoren über 5000 kVA und über 30 kV, muß die Kochmaschine zu Hilfe genommen werden, um die Luft aus dem Transformator auszutreiben. Die Kochmaschine soll bei diesem Vorgang nicht mehr trocknen — Kern, Wicklung und Öl sind ja bereits trocken —, sie soll nur noch die Wicklungs- und Isolationsteile von Luft befreien.

k) Aufbereitungsanlage der AEG.

Die AEG hat in ihrer Fabrik Mülheim-Ruhr eine vollständige fahrbare Filter-, Koch- und Evakuier-Anlage ausgebildet (Bild 10). Diese saugt das Öl unten aus dem Transformator ab, erwärmt es im elektrischen Heizkessel und entzieht ihm im Vakuumkessel, in den es dann eintritt, Luft und gegebenenfalls Feuchtigkeit und bringt dieses trockene gashungrige Öl wieder in den Transformatorkessel selber zurück. Zweckmäßig wird der Wellblechkasten selbst unter ein Vakuum bis zu 20 cm Hg-Säule genommen, um mit Hilfe dieses, wenn auch kleinen Vakuums, und der Unterstützung durch das warme in Bewegung befindliche Öl die Luftblasen aus der Wicklung zu beseitigen. Es muß aber dafür gesorgt werden, daß das im Transformator oben zutretende heiße Öl nicht durch den luftverdünnten Raum frei zuläuft. Der Zulaufrohrstutzen muß deshalb unter der Öloberfläche münden.

Bild 10. Kochanlage der AEG.

Im nachstehenden sollen noch weitere Richtlinien gegeben werden, um eine Verschlechterung des Öles durch das Kochen mit der Aufbereitungsanlage zu verhindern. In allen Fällen, in denen der Transformator bereits vorher getrocknet worden ist, und die Behandlung mit der Aufbereitungsanlage nur den Zweck hat, die Luft aus dem Transformator zu entfernen, kann man sich mit einer 48- bis 72stündigen Behandlung durch die Anlage zufrieden geben. Die Öltemperatur und das Vakuum sind wie folgt einzustellen:

0 cm Vakuum = 100°,	10 cm Vakuum = 96 °,	30 cm Vakuum = 86 °,
5 „ „ = 98°,	20 „ „ = 91,5°,	41 „ „ = 79,5°.

Wenn ein vorhergehendes Austrocknen des Transformators für sich allein im Heißluftkasten nicht angewendet wurde und, die endgültige Austrocknung von Kern und Wicklung durch das Öl hindurch erfolgen muß, so gelten folgende Temperaturen:

Vacuum in cm	Bei Ölhöhe von			
	1 bis 2 m	2 bis 3 m	3 bis 4 m	4 bis 5 m
	Öltemperatur			
0	104	106	108	110
5	103	105	107	109
10	102	105	105	108
20	101	103	104	107
26	98	101	104	105
31	95	98	101	104
36	92	95	98	98
41	89	92	95	98
46	86	89	92	95
51 und darüber	83	86	89	92

Das Vakuum ist also zur Schonung der Öle so hoch wie möglich einzustellen.

AEG-Wellblechkasten vertragen im allgemeinen 15 bis 20 cm Vakuum,

AEG-Glattblechkasten älterer Bauart 30 bis 40 cm Vakuum,

AEG-Glattblechkasten neuester Bauart volles Vakuum bis 75 cm,

AEG-Röhrenkasten neuerer Bauart 60 bis 75 cm Vakuum.

Die Ölleitungen sowie die Anschlüsse am Transformator müssen einwandfrei dicht sein; es tritt sonst der Fall ein, daß an den Verbindungstellen der Ölleitungsrohre oder an den Stopfbuchsen der Ölpumpe dauernd Luft eingesaugt wird, die sich innig mit dem Öl mischt, und bevor die Luft wieder im eigentlichen Transformatorenkasten oben durch das Vakuum entfernt wird, bereits wesentlich zur Verteerung und Verschlechterung des Öles beigetragen hat.

Beim Auskochen mittels der Aufbereitungsanlage ist auch darauf zu achten, daß der Deckel und die Isolatoren des Transformators stets gut gegen Wärmeabgabe gesichert sind. Dies gilt hauptsächlich für den heute sehr seltenen Fall, daß der Transformator durch das Öl hindurch getrocknet wird. In dem luftverdünnten Raum über dem Öl herrscht dann eine sehr hohe Feuchtigkeit. Wenn nun infolge von Wärmeverlusten die Temperatur an dem Deckel oder an bzw. in den Isolatoren einen gewissen Wert unterschreitet, so tritt Kondensation von Wasser ein. Dieses kondensierte Wasser braucht nicht erheblich in seiner Menge zu sein. Es kann abtropfen, in die Wicklungen fallen und an elektrisch hoch beanspruchten Stellen hernach im Betrieb zu Überschlägen führen. Aus diesem Grunde müssen Deckel und Isolatoren sehr gut gegen Wärmeverluste geschützt sein und mindestens eine Temperatur von 85 bis 95° aufweisen. Isolatoren, die von außen aufzusetzen sind, werden am besten bei der Kochbehandlung mittels der Aufbereitungsanlage stets abgenommen und die Löcher im Deckel verschlossen.

Die Wasserabscheidung im Kondensator der Vakuumpumpe ist genau zu beachten und nach Möglichkeit stündlich oder alle zwei Stunden fortlaufend mittels einer Glasmensur zu messen und in ein Kochprotokoll einzutragen, das außerdem die Ablesungen der Thermometer und Vakuummeter enthält. Die Beendigung der Kochbehandlung richtet sich nach dem Kurvenverlauf der Wasserabscheidung. Sie gilt als beendet, wenn sechs Stunden lang der Minimalwert von 0,01 vT des Ölinhalts je Stunde oder weniger abgeschieden wurde. Genaue Zahlen für alle Fälle lassen sich hier nicht angeben; besondere Umstände wie Höhe des Vakuums und Dichtheit der Transformatorendeckel-Dichtungen sowie die Kühlverhältnisse des Brögenkondensators spielen hier eine wesentliche Rolle.

l) Transformatoren mit Stickstoff-Füllung.

Unter bestimmten Umständen wird eine Lieferung der Transformatoren ohne Öl aber mit Trockengasfüllung vorgenommen. Transformatoren dieser Art werden verschlossen zum Versand gebracht.

Eine Sonderkontrolle durch Hygrometer und Minimalthermometer, die beim Versand im Winter bzw. bei Versand nach kalten Gegenden eingebaut werden, überwacht die Trockenheit der Gasatmosphäre. Die Kessel dürfen an Ort und Stelle nicht eher geöffnet werden, bis nicht das Füllen mit trockenem Öl unmittelbar nach der Öffnung vorgenommen werden kann.

m) Evakuieren und Betriebsbereitmachen von Transformatoren, die ohne Öl, aber mit Trockengasschutz verschickt sind.

Nachdem der Transformator in trockenes Öl eingesetzt worden ist, muß er noch einer Vakuumbehandlung zur Entfernung der Luft unterworfen werden. Auf diese Behandlung kann verzichtet werden bei Transformatoren unter 30 kV und unter 5000 kVA Leistung. Darüber hinaus ist genau so, wie weiter vorn beschrieben, zu verfahren. Der unter Trockenschutz verschickte Transformator wird nach dem Ölfüllen als trockener Kern in trockenem Öl betrachtet. Es kommt also entweder die Kalt-Vakuumbehandlung für vakuumfesten Kasten oder das abgekürzte Verfahren mit der Aufbereitungsanlage für nicht vakuumfeste Kästen in Frage. Ergibt die Taupunktkontrolle Kondensation im Innern des Kessels, so kommt Heißlufttrocknung mit nachfolgender Kalt-Vakuumbehandlung oder das abgekürzte Verfahren mit der Aufbereitungsanlage in Anwendung.

5. Aufrechterhaltung des Isolationszustandes des Öles in Transformatoren und Lagergefäßen.

Der Durchschlagswert des Öles sinkt, nachdem das Öl auf hohe Durchschlagwerte gebracht ist, im Laufe der Zeit bei Transformatoren und bei Öllagergefäßen wieder ab. Dieses Absinken des Durchschlagwertes ist abhängig:

1. von dem Feuchtigkeitsgehalt der Luft,
2. von der Größe der Berührungsfläche zwischen Luft und Öl und den Öl- und Luftmengen, die dort miteinander in wechselseitige Berührung kommen,
3. von der Möglichkeit von Kondensationserscheinungen im Ausdehnungsgefäß bzw. im oberen Teil des Transformators, wenn ein Ausdehnungsgefäß nicht vorhanden ist.

Unter ganz bestimmten Umständen wird sich zwischen Luftfeuchtigkeit und Durchschlagwert des Öles ein Gleichgewichtszustand einstellen.

Hohe Durchschlagwerte des Öles von etwa 180 bis 200 kV/cm lassen sich für beliebig lange Zeit erhalten, wenn man über das Öl eine Gasschicht legt, deren Feuchtigkeitsgehalt zwischen 5 bis 10 vH relativer Luftfeuchtigkeit (bei 15°) liegt.

Bild 11. Chlorkalzium-Trockner für frostfreie Innenräume.

Durch Benutzung von zweckentsprechend gebauten Chlorkalzium-Trocknern (Bild 11) an Transformatoren läßt sich das Öl dauernd auf Werten von etwa 180 bis 200 kV/cm erhalten. Diese Chlorkalzium-Trockner sind an den dichtschließenden Deckel des Ausdehnungsgefäßes oder des Lagergefäßes angeschlossen. Der Chlorkalziumtopf befindet sich in Brusthöhe an der Wand oder am Transformator und besteht aus einem abnehmbaren Glasgefäß, das über einem Siebboden zunächst mit einer zwei cm dicken Schicht keramischen Materials und darüber mit Chlorkalzium gefüllt ist. Das Glasgefäß erlaubt eine bequeme Beobachtung des Zustandes des Chlorkalziums im Innern. Es kann also nicht vorkommen, daß das Chlorkalzium bereits verbraucht ist, ohne daß es von außen zu sehen ist.

Aus Gründen erhöhter Sicherheit ist es unbedingt zu empfehlen, in den Anlagen selbst mit möglichst hoher Öldurchschlagfestigkeit zu arbeiten, besonders bei Transformatoren, die einer Durchfeuchtungsgefahr des Öles ausgesetzt sind, wie Freilufttransformatoren und solche mit Wasserkühlung. Eine Durchfeuchtung des Öles fällt dann bei den regelmäßig vorzunehmenden Durchschlagproben eher auf, als wenn an der unteren Grenze bei 100 bis 125 kV/cm, wie heute noch vielfach üblich, gearbeitet wird. Das kostbare Transformatorenmaterial braucht aus Gründen der Werterhaltung eine sorgfältige Überwachung.

Auswahl der Transformatorenöle bei der AEG.

Von K. Typke.

Lange Lebensdauer der Transformatorenöle ist vom wirtschaftlichen Standpunkt außerordentlich wichtig. Einerseits ist die Ölfüllung selbst recht kostspielig, anderseits hängt auch die Lebensdauer des Transformators selbst von der Ölbeschaffenheit ab. Die im Öl gebildeten Säuren greifen das Isoliermaterial an, und der gebildete Schlamm setzt sich auf den Wicklungen ab, stört die Wärmeabfuhr und führt dadurch ebenfalls zu vorzeitiger Zerstörung der Isolation[1]). Es ist deshalb notwendig, Öle auszuwählen, die eine möglichst große Lebensdauer aufweisen.

Die Lebensdauer der Transformatorenöle hängt naturgemäß von ihrer Widerstandsfähigkeit gegen die im Transformator einwirkenden Veränderungseinflüsse ab. Von diesen ist in erster Linie die Wirkung des Sauerstoffs zu nennen. Ohne Sauerstoff findet keine Veränderung statt, wie Versuche von Heyden und Typke[2]), später auch von Frank[3]) und Janssen[4]) gezeigt haben. Außerordentlich beschleunigend auf die Veränderungen im Öl wirkt eine Erhöhung der Temperatur. Schläpfer[5]) und andere haben darüber Versuche gemacht. Ferner kommt den mit dem Öl in Berührung stehenden Stoffen ein starker Einfluß zu. Über die Metalle haben eine ganze Reihe von Autoren, u. a. Waters, Stäger und Bohnenblust, Heyden und Typke, Rodman und Maude, Frank, Norlin, Arbo-Hoeg gearbeitet. Über den Einfluß der Lacke und Isolierstoffe hat Baader[6]) eine Arbeit veröffentlicht. Über den Einfluß des elektrischen Feldes ist wenig bekannt; ob es in der im Transformator vorhandenen Stärke überhaupt auf die Öle einwirkt, ist zweifelhaft. Rodman[7]) hat bei Versuchen mit hohen

[1]) G. Stern, ETZ 1927, S. 1615 und G. Stern in Petersen, Forschung und Technik, S. 490.

[2]) Petroleum 1924, S. 1647.

[3]) Erdöl und Teer 1930, S. 48.

[4]) Arch. f. El. 1930, S. 567.

[5]) Dissertation Zürich 1925, S. 22, 31, 42.

[6]) Elektrizitätswirtschaft 1930, S. 358.

[7]) El. Journ. 1923.

Periodenzahlen und hohen Spannungen keinen Einfluß nachweisen können. Andersen hat dagegen bei seinem bekannten Ölprüfapparat, bei dem eine hohe Wechselspannung angelegt wird, eine Steigerung der Ölveränderungen festgestellt[8]).

In den verschiedenen Ländern sind nun Ölprüfverfahren entwickelt worden, welche die verschiedenen Veränderungseinflüsse mehr oder weniger berücksichtigen. Alle Verfahren arbeiten bei erhöhter Temperatur. Teils wird mit, teils ohne Katalysator geprüft. Bei einem Teil der Verfahren hat der Sauerstoff der Luft nur an der Öloberfläche Zutritt, bei anderen wird Luft oder Sauersoff in das Öl eingeleitet. Bei dem schon erwähnten Verfahren von Anderson-Asea wird das Öl außerdem noch dem Einfluß eines elektrischen Feldes ausgesetzt. Gemeinschaftlich ist jedenfalls allen Verfahren, daß die Veränderungseinflüsse in irgend einer Richtung übersteigert werden, um innerhalb einer nicht zu langen Zeit analytisch feststellbare Veränderungen des Öles zu erhalten. Näheres über die Verfahren findet sich an mehreren Stellen in der Literatur[9]).

Entsprechend den verschiedenen Anforderungen, die an das Öl bei der Prüfung gestellt werden, sind die nach den einzelnen Ländern gelieferten Öle in ihren Eigenschaften verschieden. Man kann zwei große Gruppen unterscheiden, erstens Öle, die einer nur mäßig intensiven Raffination unterzogen sind, wie die den deutschen, Schweizer und italienischen Bedingungen entsprechenden Öle, und zweitens solche, die einer sehr intensiven Raffination unterzogen sind, wie die den englischen Bedingungen der Klasse A entsprechenden und die auf einen besonders guten Life-Test hin hergestellten Öle. Die erstgenannten neigen bei einer Erhitzung auf 120° unter Einleiten von Sauerstoff wenig zur Versäuerung, zeigen aber eine gewisse Neigung zur Schlammbildung, die letztgenannten versäuern dabei außerordentlich stark, ohne Neigung zur Schlammbildung aufzuweisen[10]). Von den Prüfverfahren für mäßig ausraffinierte Öle ist zurzeit das in der Schweiz vorgeschriebene als das schärfste, das deutsche (VDE) als das mildeste zu bezeichnen.

Die verschiedenen Prüfbedingungen führten zu Schwierigkeiten bei Lieferungen nach dem Auslande. Entweder mußte erst ein um-

---

[8]) Asea Tidning 1924, S. 16, 92.

[9]) U. a. Typke, E. u. M. 1929, S. 357; Stäger, Sonderheft 77, Deutscher Verband für die Materialprüfungen der Technik.

[10]) Typke, ZS. f. ang. Chemie 1928, 149, Petroleum 1929, 823.

ständlicher Schriftwechsel stattfinden, oder ein Aufpreis für das in dem betreffenden Lande vorgeschriebene Öl, das an sich keinerlei Vorteile gegenüber dem AEG-Öl hatte, gefordert werden. Die AEG hat deshalb, nachdem eine Firma Öl auf den Markt brachte, das alle Vorschriften des europäischen Kontinents hinsichtlich der Alterungsprüfung erfüllt, auch den übrigen Ölfirmen die Lieferung eines derartigen Öles nahegelegt, und macht Neuabschlüsse nur noch für derartiges Öl. Wahrscheinlich wird es möglich sein, Öl herzustellen, das neben den Bedingungen des Kontinents auch die englischen Vorschriften für Klasse B erfüllt. Um Öl herzustellen, das dazu noch den englischen Bedingungen der Klasse A entspricht, würden jedoch wesentliche Fortschritte in der Veredelungstechnik der Öle notwendig sein, abgesehen davon, daß ein derartiges Öl wahrscheinlich sehr teuer sein würde.

Da hinsichtlich des Verhaltens bei den Alterungsprüfungen wenigstens für den europäischen Kontinent einheitliches Öl hergestellt werden kann, muß auch angestrebt werden, in den physikalischen Werten Einheitlichkeit zu erreichen. Die bei der AEG benutzten Öle haben ein spezifisches Gewicht unter 0,885, eine Viskosität von etwa 5 Engler bei 20° (um und unter 200 Redwood-s bei 15,5°), einen Flammpunkt um und über 160° im offenen Tiegel bzw. 150° im Pensky-Apparat. Damit werden von dem bei der AEG verwandten Öl nur ganz wenige aus dem Rahmen der übrigen Länder fallende physikalische Daten nicht eingehalten[11]).

Die Erfüllung der meisten in Frage kommenden Alterungsprüfungen und sonstigen Ölwerte durch das Öl der AEG gibt zwar eine wesentliche Erleichterung im Verkehr mit den Kunden, aber es ist damit noch nicht die völlige Gewähr gegeben, daß die nach diesen Gesichtspunkten ausgewählten Öle auch wirklich in den von der AEG gelieferten Transformatoren die denkbar größte Lebensdauer aufweisen. Die Einhaltung einiger weiterer Analysendaten braucht nicht immer zugleich eine wirkliche Gütesteigerung des Öles zu bedeuten. Die laboratoriumsmäßigen Prüfungen gestatten ja ihrer verhältnismäßig kurzen Zeitdauer wegen alle mehr oder weniger nur die Anfangsveränderungen der Öle festzustellen. Aus diesem Grunde ist man in der AEG-Transformatorenfabrik auf Anregung von G. Stern[12]) dazu übergegangen, neu einzuführende oder sonstwie besonders interessierende Öle in kleinen Ölalterungs-Trans-

[11]) Typke, Erdöl und Teer 1931, S. 42, 59.

[12]) ETZ 1927, S. 1615.

formatoren zu prüfen. Die Bauart und die Arbeitsweise ist von G. Stern eingehend beschrieben worden[13]), so daß sich hier eine nochmalige Beschreibung erübrigt. Wenn bei der Prüfung in den Ölalterungs-Transformatoren auch die Temperaturen höher sind und die Berührungsfläche des Öls mit der Luft größer ist als gewöhnlich im Betrieb, so ist doch sicher, daß diese Prüfung den im Betrieb vorliegenden Verhältnissen näher kommt als jedes andere vorher vorgeschlagene Verfahren. Es ergibt das Verhalten des Öles unter den schärfsten im Betriebe möglichen Verhältnissen, und bei dieser Prüfung für gut befundene Öle werden sich bestimmt auch bei allerhärtester Beanspruchung denkbar gut verhalten. Naturgemäß werden sich manche Öle, die sich bei weniger scharfer Beanspruchung im Betriebe bewähren, bei dieser Prüfung schon ungünstig verhalten, aber derartige Öle wären für die AEG-Transformatorenfabrik, die für alle Verwendungszwecke, einerlei ob das Öl stark oder wenig beansprucht wird, nur allen Anforderungen entsprechendes Einheitsöl verwendet, doch nicht brauchbar.

Abgesehen von diesen Gesichtspunkten hat man nach G. Stern[14]) in der Beobachtung des Öles in den Ölalterungs-Transformatoren gewissermaßen ein übergeordnetes Verfahren, das entscheidet, welches der abgekürzten Prüfungsverfahren das Verhalten der Öle im Betriebe am besten charakterisiert. G. Stern hat bereits einen Vergleich verschiedener Verfahren, Verteerungszahl, Kupferverteerungszahl, Schweizer und Asea-Verfahren, mit den Ergebnissen im Ölalterungs-Transformator gezogen. Zweck dieser Arbeit ist es, einige weitere Prüfverfahren und analytische Daten damit zu vergleichen; aus den vorliegenden Versuchsunterlagen aus fünf Versuchsreihen in Ölalterungs-Transformatoren sind einige besonders charakteristische Zahlen herausgegriffen worden. Es wurden Verteerungszahl — Schiedsverfahren —, Verteerungszahl nach 600 Stunden und Kupferempfindlichkeit nach Baader, sowie die Menge der in Schwefelsäure löslichen Bestandteile des Öls und die Jodzahl nach Hübl berücksichtigt.

Weit ausraffinierte Öle wurden bei den vorliegenden Versuchen überhaupt nicht verwandt. Es handelte sich fast ausnahmslos um Öle, die den VDE-Bedingungen entsprachen, d. h. eine Verteerungszahl unter 0,1 hatten. Bei den wenigen verwandten schwach raffinierten Ölen ist dies ausdrücklich vermerkt.

---

[13]) Petersen, Forschung und Technik, S. 490.

[14]) Petersen, Forschung und Technik, S. 490.

Verteerungszahl (Schiedsverfahren).

Es wurden aus einer ganzen Anzahl von Versuchen im Kleintransformator Zahlen herausgegriffen.

Versuchsreihe 5.

Öl	Verteerungszahl (Schiedsverfahren)	Ölalterungs-Transformator nach 6750 Betriebstunden		
		Säurezahl	Verseifungszahl	Schlamm Gew. vH
Russisch, den deutschen Bed. entspr.	0,07, kein Schlamm	0,28	1,1	0,03
Russisch, den Schweizer Bed. entspr..	0,07, „ „	0,42	1,2	0,04
Amerikanisch, den deutschen Bed. entspr.	0,06, „ „	0,81	2,9	0,17
Amerikanisch, den Schweizer Bed. entspr.	0,02, „ „	0,49	1,3	0,04

Versuchsreihe 2.

Öl	Verteerungszahl (Schiedsverfahren)	Ölalterungs-Transformator nach 2250 Betriebstunden		
		Säurezahl	Verseifungszahl	Schlamm Vol. vH
Russisch, den deutschen Bed. entspr..	0,07, kein Schlamm	0,84	5,0	Spur
Russisch, den Schweizer*) Bed. entspr..	0,12, „ „	0,84	4,5	„
Amerikanisch, den deutschen Bed. entspr.	0,03, „ „	0,90	6,1	0,7
Amerikanisch, den Schweizer Bed. entspr.	0,02, „ „	0,56	3,2	Spur

*) Erfüllte nicht VDE-Vorschrift.

Versuchsreihe 1.

Öl	Verteerungszahl (Schiedsverfahren)	Ölalterungs-Transformator nach 3C00 Betriebstunden	
		Säurezahl	Schlamm Vol. vH
Amerikanisch, den deutschen Bed. entspr.	0,02, kein Schlamm	0,56	0,90
Amerikanisch, den deutschen Bed. entspr.	0,03, „ „	0,84	0,76
Amerikanisch, den Schweizer Bed. entspr.	0,03, „ „	1,26	1,00

Versuchsreihe 4.

Öl	Verteerungszahl (Schiedsverfahren)	Ölalterungs-Transformator nach 2500 Betriebstunden		
		Säurezahl	Verseifungszahl	Schlamm Vol. vH
Amerikanisch, pennsylv.*)	0,065, 1 Vol. vH Schlamm	0,91	3,0	1,0
Amerikanisch, Midkontinent	0,075, kein Schlamm	1,2	5,0	2,2
		nach 1000 Betriebstunden		
Amerikanisch, Texas.	0,05, „ „	0,70	1,9	0,3
Amerikanisch, Texas.	0,04, „ „	1,6	4,7	1,6
Amerikanisch, pennsylv.*)	0,065, 1 Vol. vH Schlamm	0,42	—	—
Amerikanisch, Midkontinent	0,075, kein Schlamm	0,56	—	—

*) Erfüllte nicht VDE-Vorschrift.

Man kann aus diesen Zahlen, die sich aus den vorhandenen Versuchsunterlagen leicht vermehren ließen, deutlich sehen, daß man aus der Verteerungszahl sehr wenig auf das Verhalten des Öles im Transformator schließen kann. Bei gleicher Verteerungszahl verhielten sich verschiedene Öle vollkommen verschieden.

Verteerungszahl nach 600 Stunden.

Für den Vergleich mit den Ergebnissen in den Ölalterungs-Transformatoren seien die Zahlen aus zwei verschiedenen Versuchsreihen wiedergegeben.

Versuchsreihe 5.

Öl	Verteerungszahl 600 h		Ölalterungs-Transformator nach 6750 Betriebstunden			
	Vtz.	Schlamm Vol. vH	Säurezahl	Verseifungszahl	Schlamm Vol. vH	Schlamm Gew. vH
Russisch, den deutschen Bed. entspr.	0,31	1,7	0,28	1,1	1,0	0,03
Russisch, den Schweizer Bed. entspr.	0,37	1,0	0,42	1,2	1,2	0,04
Amerikanisch, den deutschen Bed. entspr. . . .	0,10	—	0,81	2,9	1,9	0,17
Amerikanisch, den Schweizer Bed. entspr.	0,06	—	0,49	1,3	1,5	0,04

Versuchsreihe 2.

Öl	Verteerungszahl 600 h		Ölalterungs-Transformator nach 2250 Betriebstunden	
	Vtz.	Schlamm Gew. vH	Säurezahl	Schlamm Gew. vH
Amerikanisch, den Schweizer Bed. entspr.	0,12	Spur	0,49	0,01
Amerikanisch, den deutschen Bed. entspr.	0,16	Spur	0,42	0,07
Russisch, den deutschen Bed. entspr.	0,37	0,02	0,42	0,02
Amerikanisch, den deutschen Bed. entspr.	0,89	0,26	0,77	0,05
Amerikanisch, den deutschen Bed. entspr.	0,65	0,15	0,98	0,08

Man sieht also, daß auch die 600stündige Verteerung keine Zahlen gibt, aus denen man auf das Verhalten des Öles in Betrieb schließen kann. Eine so weitgehende Bedeutung, wie z. B. Frank[15]) sie ihr beilegt, kommt ihr in keiner Weise zu.

Kupferempfindlichkeit nach Baader.

Von einer Wiedergabe früherer Ergebnisse sei hier abgesehen, da nach dem Urteil von Frank[16]) die mit dem alten Kupfer gemachten Versuche Fehlermöglichkeiten aufweisen; es seien nur einige in letzter Zeit mit allen Vorsichtsmaßregeln direkt gewonnene Zahlen angeführt. Auf die Bestimmung der Verseifungszahl mit Glasrührer wurde verzichtet.

Versuchsreihe 6.

Öl	Verseifungszahl		Ölalterungs-Transformator nach 2250 Betriebstunden	
	unerhitzt	mit Kupfer erhitzt	Säurezahl	Schlamm Gew. vH
Amerikanisch, den deutschen Bed. entspr..	0	0,14	0,49	0,01
Amerikanisch, den deutschen Bed. entspr..	0,01	0,04	0,77	0,05

Aus diesen wenigen Zahlen läßt sich naturgemäß noch sehr wenig schließen; sie zeigen aber jedenfalls, daß keine unbedingte Paralle-

[15]) Erdöl und Teer 1930, S. 357 ff; Elektrizitätswirtschaft 1930, S. 349.

[16]) a. a. O.

lität mit dem Verhalten des Öles im Gebrauche besteht. Die Versuche werden fortgesetzt, um ein größeres Zahlenmaterial zu gewinnen.

Ungesättigte Bestandteile im Öl.

Es wurden zwei Bestimmungsverfahren für die ungesättigten Bestandteile angewandt, die Menge der in konzentrierter Schwefelsäure löslichen Stoffe und die Jodzahl. Die erstgenannte wurde nach dem von Baader angegebenen Verfahren[17]) bestimmt, die Jodzahl nach dem Hüblschen Verfahren ermittelt.

Diese beiden Verfahren zeigen durchaus nicht immer eine Parallelität, wie an den folgenden Zahlen gezeigt sei:

Öl	In Schwefelsäure lösl. Bestandteile vH	Jodzahl (Hübl)
Russisch, den deutschen Bed. entspr.	3,8	1,0
Amerikanisch, den deutschen Bed. entspr.. . .	4,0	1,9
Russisch, den Schweizer Bed. entspr.	3,5	0,9
Amerikanisch, den Schweizer Bed. entspr. . .	1,0	0,7
Russisch, den deutschen Bed. entspr.	5,0	1,0
Amerikanisch, pennsylv. entspr. nicht deutschen Bedarf	2,2	6,8
Amerikanisch, Texas, den deutschen Bed. entspr.	8,7	5,4

In Schwefelsäure lösliche Bestandteile.

Versuchsreihe 5.

Öl	In Schwefelsäure lösl. Bestandteile vH	Im Ölalterungs-Transformator nach 6750 Betriebstunden		
		Säurezahl	Verseifungszahl	Schlamm Gew. vH
Russisch, den deutschen Bed. entspr.	3,8	0,28	1,1	0,03
Russisch, den Schweizer Bed. entspr.	3,5	0,42	1,25	0,04
Amerikanisch, den deutschen Bed. entspr.	4,0	0,81	2,9	0,17
Amerikanisch, den Schweizer Bed. entspr.	1,0	0,49	1,3	0,04

[17]) Die Ölbewirtschaftung, Berlin 1930, S. 44.

Versuchsreihe 4.

Öl	In Schwefelsäure löslich vH	Im Ölalterungs-Transformator nach 4500 Betriebstunden Säurezahl	Verseifungszahl	Schlamm Gew. vH
Russisch, den deutschen Bed. entspr.	5,0	0,28	1,1	Spur
Amerikanisch, Texas, nicht den deutschen Bed. entspr. .	5,1	1,12	5,0	1,6
Amerikanisch, Midkontinent, nicht den deutschen Bed. entspr.	7,8	0,84	4,0	1,0
Amerikanisch, Texas, den deutschen Bed. entspr. . . .	8,7	1,56	5,6	3,3

Man kann aus diesen Zahlen ersehen, daß einer größeren Menge von Bestandteilen, die in konzentrierter Schwefelsäure löslich sind, keineswegs ein schlechteres Verhalten des Öles zu entsprechen braucht.

Jodzahl nach Hübl.

Versuchsreihe 4.

Öl	Jodzahl (Hübl)	Im Ölalterungs-Transformator nach 4500 Betriebstunden Säurezahl	Verseifungszahl	Schlamm Gew. vH
Russisch, nicht den deutschen Bed. entspr.	2,6	1,54	7,3	0,34
Amerikanisch, Texas, den deutschen Bed. entspr. . . .	5,4	1,56	5,6	3,3
Amerikanisch, pennsylv. nicht den deutschen Bed. entspr. .	6,8	0,70	3,3	0,8
Amerikanisch, Midkontinent, nicht den deutschen Bed. entspr.	9,0	0,84	4,0	1,0

Man sieht also, daß sich auch aus der Jodzahl sehr wenig über das Verhalten des Öles sagen läßt.

Zusammenfassung.

Die gefundenen Zahlen zeigen, daß man sich auf Laboratoriums-Prüfungen allein bei der Bewertung der Transformatorenöle nicht verlassen darf. Es ist mit höchster Wahrscheinlichkeit anzunehmen, daß die Prüfverfahren, die von dem Verhalten im Ölalterungs-Transformator abweichende Ergebnisse zeigen, dies erst recht gegenüber dem Verhalten des Öles im gewöhnlichen Transformator tun werden. So sehr man sich auch darüber klar ist, daß die heutigen

Laboratoriums-Prüfungen unzulänglich sind, muß man doch neuen Vorschlägen gegenüber solange zurückhaltend bleiben, bis der Beweis einer wenigstens einigermaßen guten Übereinstimmung zum Verhalten des Öles in der Praxis erbracht ist. Durch Einführung nicht genügend erprobter neuer Verfahren würde die bestehende Verwirrung nur noch vermehrt werden.

Die Prüfung der Öle in Ölalterungs-Transformatoren erfordert, wie G. Stern[18]) hervorhebt, selbstverständlich viel zu lange Zeit, als daß sie für die Abnahme von Ölen in Frage käme; sie ist auch, wie ausdrücklich hervorgehoben sei, für eine allgemeinere Anwendung zu kostspielig. Ihr Anwendungsgebiet liegt abgesehen von Ölherstellern, die sich nicht damit begnügen wollen, ihre Öle auf gute Analysendaten zu raffinieren, bei Großverbrauchern, die für sich selbst oder ihre Kunden die Gewähr haben wollen, daß die bezogenen bzw. gelieferten Öle die besten sind, die sich auf dem Markte befinden, und gegebenenfalls außerdem den Ölherstellern schon innerhalb eines kürzeren Zeitraumes, als es das Abwarten der Bewährung in der Praxis erfordern würde, mit Ratschlägen zur Verbesserung ihrer Öle zur Seite stehen wollen. Außer den in der vorliegenden Arbeit angegebenen Analysendaten lassen sich ja in den Ölalterungs-Transformatoren noch Beobachtungen anderer Art, wie Angriff des alternden Öles auf die Isolierstoffe oder die Änderung der elektrischen Eigenschaften beobachten[19]).

Die AEG-Transformatorenfabrik verwendet nur Öle, für die vom Lieferwerk weitestgehende Garantien hinsichtlich der Analysendaten geleistet werden und die im eigenen Laboratorium mit Hilfe einer ganzen Reihe von Prüfverfahren auf ihre einwandfreie Beschaffenheit hin kontrolliert sind. Die Öle werden darüber hinaus in den Ölalterungs-Transformatoren laufend daraufhin überwacht, ob sie auch den schärfsten praktischen Anforderungen genügen.

---

[18]) Petersen, Forschung und Technik 1930, S. 493.

[19]) G. Stern, a. a. O.

Sprungwellen- und Stoßprüfung von Transformatoren.

Von J. Biermanns.

1. Einführung.

Der Transformatorenbau hat in den letzten beiden Jahrzehnten ganz außerordentliche Fortschritte zurückgelegt, ohne daß dies besonders gewürdigt worden wäre. Diese Entwicklung hat es mit sich gebracht, daß der Transformator heute einer der betriebsichersten Teile unserer Hochspannungsanlagen geworden ist. Man fordert heute sogar Blitzsicherheit des Transformators, was besagen will, daß ein selbst in unmittelbarer Umgebung des Transformators niedergehender Blitzschlag höchstens zu einem äußeren Überschlag an seinen Durchführungen führen darf, ohne daß jedoch irgendein Schaden im Innern des Transformators entsteht.

Damit ist das im folgenden in erster Linie interessierende Thema angeschnitten, nämlich das Verhalten des Transformators gegenüber plötzlichen Spannungsstößen, also gegenüber Spannungseinwirkungen, die durch die besondere Höhe der auftretenden Spannung oder aber durch deren schroffen zeitlichen Verlauf gekennzeichnet sind. Die schroffe Spannungsänderung ist dabei, das, was bei den folgenden Betrachtungen in überwiegendem Maße zu beachten ist.

Man hat bereits in den Anfängen des Transformatorenbaues die Erfahrungen machen müssen, daß im praktischen Betrieb Spannungsbeanspruchungen auftreten können, die von den durch die gewöhnlichen Betriebsbedingungen gegebenen Verhältnissen ganz erheblich abweichen. Die im Betrieb leider recht zahlreich auftretenden „Überspannung“-Schäden ließen dabei eine Gliederung in zwei Gruppen erkennen, nämlich in Überspannungen gegen Erde, wobei unter Erde die Niederspannungswicklung bzw. das Eisengestell des Transformators zu verstehen ist, und in sogenannte „innere“ Überspannungen, also in Überspannungen zwischen Teilen der gleichen Wicklung, wobei die letztgenannte Art von Schäden sich besonders dort bemerkbar machte, wo elektrisch verhältnismäßig weit voneinander entfernte Stellen der Wicklung räumlich auf geringen

Abstand zusammengeführt waren. Gegen die erstgenannten Überspannungen verstand man sich verhältnismäßig bald zu schützen, man brauchte lediglich die Isolation zwischen der Hochspannungswicklung und ihrer mehr oder weniger sich auf Erdpotential befindlichen Umgebung so weit zu erhöhen, bis die gefürchteten Wicklungsdurchschläge aufhörten. Es gelang auch tatsächlich in verhältnismäßig kurzer Zeit, auf dem angedeuteten, rein empirischen Wege praktisch durchschlagsichere Transformatoren zu entwickeln. Daß ein derartig schneller und durchgreifender Erfolg dem Transformatorenbauer bezüglich der zweiten Art der Überspannungschäden zunächst versagt blieb, hatte einen ganz bestimmten Grund, dessen Wurzel im Prüffeld zu suchen ist.

Der Transformator wird bekanntlich vor seinem Versand im Prüffeld einer Reihe von Proben unterzogen, die nicht nur das Verhalten des Transformators im normalen Betrieb, sondern möglichst auch sein Verhalten gegenüber allen ihm im späteren Betrieb zugemuteten ungewöhnlichen Beanspruchungen ergründen sollen. Dazu gehört beispielsweise das Verhalten des Transformators gegenüber Netzkurzschlüssen, und man hat die Kosten, die mit der Aufstellung gewaltiger Generatoren zur Erzeugung der im späteren Betrieb möglichen Kurzschlußströme verbunden sind, nicht gescheut. Das aufgewendete Geld hat sich allerdings bezahlt gemacht, man ist seit langem so weit, die volle Kurzschlußsicherheit des Transformators als Selbstverständlichkeit zu betrachten. Eine weitere, ungewöhnlichen Beanspruchungen des Transformators begegnende Prüfung ist die sogenannte Isolationsprobe. Dabei wird der zu prüfenden Wicklung während einer gewissen Zeit, und zwar eine Minute lang, eine Spannung gegen ihre Umgebung aufgedrückt, die ein bestimmtes Vielfaches ihrer an irgendeinem Punkte, und zwar in der Regel an den Klemmen auftretenden höchsten Betriebspannung ist. Man gewinnt so auf einfache Weise ein Urteil über die äußere Isolationsfestigkeit der geprüften Wicklung und man brauchte zur Feststellung der richtigen Prüfspannung ihre Höhe nur im Laufe der Zeit so weit zu steigern, daß im Betrieb auch bei den schwersten Beanspruchungen, als die heute Blitzeinschläge erkannt sind, keine Durchschläge der Isolation nach Erde hin mehr auftraten. Man hatte damit einen, wenn auch etwas langwierigen, so doch sicheren Weg gefunden, um, soweit die Isolation gegen Erde in Frage kommt, unter allen Umständen betriebsichere Transformatoren zu erhalten. Natürlich war dafür zu sorgen, daß die im Prüffeld festgestellte ausreichende Isolationsfestigkeit dem Transformator auch für alle Zeiten unter den verschiedensten möglichen

Betriebsbedingungen erhalten blieb, was durch geeignete Trockenbehandlungs-Verfahren, sorgfältige Auswahl des verwendeten Öles, die Anbringung eines Ausdehnungsgefäßes und neuerdings durch die Anordnung von Respiratoren auch erreicht wurde.

Bezüglich der Nachprüfung der inneren Isolationsfestigkeit verfügte man zunächst nicht über praktisch in Frage kommende Prüf-Verfahren. Die sogenannte Überspannungsprobe, bei welcher der Transformator während einer längeren Zeit bei erhöhter Frequenz mit seiner doppelten Nennspannung erregt wird, kommt hier nicht ernstlich in Betracht, da die hierbei erzielte Beanspruchung, die gleich dem Doppelten der Beanspruchung des Nennbetriebes ist, in keinem Verhältnis zu der Beanspruchung der inneren Isolation der Wicklung steht, die unter dem Einfluß von steilen Überspannungswellen auftreten kann. Es ist ja gerade das Charakteristische der durch die Sprungwellen bedingten Beanspruchung, daß zwischen den gefährdeten Wicklungsteilen Überspannungen auftreten können, die vielleicht das Hundertfache des im Nennbetrieb auftretenden Spannungsunterschiedes ausmachen können. Prüfverfahren nach Art der Isolations- oder der Überspannungsprobe mußten hier versagen, und man mußte sich zunächst in den zwar unvermeidlichen, aber doch höchst unbefriedigenden Zustand fügen, daß Transformatoren nur als bedingt sprungwellenfest anzusprechen waren, bedingt in dem Sinne, daß Transformatoren, um vollkommen betriebssicher zu sein, eines schützenden Beiwerkes nicht entbehren könnten, das aus Vorstufenwiderständen, Schutzdrosselspulen und ähnlichen Bereicherungen der Hochspannungstechnik bestand.

Hier schuf G. Stern um das Jahr 1915 durch einen wegen seiner Einfachheit bestechenden Vorschlag Wandel, demzufolge Transformatoren im Prüffeld durchweg einer Probe, und zwar der sogenannten Sprungwellenprobe zu unterziehen seien, die ihrem Aufbau nach die im praktischen Betrieb auftretende Beanspruchung der inneren Wicklungs-Isolation unmittelbar nachahmt. Stern schlug vor, jede Phase des auf eine bestimmte Spannung erregten Transformators über Funkenstrecken mit Kondensatoren zu verbinden, wobei diese Funkenstrecken so einzustellen sind, daß an ihnen gerade noch ein die ständige Auf- und Umladung der Kondensatoren bewirkendes Funkenspiel bestehen bleibt. Jeder Funke führt hierbei zu einer steilen in die Wicklung einziehenden Sprungwelle und jeder Funke bewirkt damit die angestrebte Prüfung der inneren Wicklungs-Isolation. Sache des Gefühles war es hierbei, zunächst die richtige Spannung zu finden, auf die der Transformator zu erregen und auf die demzufolge jede Funkenstrecke einzustellen war; denn die Höhe dieser Spannung war das Mittel, um die bei dem beschriebenen Prüfverfahren auftretende Beanspruchung den im wirklichen Betrieb gegebenen Beanspruchungen anzupassen. Es handelt sich hier um das gleiche Fingerspitzengefühl, von dem der Transformatorenbauer sich bei der Wahl der Isolations-Prüfspannung leiten lassen mußte und das, wie erwähnt, letzten Endes zur Entwicklung praktisch durchschlagsicherer Transformatoren geführt hatte. Daß Stern dieses Fingerspitzengefühl im hohem Maße hatte, folgt daraus, daß die von ihm im Jahre 1915 gegebene Vorschrift, nach welcher der Transformator bei der Sprungwellenprobe auf den 1,3fachen Wert seiner normalen Spannung zu erregen sei, fast 10 Jahre später, als die Sprungwellenprüfung vom VDE übernommen und genormt wurde, unverändert aufrecht erhalten werden konnte. Der praktische Erfolg der Sprungwellenprüfung bestand bei ihrer Einführung für die AEG zunächst darin, daß eine große Reihe von Schäden im Prüffeld zu verzeichnen war, daß aber nach Überwindung dieser Periode, nachdem also die Umsetzung der Prüffeld-Erfahrungen in entsprechende Berechnungs- und Konstruktions-Vorschriften sich ausgewirkt hatte, die Schäden im Prüffeld sehr viel seltener wurden, daß aber ferner, und das war schließlich die Hauptsache, Sprungwellenschäden im praktischen Betrieb so gut wie vollständig ausblieben. Damit hat die Sprungwellenprobe ihre Daseinsberechtigung erwiesen. Die deutsche Praxis hat bewiesen, und das ist keine Übertreibung, sondern eine durch 15jährige Betriebserfahrung größten Ausmaßes erhärtete Tatsache, daß Transformatoren, die im Prüffeld sowohl der Isolationsprobe als auch der Sprungwellenprobe unterzogen wurden, gegen alle im praktischen Betrieb auftretenden Überspannungs-Beanspruchungen einschließlich der Beanspruchung durch Blitzschlag gefeit sind, sofern nur für Aufrechterhaltung ihres Isolationszustandes im ferneren Betrieb gesorgt wird.

Nichtsdestoweniger hat die Sprungwellenprobe sich kürzlich eine von amerikanischer Seite ausgehende Kritik gefallen lassen müssen,[1]) die, da sie von autoritativer Seite ausgeht, nicht unwidersprochen bleiben kann. Die amerikanische Kritik stellt dem deutschen Verfahren den in Amerika entwickelten sogenannten Impulse Test gegenüber, bei dem zunächst von den auf Grund der letztjährigen Blitzforschungen gegebenen Erfahrungen über den zeitlichen Verlauf von Blitzentladungen ausgegangen wird und bei dem der Transformator Spannungstößen ausgesetzt wird, die sowohl

[1]) Surge vs. Impulse Tests for Transformers, V. M. Montsinger und J. F. Peters „Electrical World" Bd. 93, Heft 25, S. 1275.

ihrer Höhe als ihrem zeitlichen Verlauf nach möglichst dem wirklichen Blitzschlag entsprechen sollen. Ohne den im nachfolgenden anzustellenden Betrachtungen vorgreifen zu wollen, kann hier zunächst auf Grund eines Analogieschlusses darauf hingewiesen werden, daß es bei Prüfungen nicht darauf ankommt, die wirkliche Beanspruchung des Prüfgegenstandes naturgetreu nachzubilden. Gerade die bei der normalen Isolationsprobe gemachten Erfahrungen haben bewiesen, daß mit einem Prüfverfahren, das mit der wirklichen Beanspruchung doch sehr wenig gemein hat, trotzdem gute Erfahrungen erzielt werden können, wenn es nur in seinem grundsätzlichen Aufbau nicht gerade widersinnig ist und wenn der erforderliche Prüfgrad auf Grund einer über einen genügenden Zeitraum erstreckten sorgfältig ausgeführten Statistik den praktischen Forderungen angepaßt wird. Die hierfür erforderliche genügend lange Zeit hat aber seit der Einführung der Sprungwellenprüfung in die Praxis zur Verfügung gestanden.

2. Entwicklung der Anschauungen über das Verhalten von Wicklungen gegenüber Sprungwellen.

Vor einer Kritik der beiden gegenübergestellten Prüfverfahren wird es zweckmäßig sein, das Eindringen einer Sprungwelle in eine Wicklung einer überschläglichen Betrachtung zu unterziehen. Es ist dabei von Bedeutung und für die Betrachtungen ausreichend, die Entwicklung der Anschauungen kurz zu verfolgen, die auf Grund dieser Anschauungen erhaltenen Ergebnisse festzuhalten und einem Vergleich zu unterziehen, sowie endlich ihre Richtigkeit an Hand der praktischen Erfahrungen zu überprüfen. Wie häufig in der Technik, hatte auch hier der in der Praxis stehende Ingenieur bei der Bewältigung der ihm entgegentretenden Aufgabe die Hilfe der Theorie entbehren müssen. Der Theoretiker mußte sich damit begnügen, die vom Praktiker getroffenen Anordnungen nachträglich gutzuheißen bzw. vom Praktiker im Gefühl seiner Unsicherheit gemachte Übertreibungen auf das richtige Maß zurückzuführen.

Man begnügte sich ursprünglich damit, der Wicklung eine gleichmäßig verteilte Selbstinduktion und Erdkapazität zuzuordnen, sie also in ihrem Verhalten gegenüber einziehenden Wanderwellen als äquivalent einer homogenen Leitung mit freilich sehr hohem Wellenwiderstand (5000 Ω) zu betrachten. Von einer Leitung kommende, auf die Wicklung auftreffende Wanderwellen werden also nach dieser Anschauung nach Reflexion auf die doppelte Spannungshöhe unverzerrt in die Wicklung eindringen, um schließlich am Nullpunkt, je nach den dort herrschenden Grenzbedingungen

— Nullpunkt isoliert oder geerdet — unter weiterer Verdoppelung der Höhe oder unter Umkehr des Vorzeichens reflektiert zu werden. Diese Anschauungsweise konnte die im praktischen Betrieb an Transformatoren- und Maschinen-Wicklungen beobachteten inneren Schäden, wie es zunächst schien, zwanglos erklären, denn eine in die Wicklung unverzerrt eindringende Sprungwelle mit steiler Stirn muß in der Tat zwischen benachbarten Windungen und Spulen ungeheure Spannungsunterschiede von allerdings außerordentlich kurzer Zeitdauer hervorrufen. Man hatte auch eine Erklärung für die vielfach am Nullpunkt auftretenden besonders hohen Überspannungen gegen Erde, für die man die am isolierten Nullpunkt auftretende Reflexion unter Spannungsverdoppelung verantwortlich machen konnte.

Nach der eben umrissenen einfachen Theorie der homogenen Leitung müßte längs der ganzen Wicklung der gleich hohe Spannungs-Gradient, also die gleiche Spannungsbeanspruchung zwischen Windungen und Spulen zu erwarten sein. Dies widersprach nun aber der Erfahrung, nach der Schäden die Wicklungsenden, und zwar in erster Linie das an die Leitung angeschlossene Ende bevorzugten, während das Innere der Wicklung weniger durch Sprungwellenschäden heimgesucht wurde. Diese Eigentümlichkeit im Verhalten der Wicklung konnte zwar dadurch in der Theorie zum Ausdruck gebracht werden, daß man eine starke zeitliche Dämpfung der Oberschwingungen annahm, in die man außer der Grundwelle nach dem Fourier'schen Satz den sich in der Wicklung abspielenden Ausgleichvorgang zerlegen kann, doch konnte diese Erklärung nicht auf die Dauer befriedigen.

W. Rogowski[2]) hat unter Zugrundelegung der Theorie der homogenen Leitung eine Theorie der Wicklung auszubauen versucht, bei der er sich die Wicklung als eine Folge von elektrisch hintereinander geschalteten, räumlich dicht zusammengelegten und daher induktiv und kapazitiv gekoppelten Schleifen vorstellte. Es läßt sich denken, daß der von ihm beschrittene Weg, sofern es sich um Wicklungen mit verhältnismäßig großer Windungszahl handelt, bald zu uferlosen Rechnungen führt, insbesondere scheidet die Behandlung komplizierter, aus Einzelspulen aufgebauter Wicklungen oder mehrlagiger Wicklungen aus. Immerhin gebührt Rogowski das Verdienst, eine genaue Theorie der einlagigen Spulen mit wenig Windungen gegeben zu haben. Rogowski hat gezeigt, daß die Wicklung ein schwingungsfähiges Gebilde darstellt, das einer unendlichen Reihe von Eigenschwingungen fähig ist, deren Frequenz

[2]) Spulen und Wanderwellen. Arch. f. El., VI. Band, S. 265.

mit zunehmender Ordnungszahl stetig zunimmt. Das Verhältnis der Frequenzen zueinander ist aber im Gegensatz zur homogenen Leitung kein harmonisches.

Der erste, der eine mathematische Theorie der Wicklung aufgestellt hat, war K. W. Wagner[3]). Wagner behandelt die Wicklung als Kettenleiter, stellt sich die Wicklung also aus lauter Einzelelementen aufgebaut vor, wobei diese Einzelelemente in Wirklichkeit durch die einzelnen Windungen oder aber die Teilspulen der Wicklung dargestellt werden. Jedes Element verfügt über eine gewisse Selbstinduktivität, die er als die Selbstinduktivität der gesamten Wicklung dividiert durch die Zahl der betrachteten Elemente bestimmt, eine gewisse Kapazität gegen Erde und eine gewisse gegenseitige Kapazität gegen die benachbarten Wicklungselemente. In einer folgenden Arbeit[4]) hat Wagner die induktive Verkettung der einzelnen Wicklungselemente dadurch zu erfassen versucht, daß noch eine gewisse Gegeninduktivität, die aber auf benachbarte Wicklungselemente beschränkt bleibt, eingeführt wird. Die große Schwäche dieser Theorie und der von O. Böhm[5]) und R. Rüdenberg[6]) gegebenen, auf gleichen Voraussetzungen aufgebauten weiteren Theorien besteht zweifellos einmal in der quasistationären Bestimmung der Selbstinduktivität der Wicklungselemente und dann in der nur mangelhaften Berücksichtigung der Gegen-Induktivität zwischen Wicklungselement und übriger Wicklung. Die genannten Verfasser kommen denn auch zu dem auffallenden, wie gesagt in den gemachten Voraussetzungen begründeten Ergebnis, daß die Eigenschwingungen der Wicklung mit zunehmender Ordnungszahl Schwingungszahlen haben, die nicht stetig zunehmen, sondern immer mehr zusammenrücken und sich schließlich einem Grenzwert, der sogenannten Grenz-Frequenz, nähern, der durch die Eigenschwingungszahl des einzelnen Wicklungselementes festgelegt ist, wie dies in Bild 1 veranschaulicht wird. Das Vorhandensein dieser kritischen Frequenz, die bei Rogowski Bedeutung bei Wagner u. d. a. zweifellos in den Voraussetzungen begründet war, unter denen das Problem aufgegriffen wurde, war zunächst heftig umstritten. Nun hat diese Frage aber zweifellos geringes praktisches Interesse, da die sogenannte Grenz-Frequenz

[3]) Das Eindringen einer elektromagnetischen Welle in eine Spule mit Windungskapazität. E. u. M. 1915, S. 89.

[4]) Wanderwellen-Schwingungen in Transformatorenwicklg. Arch. f. El., VI. Band, S. 301.

[5]) Rechnerische und experimentelle Untersuchung usw. Arch. f. El., V. Band, S. 383.

[6]) Schaltvorgänge. Julius Springer, 1923.

nicht aufgetreten war und deren Auftreten in der umschriebenen so hoch, und zwar in der Größenordnung von mehreren Millionen Hz liegt, daß bei der wirklichen Wicklung Schwingungen dieser Frequenz infolge der kleinen Amplituden und der hohen Dämpfung kaum in Erscheinung treten.

W a g n e r zeigt nun im einzelnen, daß die Wicklung sich im ersten Augenblick des Auftreffens einer einseitig unbegrenzten

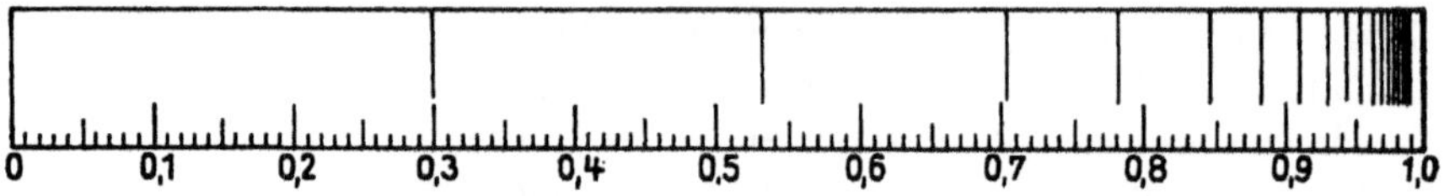

Bild 1. Spektrum der Eigenfrequenzen von Spulen mit Windungskapazität nach K. W. Wagner.

Rechteckswelle wie eine Kondensatorenkette verhält, die man sich durch Aufschneiden sämtlicher Windungen entstanden denken kann, und daß sich demgemäß unmittelbar im betrachteten Augenblick eine hyperbolische Spannungsverteilung ergibt, die den Anfangszustand des betrachteten Systems darstellt. Man erhält, wie sich zeigt, damit bereits das höchste am Anfang der Wicklung auftretende Spannungsgefälle, und sieht so, daß die höchste innere Spannungsbeanspruchung sich auf den Wicklungsanfang konzentriert. Indem nun W a g n e r von der hyperbolischen Anfangsverteilung der Spannung ihre quasistationär gewordene Endverteilung

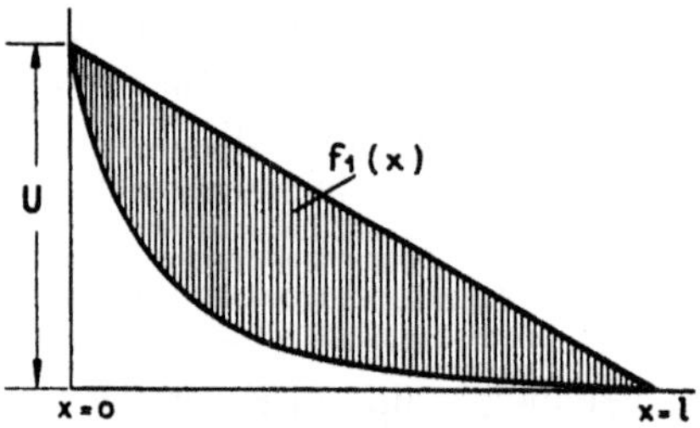

Bild 2a. Spannungsverteilung zu Anfang und Ende des Ausgleichvorganges längs der Wicklung mit geerdeter Neutrale.

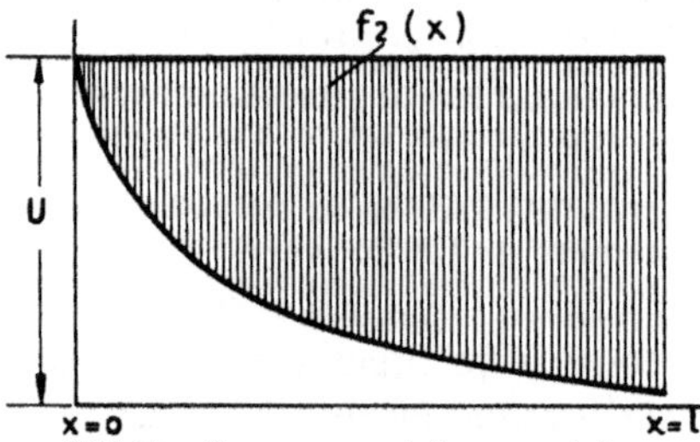

Bild 2b. Spannungsverteilung zu Anfang und Ende des Ausgleichvorganges längs der Wicklung mit isolierter Neutrale.

abzieht, die beim Transformator mit geerdetem Nullpunkt durch eine geneigte Gerade dargestellt wird, die den die Spannung am Wicklungsanfang darstellenden Punkt mit dem Nullpunkt der Wicklung verbindet, erhält er die Anfangsbedingung für die von der auftreffenden Sprungwelle in der Wicklung angestoßenen Eigenschwingungen, deren Amplituden, wie F o u r i e r gezeigt hat, aus dem resultierenden Anfangzustand berechnet werden können. In

Bild 2a stellt die von der vorerwähnten Hyperbel und der geneigten Geraden eingeschlossene schraffierte Fläche den Anfangszustand dar, den die Eigenschwingungen der Wicklung erfüllen müssen, während Bild 2b gleicherweise den Anfangszustand für eine Wick-

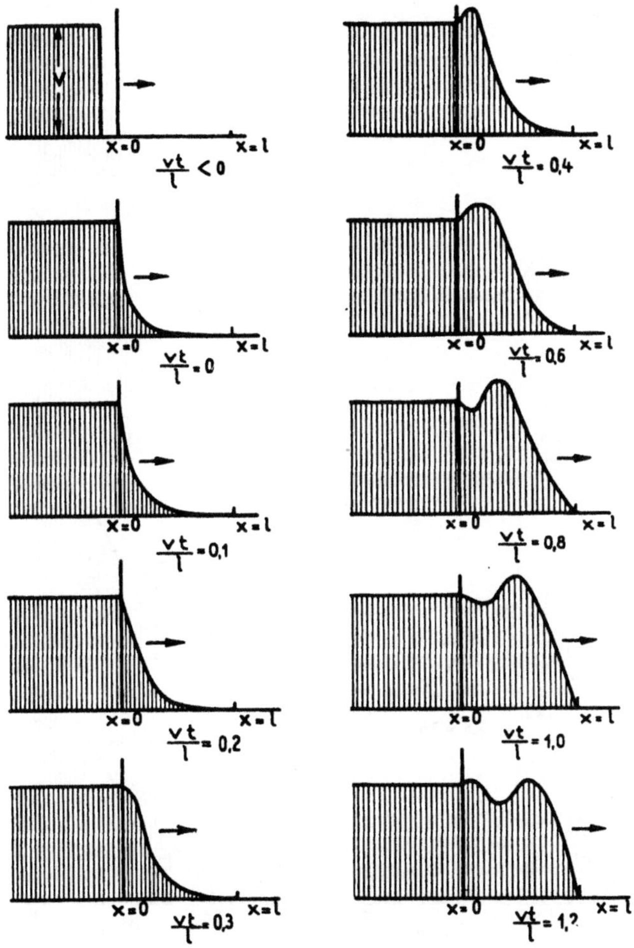

Bild 3. Eindringen der Sprungwelle in die Wicklung mit geerdeter Neutrale ($\gamma \cdot l = 10$).

lung mit isoliertem Nullpunkt wiedergibt, bei der der Endzustand, dem die Spannungsverteilung zustrebt, durch eine Parallele zur Abszissenachse gekennzeichnet wird. Nachdem nun so die Amplituden, Wellenlängen und Frequenzen der durch die auftreffende Sprungwelle angestoßenen einzelnen Eigenschwingungen bekannt sind, erhält Wagner durch Superposition den resultierenden Schwingungszustand der Wicklung, der ein Bild vom Eindringen der Sprungwelle in die Wicklung ergibt. Da die Amplituden der Oberwellen mit wachsender Ordnungszahl sehr schnell abnehmen,

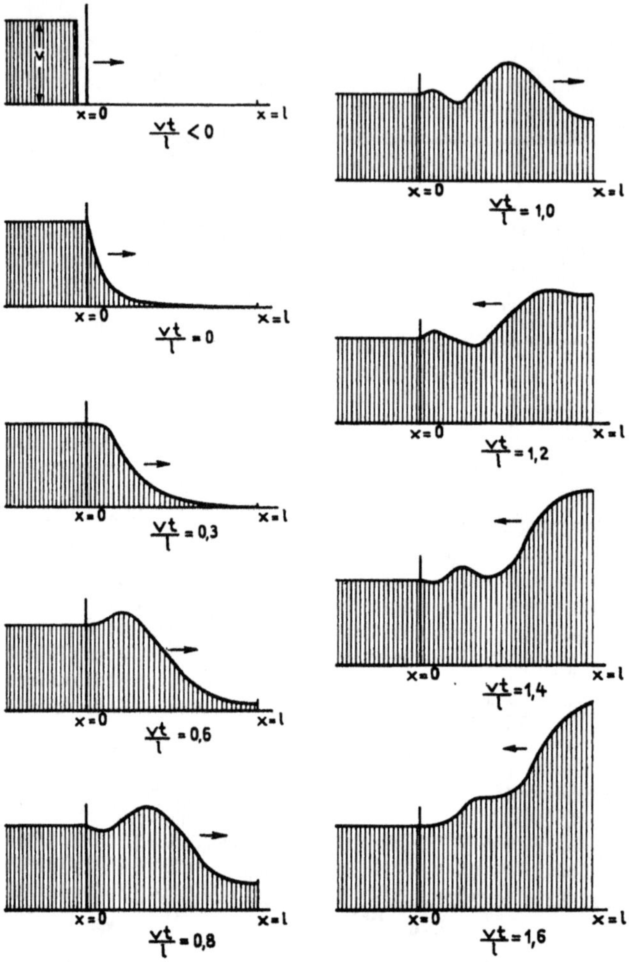

Bild 4. Eindringen der Sprungwelle in die Wicklung mit isolierter Neutrale ($\gamma \cdot l = 10$).

ist eine zahlenmäßige Behandlung von Beispielen ohne übermäßige Mühe möglich. Bild 3 zeigt für eine Wicklung mit geerdetem Nullpunkt, bei der das Verhältnis der Erdkapazität einer Windung zur gegenseitigen Kapazität zwischen zwei Windungen 100 beträgt, wie die senkrechte Front der auftreffenden Wanderwelle beim Eindringen in die Wicklung umgebildet wird. Die Wellenfront ist, wie man sieht, einer ständigen Formänderung unterworfen, was darauf zurückzuführen ist, daß im Gegensatz zur homogenen Leitung die Wellenlängen der einzelnen Eigenschwingungen der Wicklung in keinem festen Verhältnis zu ihrer Frequenz stehen, was eine mit zunehmender Ordnungszahl abnehmende Fortpflanzungsgeschwindigkeit der Teilschwingungen bedeutet. Man erkennt ferner, daß die Front der eindringenden Welle sich stetig abschleift, daß also am Anfang der Wicklung der höchste Spannungsgradient zu erwarten ist, daß aber die höchste Spannung gegen Erde erst in einer Entfernung von etwa ¼ der Wicklungslänge von den Einführungsklemmen eintritt. Der Einfluß der Gegeninduktivität benachbarter Windungen ist hier vernachlässigt, doch zeigt Wagner in seiner zweiterwähnten Arbeit, daß ihr Einfluß nur sehr geringfügig ist, was freilich mit dem von ihm angenommenen kleinen relativen Wert der Gegeninduktivität zusammenhängen mag.

Im Jahre 1919 veröffentlichten L. F. Blume und A. Boyajian[7]) eine Arbeit über das Eindringen von Sprungwellen in Wicklungen, die in Deutschland leider nicht genügend beachtet wurde. Die Verfasser packen das Problem, soweit seine phänomenologische Behandlung in Frage kommt, ähnlich wie Wagner in seiner erstgenannten Arbeit an. Sie zerlegen den zu untersuchenden Vorgang ebenfalls in eine Anzahl von Einzelvorgängen, die Eigenschwingungen der Wicklung, deren Amplitude sie in gleicher Weise berechnen, indem sie von der hyperbolischen Anfangsverteilung bzw. der geradlinigen quasistationären Endverteilung der Spannung (Bild 4) ausgehen. Sie berücksichtigen den Einfluß der Erd- und gegenseitigen Kapazitäten der einzelnen Wicklungselemente in ähnlicher Weise, wie dies Wagner getan hat, gelangen aber, indem sie durch Integration längs der Spulensäule das jeweils mit den einzelnen Wicklungselementen verkettete gesamte magnetische Feld annähernd richtig bestimmen, zu einer wesentlich besser zutreffenden Berücksichtigung der Selbst- und Gegeninduktivitäten der einzelnen Wicklungselemente. Im übrigen weisen die Verfasser darauf hin, daß eine genaue experimentelle Bestimmung der eben erwähnten Koeffizienten, die ja für jede Eigenschwingung der Wicklung verschiedene Werte haben müssen, dadurch möglich ist, daß man der zu untersuchenden Wicklung ihre Eigenfrequenzen nacheinander von außen aufzwingt. Die Verfasser, deren Anschauungen sich

---

[7]) Abnormal Voltages within Transformer Windings A. J. E. E. Trans., Vol. XXXVIII, S. 577.

übrigens auch Pallueff[8]) und zum Teil auch Fallou[9]) zu eigen machen, gelangen so zunächst zu dem interessanten, übrigens durch Rogowski bestätigten Ergebnis, daß die Wicklung über ein unbegrenztes Spektrum von Eigenschwingungen verfügt, und daß mit wachsender Ordnungszahl das Produkt aus Wellenlänge und Frequenz sich mehr und mehr einem festen Wert nähert, daß also mit zunehmender Ordnungszahl die Fortpflanzungsgeschwindigkeiten der Teilschwingungen einem festen Wert zustreben. Im übrigen kommen die Verfasser zu ähnlichen Ergebnissen wie die genannten deutschen Verfasser, was nicht überraschen kann, da ihre unterschiedlichen Feststellungen sich in erster Linie auf die Eigenschwingungen höherer Ordnungszahlen beziehen, deren Amplituden gegenüber der Amplitude der Grundwelle sehr bald verschwindend klein werden.

3. Theorie und Experiment.

Nach den bisherigen Ausführungen läßt sich über den heutigen Stand der Theorie der Wicklung zusammenfassend aussagen:

Durch irgendeine plötzliche Änderung des jeweiligen elektrischen Zustandes einer Wicklung wird das Spektrum ihrer Eigenschwingungen angestoßen, wobei die einzelne Schwingung sowohl räumlich als auch zeitlich nach einer harmonischen Funktion verläuft. Irgendeine Eigenschwingung beispielsweise der Spannung verläuft nach der Form

$$E_k = A_k \cdot \sin \mu_k \cdot x \cdot \cos \nu_k \cdot t, \tag{1}$$

wo A_k die Amplitude der Schwingung, $\frac{\nu_k}{2 \cdot \pi}$ die sekundliche Schwingungszahl und $\frac{2 \cdot \pi}{\mu_k}$ ihre räumliche Wellenlänge bedeuten; der Index k bezieht sich dabei auf die Ordnungszahl der betrachteten Eigenschwingung. Die Berücksichtigung der am Wicklungsanfang $(x = 0)$ bzw. am Wicklungsende, also an der Neutrale, $(x = l)$ geltenden räumlichen Grenzbedingungen ergibt, daß sie nur von ganz bestimmten Werten der Wellenlängen erfüllt werden; so ergibt sich für den Transformator mit geerdeter Neutrale

$$\mu_k \cdot l = \pi, 2 \cdot \pi, 3 \cdot \pi, \ldots . \; k \cdot \pi, \qquad k = 1, 2, 3 \ldots .$$

Daraus ist sofort zu erkennen, daß, wie Bild 5 zeigt, der Trans-

[8]) Effect of Transient Voltages on Power Transformer Design A. J. E. E. — Winter Convention, New York Jan. 28, — Febr. 1. 1929.

[9]) Contribution etperimentale à l'étude des surtensions dans les transformateurs. «Bulletin de la Sociéte Francaise des Elektriciens». 1926, S. 237.

formator mit geerdeter Neutrale bei seiner Grundschwingung mit einer halben Wellenlänge schwingt, und daß neben der Grundwelle im allgemeinen alle möglichen gradzahligen und ungradzahligen höheren Harmonischen auftreten können. Die Theorie ergibt nun weiter, daß die Frequenzen $\frac{\nu_k}{\pi}$ nicht wie die Wellenlängen in einem einfachen ganzzahligen Verhältnis stehen, man hat vielmehr, um bei dem Beispiel des Transformators mit geerdeter Neutrale zu bleiben,

$$\nu_k = \pm \frac{k^2 \cdot \pi^2}{\sqrt{L \cdot (C + k^2 \cdot \pi^2 \cdot K)}}. \tag{2}$$

Man sieht jedoch, daß die Frequenzen mit zunehmender Ordnungszahl einem solchen ganzzahligen Verhältnis zustreben, denn während Gleichung (2) für langsame Schwingungen beispielsweise

$$\nu_k = \frac{k^2 \cdot \pi^2}{\sqrt{L \cdot C}},$$

also eine mit dem Quadrat der Ordnungszahl wachsende Frequenz

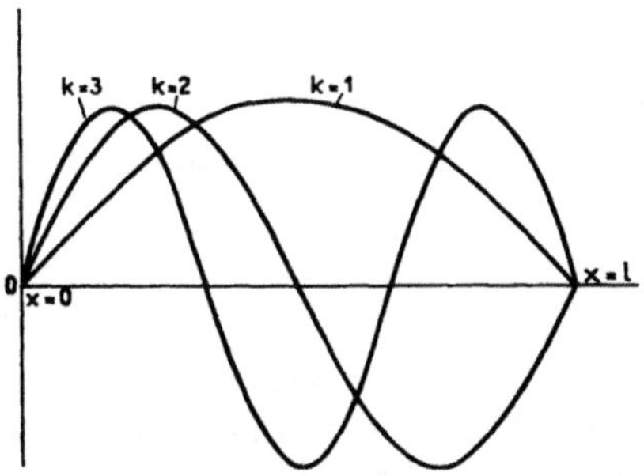

Bild 5. Räumlicher Verlauf der Eigenschwingungen der Wicklung mit geerdeter Neutrale.

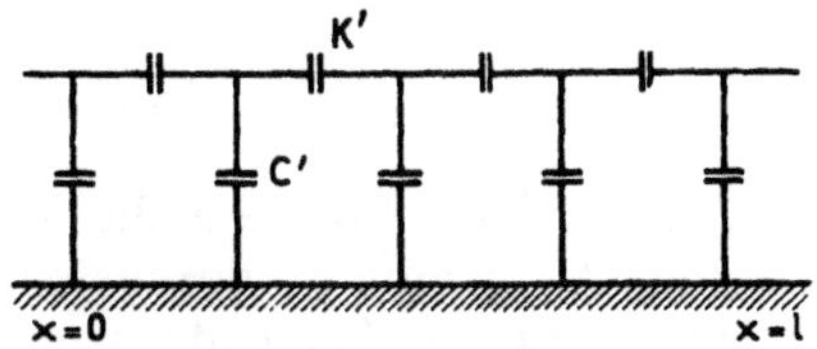

Bild 6. Kapazitätsschema der Wicklung.

ergibt, liefert Gleichung (2) für schnelle Schwingungen die Näherungsbeziehung

$$\nu_k = \frac{k \cdot \pi}{\sqrt{L \cdot K}}.$$

In der angeschriebenen Gleichung bedeuten L den Koeffizienten der Selbstinduktion der gesamten Wicklung eines Schenkels, C deren Erdkapazität und endlich K eine durch Hintereinanderschaltung sämtlicher Windungen bzw. Spulen der Wicklung entstandene resultierende gegenseitige Kapazität, die also bei Vernachlässigung der Drahtstärke identisch ist mit der Kapazität zwischen den beiden Endringen der Schenkelwicklung.

Die Wicklung hat also eine unendliche Zahl von Eigenschwingungen, deren Amplituden aus den besonderen Anfangsbedingungen zu berechnen sind, welche die jeweils zu behandelnde Aufgabe den Spannungen und Strömen stellt. Dabei sind diese Anfangsbedingungen durch den Unterschied des elektrischen Anfangs-

($t = 0$) und Endzustandes ($t = \infty$) der Wicklung gegeben. Nimmt man an, daß zur Zeit $t = 0$ eine einseitig unbegrenzte rechteckförmige Wanderwelle von der Spannungshöhe U am Anfang der Wicklung eintrifft, so verhält sich die Wicklung dieser Wanderwelle gegenüber zunächst wie eine durch Bild 6 dargestellte Kondensatorenkette, die man sich durch Aufschneiden aller Windungen entstanden sein denken kann; hierbei bedeutet C', je nachdem ob man als kleinste betrachtete Wicklungseinheit die einzelne Windung, oder, falls es sich um eine aus einer größeren Anzahl von Teilspulen bestehende Wicklung handelt, die einzelne Teilspule betrachtet, die Erdkapazität des einzelnen Wicklungselementes und K' die gegenseitige Kapazität zwischen zwei benachbarten Wicklungselementen. Es stellt sich dann zur Zeit $t = 0$ sofort die bekannte hyperbolische Spannungsverteilung

$$E_0 = U \cdot \frac{\mathfrak{Sin}\,\gamma \cdot (l - x)}{\mathfrak{Sin}\,\gamma \cdot l} \tag{3}$$

ein, die bereits in Bild 2a dargestellt wurde. In Gleichung (3) ist übrigens

$$\gamma \cdot l = \sqrt{\frac{C}{K}}. \tag{3a}$$

Der Endzustand, dem die Wicklung offenbar zustrebt, ist, wie in Bild 2a ebenfalls dargestellt, durch die die Endpunkte des Hyperbelsinns verbindende geneigte Gerade gegeben, also durch

$$E_\infty = U \cdot \left(1 - \frac{x}{l}\right). \tag{4}$$

Die lineare Spannungsverteilung erklärt sich daraus, daß die Wicklung im stationär gewordenen Zustand von einem räumlich gleichmäßig verteilten Strom durchflossen wird, demgegenüber sie sich wie eine konzentrierte Induktivität verhält. Somit besteht die folgende Anfangsbedingung zur Berechnung der Amplituden der freien Schwingungen

$$E = f_1(x) \tag{5}$$

mit

$$f_1(x) = U \cdot \left[\frac{\mathfrak{Sin}\,\gamma \cdot (l - x)}{\mathfrak{Sin}\,\gamma \cdot l} - 1 + \frac{x}{l}\right], \tag{5a}$$

wo $f_1(x)$ durch die in Bild 2a schraffierte Fläche dargestellt wird. Nunmehr ergibt sich nach den für Fourier'sche Reihen gültigen Rechnungsregeln

$$A_k = \frac{2}{l} \cdot \int_0^l f_1(x) \cdot \sin \mu_k \cdot x \cdot dx = -\frac{2 \cdot U}{\mu_k \cdot l} \cdot \frac{\mu_k^2}{\mu_k^2 + \gamma^2}, \tag{6}$$

so daß, indem alle Eigenschwingungen der Wicklung zusammengefaßt werden, die folgende Gleichung zustande kommt

$$E = -U\left(1 - \frac{x}{l}\right) - 2 \cdot U \cdot \sum_{k=1}^{k=\infty} \frac{\mu_k^2}{\mu_k^2 + \gamma^2} \cdot \frac{1}{\mu_k \cdot l} \cdot \sin \mu_k \cdot x \cdot \cos \nu_k \cdot t, \qquad (7)$$

die, soweit die hier allein interessierende Spannungsverteilung längs der Wicklung in Frage kommt, den resultierenden Ausgleich-Vorgang beschreibt, der sich in der am Nullpunkt geerdeten Wicklung nach dem Auftreffen einer rechteckigen Wanderwelle abspielt. Da die Amplituden der Oberwellen mit zunehmender Ordnungszahl sehr rasch abnehmen, die unendliche Reihe also sehr gut konvergiert, ist eine numerische Auswertung des Ausdrucks (7) verhältnismäßig leicht möglich. Bild 3 zeigte bereits für mittlere Verhältnisse ($\gamma \cdot l = 10$) die Umbildung, welche die Stirn der in die Wicklung eindringenden Rechteckwelle erfährt.

Die Fortpflanzungsgeschwindigkeit v_k[10]) der einzelnen Wellen ist durch den Quotienten $\frac{\nu_k}{\mu_k}$ gegeben. Indem man nun in Gleichung (2) anstatt der Ordnungszahl k das Verhältnis von Spulenlänge zu halber Wellenlänge $\frac{\mu_k \cdot l}{\pi}$ einführt, geht diese über in

$$\nu_k = \pm \frac{\mu_k^2 \cdot l^2}{\sqrt{L \cdot (C + \mu_k^2 \cdot l^2 \cdot K)}}, \qquad (2a)$$

und man gewinnt damit für die Fortpflanzungsgeschwindigkeit der Eigenschwingungen der Wicklung den Ausdruck

$$v_k = \pm \frac{1}{\sqrt{L' \cdot \left(\frac{C'}{\mu_k^2 \cdot l^2} + K'\right)}}, \qquad (8)$$

der für langsame Schwingungen annähernd in

$$v_k = \pm \frac{\pi \cdot k}{\sqrt{L' \cdot C'}} \qquad (8a)$$

und für schnelle Schwingungen in

$$v_k = \pm \frac{1}{\sqrt{L' \cdot K'}} \qquad (8b)$$

---

[10]) Die Eigenschwingungen der Wicklung sind stehende Wellen; jede stehende Welle kann man sich aber durch das Zusammenwirken zweier sich mit der Geschwindigkeit v_k in entgegengesetzter Richtung bewegender Wellenzüge je halber Amplitude entstanden denken.

übergeht, wo

$$\left.\begin{aligned} L' &= \frac{L}{l}, \\ C' &= \frac{C}{l}, \\ K' &= \frac{K}{l}. \end{aligned}\right\} \tag{8c}$$

Das heißt aber, daß sich die Fortpflanzungsgeschwindigkeit der Eigenschwingungen mit zunehmender Ordnungszahl einem konstanten, durch die Gleichung (8b) gegebenen Betrag nähert.

Beim Transformator mit isoliertem Nullpunkt erzwingen die räumlichen Grenzbedingungen das folgende Spektrum der Wellenlängen seiner Eigenschwingungen

$$\mu_k \cdot l = \frac{\pi}{2}, \frac{3}{2} \cdot \pi, \frac{5}{2} \cdot \pi, \ldots \frac{2 \cdot k - 1}{2} \cdot \pi, \quad k = 1, 2, 3 \ldots,$$

was besagt, daß der Transformator mit isoliertem Nullpunkt, wie in Bild 7 dargestellt, bei seiner Grundschwingung in einer Viertel-Wellenlänge schwingt. Die zugehörigen Frequenzen sind

$$\nu_k = \pm \frac{\left(k - \frac{1}{2}\right)^2 \cdot \pi^2}{\sqrt{L \cdot \left(C + \left(k - \frac{1}{2}\right)^2 \cdot \pi^2 \cdot K\right)}}. \tag{9}$$

Die die Berechnung der Amplituden der einzelnen Schwingungen ermöglichende Anfangsbedingung für die Spannungsverteilung längs der Wicklung ergibt sich im vorliegenden Falle als Unterschied zwischen dem Anfangszustand

$$E_0 = U \frac{\operatorname{Cos} \gamma \cdot (l - x)}{\operatorname{Cos} \gamma \cdot l} \tag{10}$$

und dem Endzustand

$$E_\infty = U \tag{11}$$

zu

$$E = f_2(x) \tag{12}$$

mit

$$f_2(x) = U \cdot \left[\frac{\operatorname{Cos} \gamma \cdot (l - x)}{\operatorname{Cos} \gamma \cdot l} - 1\right]. \tag{13}$$

Der Verlauf der Funktion $f_2(x)$ wurde bereits in Bild 2b gezeigt. Auf dem gleichen Wege wie früher gelangt man so zu folgender Gleichung

$$E = -U + 2 \cdot U \cdot \sum_{k=1}^{k=\infty} \frac{\mu_k^2}{\mu_k^2 + \gamma^2} \cdot \frac{1}{\mu_k \cdot l} \cdot \sin \mu_k \cdot x \cdot \cos \nu_k \cdot t, \tag{14}$$

die die Verfolgung des in Bild 4 dargestellten Eindringens einer Rechteckwelle in die Wicklung mit isoliertem Nullpunkt ermöglichte. Die Gleichung ermöglichte ferner die Berechnung des zeitlichen Spannungsverlaufes am Nullpunkt und macht es an Hand des Bildes 8 erklärlich, daß Gewitter-Überspannungen, die ja auf den drei Phasen einer Drehstromleitung gleichsinnig verlaufen, und für die somit bei der in Deutschland ausschließlich üblichen Betriebsweise von Hochspannungsanlagen der Transformatoren-Nullpunkt als isoliert zu betrachten ist, ab und zu zu Überschlägen des Nullpunktisolators nach Erde Veranlassung geben.

Es darf nicht vergessen werden, daß die vorher gebrachten Gleichungen alle in der Wicklung auftretenden Verluste ver-

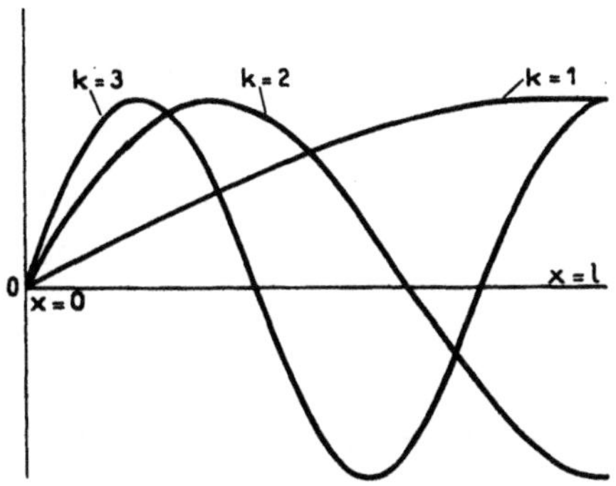

Bild 7. Räumlicher Verlauf der Eigenschwingungen der Wicklung mit isolierter Neutrale.

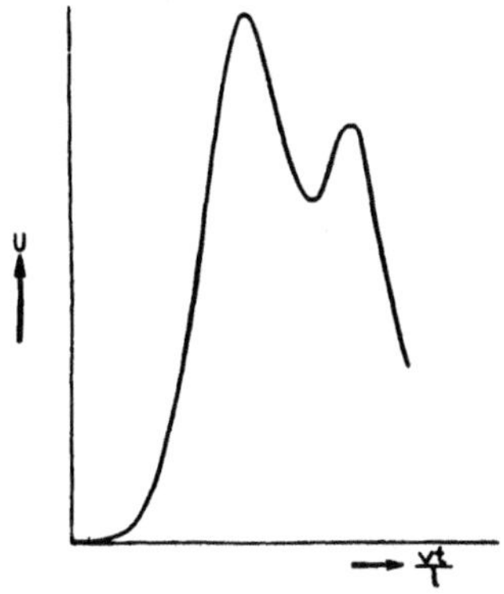

Bild 8. Durch Rechteckwelle angeregte Nullpunktschwingung der Wicklung

nachlässigen, deren Einfluß sich in erster Linie in einem zeitlichen Abklingen der angestoßenen Eigenschwingungen der Wicklung äußert. Die Gleichungen und ebenso die gebrachten Bilder bringen also mögliche Höchstwerte der auftretenden Überspannungen, die in Wirklichkeit nicht erreicht werden.

Der schwächste Punkt der vorhin skizzierten Theorie der Wicklung sind die Gleichungen (2) und (9) für das Spektrum der Eigenfrequenzen. Bei ihrer Herleitung mußten nämlich B l u m e und B o y a j i a n, wie früher erwähnt, gewisse Vernachlässigungen bezüglich der Länge der magnetischen Pfade der den verschiedenen Eigenschwingungen zugeordneten Felder machen, was in einer nicht ganz richtigen Bestimmung der den einzelnen Schwingungen zugeordneten Werte der Induktions-Koeffizienten zum Ausdruck kommt. Dagegen beruht die Berechnung der Wellenlängen und Amplituden der Schwingungen auf mehr allgemeinen Grundsätzen, deren Gültigkeit weniger durch die besondere Art der in Frage stehenden Aufgabe berührt wird. Die vorliegende Theorie hat nun in der vorgetragenen Form den großen Vorzug, daß sie gerade in ihrem schwachen Punkt ohne Schwierigkeit einer experimentellen Korrektur fähig ist, indem man, was bei den heute zur Verfügung stehenden experimentellen Hilfsmitteln keine Schwierigkeit be-

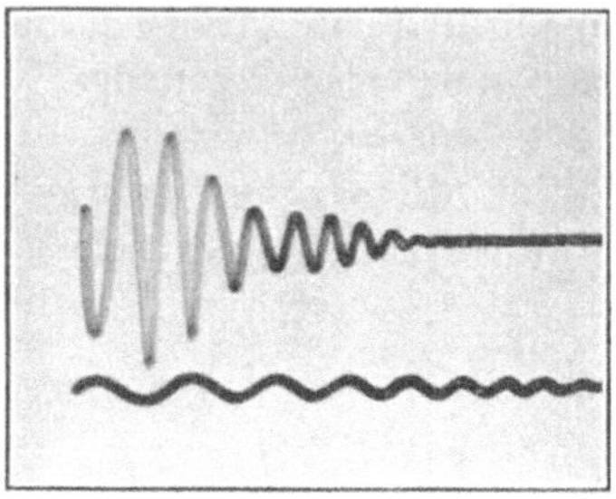

a

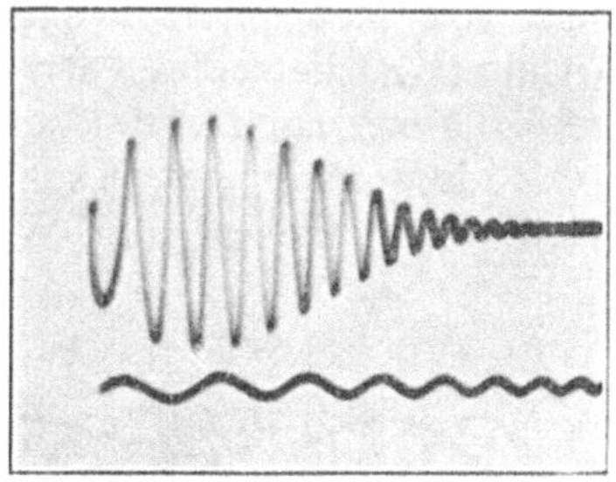

b

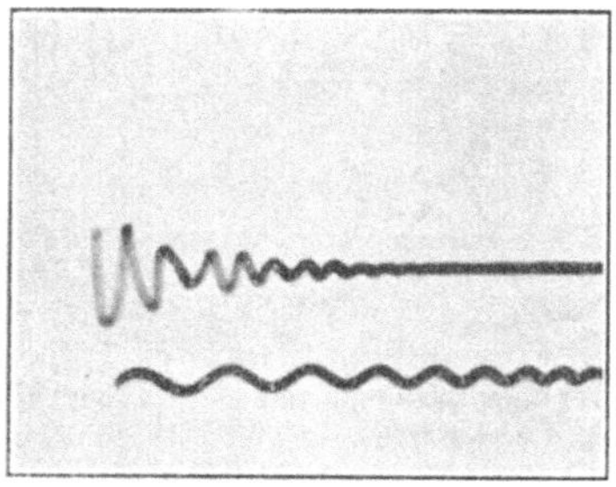

c

Bilder 9a bis c.
Bestimmung der Eigenfrequenzen mit dem Resonanzverfahren.
a = Aufgedrückte Frequenz: 24 900 Per/s,
b = Aufgedrückte Frequenz: 30 500 Per/s,
c = Aufgedrückte Frequenz: 43 000 Per/s,
Eichschwingung stets 13 500 Per/s.

reitet, statt mit Hilfe der Gleichungen (2) und (9) das Spektrum der Eigenfrequenzen direkt durch Messung festlegt.

Man kann beispielsweise die Wicklung gedämpften Wellenzügen bekannter Frequenz aussetzen und wird dann bei stetiger Änderung der Frequenz am Kathodenstrahl-Oszillographen bemerken, daß bei bestimmten Werten der aufgedrückten Frequenz die an der Wicklung auftretende Spannung typische Resonanz-Erscheinungen zeigt. Bild 9 zeigt eine Reihe solcher Oszillogramme, die an einem normalen Drehstrom-Transformator von

75 kVA Leistung und 20 kV verketteter Spannung aufgenommen wurden. Die Oszillogramme, die bei einer Steigerung der aufgedrückten Frequenz von 24 900 über 30 500 auf 43 000 Hertz erhalten wurden, offenbaren das Verhalten der Wicklung als schwingungsfähiges Gebilde aufs deutlichste, und zeigen, daß die gesuchte Eigenschwingung, es handelt sich hier um die Grundwelle, bei 30 000 Hertz zu suchen ist.

Daß bei einem plötzlich auf die Wicklung gegebenen Spannungstoß das ganze Spektrum ihrer Eigenschwingungen angestoßen wird, läßt sich ohne Schwierigkeiten mit Hilfe eines kleinen Kunstgriffes zeigen. Man geht hierbei von den Bildern 5 und 7 aus, von

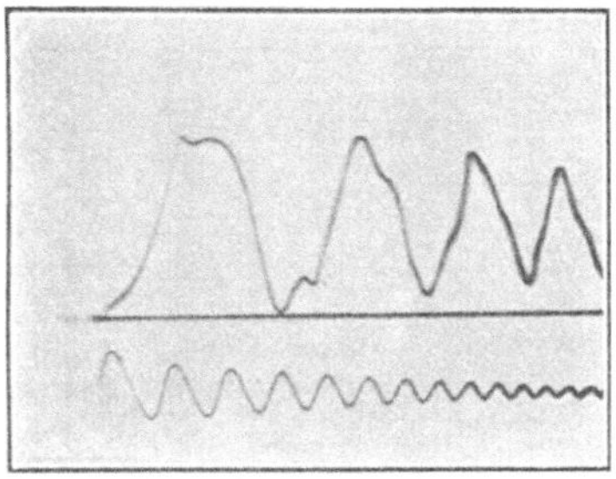

Bild 10. Eigenschwingungen einer geerdeten 100 kV-Wicklung. Abgriff bei $x = \frac{1}{2} \cdot l$, und $x = l$; Schwingungen mit $k = 1, 3, 5, \ldots$ (Darunter Eichschwingung 260000 Per/s.)

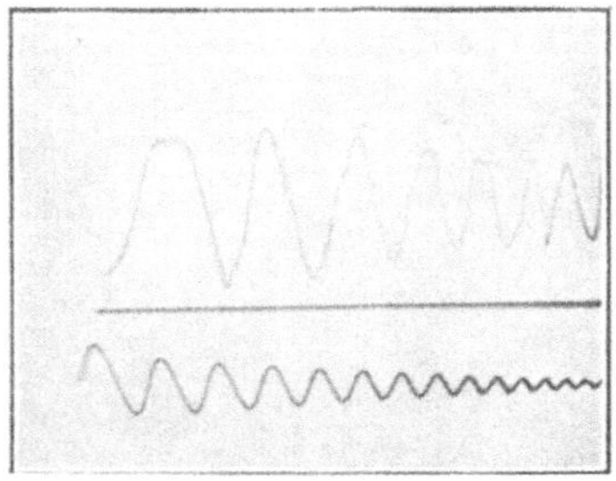

Bild 11. Eigenschwingungen einer geerdeten 100 kV-Wicklung. Abgriff bei $x = \frac{1}{4} l$ und $x = \frac{3}{4} l$; Schwingungen mit $k = 2 \times 1,\ 2 \times 3,\ 2 \times 5, \ldots$ (Eichschwingung wie Bild 10.)

denen beispielsweise Bild 5 zeigt, daß bei Anschluß der Ablenkplatten des Kathodenstrahl-Oszillographen an die Punkte $x = 0$ und $x = l$ der im Nullpunkt geerdeten Wicklung keinerlei Schwingungen im Oszillogramm erscheinen werden. Legt man dagegen die Ablenkplatten an die Punkte $\frac{1}{2} \cdot l$ und l, so werden im Oszillogramm, wie Bild 10 auch tatsächlich erkennen läßt, alle ungradzahligen Eigenschwingungen der Wicklung, also außer der Grundwelle die 3., 5., 7. usw. Harmonische erkennbar sein. Das Oszillogramm, das an der Oberspannungswicklung eines 100 kV-Transformators von 20 000 kVA bei plötzlicher Daraufschaltung durch eine Kugelfunkenstrecke eines mit Gleichspannung geladenen Kondensators von 0,25 μF an seiner im Nullpunkt geerdeten Wicklung aufgenommen wurde, zeigt jedoch, daß die höheren Oberschwingungen bei in der Wicklung auftretenden Ausgleichvorgängen keine nennenswerte Rolle spielen, da sie infolge der mit der Frequenz wachsenden Verluste fast vollständig verkümmert sind. Legt man weiterhin die Ablenkplatten des Kathodenstrahl-Oszillographen an die Punkte $x = \frac{1}{4}\,l$ und $x = \frac{3}{4}\,l$ der Wicklung, so wird das Oszillogramm, wie Bild 11 zeigt, die 2., 6., 10. usw. Harmonische aus dem Spektrum der Eigenschwingungen heraussieben. Durch Vergleich mit einer aufgenommenen Schwingung bekannter Frequenz ist dann die Bestimmung der Lage der verschiedenen Oberschwingungen im Spektrum der Wicklung leicht möglich.

Die Bilder 12 und 13 zeigen die entsprechenden Erscheinungen an der gleichen Wicklung bei nicht geerdetem Spulenende.

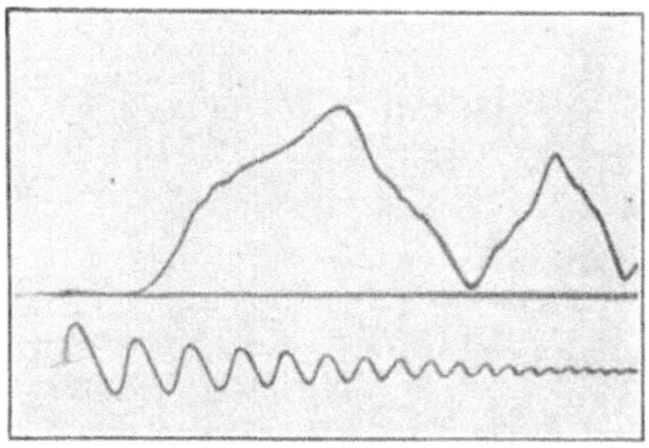

Bild 12. Eigenschwingungen einer nicht geerdeten 100 kV-Wicklung. Abgriff zwischen x = l und Erde; Schwingungen mit $k = 1/2, 3/2, 5/2, \ldots$ (Eichschwingung wie Bild 10.)

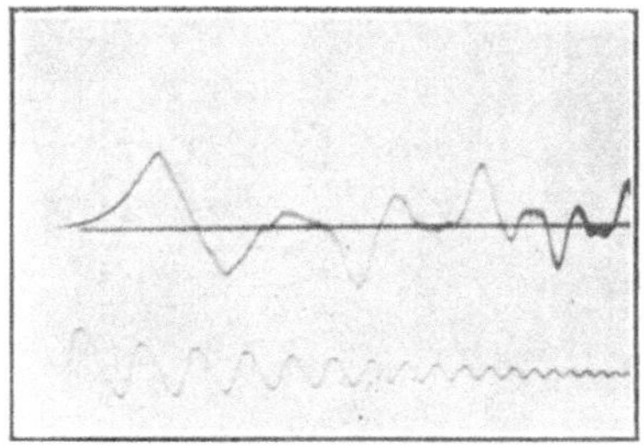

Bild 13. Eigenschwingungen einer nicht geerdeten 100 kV-Wicklung. Abgriff zwischen $x = 2/3\,l$ und l; Schwingung mit $k = 3/2$ herausgehoben. (Eichschwingung wie Bild 10.)

Ein weiteres Verfahren zur Untersuchung des Frequenzspektrums besteht in der Resonanzerregung der Wicklung durch einen Hochfrequenzsender in der Schaltung gemäß Bild 14. In welcher Art dabei die verwendete Indikator-Einrichtung den Verlauf der Schwingung entlang der Wicklung durch wachsenden und abnehmenden Galvanometerausschlag aufdeckt, zeigt Bild 15. Die nach diesem Verfahren gewonnenen Kurven sind für die erwähnte 100 kV-Wicklung, in die bei allen Aufnahmen ein geschlitzter Metallzylinder als Ersatz für die Niedervoltwicklung eingebracht war, in Bild 16 zusammengestellt. Die Gerade *a* bedeutet den Zusammenhang zwischen Frequenz und Ordnungszahl unter der Annahme: Wellengeschwindigkeit = Lichtgeschwindigkeit. Sie ergibt sich aus der bekannten Drahtlänge der Wicklung. Die Kurve *b* enthält die Frequenzen, die zustande kommen, wenn die Wicklung als Halbwelle oder als ganzes Vielfaches einer Halbwelle schwingt, Kurve *c* bezieht sich auf die Schwingungsform als Viertelwelle bzw. als ganzes Vielfaches einer Viertelwelle.

Ein Vergleich mit der Frequenzbeziehung Gl. (2) ist mit Absicht unterblieben, weil bei der untersuchten Wicklung nicht mit einer angenäherten Konstanz der Größe L gerechnet werden konnte. Die Abweichung, die darin besteht, daß eine Kurve gemäß Gl. (2) parabolisch anlaufen und der Geraden a asymptotisch zustreben müßte, spricht nicht gegen die Theorie, sondern kennzeichnet nur deren mangelnden Ausbau. Es ist übrigens bemerkenswert, daß die Resonanzfrequenzen mit größter Schärfe bestimmbar sind und daß sie mit den aus den Kathodenstrahl-Oszillogrammen durch Vergleich mit einer Eichfrequenz entnehmbaren genau zusammenfallen.

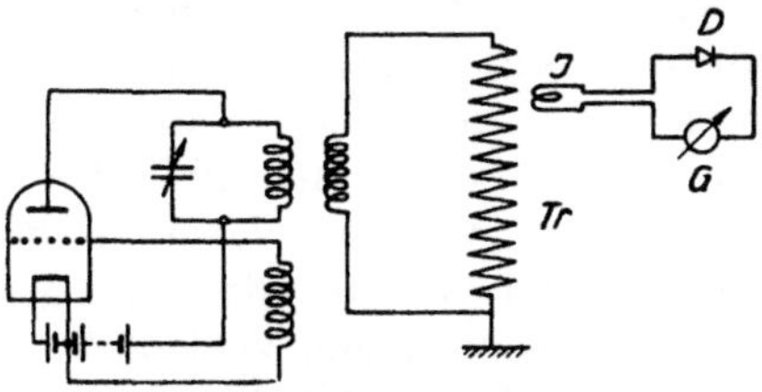

Bild 14. Schaltung zur Resonanzerregung mit Hochfrequenzsender.

Die für den Spannungverlauf in der Wicklung angeschriebenen Gleichungen (7) und (14) ermöglichen an sich auch die Bestimmung des an jedem Punkt der Wicklung und zu irgend einer Zeit auftretenden Spannunggefälles durch Bildung des Ausdruckes $\frac{\partial E}{\partial x}$. Nun bemerkt man aber sofort, daß, indem die angedeutete Rechnung durchgeführt wird, alle Glieder der Fourierschen Reihe den Faktor μ_k erhalten, daß also die neue Reihe sehr viel schlechter konvergiert und somit wenig geeignet zur numerischen Auswertung ist.

Ein näheres Eingehen auf diese nicht sehr übersichtlichen mathematischen Zusammenhänge ist entbehrlich, wenn man auf anderem Wege zu Aussagen über den maximalen Spannungsgradienten gelangen kann. Aus Bild 3 wurde bereits entnommen, daß die Erscheinung der an verschiedenen Stellen der Wicklung gleichzeitig auftretenden Spannungswerte als ein Vordringen der Wellenstirn unter deren gleichzeitiger Verschleifung gedeutet werden kann. Wenn auch der absolute Höchstwert des Gradienten nicht unbedingt mit der ursprünglichen, durch das kapazitive Verhalten der Wicklung bedingten Form der

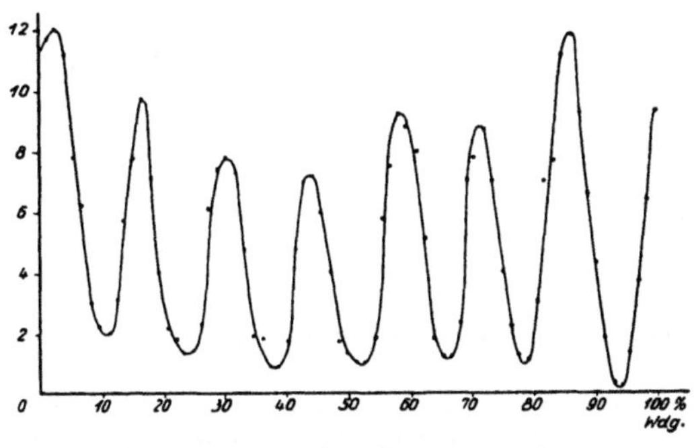

Bild 15. Verteilung einer Resonanzschwingung über die untersuchte 100 kV-Wicklung, (k = 7).

eindringenden Wellenstirn zusammenfallen muß, so kann doch im Gradienten der kapazitiven Spannungverteilung ein Maß der höchsten auftretenden Windungsbeanspruchungen gesucht werden.

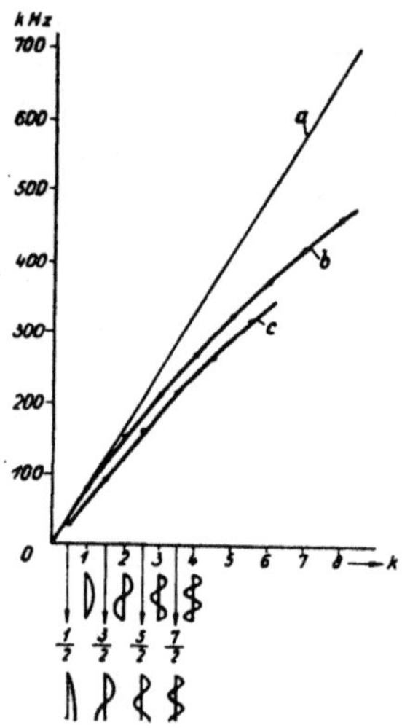

Bild 16. Frequenzspektrum der 100 kV-Wicklung mit Hochfrequenzsender aufgenommen.

Die in Bild 17 dargestellte Kurve enthält die aus einer Serie von Kathodenstrahl-Oszillogrammen ausgewertete kapazitive Anfangsverteilung der Spannung längs der Wicklung des mehrfach erwähnten 20000 kVA-Transformators. Der Verlauf dieser Kurve stimmt offenbar befriedigend mit dem aus Bild 2a bekannten theoretischen Verlauf überein, der für die Werte $\gamma \cdot l = 8$ und $\gamma \cdot l = 12$ in Bild 17 der experimentell ermittelten Kurve gegenübergestellt ist.

In Bild 18 wird nun diese Kurve mit den durch Funkenstreckenmessung ermittelten Höchstwerten des an je zwei Spulen abgegriffenen Spannunggefälles zusammengestellt. Wären die mit Funkenstrecke gemessenen ersten Maxima ungleichzeitig, so würde sich dies in einer Unterschreitung der für die Anfangsverteilung gefundenen Kurve ausprägen.

Naturgemäß liefert der Kathodenstrahl-Oszillograph in jedem besonderen Fall die Unterlagen für eine von einschränkenden An-

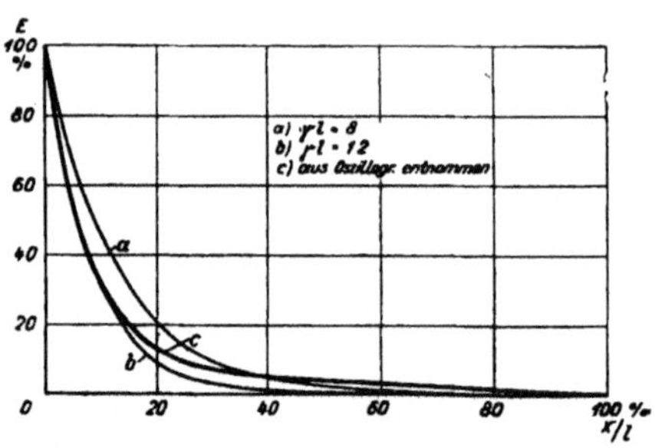

Bild 17. Vergleich zwischen theoretischem und experimentell gefundenem Verlauf der Anfangsverteilung.

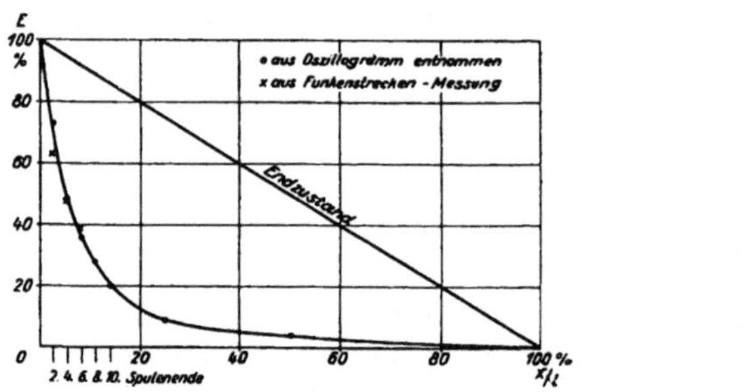

Bild 18. Vergleich der Bestimmung des höchsten Spannungsgefälles aus Funkenstreckenmessung einerseits und Anfangsverteilung anderseits.

nahmen freie Beurteilung der maximalen Höhe des Spannunggefälles. Als Beispiel hierfür ist in Bild 19 eine Oszillogrammreihe wiedergegeben, die den zeitlichen Verlauf der Spannung an verschiedenen Punkten der aus 72 Spulen bestehenden Wicklung wiedergibt, gemessen gegen die geerdete Neutrale, und zwar am Wicklungsanfang

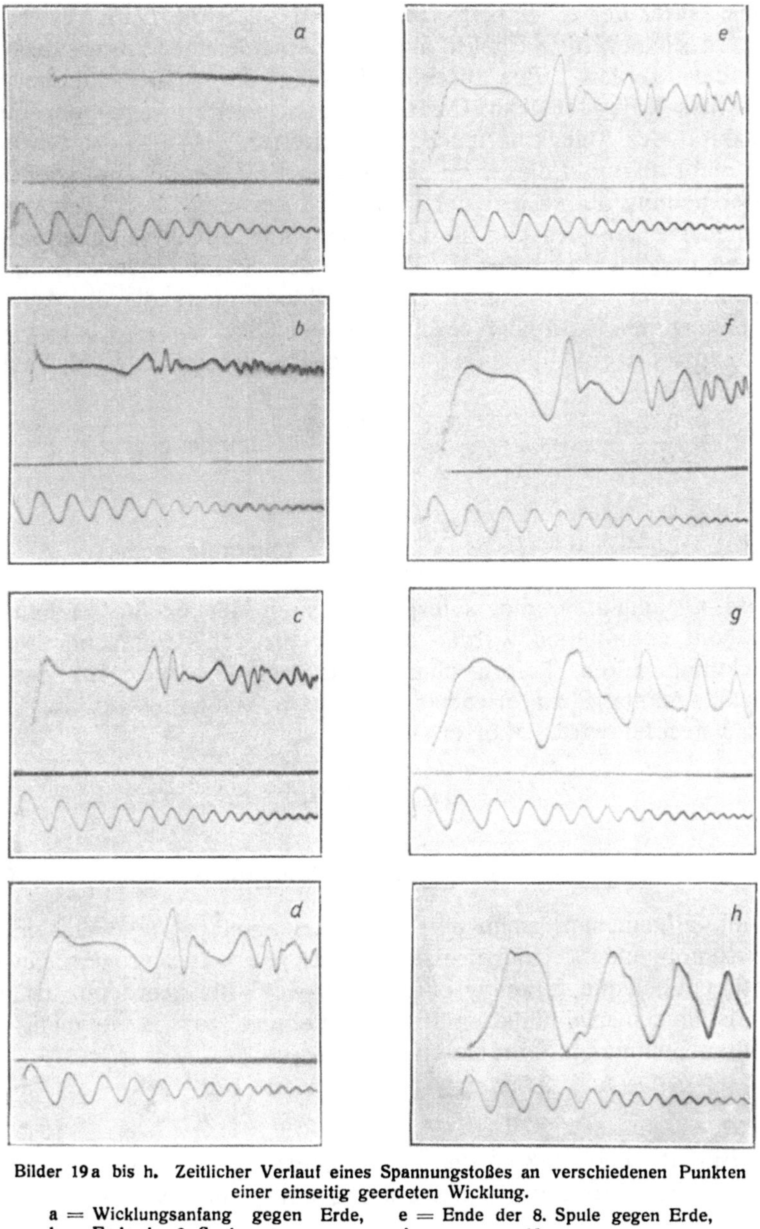

Bilder 19a bis h. Zeitlicher Verlauf eines Spannungsstoßes an verschiedenen Punkten einer einseitig geerdeten Wicklung.

a = Wicklungsanfang gegen Erde, e = Ende der 8. Spule gegen Erde,
b = Ende der 2. Spule „ „ , f = „ „ 10. „ „ „ ,
c = „ „ 4. „ „ „ , g = „ „ 18. „ „ „ ,
d = „ „ 6. „ „ „ , h = „ „ 36. „ „ „ .

Eichschwingung stets 260000 Per/s.

sowie hinter der 2., 4., 6., 8., 10., 18. und 36. Spule. Zur Auswertung müssen gleichzeitige Punkte aus den verschiedenen Aufnahmen entnommen werden. Eine direkte Messung der Spulenspannung mit Hilfe des Kathodenstrahl-Oszillographen bereitet wegen der Eigenkapazität der Ablenkplatten Schwierigkeiten.

Sieht man von dieser im besonderen Fall möglichen eingehenden Untersuchung ab, so legt der in Bild 18 gezogene Vergleich mit der Funkenstrecken-Messung die vereinfachende Annahme nahe, daß zur Berechnung des höchsten zu erwartenden Spannunggefälles an den wirklich gefährdeten Stellen am Wicklungsanfang die die Anfangsverteilung der Spannung beschreibenden Gleichungen (3) bzw. (10) heranzuziehen sind, die daher auch nach x differenziert werden sollen; man erhält

$$\frac{\partial E}{\partial x_{t=0}} = -U \cdot \gamma \cdot \frac{\mathfrak{Cos}\,\gamma \cdot (l-x)}{\mathfrak{Sin}\,\gamma \cdot l} \text{ (Neutrale geerdet)}, \tag{15}$$

bzw.

$$\frac{\partial E}{\partial x_{t=0}} = -U \cdot \gamma \cdot \frac{\mathfrak{Sin}\,\gamma \cdot (l-x)}{\mathfrak{Cos}\,\gamma \cdot l} \text{ (Neutrale isoliert)}. \tag{16}$$

Diese Gleichungen, die, sofern aus ihnen der größte Spannungs-Gradient entnommen werden soll, nur für den Anfangsbereich der Wicklung gelten, liefern einen einfachen Ausdruck für das am Wicklungsanfang zu erwartende höchste Spannungsgefälle, indem $x = 0$ gesetzt wird. Man erhält so

$$\frac{\partial E}{\partial x_{max}} = -\frac{U \cdot \gamma}{\mathfrak{Tg}\,\gamma \cdot l} \text{ (Neutrale geerdet)}, \tag{15a}$$

bzw.

$$\frac{\partial E}{\partial x_{max}} = -U \cdot \gamma \cdot \mathfrak{Tg}\,\gamma \cdot l \text{ (Neutrale isoliert)}. \tag{16a}$$

Im allgemeinen schwankt das Argument $\gamma \cdot l$ zwischen den Grenzen 5 und 30, hierfür ist aber $\mathfrak{Tg}\,\gamma \cdot l = 1$, und man gewinnt somit endlich die folgende einfache, sowohl für geerdeten als auch für isolierten Nullpunkt gültige Beziehung zur Berechnung des größten Spannungs-Gradienten

$$\frac{\partial E}{\partial x_{max}} = -\frac{U}{l} \cdot \gamma \cdot l = -\frac{U}{l} \cdot \sqrt{\frac{C}{K}}. \tag{17}$$

Bild 18 zeigt, daß an den ersten beiden Spulen des untersuchten 100 kV-Transformators ein Spannungsunterschied von 30 bis 40 vH des Gleichspannungstoßes entstanden ist. Da $\frac{U}{l}\,\Delta x$ gleich $\frac{2}{72} U$ zu setzen ist, errechnet sich ΔE aus Gl. (17) mit dem aus Bild 17 zu entnehmenden Wert $\gamma \cdot l = 12$ zu $12 \cdot \frac{2}{72} U = 0{,}33\, U$ in guter Übereinstimmung mit der Messung.

Die vorhergehenden Betrachtungen, die das Verhalten des Transformators gegenüber einmalig auftretenden Sprungwellen zum Ziel hatten, geben noch kein umfassendes Bild von den Gefahren, denen ein Transformator im Betrieb ausgesetzt sein kann. Wenn man sich der Tatsache erinnert, daß eine Transformatorenwicklung ein schwingungsfähiges Gebilde mit einer großen Zahl möglicher Eigenfrequenzen darstellt, so sieht man ein, daß Transformatoren gegen Wellenzüge empfindlich sein können, die von außen mit einer der Eigenfrequenzen ankommen. Wegen der mit zunehmender Frequenz wachsenden Dämpfung wird in erster Linie Resonanz mit der Grundwelle der Transformatorenwicklung zu befürchten sein, deren Schwingungszahl von der Art der Nullpunktschaltung, ferner vom Betriebzustand der Sekundärwicklung des Transformators abhängig ist und die sich in der Größenordnung von 10 000 Hz bewegt. Die Oberwellen treten gegenüber der Grundwelle an Bedeutung zurück, wie man sich an Hand des aus Bild 18 hergeleiteten, dem tatsächlichen Verhalten der behandelten 100 kV-Wicklung Rechnung tragenden Bild 20 vergewissern kann.

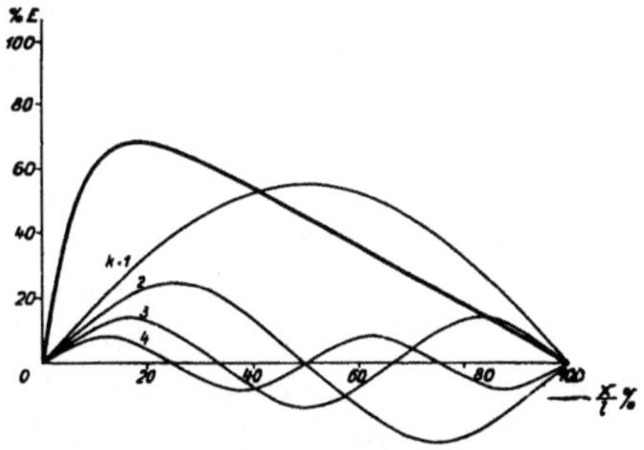

Bild 20. Räumliche harmonische Analyse der Differenz zwischen Anfangs- und Endverteilung der Spannung an einer 100 kV-Transformatorenwicklung.

Insbesondere über die Grundwelle liegen für Groß-Transformatoren Angaben bereits vor. So schwingen beispielsweise nach Fallou[11]) die 15 000 kVA-Einphasen-Transformatoren der Zentrale Génnevillires bei isoliertem Nullpunkt und sekundär kurzgeschlossener Wicklung in der Viertelwelle mit 18 000 Hz, bei offener Sekundärwicklung dagegen nur mit 1800 Hz. Die Möglichkeit, daß Resonanz-Schwingungen angestoßen werden, ist in der Praxis überall gegeben. Stellt man sich beispielsweise vor, auf einer vom Transformator ausgehenden Leitung trete plötzlich ein Erdschluß ein, dann schwingt diese Leitung in Form einer Rechteckschwingung in den neuen Zustand ein, wobei die Frequenz dieser Schwingung sich aus der Überlegung errechnet, daß ihre Wellenlänge gleich ist der

[11]) a. a. O.

vierfachen Länge des schwingenden Leitungsteiles, im vorliegenden Falle also der vierfachen Entfernung zwischen Transformator und Erdschlußstelle. Für eine Eigenfrequenz des Transformators von 10 000 Hz beträgt beispielsweise die kritische Entfernug des Erdschlusses 7,5 km, sofern es sich um eine Freileitung handelt.

Es ist übrigens interessant, daß entgegen der Erwartung die Frequenz der Grundwelle einer Transformatorenwicklung mit zunehmender Transformatorenleistung ebenfalls ansteigt, was damit zusammenhängt, daß infolge der Abnahme der Windungszahl die Induktivität der Wicklung schneller abnimmt, als ihre Kapazität ansteigt.

Die Theorie zeigt, und das ist eine der wichtigsten Schlußfolgerungen, die aus ihr zu ziehen ist, daß der Transformator zu Anfang des Ausgleichvorganges sich dem äußeren Vorgang gegenüber angenähert wie eine kleine Kapazität

$$C_l = C' + \frac{C}{\gamma \cdot l}, \tag{18}$$

zu Ende des Ausgleichvorganges aber wie eine konzentrierte Induktivität L verhält. Daraus folgt aber, daß der Transformator, insbesondere wegen der geringen Größe der durch Gleichung (18) gegebenen Eingangs-Kapazität, die im allgemeinen $^1/_5$ bis $^1/_{25}$ der ohnehin schon geringen Erdkapazität der Wicklung beträgt, nur eine geringe Rückwirkung auf den äußeren Vorgang ausüben kann.

4. Wicklungsbeanspruchung bei der RET-Sprungwellenprobe.

Um die Zweckmäßigkeit der Sprungwellenprüfung in der in den RET festgelegten Form beurteilen zu können, muß man sich zunächst über den von dieser Prüfung verfolgten Zweck im klaren sein. Die Sprungwellenprüfung war von Anfang an lediglich, wie ihr Name dies auch ausdrückt, als eine Erprobung der Windungs- und Spulenisolation gedacht und hat, wie ausdrücklich hervorgehoben sei, nichts mit einer Prüfung der Isolation zwischen Wicklung und Erde zu tun. Es kommt bei der Probe also nicht darauf an, den Transformator Spannungswellen von einer bestimmten Höhe auszusetzen, es kommt lediglich auf das Spannungsgefälle an, das dem Transformator aufgedrückt wird.

Die Probe sollte ferner ohne allzu großen Aufwand an Geld und Zeit im Prüffeld als eine typische Massenprüfung durchgeführt werden, es sollte tatsächlich die Sprungwellenfestigkeit eines jeden durch das Prüffeld kommenden Transformators erhärtet werden können. Dies hat den Vorzug, daß man sich tatsächlich von der ausreichenden Sprungwellenfestigkeit jedes einzelnen Transformators überzeugt; man wird dadurch ferner, um die Zahl der im Prüffeld eintretenden Schäden niedrig zu halten, gezwungen, die innere Isolation der Wicklung stärker zu machen, als dies die Sprungwellenprüfung eigentlich an sich verlangt.

Der letzterwähnte Punkt hängt bereits mit einer Forderung zusammen, die bei einer betriebsmäßig durchzuführenden Prüfung unbedingt gestellt werden muß, nämlich mit der Forderung nach sicherer Erkennung eines bei der Prüfung eingetretenen Fehlers. Diese Forderung, mit deren Einhaltung nach Ansicht des Verfassers die Brauchbarkeit eines Prüffeldverfahrens steht und fällt, wird bei der Sprungwellenprobe dadurch sichergestellt, daß der Transformator während der ganzen Dauer der Prüfung stets unter einer dem 1,3fachen Wert seiner normalen Spannung entsprechenden Erregung steht. Jeder bei der Sprungwellenprobe eintretende Isolationsdurchbruch ebnet so der Betriebspannung den Weg, führt also zu kurzgeschlossenen Windungen, die sich durch erhöhte Stromaufnahme des Transformators und hohe örtliche Erhitzung sofort bemerkbar machen.

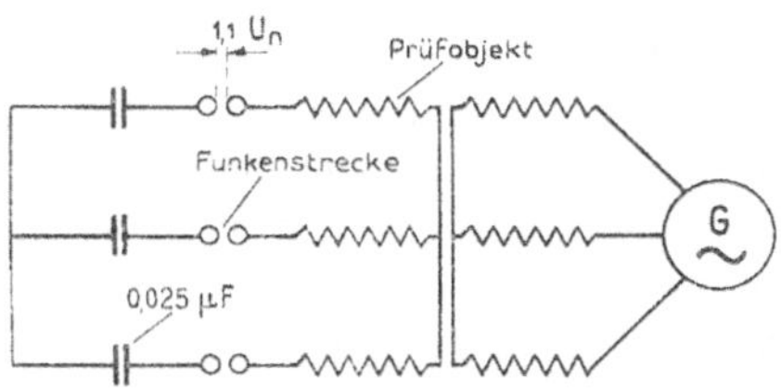

Bild 21. Schaltung der Sprungwellenprobe.

Ein Blick auf das für die Sprungwellenprüfung festgelegte und in Bild 21 der Vollständigkeit halber wiedergegebene Schaltbild

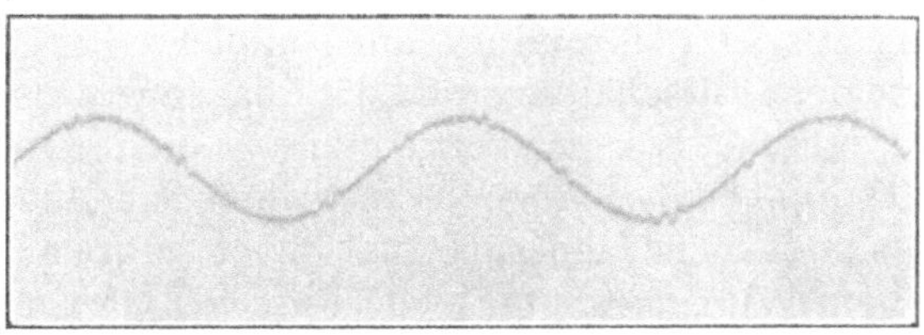

Bild 22. Primärspannung an einem Drehstromtransformator während der Sprungwellenprobe.

lehrt, daß die den Transformator beanspruchenden Sprungwellen entsprechend dem an Kugelfunkenstrecken beobachteten außerordentlich rasch erfolgenden Spannung-Zusammenbruch eine außerordentliche Steilheit haben und daß ihre Frontlänge jedenfalls unter $^1/_{10}$ μs liegt. Die Sprungwellen, deren Höhe entsprechend der Einstellung der Kugelfunkenstrecken das 1,1fache der verketteten

Spannung beträgt, werden ferner in einer außerordentlich schnellen Reihenfolge auf die Wicklung geworfen. Wie das an einem kleineren Drehstrom-Transformator während der Sprungwellenprobe aufgenommene, die primäre Spannung wiedergebende Oszillogramm (Bild 22) erkennen läßt, erfolgen im Durchschnitt an jeder Funkenstrecke während einer Halbperiode zwei Überschläge, was sich im wesentlichen daraus erklärt, daß, wenn man beispielsweise die Funkenstrecke der Phase U betrachtet, diese während einer Halbperiode zusammen mit der Phase V und dann mit der Phase W zur Zündung kommt. Da für die Sprungwellenprobe eine Zeitdauer von 10 s vorgeschrieben ist, wird somit jede Phase des geprüften Transformators in dieser Zeit einer Folge von 2000 Sprungwellen ausgesetzt, was die Entdeckung in der Wicklung liegender verborgener Fehler naturgemäß außerordentlich erleichtert.

Um nun die Einwirkung eines einzelnen der 200mal in jeder Sekunde erfolgenden Funkenübergänge auf die Wicklung zu verfolgen, geht man zunächst von Bild 23 aus, in dem die eingezeichnete geneigte Gerade den kurz vor dem Funkenüberschlag gegebenen quasistationären Verlauf der Spannung längs der Wicklung darstellt. An dem der Funkenstrecke benachbarten Wicklungsanfang ($x = 0$) herrscht entsprechend ihrer Überschlagspannung die Spannung $U = 1{,}1 \cdot U_n$, also die 1,1fache Nennspannung des Transformators, am Nullpunkt ($x = l$) — wegen der Symmetrie der Prüfschaltung sind die Phasenwicklungen im Nullpunkt als kurzgeschlossen zu betrachten — die Spannung 0. Im Augenblick des Funkenüberganges verschwindet nun, da ja der Kondensator spannungslos ist und sich auch nicht sofort aufladen kann, die Spannung am Wicklungsanfang und es stellt sich nunmehr augenblicklich die aus dem Vorhergehenden bekannte hyperbolische Spannungsverteilung ein, die in Bild 23 durch die schraffierte Fläche dargestellt wird. Diese Fläche bedeutet somit die Anfangsbedingung ($f[x]$) für den Einschwingvorgang, der die Wicklung in den durch die Abszissenachse gegebenen neuen quasistationären Zustand überführt.

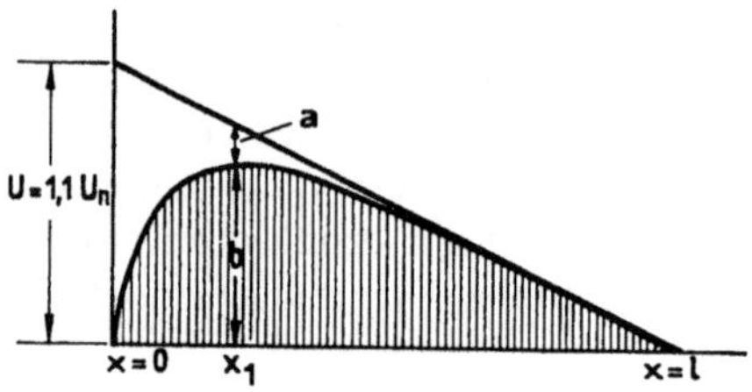

Bild 23. Spannungsverteilung zu Anfang und Ende des Ausgleichvorganges bei der Sprungwellenprobe.

Die letztgenannte Behauptung bedarf allerdings noch einer Begründung. Betrachtet man die Wicklung zunächst für den äußeren Vorgang als eine konzentrierte Induktivität, so führt der an der

Funkenstrecke überspringende Funke zunächst zu einer verhältnismäßig langsam verlaufenden Schwingung, deren Frequenz durch die Eigenschwingungszahl des durch Wicklungsinduktivität und Prüfkapazität gebildeten Thomsonschen Schwingungskreises gegeben ist, und die bei mittleren Verhältnissen in der Größenordnung von 1000 Hz liegt.

Diese verhältnismäßig niederfrequente Schwingung, welche wir auch im Bild 22 der Primärspannung des Transformators als Kennzeichen der Zündungen wiedergefunden haben, vermag die quasistationäre Spannungsverteilung längs der Wicklung nicht zu beeinflussen. Sieht man von internen Ausgleichvorgängen innerhalb der Wicklung ab, so würde der bei der Sprungwellenprobe sich abspielende Vorgang der sein, daß im Augenblick des Funkenüberschlages die in Bild 23 eingezeichnete, die ursprüngliche Spannungsverteilung kennzeichnende geneigte Gerade in die Abszissenachse fällt und nun bei festgehaltenem ursprünglichen Nullpunkt beginnt, in einem durch die Thomson-Frequenz vorgeschriebenen Tempo Pendelungen über der Abszissenachse auszuführen, wobei sie auf der Ordinatenachse einen größten Ausschlag $2 \cdot U$ erreicht. Diese pendelnde Gerade stellt aber nichts anderes als die Nullinie für den innerhalb der Wicklung sich abspielenden internen Ausgleichsvorgang dar.

Betrachtet man nun irgendeinen Punkt der Wicklung, beispielsweise die in Bild 23 mit x_1 bezeichnete Stelle, so führt also ihr den Endzustand des internen Ausgleichsvorganges kennzeichnender Spannungswert die in Bild 24 eingezeichnete langsame Schwingung aus, welche die Form einer auf der Abszissenachse liegenden Sinusschwingung der Amplitude $a + b$ hat. Es sei besonders darauf hingewiesen, daß die Bezugslinie des internen Ausgleichvorganges sich entsprechend dem Charakter der Sinusfunktion und infolge der niedrigen Frequenz der Thomson-Schwingung anfangs nur langsam von der Nullinie erhebt.

Der Thomsonschen Schwingung der Bezugslinie überlagert sich nun der wesentlich schneller verlaufende interne Schwingungsvorgang, der durch das im Augenblick des Funkenüberganges erfolgende plötzliche Absenken der Klemmenspannung der Wicklung auf 0 angestoßen wird und den die Eigenschwingungen der Wicklung bestreiten. Sowohl die Grenzbedingungen, denen diese Eigenschwingungen zu gehorchen haben, als auch, wie ein Vergleich der in den Bildern 23 und 2a eingezeichneten schraffierten Flächen lehrt, die Anfangsbedingungen, welche die Größe der Amplitude der einzelnen Schwingungen bestimmen, sind aber im vorliegenden Falle in weitgehendem Maße gleich denen, die im vorhergehenden Abschnitt erkannt wurden, als das Verhalten einer im Nullpunkt geerdeten Wicklung gegenüber dem Eindringen einer rechteckförmigen Wanderwelle betrachtet wurde. Die Frequenz der Grundschwingung dieses zweiten Ausgleichvorganges liegt in der Größenordnung von 10 000 Hz. Diese Grundschwingung, deren Amplitude für die betrachtete Wicklungsstelle x_1 angenähert b beträgt, ist gleichfalls in Bild 24 eingetragen, und man sieht nun, wenn man die verhältnismäßig starke Dämpfung der Eigenschwingungen der Wicklung berücksichtigt, daß der zweite Ausgleichvorgang merklich abgeklungen ist, bevor die Kurve der Thomson-Schwingung sich nennenswert von der Nullinie erhoben hat; das heißt aber, daß die zwischen Transformator und Prüfkapazität sich abspielende Thomsonsche Schwingung den Ausgleichvorgang innerhalb der Wicklung nicht zu stören vermag, daß dieser Ausgleichvorgang also identisch ist mit dem, der zu Beginn des vorangegangenen Abschnittes behandelt wurde. Soweit die Beanspruchung der Windungs- und Spulenisolation der Wicklung in Betracht kommt, wird der Transformator bei der Sprungwellenprobe nach RET also genau so beanspruch, als wenn er 200mal je s von einseitig unbegrenzten rechteckigen Sprungwellen der 1,1fachen Höhe der verketteten Spannung bombardiert werden würde.

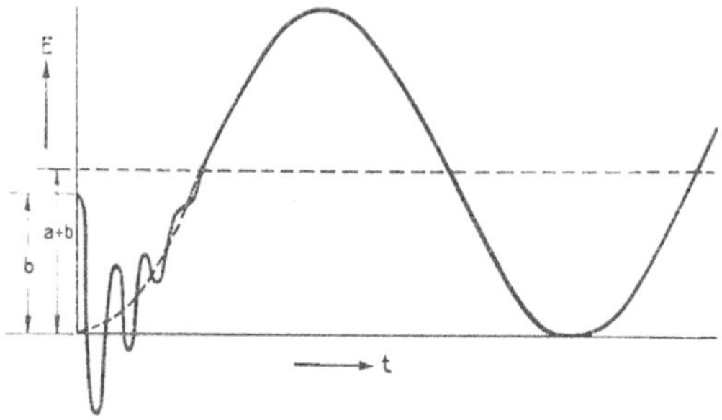

Bild 24. Thomsonsche Schwingung und Grundwelle der Wicklung.

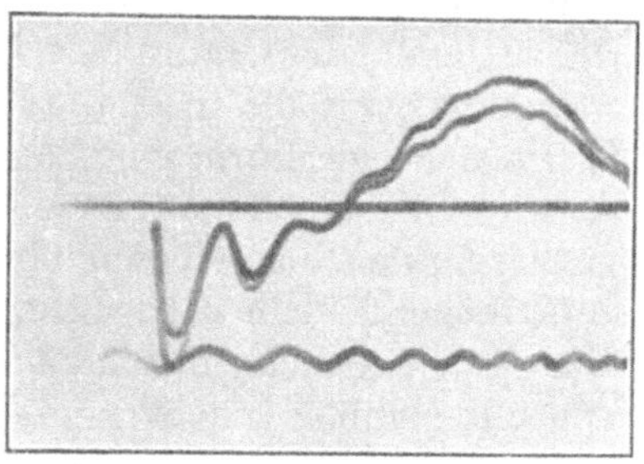

Bild 25. Ausschnitt aus den Vorgängen bei der Sprungwellenprobe (Eichschwingung 13 500 Per/s).

Zu dem erhaltenen Ergebnis hätte man übrigens auch ohne nähere Betrachtungen des sich abspielenden Ausgleichvorganges gelangen können, wenn man sich der Tatsache erinnert hätte, daß die in den RET vorgeschriebene Prüfkapazität groß ist gegenüber der durch Gleichung (18) gegebenen, in der Größenordnung von 100 cm liegenden Eingangskapazität des Transformators. Es ist klar, daß eine so kleine Kapazität keinen nennenswerten Einfluß auf das Verhalten der Prüfkondensatoren auszuüben vermag, deren Kapazität in der Größenordnung von 10000 cm liegt.

Durch Betrachtungen nach Art der an die Bilder 22 und 23 geknüpften Überlegungen werden auch die Ergebnisse des Kathodenstrahl-Oszillographen verständlich. Als Beispiel einer derartigen Aufnahme sei Bild 25 wiedergegeben, das zweimal den gleichen Vorgang zeigt. Die Thomsonsche Schwingung ist deutlich als langgezogene Grundschwingung zu erkennen. Sie setzt mit einem Höchstwert ein, der etwas unterhalb der Abszissenachse liegt, da der Kondensator offenbar im Zündmoment eine Restladung aufwies. Der Abgriff war bei der Aufnahme so gewählt, daß jene Ausgleichschwingung des Transformators zum Vorschein kommen mußte, für welche die Wicklung zweier Phasen einer ganzen Wellenlänge entspricht.

Es sei an dieser Stelle nochmals darauf hingewiesen, daß es sich bei der Sprungwellenprobe, genau wie bei der normalen Isolationsprobe, um eine Prüfung handelt, über deren Berechtigung und Dosierung letzten Endes nur die praktische Erfahrung entscheiden kann. Diese Erfahrung liegt nun bezüglich der Sprungwellenprobe seit 15 Jahren vor und sie kann dahin zusammengefaßt werden, daß Transformatoren, welche die Sprungwellenprüfung bestanden haben, als unbedingt sprungwellenfest anzusprechen sind. Zusammen mit der vom VDE vor etwa 10 Jahren erfolgten neuen Festlegung der Isolationsprüfspannung hat die Sprungwellenprobe den Bau von gewittersicheren Transformatoren ermöglicht.

5. Wicklungsbeanspruchung bei der Stoßprobe.

Die in Amerika entwickelte Stoßprobe (Impulse Test) sucht unmittelbar die Beanspruchung nachzuahmen, welcher der Transformator bei einem in seiner Nähe in die Leitung einschlagenden Blitz ausgesetzt ist. Die Blitzentladung ist gerade in Amerika in den letzten Jahren eifrigst untersucht worden und man hat auf Grund zahlreicher aufgenommener Klydonogramme und Kathodenstrahl-Oszillogramme ein verhältnismäßig sicheres Urteil über Höhe und zeitlichen Verlauf der Überspannungen gewonnen, die durch direkte oder indirekte Blitzschläge in Leitungsnetzen ausgelöst werden. Das Ergebnis dieser Untersuchungen besteht darin, daß Blitzeinschläge Wanderwellen hervorrufen, deren Spannung im Höchstfall den 6- bis 8fachen Wert der betriebsmäßigen verketteten Spannung erreicht, wobei der Anstieg der Spannung von 0 bis auf ihren Höchstwert bei so hohen Spannungsüberhöhungen etwa 5 μs erfordert. Man hat nun Prüfschaltungen entwickelt, die Nachbildungen dieser Blitz-Überspannungen im Laboratorium gestatten und glaubt sich so in der Lage, Transformatoren unter den wirklichen Bedingungen des rauhen Betriebes prüfen zu können.

Bild 26 zeigt eine der am häufigsten verwendeten Schaltungen, mit der Stoßprüfungen an Transformatoren ausgeführt werden. Ein Kondensator wird mit Hilfe eines Glühventils so weit aufgeladen, daß die auf die maximale Höhe der beabsichtigten Prüfspannung

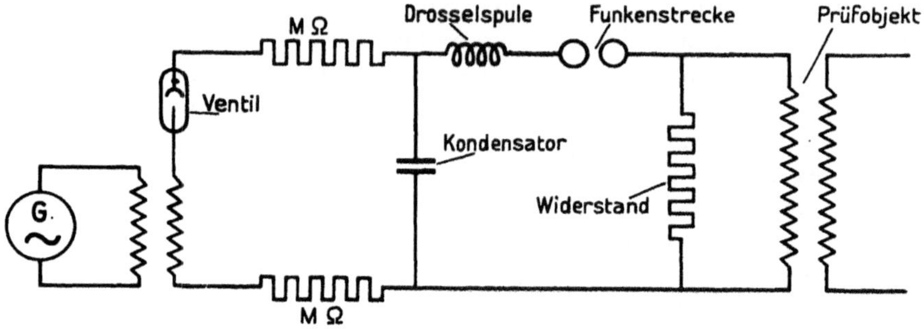

Bild 26. Schaltbild der Stoßprobe.

eingestellte Kugelfunkenstrecke zum Ansprechen kommt, wodurch sich der aus Kondensator, Drosselspule und ohmschem Widerstand gebildete Schwingungskreis entlädt. Der Transformator erhält dann eine Spannung aufgedrückt, die identisch ist mit dem am ohmschen Widerstand auftretenden Spannungsabfall, und deren zeitlicher Ver-

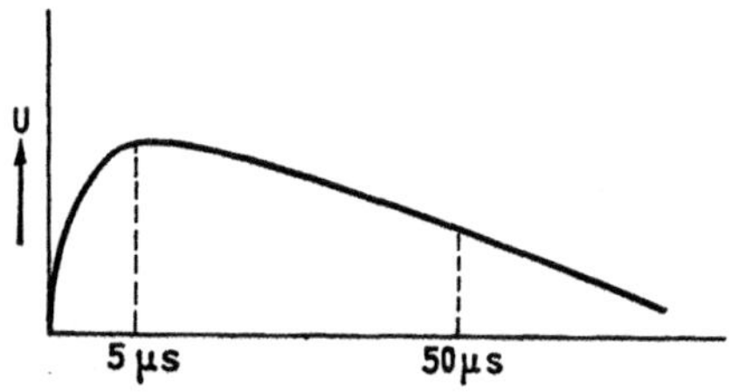

Bild 27. Spannungskurve des Stoßgenerators.

lauf durch Bild 27 dargestellt wird. Die dort gezeichnete Kurve zeigt einen aperiodischen Spannungsstoß, der in etwa 5 μs seinen Scheitelwert erreicht und dann in etwa 50 μs abklingt. Die Höhe des Spannungsstoßes wird so weit gesteigert, daß die Durchführungs-Isolatoren des Transformators gerade nicht mehr zum Überschlagen kommen, was beim 6- bis 8fachen Wert der verketteten Spannung des Transformators der Fall ist.

Es sei von vornherein darauf hingewiesen, daß der Stoßprobe zwei schwere grundsätzliche Mängel anhaften. Sie stellt zunächst nach Meinung ihrer Verfechter eine so schwere Beanspruchung des Transformators dar, daß sie nur in Ausnahmefällen an einigen wenigen Prüfgegenständen ausgeführt werden kann. Man ist also kaum in der Lage, wenn man nicht gerade unverhältnismäßig große Mittel aufwenden will, ein zuverlässiges Bild über die Sicherheit zu erhalten, mit der die Beanspruchung noch ertragen wird, im Gegenteil, man kann nicht einmal mit Sicherheit feststellen, ob der Transformator die Prüfung ohne Schäden überstanden hat, da man dies nur durch Nachsehen des nach der Prüfung auseinandergenommenen

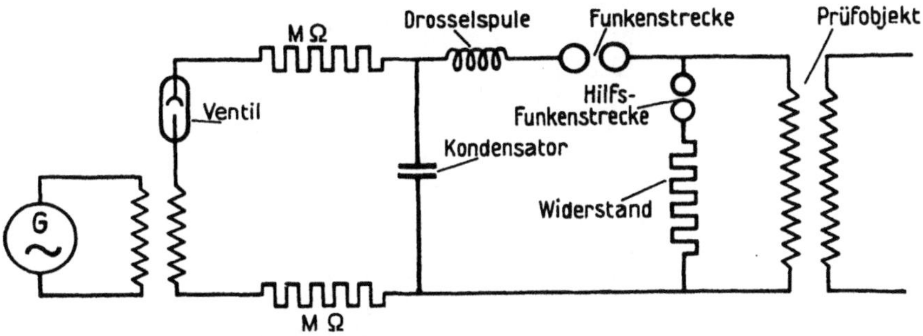

Bild 28. Stoßschaltung für erregten Transformator.

Transformators feststellen kann. Die Stoßprobe liefert also auf keinen Fall ein empirisch verwertbares größeres Erfahrungsmaterial, sie kann ferner niemals als Stückprüfung zur Aufdeckung von Werkstattfehlern in Frage kommen.

Ein wesentlicher Mangel der Prüfschaltung in Bild 26 ist ferner der, daß ein durch den Spannungstoß bewirkter Schaden des geprüften Transformators nicht ohne weiteres aufgedeckt wird. Das Prüfobjekt selbst ist ja unerregt, es steht somit keine eigene Spannung zur Verfügung, die dem Durchschlagfunken folgen und so eine Markierung der Fehlerstelle bewirken könnte.

Der eben erwähnte Mangel könnte allerdings ohne Schwierigkeit durch eine verhältnismäßig geringfügige Änderung der Schaltung nach Bild 26 beseitigt werden, wie dies in Bild 28 dargestellt ist. Man schaltet lediglich in Reihe mit dem aperiodische Entladung bewirkenden Widerstand eine weitere Funkenstrecke, die so eingestellt wird, daß die Betriebspannung des Transformators sie noch nicht zum Ansprechen bringt. Man kann dann den Transformator mit seiner normalen Spannung erregen, muß allerdings für eine genügend große Stromquelle sorgen, die auch nach dem Ansprechen der Hilfsfunkenstrecke ihre Spannung noch aufrecht erhält. Es wird ferner zweckmäßig sein, die Hilfsfunkenstrecke mit einer kräftigen Löscheinrichtung zu versehen, um einen unnötig langen Stromdurchgang durch den Widerstand und damit dessen übermäßig große Bemessung zu vermeiden.

Die Stoßprobe stellt infolge ihrer absoluten Höhe entgegen der Sprungwellenprüfung auch eine Isolationsprobe der Wicklung gegen Erde dar. Dieser Punkt interessiert aber

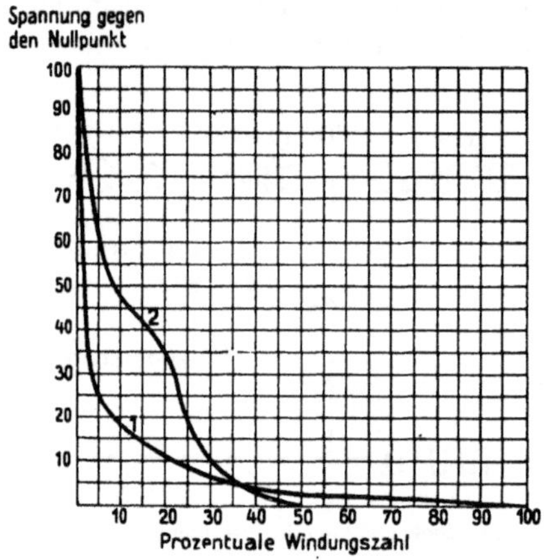

Bild 29. Anfangs-Spannungsverteilung längs einer Transformatorenwicklung beim Auftreffen von Sprungwellen verschiedener Steilheit.
Kurve 1: Frontlänge der Sprungwelle 1 μs,
Kurve 2: Frontlänge der Sprungwelle 5 μs.

im vorliegenden Zusammenhang weniger, da, wie dargelegt, Transformatoren, die entsprechend den deutschen Normen die Isolationsprobe im Prüffeld bestanden haben, als praktisch durchschlagsicher betrachtet werden können. Es handelt sich hier vielmehr lediglich um einen Vergleich der Stoßprobe mit der Sprungwellenprobe bezüglich der Beanspruchung der inneren Wicklungsisolation, also der Isolation zwischen Windungen und Teilspulen der gleichen Wicklung. Hier kommt es nun aber nicht nur auf die absolute Höhe der Sprungwellen an, denen der zu prüfende Transformator ausgesetzt wird, sondern vor allem auch auf die Steilheit der Wellenfront. Nun zeigt sich aber, daß die für die Stoßprobe wohl in der Regel benutzte Welle mit einer 5 μs-Front gegenüber den sich in der Wicklung abspielenden Ausgleichvorgängen schon als nennenswert verflacht zu bezeichnen ist.

Zum Beweise der eben ausgesprochenen Behauptung kann zunächst auf amerikanische Feststellungen verwiesen werden. Die in Bild 29 dargestellten beiden Kurven, die einer Arbeit von Palueff[12]) entnommen sind, zeigen die sich unmittelbar nach Auftreffen zweier verschieden steiler Wellen in der Transformatorenwicklung einstellende Spannungsverteilung, die, wie dargelegt wurde, mit dem größten Spannungs-Gradienten in engem Zusammenhang steht. Die Frontlänge der der Kurve *1* zugeordneten Welle betrug 1 μs, die der Kurve *2* zugeordneten Welle 5 μs, die größten aus beiden Kurven zu entnehmenden Spannungs-Gradienten stehen etwa im Verhältnis 1 : 3. Es zeigt sich also, daß die 1 μs-Welle bezüglich der Sprungwellenbeanspruchung der Wicklung bereits wesentlich gefährlicher ist als die 5 μs-Welle, und dies gilt erst recht für die durch die RET-Sprungwellenprobe erzeugten Entladewellen, deren Front kürzer als $^1/_{10}$ μs ist.

Im folgenden wird über Versuchsergebnisse berichtet, die an dem schon öfter erwähnten 75 kVA-Transformator für 20 kV gewonnen wurden, wenn der Transformator einmal der Sprungwellenprobe nach Bild 21, dann der Stoßprobe nach Bild 26 unterworfen wurde.

Die Form der bei der Stoßprobe verwendeten Welle wird durch Bild 30 wiedergegeben. Die in dem Oszillogramm mit eingetragene Eichkurve von 260 000 Per/s läßt erkennen, daß das Maximum nach 5 μs erreicht wird und daß das Abklingen auf den halben Wert sich nach weiteren 40 μs vollzieht. Ein Stoß von diesem zeitlichen Verlauf entspricht dem durchschnittlichen Ablauf einer durch Gewitterüberspannungen ausgelösten Leitungswelle.

Es handelt sich nunmehr um eine Abwägung der beiden Haupteinflüsse. Die Sprungwellenprobe verwendet mäßige Amplitude und steile Front, der amerikanische Gegenvorschlag sucht sich der natürlichen Beanspruchung durch Verwendung hoher Amplituden mit flacherer Wellenfront zu nähern. Wenn der Versuch ergibt, daß beide Verfahren auf nahezu gleiche Windungsbeanspruchung führen, wie dies die Theorie voraussehen läßt, so ist einer Anfechtung des Wertes der Sprungwellenprobe der Boden entzogen. Bild 31 zeigt das Ergebnis der an einem 75 kVA-Transformator für 20 kV Betriebspannung durchgeführten Vergleichmessungen. Um absolute Maxima zu erhalten, wurde mit der Funkenstrecke gemessen. Man sieht, daß sich die höchsten Beanspruchungen wie 4 : 1 verhalten, wenn man der

[12]) Effect of Transient Voltages on Power Transformer Design AJEE Fig. 23.

Sprungwellenprobe eine Stoßprobe mit dem einfachen Scheitelwert der verketteten Spannung gegenüberstellt. Man muß also bei der Stoßprobe viermal so hohe Amplituden verwenden, um auf gleiche Höchstwerte der Windungsbeanspruchung zu kommen.

Das Ergebnis der Betrachtungen kann auch so ausgedrückt werden: Die höchsten nach dem derzeitigen Stande der Überspannungforschung zu erwartenden Wicklungsbeanspruchungen können das bei der Sprungwellenprobe serienweise der Wicklung auferlegte Spannunggefälle im Verhältnis 1 : 2 übertreffen. Oder auch: Der Massenprobe, der die Transformatoren nach den RET-Vorschriften unterworfen werden, muß die Isolation der Transformatoren mit doppelter Sicherheit standhalten, um auch ganz seltenen Höchstwerten der praktischen Überspannungsbeanspruchung gewachsen zu sein. Selbstverständlich trifft diese Voraussetzung bei weitem zu,

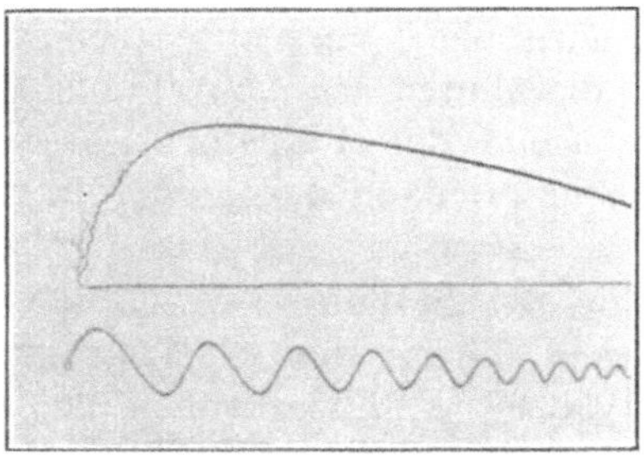

Bild 30. Kathodenstrahl-Oszillogramm der für die Stoßprobe verwendeten Welle. (Darunter Eichschwingung 260000 Per/s.)

da sonst das Schicksal der Transformatoren im Prüffeld ein rein zufälliges wäre, während die Prüffeldstatistik das Gegenteil lehrt. Sind daher die Transformatoren so isoliert, daß sie der Sprungwellenprobe mit voller Sicherheit standhalten, so ist für die Gewitterfestigkeit des einzelnen Transformators hinreichend gesorgt.

Es ist nicht unwesentlich, daß die amerikanische Bauweise mit abgestufter Isolation auch eine Berücksichtigung der Spannungverteilung gegen Erde verlangt. Es wäre verständlich, daß der Stoßprobe der Vorzug gegeben wird, wenn die amerikanische Praxis hier Schwierigkeiten empfindet.

Gegenüberstellung.

Aus den angestellten Betrachtungen geht hervor, daß kein Anhaltspunkt für die Berechtigung der von Montsinger und

Peters aufgestellten Behauptung gefunden werden konnte, nach der die für die RET-Sprungwellenprobe vorgeschriebenen Kondensatoren von zu kleiner Kapazität seien. Es zeigte sich weiterhin, daß die deutsche Sprungwellenprobe hinsichtlich der Beanspruchung der Windungs- und Spulenisolation der amerikanischen Stoßprobe trotz der bei dieser verwendeten vielfach höheren Spannung praktisch gleichwertig ist. Der äußere Vorgang ist bei beiden Prüfverfahren für die Wicklung der gleiche, die größere Höhe der Spannung bei der Stoßprobe wird durch die flachere Front der erzeugten Spannungswellen zum großen Teil wieder ausgeglichen. Dazu kommt, daß es sich bei der Sprungwellenprobe um eine

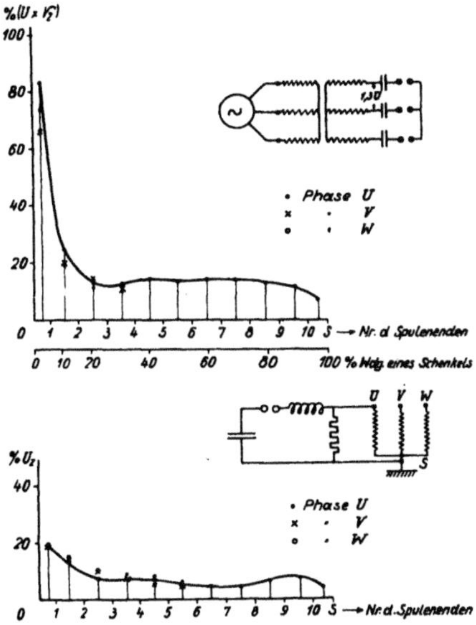

Bild 31. Vergleich der Spulen-Beanspruchung bei Sprungwellen- und Stoßprobe. (Funkenstreckmessung.)

typische Massenprüfung handelt, die, um überhaupt praktisch durchführbar zu sein, einen gewissen Sicherheitsfaktor bezüglich der Bemessung der inneren Isolation der Wicklung erfordert. Die Stoßprobe ist im Gegensatz hierzu eine wegen der großen Kosten nur selten ausführbare Einzelprüfung, bei der bis an die äußerste Grenze der Durchschlagfestigkeit der Wicklungsisolation gegangen wird. Die Sprungwellenprüfung ist außerdem hervorragend zur Aufdeckung verborgener Werkstattfehler geeignet, erhöht also in jedem Falle die spätere Betriebsicherheit des geprüften Transformators, während die Stoßprobe eher eine Verringerung der späteren Betriebsicherheit des geprüften Transformators bewirkt.

Daß Sprungwellenprobe und Stoßprobe praktisch auf die gleiche Sprungwellensicherheit führen, beweist folgender Versuch. Ein 100 kVA-Transformator für 15 kV, der vorher die Sprungwellenprobe bestanden hatte, wurde einer Stoßprobe nach Bild 26 bzw. 27 unterzogen, wobei die Höhe der Prüfspannung bis auf 100 kV eff. gesteigert wurde. Der Transformator hat die Prüfung ohne Schaden überstanden. Auch dies ist ein Beweis für die eingangs dieser Arbeit behauptete Blitzsicherheit der nach deutschen Normen geprüften Transformatoren.

Der Einfluß der Versuchsanordnung auf die Schutzwertbestimmung von Überspannungsableitern.

Von R. Willheim.

1. Aufgabenstellung, Untersuchungsverfahren.

Die Überspannungsfrage verfügt seit langem über eine wohldurchdachte Theorie; nichtsdestoweniger war dieses Gebiet eine Sorge für den projektierenden Ingenieur, ein Ärgernis für den Hersteller von Hochspannungsapparaten, soweit er nicht gerade selbst Überspannungs-Schutzeinrichtungen erzeugte, und eine Plage für den Betriebsmann, dem mit interessanten Erklärungen und unzulänglichen Schutzmitteln wenig geholfen war. Bei dieser Sachlage war es dem Theoretiker eine Genugtuung und dem Praktiker eine Erlösung, als mit dem Kathodenstrahl-Oszillographen die Bewältigung der Aufgabe gelang, die so lange umstrittenen Vorgänge der Beobachtung zugänglich zu machen. Die Entwicklung dieses Gebietes der Hochspannungstechnik ist dadurch in einen neuen Abschnitt getreten. Systematisch angestellte Untersuchungsreihen über Art und Größenordnung äußerer Störungsursachen gestatteten Rückschlüsse auf die Arbeitsbedingungen der Überspannungs-Schutzeinrichtungen. Der Klärung der Vorstellungen über die zweckentsprechende Arbeitsweise derartiger Geräte gesellte sich das Bedürfnis, ihre Funktionsprüfung im Laboratorium möglichst naturgetreu zu gestalten und hierfür Anordnungen zu schaffen, die jederzeit wiederholbare, zahlenmäßig vergleichbare Ergebnisse zu liefern vermögen, ohne daß kostspielige, auf ständige, anspruchsvolle Bedienung angewiesene Versuchsmittel erforderlich werden. Es ist an der Zeit, sich mit dieser Frage gründlich auseinanderzusetzen, da das theoretische Rüstzeug für das Eindringen in die Einzelheiten der Ausgleichvorgänge in der Wanderwellentheorie und insbesondere in der sogenannten Heavisideschen Operatorenrechnung fertig vorliegt, während dem Kathodenstrahl-Oszillographen die Rolle der Erfahrungsinstanz zufällt.

Die Mittel, mit denen man heute in der Praxis an die Funktionsprüfung von Ableitern herangeht, sind Stoßgeneratoren, die im wesentlichen aus Kondensatoren und Funkenstrecken in Verbindung mit Gleichrichterventilen und Aufladewiderständen aufgebaut sind, zuweilen auch Induktivitäten und Entladewiderstände enthalten, ferner Leitungen oder besser gesagt Leitungstücke, die einer wirklichen Hochspannungsleitung naturgemäß in der Regel nicht ähnlicher sind als die Entladung des Stoßgenerators einem wirklichen Blitz. Wie muß nun eine solche Anordnung aussehen, damit sie nicht bloß ein wirkungsvolles Vorführungsobjekt, sondern auch ein richtiges technisches Versuchsmittel vorstellt? Man will wissen, ob und warum ein bestimmter Versuchsaufbau abzulehnen ist, und wenn seine Brauchbarkeit anerkannt werden soll, so muß man sich genaue Rechenschaft davon ablegen, was bei einem derartigen Versuch vorgeht. Darüber hinaus ist es außerordentlich reizvoll, die Natur gewissermaßen in ihrer Werkstatt zu belauschen. Die Untersuchung wird nämlich zeigen, daß die Handlungsweise der Natur im ersten Augenblick der eines Menschen gleicht, der nicht weiter denkt, als die erste Eingebung reicht. Die Rückschläge sind es, durch welche die Natur lernt, mit deren Hilfe sie die Gesamtlage ergründet, bis sie sich durch wiederholte, immer kleiner werdende Richtigstellungen an den „stationären“, allen Teilen der Anordnung angemessenen Ablauf herangetastet hat.

Schutzeinrichtungen, die für eine Überspannungsabsenkung ihrer Natur nach nicht in Frage kommen, sondern nur eine Frontumgestaltung bewirken können, sollen außer betracht bleiben. Es ist einleuchtend, daß die Wahl einer nicht genügend ergiebigen Kapazität als Stoßquelle einen derartigen Apparat leicht unverdient zu den Ehren einer echten, spannungabsenkenden Überspannungs-Schutzvorrichtung gelangen läßt. Demgegenüber handelt es sich hier um Ableiter mit Ohmschem Widerstand, denen zunächst eine lineare Charakteristik beigelegt sei. Spannungsabhängigkeit des Widerstandsmaterials kann bei definierter Gesetzmäßigkeit auch schon im Ansatz Berücksichtigung finden, doch wird man sich im allgemeinen damit begnügen, einen bestimmten Spannungsbereich zu betrachten und diesem einen mittleren Widerstand zuzuordnen.

2. Grundsätzliche Betrachtungen über Laboratoriumsuntersuchungen an Überspannungs-Schutzapparaten.

Man begegnet häufig der Meinung, es genüge, einen Kondensator stoßartig über eine Trennfunkenstrecke auf eine Leitung zu entladen und die derart entstehende Sprungwelle am Leitungsende, das allenfalls durch einen Überbrückungswiderstand „ins Unendliche verlängert“ sein mag, auf den Ableiter auftreffen zu lassen;

durch eine an diesem Ende vorzunehmende Funkenstreckenmessung ließe sich dann feststellen, welche Spannung der Ableiter zuläßt, welche Schutzwirkung ihm also zuzubilligen ist. Wenn durch den geringen, praktisch bedeutungslosen Entladeverzug des Ableiters eine kurze Spannungspitze bestehen bleiben sollte, so kann man dies, wenn erforderlich, zum Gegenstand einer besonderen Untersuchung machen und dementsprechend die Ansprechfunkenstrecke des Ableiters vorerst überbrücken. Im übrigen kann die beschriebene Anordnung zulässig sein, sie kann aber auch ein vollkommen falsches und zwar viel zu ungünstiges Bild von der Leistungsfähigkeit des zu beurteilenden Apparates geben. Bei Verwendung von Zwischenleitungen beschränkter Länge, wie sie die räumlichen Ausdehnungen eines Laboratoriums oder des zugehörigen Grundstückes zulassen, erscheint nach einigen Hin- und Rückläufen der ersten Entladewelle die volle Kondensatorspannung an den Klemmen des Ableiters, der dann nur noch die Entladung des Kondensators beschleunigen, nicht aber den Ausgangwert des Abklingungsvorganges wesentlich beeinflussen kann. Es ist naturgemäß zuzugeben, daß beim ersten Auftreffen der vom Kondensator entsandten Sprungwelle an der Einbaustelle des Ableiters eine Beeinflussung der Wellenhöhe nach den Wanderwellenreflexions- und -brechungsgesetzen erfolgen wird und daß der Kathodenstrahl-Oszillograph bei genügender Schreibgeschwindigkeit dem Ableiter die richtige Spannungabsenkung sicher bestätigen wird. Aber schon bei der nächsten eintreffenden Welle, die aus einer negativen Reflexion am Ableiter entstanden sein und durch die zweite Reflexion am Kondensator zurückgepolt sein möge, entsteht eine Erhöhung der Spannung an der Prüfstelle, so daß auch eine erheblich weiter eingestellte Meßfunkenstrecke ansprechen wird.

Man sieht, diese einfache Anordnung wird immer dann versagen, wenn die Entladung des Kondensators auf die Versuchsleitung während eines Hin- und Rückganges nicht so weit fortgeschritten ist, daß die Abklingung der ersten Welle den Aufsprung durch die zweite überwiegt. Schaltet man dem Kondensator hingegen einen Ohmschen Widerstand von der Größe des Wellenwiderstandes vor, wobei auf die Leitung nur der halbe Stoß gelangt, so werden die am ableiterseitigen Ende reflektierten Wellen vom Widerstand verschluckt. Der Strom erzeugt zwar nach und nach eine Aufladung des Kondensators und ändert damit dessen Spannung, doch verläuft der Vorgang stetig; das kondensatorseitige Ende nimmt das Eintreffen der reflektierten Welle nicht zum Anlaß neuer Spannungsprünge.

Diese verhältnismäßig einfachen Überlegungen gewähren bereits einen gewissen Einblick. Sie vermitteln aber nicht die Klarheit einer mathematischen Lösung. Nun ist wohl vor einer Reihe von Jahren die Entladung eines Kondensators auf ein endliches Leitungsstück von K. W. Wagner zum Gegenstand einer Untersuchung gemacht worden,[1]) doch bedeutet die Berücksichtigung von Widerständen am Anfang und Ende der Leitung eine nicht unerhebliche Verwicklung. Auf dem Wege durch das Labyrinth der endlosen beiderseitigen Reflexionen wird die Operatorenmethode der Heaviside-Rechnung ein sicherer Führer sein. Ihre Ergebnisse gestatten die Rückkehr zur Anschaulichkeit und bilden eine verläßliche Kontrolle für derartige Gedankengänge, die sich dem gleichen Ziele unter Benützung der Wanderwellengesetze zu nähern trachten.

Es sei eine Rechteckfront des vom Kondensator ausgehenden Spannungsstoßes angenommen. Darin liegt eine Voraussetzung über den Zeitablauf des Funkenvorganges, die bei Leitungslängen von einigen hundert Metern dem Vergleich mit der Wirklichkeit standhält. Dazu kommt noch, daß die Regeln der Operatorenrechnung die für einen Rechteckstoß gefundenen Ergebnisse auf eine andere Wellenform durch Einschaltung einer bloßen Quadratur zu erweitern gestatten. Naturgemäß führt auch die in amerikanischen Arbeiten gern benützte Zerlegung der wahren Wellenfront in kleine Rechteckstufen zum Ziele. Wiederholte Anwendung des für die Rechteckwelle gefundenen Ergebnisses im Verein mit jedesmaliger Versetzung um eine Stufenbreite löst die Aufgabe mit jeder gewünschten Annäherung. Auf diese Art könnte die Theorie sogar dem viel langsameren Anstieg natürlicher Überspannungswellen analytische oder graphisch Rechnung tragen.

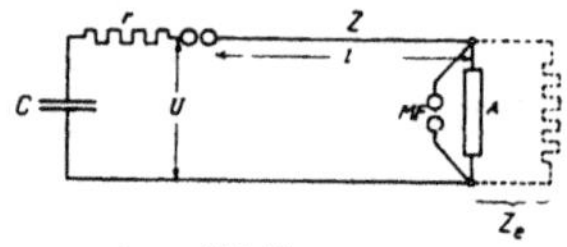

A = Ableiter,
MF = Meßfunkenstrecke.

Bild 1. Versuchsanordnung zur Prüfung des Schutzwertes von Überspannungsableitern.

3. Ansatz nach den Regeln der Operatorenrechnung.

Es interessiert der Spannungsverlauf am Leitungsende. Um hier die Wirkung eines sogenannten Einheitstoßes — Rechteckwelle von der Höhe 1 — zu ergründen, ist zuerst ein Spannungsverlauf der Form e^{pt} zu betrachten. Für diesen ist das Verhältnis $\frac{\text{Endstrom}}{\text{Endspannung}} = \frac{1}{Z} =$ Leitfähigkeit am Leitungsende festzustellen. Es wird sich hierfür eine Funktion $\frac{1}{Z(p)}$ ergeben, auf die dann der nächste Schritt anzuwenden sein wird.

[1]) Arch. f. El. 1912, S. 42.

Die Gesamtanordnung ist durch Bild 1 umschrieben. Das Leitungstück von der Länge l hat einen Wellenwiderstand

$$Z=\sqrt{\frac{L}{C}},$$

wobei Verluste auf der Leitung zugelassen werden können und nur die Bedingung der Verzerrungsfreiheit

$$\frac{A}{R}=\frac{C}{L}$$

für Ableitung, Reihenwiderstand, Kapazität und Selbstinduktion der Längeneinheit gelten muß. Man tauscht gegen diese Annahme, die keine wesentliche Einschränkung der Allgemeinheit unserer Betrachtungen ergibt, den Vorteil der Konstanz von Z ein.

Der Verlauf eines Wellenvorganges auf der Leitung wird in folgender Weise durch eine Strom- und eine Spannungsgleichung beschrieben

$$U=U_v\, e^{-\alpha\frac{x}{c}}\, e^{-p\frac{x}{c}}+U_r\, e^{\alpha\frac{x}{c}}\, e^{p\frac{x}{c}}, \tag{1}$$

$$J=\frac{U_v}{Z}\, e^{-\alpha\frac{x}{c}}\, e^{-p\frac{x}{c}}-\frac{U_r}{Z}\, e^{\alpha\frac{x}{c}}\, e^{p\frac{x}{c}}. \tag{2}$$

Hierin ist $\alpha=\frac{R}{L}=\frac{A}{C}$

der räumliche Dämpfungsfaktor; c ist die Fortpflanzungsgeschwindigkeit der Störung, somit gleich $\frac{1}{\sqrt{LC}}$. Man hat sich diesen Ansatz so vorzustellen, daß an jeder Stelle die Überlagerung von vorlaufenden und rücklaufenden Wellen zulässig ist, so daß das erste Glied vom Kondensatorende her abnimmt, das zweite zu diesem Ende hin abfällt, also von diesem Ende her zunimmt.

Die vom Kondensator entsandte Welle findet am Ende eine Unstetigkeit des Wellenwiderstandes, einen plötzlichen Übergang von Z auf Z_e vor. Z_e schließe gemäß Bild 1 einen gegebenenfalls vorhandenen Überbrückungswiderstand (Leitungsfortsetzung) mit ein. Nach den Wanderwellengesetzen hat man diesem Endpunkt einen Reflexionsfaktor

$$\varrho_e=\frac{Z_e-Z}{Z_e+Z} \tag{3}$$

zuzuschreiben.

In der umgekehrten Richtung ist ein weiterer Reflexionsfaktor

$$\varrho_a=\frac{r-Z}{r+Z} \tag{4}$$

zu bestimmen, dem die nach dem Anfangspunkt zurückgeworfenen Wellen unterliegen.

Am besten wird am Leitungsende mit der für den Ohmschen Widerstand Z_e giltigen Beziehung

$$U_e = J_e Z_e \tag{5}$$

begonnen. Mit Gl. (1) und (2) zusammen, die für $x = l$ oder $\tau = \frac{l}{c}$ ausgewertet werden sollen, ergibt sich

$$U_r = \varrho_e U_v e^{-2\alpha\tau} e^{-2p\tau}, \tag{6}$$

$$U_a = U_v (1 + \varrho_e e^{-2\alpha\tau} e^{-2p\tau}). \tag{7}$$

Jede voreilende Welle ist also verknüpft mit einer zurückgeworfenen Welle, die um zwei Weglängen versetzt ist. Der Reflexionsfaktor regelt das Größenverhältnis.

Zur Spannung U_a gehört im Sinne der Beziehung (2) ein Strom J_a, der im Widerstand Z_a des Leitungsanfanges, auf dessen Bedeutung noch eingegangen wird, einen Spannungsabfall $J_a Z_a$ erleidet. Die Kondensatorspannung beträgt daher

$$E = J_a Z_a + U_a$$

$$= \frac{Z_a}{Z}(1 - \varrho_e e^{-2\alpha\tau} e^{-2p\tau}) U_v + (1 + \varrho_e . e^{-2\alpha\tau} e^{-2p\tau}) U_v$$

$$= U_v \frac{Z_a + Z}{Z} (1 - \frac{Z_a - Z}{Z_a + Z} \varrho_e e^{-2\alpha\tau} e^{-2p\tau}). \tag{8}$$

Man findet also

$$U_v = E \frac{Z}{Z + Z_a} \frac{1}{1 - \frac{Z_a - Z}{Z_a + Z} \varrho_e e^{-2\alpha\tau} e^{-2p\tau}}, \tag{9}$$

$$U_r = \varrho_e \quad U_v e^{-2\alpha\tau} e^{-2p\tau}. \tag{6}$$

Einsetzen in Gl. (2) ergibt für $x = l$

$$J_e = \frac{E}{Z + Z_a} e^{-\alpha\tau} e^{-p\tau} \frac{1 - \varrho_e}{1 - \frac{Z_a - Z}{Z_a + Z} \varrho_e e^{-2\alpha\tau} e^{-2p\tau}}. \tag{10}$$

Durch Entwicklung des Nenners in eine Potenzreihe erhält man schließlich

$$J_e = \frac{E \cdot 2 Z^2}{Z + Z_e} \sum_{n=o}^{\infty} \frac{e^{-(2n+1)(\alpha+p)\tau}}{Z} \left(\frac{Z_e - Z}{Z_e + Z}\right)^n \frac{(Z_a - Z)^n}{(Z_a + Z)^{n+1}}. \tag{11}$$

Offenbar wurde so gefunden, daß bei der Entladung eines auf die Spannung E aufgeladenen Kondensators auf die betrachtete Widerstands- und Leitungsanordnung der Strom aus einem Spiel zahlreicher überlagerter Wellen besteht, unter denen jede folgende sich von der vorhergehenden dadurch unterscheidet, daß sie einmal mehr den Abklingungsfaktor $e^{-\alpha\tau}$, den Endreflexionsfaktor $\varrho_e = \frac{Z_e - Z}{Z_e + Z}$ und den verallgemeinerten Anfangsreflexionsfaktor $\frac{Z_a - Z}{Z_a + Z}$ enthält.

Man muß hier von einer Verallgemeinerung sprechen, da Z_a gar keine Impedanz im Sinne eines Wellenwiderstandes oder eines Ohmschen Widerstandes bedeutet. Vielmehr setzt sich Z_a aus dem Ohmschen Widerstand r und der Impedanz des Kondensators derart zusammen, daß für einen nach dem Gesetz e^{pt} verlaufenden Vorgang

$$Z_a = r + \frac{1}{pC} \tag{12}$$

zu setzen ist.

Auch muß beachtet werden, daß die durch das willkürliche Gesetz des Verlaufes nach der Funktion e^{pt} eingeführte Größe p in Gl. (11) einerseits in Verbindung mit Z_a, anderseits in Form der e-Potenz vorkommt. Die Richtlinien für die weitere Behandlung sollen aus der Erörterung einer speziellen Annahme geschöpft werden.

4. Durchrechnung des speziellen Falles $r = Z$.

Wenn in Reihe mit dem Kondensator zunächst ein Ohmscher Widerstand liegt, welcher der Größe nach dem Wellenwiderstand der Leitung gleichkommt, so vereinfacht sich der Ansatz (11) zu

$$\frac{J_e}{E} = \frac{1}{Z(p)} = \frac{2Z^2}{Z + Z_e} \sum_{n=0}^{\infty} \frac{e^{-(2n+1)(\alpha+p)\tau}}{Z} \left(\frac{Z_e - Z}{Z_e + Z}\right)^n \cdot \frac{\left(\frac{1}{pC}\right)^n}{\left(2Z + \frac{1}{pC}\right)^{n+1}}$$

$$= \frac{2Z^2}{Z + Z_e} \sum_{n=0}^{\infty} \frac{e^{-(2n+1)(\alpha+p)\tau}}{Z} \left(\frac{Z_e - Z}{Z_e + Z}\right)^n \cdot \frac{pC}{(1 + 2CZp)^{n+1}}. \tag{13}$$

Die beiden als Funktionen von p aufzufassenden Glieder des Produktes seien nunmehr für sich allein betrachtet.

Das erste

$$f_1(p) = \frac{1}{Z_1(p)} = \frac{e^{-(2n+1)(\alpha+p)\tau}}{Z} \tag{14}$$

ist offenbar die Operatorengleichung des Einheitstoßes einer unendlichen Leitung, zumal ein derartiger Ausdruck allein übrig bleibt, wenn auch am Ende $Z_e = Z$ gesetzt und ferner die Kapazität unendlich groß angenommen wird. In diesem Falle wäre

$$\frac{1}{Z(p)} = \frac{1}{2} \cdot \frac{e^{-(\alpha+p)\tau}}{Z} \, .$$

Man weiß, daß der Einheitstoß nach Gl. (14) folgenden zeitlichen Verlauf am Leitungsende hat

$$f_1(t) = 0 \qquad \text{für } t < (2n+1)\tau \, ,$$

$$f_1(t) = \frac{e^{-(2n+1)\alpha\tau}}{Z} \text{ für } t > (2n+1)\tau \, . \tag{15}$$

Die Lösung dieses Teiles der Operatorengleichung liegt also vor. Nimmt man an, man könnte dem zweiten Glied

$$f_2(p) = \frac{1}{Z_2(p)} = \frac{p\,C}{(1+2\,CZp)^{n+1}} \tag{16}$$

auch bereits eine Lösung $f_2(t)$ zuordnen, zu der die Regeln der Operatorenrechnung in der Tat leicht verhelfen, dann besteht abgesehen von Proportionalitätsfaktoren die Beziehung

$$\frac{1}{Z(p)} = \frac{1}{Z_1(p)} \cdot \frac{1}{Z_2(p)} \, . \tag{17}$$

Der sogenannte Multiplikationssatz der Operatorenrechnung liefert dann die gesuchte Lösung in der Form

$$f(t) = \frac{d}{dt} \int_0^t f_1(\vartheta)\, f_2(t-\vartheta)\, d\vartheta \, . \tag{18}$$

Um die noch benötigte Funktion $f_2(t)$ zu finden, entwickelt man nach den von Heaviside gegebenen Regeln die rechte Seite der Operatorengleichung (16) in negativen Potenzen von p und ersetzt p^{-n} durch die Zeitfunktion $\frac{t^n}{n!}$. Eine oberflächliche Begründung dieses Verfahrens könnte etwa so lauten: Der Operator p hat als Faktor den Sinn einer einmaligen Differentiation nach t; p^{-1} bedeutet ebenso eine Integration. Wendet man den Operator p^{-1} n mal hintereinander auf den Faktor 1 an, dann entsteht offenbar die Funktion $\frac{t^n}{n!}$.

Man entwickelt also $\frac{1}{Z_2(p)} = \frac{C}{(2CZ)^{n+1}} p$

$$\left[p^{-n-1} + \binom{-n-1}{1} p^{-n-2} \frac{1}{2CZ} + \binom{-n-1}{2} p^{-n-3} \frac{1}{(2CZ)^2} + \cdots\right]$$

$$= \frac{C}{(2CZ)^{n+1}} \left[p^{-n} - \binom{n+1}{1} p^{-(n+1)} \frac{1}{2CZ} + \binom{n+2}{2} p^{-(n+2)} \frac{1}{(2CZ)^2} - \cdots\right]$$

und erhält

$$f_2(t) = \frac{C}{(2CZ)^{n+1}} \frac{t^n}{n!} \left[1 - \frac{1}{1!}\left(\frac{t}{2CZ}\right) + \frac{1}{2!}\left(\frac{t}{2CZ}\right)^2 - \cdots + \cdots\right]$$

$$= \frac{1}{2Z} \cdot \frac{\left(\frac{t}{2CZ}\right)^n}{n!} \cdot e^{-\frac{t}{2CZ}} \tag{20}$$

Nach dem Multiplikationstheorem der Gl. (18) ist jetzt, wieder unter Fortlassung aller Proportionalitätsfaktoren, für das $n$te Glied der Summe (13) zu setzen

$$f_n(t) = \frac{1}{2Z} \frac{d}{dt} \int\limits_{(2n+1)\tau}^{t} \frac{\left(\frac{t-\vartheta}{2CZ}\right)^n}{n!} e^{-\frac{t-\vartheta}{2CZ}} \frac{e^{-(2n+1)\alpha\tau}}{Z} d\vartheta\,. \tag{21}$$

Die untere Grenze des Integrales ist mit $\vartheta = (2n+1)\tau$ festgesetzt, weil für alle vorhergehenden Zeitpunkte der letzte Faktor gemäß Gl. (15) verschwindet. Diese Teilwelle besteht im Endpunkt erst nach $\vartheta = (2n+1)\tau$.

Der erhaltene Ausdruck ist gleichwertig mit

$$f_n(t) = -\frac{1}{2Z^2} \cdot \frac{d}{dt} \int\limits_{\vartheta=(2n+1)\tau}^{\vartheta=t} e^{-\frac{t-\vartheta}{2CZ}} \left(\frac{t-\vartheta}{2CZ}\right)^n \frac{1}{n!} \cdot d(t-\vartheta) \cdot e^{-(2n+1)\alpha\tau} \tag{21a}$$

Das negative Vorzeichen wird durch Vertauschung der Grenzen aufgehoben. Die Integration ist von $t-\vartheta = o$ bis $t-\vartheta = t-(2n+1)\tau$ auszuführen. Die Vornahme der Differentiation nach t liefert aber wieder den Integranden an der oberen (mit t beweglichen) Grenze.

Es ergibt sich

$$f_n(t) = \frac{1}{2Z^2} \left(\frac{t-(2n+1)\tau}{2CZ}\right)^n \frac{1}{n!} \cdot e^{-\frac{t-(2n-1)\tau}{2CZ}} e^{-(2n+1)\alpha\tau} \tag{22}$$

Zur Abkürzung sei von nun an

$$\frac{t-(2n+1)\tau}{C(Z+r)} = t_n \tag{23}$$

gesetzt, d. h. für die $n$te Welle wird eine besondere Zeitzählung nach einer numerischen Zeitskala t_n eingeführt. Die Zählung setzt erst nach $(2n+1)$ maliger Zurücklegung der Leitungslänge Z ein. Die Division durch die Zeitgröße $C\,(Z+r)$ hat zur Folge, daß t_n dimensionslos wird. Die Einführung der numerischen Zeit wird später dazu verhelfen, den Einfluß der besonderen Konstanten der Anordnung auszuschalten und eine allgemeinere Beschreibung des gesuchten Ablaufes zu erreichen. In vorliegendem Falle ist noch die Annahme $r = Z$ zu beachten.

Man kann jetzt unter Berufung auf die Ausdrücke (13) als Operatorengleichung und (22) als Teillösung den vollständigen Ausdruck für $f\,(t)$ schreiben, erhält also für $\frac{J}{E}$, d. i. für den von einem auf $E = 1$ aufgeladenen Kondensator am Leitungsende ausgelösten Stromablauf, den Ausdruck

$$f(t) = \frac{1}{Z+Z_e} \sum_{n=0}^{\infty} (\varrho_e)^n \frac{t_n^n}{n!} e^{-t_n} \cdot e^{-\alpha(2n+1)\tau}. \tag{24}$$

Damit ist die Aufgabe für den in diesem Abschnitt behandelten besonderen Fall gelöst. Das Ergebnis läßt sich leicht deuten. Die am Kondensator zu Anfang des Vorganges herrschende Spannung E erscheint am Leitungsanfang mit dem halben Wert, da dem Spannungsverbrauch $J\,Z$ der Leitung ein gleich großer Abfall der Spannung im Vorwiderstand $r = Z$ entspricht; die Spannung $\frac{E}{2}$ wird sodann auf dem Wege zum Endpunkt in der Zeit $\tau = \frac{l}{c}$ nach Maßgabe der Dämpfungsfunktion $e^{-\alpha\tau}$ verringert und wird am Endpunkt selbst wieder nicht mit dem Betrag $\frac{E}{2}\, e^{-\alpha\tau}$ vordringen, sondern eine dem Brechungsfaktor $\frac{2\,Z_e}{Z+Z_e}$ entsprechende Änderung erfahren. Auf diese Art entsteht die erste, aus Gleichung (24) für $n = O$ abzulesende Teilwelle.

$$J_{e1} \cdot Z_e = U_{e1} = E \cdot \frac{Ze}{Z+Z_e} e^{-\alpha\tau} \cdot e^{-\frac{t-\tau}{2CZ}}. \tag{25}$$

Das letzte Glied dieses Ausdruckes kennzeichnet den zeitlichen Verlauf der ersten Teilwelle. Diese kommt am Endpunkt zum Zeitpunkt $t = \tau$ an und klingt von da an nach einer e-Funktion ab, da der Kondensator seine Ladung über den Widerstand und die Leitung abgibt, die für ihn einem Entladewiderstand $2\,Z$ gleichkommen, der eine Zeitkonstante $2\,C\,Z$ bedingt.

In Bild 2, dem ein im folgenden noch näher zu behandelndes Beispiel zugrundeliegt, gibt die Kurve 0 den zeitlichen Verlauf dieser ersten Teilwelle am Leitungsende wieder, wobei der Anfangsbetrag $E \cdot \frac{Z_e}{Z + Z_e} \cdot e^{-\alpha\tau}$ durch die Ordinate 1 wiedergegeben wird und der Zeitmaßstab mit dem Eintreffen der Welle am Endpunkt beginnt.

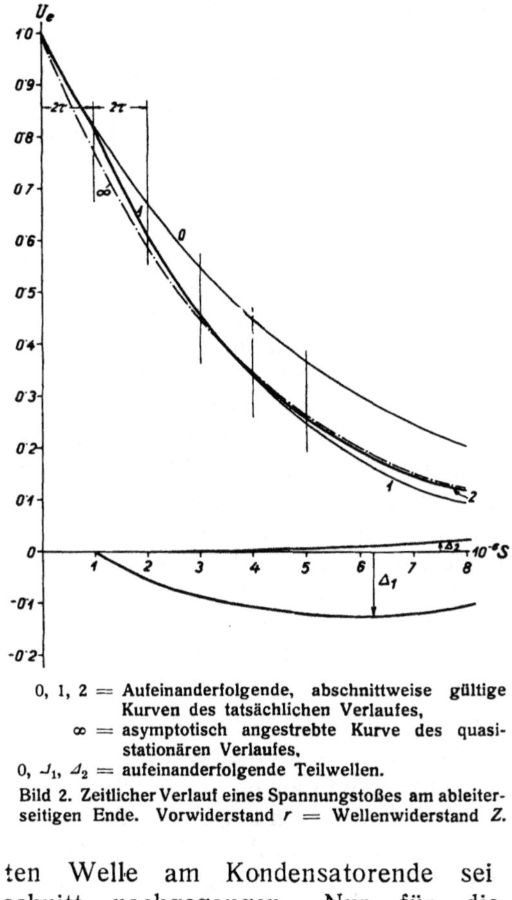

0, 1, 2 = Aufeinanderfolgende, abschnittweise gültige Kurven des tatsächlichen Verlaufes,
∞ = asymptotisch angestrebte Kurve des quasistationären Verlaufes,
0, Δ_1, Δ_2 = aufeinanderfolgende Teilwellen.

Bild 2. Zeitlicher Verlauf eines Spannungsstoßes am ableiterseitigen Ende. Vorwiderstand r = Wellenwiderstand Z.

Gleichzeitig mit dem Eindringen des durch (25) wiedergegebenen Anteiles entsteht eine reflektierte Welle vom Betrage

$$\frac{E}{2} \cdot e^{-\alpha\tau} \cdot \varrho_e .$$

Zu einer Reflexion im eigentlichen Sinne kommt es für diese, am Leitungsanfang nach Maßgabe des Dämpfungsfaktors $e^{-\alpha\tau}$ nochmals verkleinert eintreffenden Welle am kondensatorseitigen Ende nicht, da dies der Widerstand $r = Z$ unterbindet. Nichtsdestoweniger entsteht eine fortschreitende Aufladung des Kondensators durch den Strom der reflektierten Welle. Auf diese Art bringt der Kondensator in Erfahrung, was am Leitungsende vorgegangen ist. Dem Schicksal der reflektierten Welle am Kondensatorende sei in einem späteren Abschnitt nachgegangen. Nur für die erste Teilwelle konnte das Ergebnis sofort auch aus den Grundtatsachen der Wanderwellentheorie vorausgesagt werden. Ebenso ist zu überblicken, wie der Vorgang nach entsprechend langer Zeit verläuft. Offenbar kommt dann, wenn man der Leitung keinen Einfluß auf den Ablauf zuerkennt, eine Entladung des Kondensators auf den Widerstand $r + Z_e = Z + Z_e$ zustande, so daß ein Absinken der Kondensatorspannung nach dem Gesetz

$$E(t) = E \cdot e^{-\frac{t}{C(Z+Z_e)}}$$

vorauszusehen ist, wobei auf das Leitungsende der Anteil $E(t)\frac{Z_e}{Z+Z_e}$ entfällt. Diese Kurve ist in Bild 2 strichpunktiert eingetragen und mit ∞ bezeichnet. Ihr muß sich der Verlauf des Gesamtvorganges wenigstens bei kurzer Leitung nach und nach annähern. Zunächst hat sich die Natur nach oben vergriffen. Kaum hat sie dies am Kondensatorende durch das Eintreffen einer reflektierten Welle erkannt, veranlaßt sie eine erste Korrektur $\triangle_1$, die am Leitungsende eine Teilwelle

$$U_{e2} = \frac{E}{Z+Z_e}\varrho_e \cdot \frac{t_1}{1!} e^{-t_1} \cdot e^{-3\alpha\tau}$$

bedingt. Sie beginnt dort um 2τ später als die erste Teilwelle. In Bild 2 setzt sie nach 1 μs ein und verläuft wegen des Minusvorzeichens von ϱ_e unter der Abszissenachse. Mit der ersten Teilwelle ($n = o$) zusammengesetzt, ergibt sie die Kurve 1. Alsbald gerät die Natur auch hier zu weit, die mit ∞ bezeichnete asymptotisch zu erreichende Sollkurve ist unterschritten. Nach Verlauf einer weiteren Zeitspanne von 2τ, in Bild 2 beim Abszissenpunkt 2.10^{-6} s, kommt eine neue Korrektur zustande, deren Einfluß zunächst gar nicht bemerkbar wird; sie wirkt sich in positivem Sinne aus. Durch Hinzufügen zu Kurve 1 entsteht die neue Kurve 2, die eine ausgezeichnete Annäherung an die Sollkurve ergibt. Auf eine weitere Verfolgung des Verfahrens kann verzichtet werden. Die Sollkurve wird also nicht sofort, aber doch mit überraschend wenigen Schritten und ohne Sprünge zustande gebracht.

Die Anordnung gemäß Bild 1 mit am kondensatorseitigen Ende vorgeschaltetem Ohmschen Widerstand vom Betrage des Wellenwiderstandes liefert somit richtige Meßergebnisse. Die Spannung an der Meßfunkenstrecke übersteigt den wanderwellenmäßig zu erwartenden Wert $\frac{E}{2}\frac{2Z_e}{Z+Z_e}$ während der ganzen Entladung des Kondensators nicht.

Es seien noch die rechnerischen Voraussetzungen des dem Bild 2 zugrundegelegten Beispieles nachgetragen. Die Leitungslänge sei mit 150 m vorausgesetzt, so daß $\tau = \frac{l}{c}$ mit $0{,}5 \cdot 10^{-6}$ s angenommen ist. Der Wellenwiderstand sei in Anpassung an eine bestehende praktische Ausführung einer derartigen Versuchsleitung mit 250 Ω eingesetzt, desgleichen der Vorschaltwiderstand am kondensatorseitigen Ende. Für die Meßstelle ist die Annahme $Z_e = \frac{Z}{2}$ getroffen, so daß dort beispielsweise die Versuchsleitung durch einen Überbrückungswiderstand Z ins Unendliche fortgesetzt sein kann, während der eigentliche, hierzu parallel liegende Ableiterwiderstand gleichfalls $Z\,\Omega$ betragen möge. Damit nimmt der Brechungsfaktor $\frac{2\,Z_e}{Z+Z_e}$ den Wert $\frac{2}{3}$, der Reflexionsfaktor ϱ_e den Betrag $-\frac{1}{3}$ an. Schließlich wurde noch die Stoßkapazität C verhältnismäßig klein, und zwar zu $0{,}01 \cdot 10^{-6}\,F$ angenommen. Hieraus ergibt sich die für die erste Teilwelle maßgebende Zeitkonstante $2\,CZ$ zu $5 \cdot 10^{-6}$ s, die Zeitkonstante der asymptotisch angestrebten Entladungskurve zu $C\,(r+Z_e) = 3{,}75 \cdot 10^{-6}$ s. Die aufeinander folgenden Teilwellen leiten daher von einem der Funktion $e^{-\frac{t}{5}}$ entsprechenden Zeitablauf zu einem solchen nach dem Gesetz $e^{-\frac{t}{3,75}}$ über. Die Ausgangswerte beider Ablaufkurven sind die gleichen, obwohl der eine von Wanderwellengesetzen bedingt ist, der andere sich aus einer Spannungsteilung zwischen zwei Ohmschen Widerständen herleitet. Die Dämpfung auf der Zwischenleitung ist im Beispiel vernachlässigt. Die praktisch vorhandenen Bedingungen werden dies in der Regel rechtfertigen. Gerade durch diese Annahme wird ein bestimmter Sachverhalt ins rechte Licht gesetzt: Auch ohne Energieverluste auf der Leitung spielt sich der Vorgang vom wanderwellenmäßigen Beginn in wenigen Zwischenstufen auf den quasistationären Verlauf ein, wofür vor allem der in Formel (24) eingehende Faktor ϱ_e^n, also die wiederholte Reflexion mit einem Reflexionsfaktor $\varrho_e < 1$ sorgt.

Mathematisch ist der asymptotische Übergang sehr einfach zu überblicken. Da nur die Glieder mit kleinem n zu der Summe in Gl. (24) merklich beitragen, kann man für große t angenähert

$$t_n = \frac{t}{C(Z+r)} = \frac{t}{2\,CZ} \qquad (23\,\mathrm{a})$$

setzen. Sieht man ferner von der Leitungsdämpfung ab, so erhält man an Stelle von Gl. (24)

$$f(t) = \frac{1}{Z+Z_e} \cdot e^{-\frac{t}{2CZ}} \sum_{n=0}^{\infty} \frac{\left(\varrho_e \frac{t}{2CZ}\right)^n}{n!}$$

$$= \frac{1}{Z+Z_e} e^{-\frac{t}{2CZ}(1-\varrho_e)}$$

$$= \frac{1}{Z+Z_e} \cdot e^{-\frac{t}{C(Z+Z_e)}} \qquad (24\,a)$$

in Übereinstimmung mit der vorangegangenen Überlegung.

5. Mathematische Behandlung des allgemeinen Ansatzes.

Es sei nun auf die Operatorengleichung (11) zurückgegriffen.

$$\frac{J_e}{E} = \frac{1}{Z(p)} = \frac{2Z^2}{Z+Z_e} \sum_{n=0}^{\infty} \frac{1}{Z} e^{-(2n+1)(\alpha+p)\tau} \varrho_e^{\,n} \frac{\left(r+\frac{1}{pC}-Z\right)^n}{\left(r+\frac{1}{pC}+Z\right)^{n+1}} \qquad (11)$$

Die Lösung findet man auf dem im vorhergehenden Abschnitt beschrittenen Weg. Der Einfluß des Gliedes

$$\frac{1}{Z_1(p)} = \frac{e^{-(2n+1)(\alpha+p)\tau}}{Z} \qquad (26)$$

wurde bereits bei der Erörterung der Operatorengleichung (14) klargelegt. Daher kann sofort der zweite Faktor

$$\frac{1}{Z_2(p)} = \frac{\left(r+\frac{1}{pC}-Z\right)^n}{\left(r+\frac{1}{pC}+Z\right)^{n+1}} \qquad (27)$$

behandelt werden. Es wäre naturgemäß praktisch, die für die Operatorengleichung (16)

$$\frac{1}{Z_2(p)} = \frac{Ap}{(1+Bp)^{m+1}} \qquad (16\,a)$$

bereits umständlich hergeleitete Lösung unmittelbar übernehmen zu können. Sie lautet

$$f_2(t) = \frac{A}{B} \frac{\left(\frac{t}{B}\right)^m}{m!} \cdot e^{-\frac{t}{B}} \cdot \qquad (20\,a)$$

In dieser Absicht sei mit Gleichung (27) eine Umformung vorgenommen, die an Stelle der rechten Seite ein Polynom liefert, in dem jedes Glied die Form (16a) aufweist.

$$\frac{1}{Z_2(p)} = \frac{p}{r+Z}\left(\frac{r-Z}{r+Z}\right)^n \frac{\left(p+\frac{1}{C(r-Z)}\right)^n}{\left(p+\frac{1}{C(r+Z)}\right)^{n+1}} \tag{27a}$$

oder mit Beachtung der Definition (4)

$$\frac{1}{Z_2(p)} = \left(\frac{p}{r+Z}\right)\varrho_a^n \frac{\left(p+\frac{1}{C(r+Z)}+\frac{1}{C(r-Z)}\cdot\frac{2Z}{r+Z}\right)^n}{\left(p+\frac{1}{C(r+Z)}\right)^{n+1}}\,. \tag{27b}$$

Den Zähler des letzten Bruches entwickle man nach dem binomischen Lehrsatz. Führt man gleichzeitig die durch den Nenner angezeigte Division durch, so entsteht der Ausdruck

$$\frac{1}{Z_2(p)} = \frac{1}{Z+r}\varrho_a^n \sum_{m=0}^{n} \binom{n}{m} \frac{\left(\frac{2Z}{C(r^2-Z^2)}\right)^m p}{\left(p+\frac{1}{C(r+Z)}\right)^{m+1}}$$

$$= \frac{1}{Z+r}\, C(Z+r)\, \varrho_a^n \sum_{m=0}^{n} \binom{n}{m} \frac{\left(\frac{2Z}{r-Z}\right)^m}{(1+C(r+Z)\,p)^{m+1}}\,. \tag{27c}$$

Durch Vergleich mit (16a) und 20a) kommt man zu der Zwischenlösung

$$f_2(t) = \frac{1}{Z+r}\,\varrho_a^n \sum_{m=0}^{n} \binom{n}{m}\left(\frac{2Z}{r-Z}\right)^m \frac{\left(\frac{t}{C(r+Z)}\right)^m}{m!}\, e^{-\frac{t}{C(r+Z)}}\,. \tag{28}$$

Man hat hier die Verallgemeinerung des Ausdruckes (20) vor sich. Das $n$te Glied der an die Spitze dieses Abschnittes gestellten Operatorengleichung (11) enthält außerdem die Faktoren

$$\frac{2Z^2}{Z+Z_e}\cdot\varrho_e^n \quad\text{und}\quad \frac{1}{Z}\cdot e^{-(2n+1)(\alpha+p)\tau}\,.$$

Durch den gleichen Rechnungsgang, der auf dem Wege über Gl. (21), (21a), (22) und (23) die Formel (24) geliefert hat, erhält man jetzt

$$f(t) = \frac{1}{Z+r}\cdot\frac{2Z}{Z+Z_e}\sum_{n=0}^{\infty}(\varrho_a\varrho_e)^n\, e^{-t_n}\cdot e^{-(2n+1)\alpha\tau}\sum_{m=0}^{n}\binom{n}{m}\frac{1}{m!}\left(\frac{2Z}{r-Z}t_n\right)^m. \tag{29}$$

Auch hier ist jedes Glied erst ab $t_n = 0$ oder von $t = (2n+1)\tau$ an auszuwerten.

Für den Mathematiker ist es interessant, die Ausdrücke

$$\varphi_n = e^{-t_n} \sum_{m=0}^{n} \binom{n}{m} \frac{1}{m!} (-1)^m \left(\frac{2\,Z}{Z-r} \cdot t_n\right)^m \tag{30}$$

auf ihre mathematische Bedeutung hin zu untersuchen. Das Polynom

$$P_n\left(\frac{2\,Z}{Z-r}\,t_n\right) = \sum_{m=0}^{n} \binom{n}{m} \frac{1}{m!} (-1)^m \left(\frac{2\,Z}{Z-r}\,t_n\right) \tag{31}$$

ist nämlich mit den aus der Theorie der Reihenentwicklung willkürlicher Funktionen bekannten Laguerreschen Polynomen²) eng verknüpft. Es gilt

$$P_n = \frac{L_n}{n!} \,. \tag{32}$$

Setzt man insbesondere $r = 0$ — Kondensator ohne Vorwiderstand —, ein Fall, der in einem Zahlenbeispiel noch näher behandelt werden soll, so verwandelt sich das Argument der Polynome in $2\,t_n$ und der Ausdruck (30) wird ein „normiertes orthogonales Funktionensystem".³) Die Darstellung (29) ist also gleichbedeutend mit einer Entwicklung der Lösung nach einem derartigen Funktionensystem, wobei jedes Glied zeitlich um $2\,\tau$ versetzt ist.

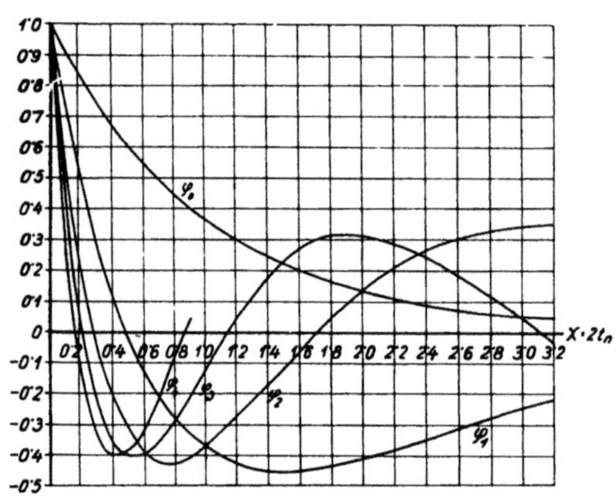

$$\varphi_n(t) = e^{-t} \sum_{m=0}^{n} \binom{n}{m} \frac{1}{m!} (-1)^m\, (2\,t)^m \,.$$

Bild 3. Normalfunktionen des Problems.

In Bild 3 sind die ersten fünf Funktionen dieser Reihe graphisch dargestellt. Mit ihrer Hilfe ergibt sich für den besonderen Fall $r = 0$ bei vernachlässigter Leitungsdämpfung

$$J_e Z_e = U_e = E \cdot \frac{2\,Z_e}{Z + Z_e} \sum_{n=0}^{\infty} (\varrho_a \varrho_e)^n \varphi_n(t_n) \,. \tag{33}$$

²) vgl. Courant-Hilbert, Methoden der mathematischen Physik, I, § 10, S. 77; Verlag Springer, Berlin, 1924.

³) Courant-Hilbert. l. c., Gleichung 75.

Die gesuchte allgemeine Lösung hat hingegen die Form

$$U_e = E\frac{Z}{Z+r}\cdot\frac{2Z_e}{Z+Z_e}\sum_{n=0}^{\infty}(\varrho_a\varrho_e)^n e^{-(2n+1)\alpha\tau} e^{-t_n} P_n\left(\frac{2Z}{Z-r}\cdot t_n\right) \tag{34}$$

mit den durch die Formeln (3), (4), (23) und (31) eingeführten Definitionen.

Bevor auf das erwähnte Zahlenbeispiel eingegangen wird, ist noch eine Bemerkung über die durch die Summenformel (34) dargestellte Funktion am Platz. Es sei angenommen, daß alle Glieder der Summe ohne Versetzung, also mit gleichem Anfangspunkt der Zeitzählung ablaufen. Es ist dies gleichbedeutend mit Vernachlässigung des Leitungseinflusses bzw. mit vollständigem Entfallen der Zwischenleitung.

Die in Formel (34) stehende Summe ist dann durch eine e-Funktion zu ersetzen. Dies beruht auf folgenden Zusammenhang:

$$\sum_{n=0}^{\infty}\sum_{m=0}^{n}\binom{n}{m}\frac{1}{m!}(-1)^m (kt)^m \varrho^n = \sum_{m=0}^{\infty}\frac{(-1)^m (kt)^m}{m!}\sum_{n=0}^{\infty}\binom{n}{m}\varrho^n$$

$$= \sum_{m=0}^{\infty}\frac{(-1)^m (kt)^m}{m!}\,\frac{\varrho^m}{(1-\varrho)^{m+1}} = \frac{e^{-\frac{\varrho kt}{1-\varrho}}}{1-\varrho} \tag{35}$$

mit den Abkürzungen

$$kt = \frac{2Z}{Z-r}\cdot t_n \text{ und } \varrho = \varrho_a\varrho_e\,.$$

Man überzeugt sich noch leicht, daß

$$\frac{Z}{Z+r}\,\frac{1}{1-\varrho_a\varrho_e} = \frac{Z+Z_e}{2(r+Z_e)}, \tag{36}$$

sowie daß

$$\frac{2Z}{Z-r}\cdot\frac{\varrho_a\varrho_e}{1-\varrho_a\varrho_e} = \frac{Z-Z_e}{r+Z_e}\,, \tag{37}$$

und erhält schließlich

$$U_e = E\frac{Z_e}{r+Z_e}e^{-\frac{t}{C(Z+r)}}\cdot e^{-\frac{Z-Z_e}{r+Z_e}\frac{t}{C(Z+r)}} = E\frac{Z_e}{r+Z_e}\cdot e^{-\frac{t}{C(r+Z_e)}}\,. \tag{38}$$

Die Zeitkonstante entspricht, wie dies sein muß, der Summe aus Anfangs- und Endwiderstand. Die auf den Endwiderstand entfallende Teilspannung U_e errechnet sich aus E durch proportionale Aufteilung auf r und Z_e.

Durch die Überlagerung der einzelnen — im Falle $r = 0$ ein normiertes Orthogonalsystem bildenden Funktionen (30) mit gleichem

Argument entsteht somit nicht die quasistationäre Lösung des Problems, sondern die Lösung des Grenzfalles verschwindend kurzer Leitung. Durch die Versetzung der einzelnen Funktionen kommt hingegen eine asymptotische Annäherung an die quasistationäre Lösung zustande, in der die Leitungsinduktivität ihren Einfluß geltend machen muß, so daß gedämpft periodische Schwingungen zustande kommen können. Es würde zu weit führen, die allgemeine Lösung (34) mit der an sich bekannten quasistationären Lösung in Beziehung zu setzen. Weit anschaulicher wird dies das folgende Beispiel dartun, dem die Annahme $r = 0$, also $\varrho_a = -1$ zugrundegelegt wird.

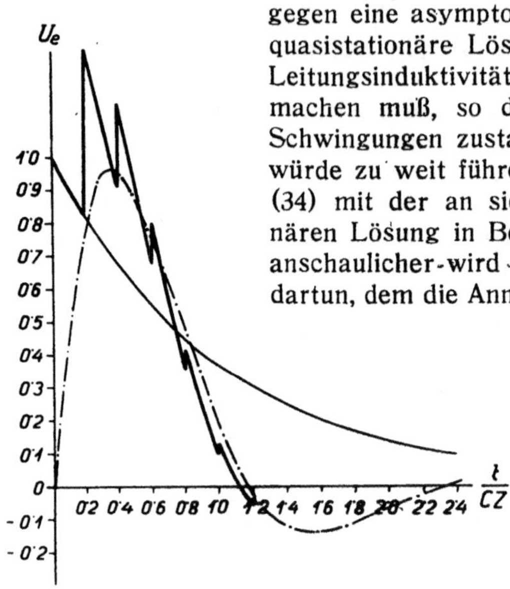

= 1. Teilwelle,
——— = Gesamtverlauf,
—·—·— = quasistationärer Verlauf.

Bild 4. Zeitlicher Verlauf eines Spannungstoßes am ableiterseitigen Ende. Vorwiderstand gleich Null.

Die Angaben der Leitung sollen vom ersten Zahlenbeispiel unverändert übernommen werden. Als Endwiderstand sei jedoch $Z_e = \frac{Z}{3}$ angenommen. Die Stoßbatterie habe doppelte Kapazität ($CZ = 5 \cdot 10^{-6}$ s). Der Vorgang wird beschrieben durch die Formel

$$U_e = \frac{1}{2} E \sum_{n=o}^{\infty} \left(\frac{1}{2}\right)^n \varphi_n(t_n). \tag{33)a}$$

Die Normalfunktionen des Bildes 3 sind somit entsprechend der Definition (23) gegeneinander fortschreitend um den numerischen Abszissenbetrag $\frac{2\tau}{CZ} = 0{,}2$ zu versetzen und in der Ordinate mit 1 bzw. 0,5 bzw. 0,25 usw., verkleinert zu überlagern. In diesem Maße entstehen Sprünge an den um je 0,2 versetzten Einsatzpunkten der reflektierten Wellenzüge, und zwar mit Beträgen, die nach einer geometrischen Reihe abnehmen. In Bild 4 ist dieses Verfahren durchgeführt, wobei 0,5 E gleich 1 gesetzt wurde. Die erste Entladung des Kondensators geht so vor sich, als ob nur der Wellenwiderstand der Leitung zwischen den Klemmen läge. Die Welle E läuft auf der dämpfungsfrei angenommenen Leitung bis zum Endpunkt mit einem nach einer e-Funktion abfallenden Rücken vor und dringt in den Widerstand Z_e infolge der an diesem Unstetigkeitspunkt entstehenden Brechungswirkung nur mit $1 + \varrho_e = 0{,}5$ der ursprünglichen Höhe ein. Zum Zeitpunkt 0,2 kommt es zu einem neuen Hochsprung von 1/2 der ersten Fronthöhe, der sich auf dem abfallenden Rücken der ersten Welle aufsetzt. Wenn diese bis dahin nicht entsprechend abgeklungen ist, so kommt eine bedeutende Überhöhung der ersten Spitze zustande.

Für die Stoßanordnung mit Kondensator ohne Vorwiderstand ist es also charakteristisch, daß nur die erste Teilwelle so gebrochen und zurückgeworfen wird, wie eine unendlich lange Wanderwelle, daß aber schon die zweite Teilwelle zu Überhöhungen führen kann, die von der Meßfunkenstrecke angezeigt werden, mit der praktischen Schutzwirkung der Ableiteranordnung aber nichts zu tun haben. Der Kondensator ohne Vorwiderstand ist nur bei hinreichend langen Zwischenleitungen ein in Verbindung mit Funkenstreckenmessung brauchbarer Stoßgenerator.

Für andere Annahmen als die im Beispiel behandelten läßt sich unter Beibehaltung der Voraussetzung $r = 0$ der tatsächliche Verlauf immer sehr einfach gewinnen. Was sich ändert, ist die Zeitstufe $\frac{2\tau}{CZ}$ und der Faktor ϱ_e, die für die Überlagerung der in Bild 3 gegebenen Normalkurven maßgebend sind.

Einige Beachtung beansprucht noch der Vergleich des wanderwellenmäßigen Verlaufes mit der quasistationären Entladung des Kondensators. Hier ist die Induktivität der Strecke l zu berücksichtigen, die $Z\tau$ beträgt. Die verteilte Kapazität der Leitungstrecke sei gegenüber der Stoßkapazität von $0{,}02 \cdot 10^{-6}\,F$ vernachlässigt. Die Entladeschwingung der Kapazität ist dann mit der Zeitkonstanten $\frac{2L}{Z_e} = \frac{2Z\tau}{Z_e} = 3 \cdot 10^{-6}$ s gedämpft. Die Frequenz der freien Schwingung errechnet sich aus

$$f = \frac{1}{2\pi}\sqrt{\frac{1}{CZ\tau} - \frac{Z_e^2}{4Z^2\tau^2}} \tag{39}$$

$$\frac{CZ}{T} = \frac{1}{2\pi}\sqrt{\frac{CZ}{\tau} - \frac{(CZ_e)^2}{4\tau^2}} = \frac{2{,}68}{2\pi}$$

und

$$\frac{1}{2}\,\frac{T}{CZ} = 1{,}17\,.$$

Die quasistationäre Entladeschwingung des Kondensators, die eben in erster Näherung berechnet wurde, weist somit bei $\frac{t}{CZ} = 1{,}17$, 2, 34... ihre Nulldurchgänge auf. Ihr ganzer Verlauf ist in Bild 4 strichpunktiert eingetragen. Man erkennt auch hier die schrittweise Annäherung des wanderwellenmäßigen Verlaufes an die quasistationäre Sollkurve, stellt aber auch fest, wie grundverschieden gerade die ersten Lösungsversuche der Natur von jenem Verlauf sind, der unter Vernachlässigung der endlichen Abmessungen der Anordnung, das heißt unter der Annahme unendlich großer Fortpflanzungsgeschwindigkeit mit konzentrierten Kapazitäten und Induktivitäten berechnet werden würde und dem sich schließlich das Verhalten der Anordnung tatsächlich anpaßt.

Die im zweiten Abschnitt aus den Grundvorstellungen der Theorie hergeleitete Annahme, daß die Stoßanordnung gemäß Bild 1 bei kurzen Zwischenleitungen zu Fehlmessungen führt, wenn der Kondensator keinen Vorwiderstand erhält, ist also bestätigt. Es ist freilich zuzugeben, daß die Bemessung $r = Z$ den Spannungswirkungsgrad der Anordnung auf die Hälfte herabsetzt, weil auf die Leitung nur eine Welle von der Höhe $\frac{E}{2}$ gelangt. Wer nicht den Kathodenstrahl-Oszillographen zur Verfügung hat, wird sich mit diesem Umstand abfinden müssen, wenn er sich nicht die Gewißheit verschafft hat, daß die Zeit bis zum Aufsprung der zweiten Teilwelle lang genug ist, um durch das inzwischen erfolgte Abklingen der ersten Welle eine Überhöhung der ersten Spitze zu verhindern. Das Wanderwellengesetz spiegelt sich eben nur im Verhältnis der ersten eindringenden Teilwelle zur ersten ankommenden Ladewelle der Leitung.

Es ist bemerkenswert, daß bei Außerachtlassung dieser Zusammenhänge gerade ein guter Ableiter eine ungünstige

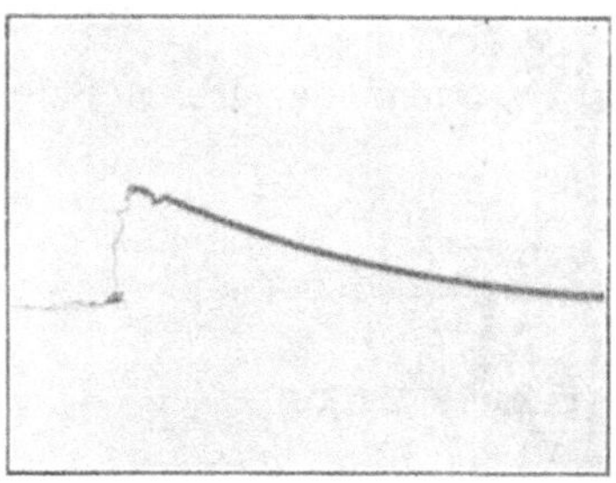

Bild 5. Kathodenstrahl-Oszillogramm einer Versuchsanordnung entsprechend den Bildern 1 und 2.

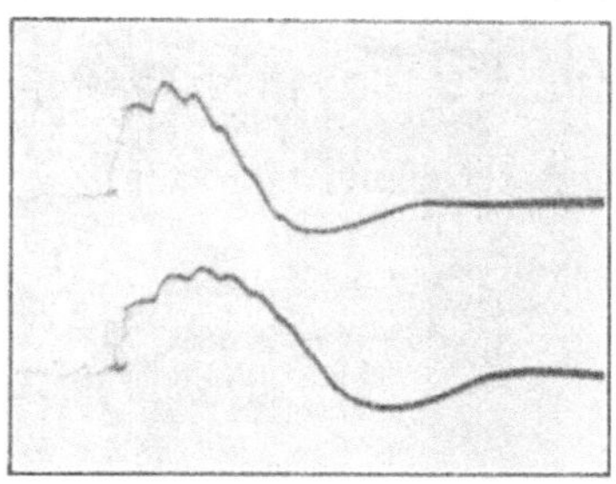

Bild 6. Kathodenstrahl-Oszillogramme von Versuchsanordnungen entsprechend Bild 4.

Beurteilung erfahren kann. Je niedrigohmiger nämlich der Ableiter, desto größer wird der Absolutwert von ϱ_e, desto höher wird also die reflektierte Welle und damit der Aufsprung durch die am Kondensator durch neues Zurückwerfen entstehende zweite Teilwelle. Es kann dann zu mehr als einer Überhöhung der ersten Front kommen.

In den Bildern 5 und 6 sind Kathodenstrahl-Oszillogramme gebracht, die in großen Zügen den beiden Zahlenbeispielen entsprechen und die grundsätzliche Übereinstimmung des tatsächlichen Verlaufes mit den Voraussagen der Theorie erkennen lassen.

6. Eine zweite Ableitung auf Basis der Wanderwellentheorie.

Die Operatorenrechnung ist heute auch in Fachkreisen noch nicht genügend eingedrungen, um einem mit ihrer Hilfe gelieferten Beweis allgemein Anerkennung zu verschaffen. Es ist ja auch merkwürdig, daß von Reflexionen im Ansatz überhaupt nicht gesprochen wird und im Endresultat die ganze Reihe der hin und her laufenden Wellen erscheint. Ein Versuch, das Ergebnis aus den Anschauungen über die Eigenschaft der einzelnen Welle aufzubauen, ist darum verlockend. Das vorliegende Problem läßt ausnahmsweise einen derartigen Versuch glücken.

Der Kondensator hat zunächst nur seinen Vorwiderstand und die Leitung vor sich, so daß auf diese eine Wanderwelle

$$U_0 = E\frac{Z}{r+Z}\cdot e^{-\frac{t}{C(r+Z)}}$$

entsandt wird.

Am Leitungsende erscheint die Welle nur mit einem nach Maßgabe des Faktors $e^{-\alpha\tau}$ verkleinerten Betrag. Durch Reflexion wird sie mit dem Faktor ϱ_e behaftet. Eingedrungen ist der Anteil

$$U_{e_0} = E\,\frac{Z}{r+Z}\cdot\frac{2\,Z_e}{Z_e+Z}\cdot e^{-\frac{t}{Cr(+Z)}}\,e^{-\alpha\tau}\,. \tag{40}$$

Am Leitungsanfang erscheint die wieder mit $e^{-\alpha\tau}$ verkleinerte Welle

$$f_0(t) = E\frac{Z}{r+Z}\cdot\varrho_e\cdot e^{-\frac{t}{C(r+Z)}}e^{-2\alpha\tau} = A_0 e^{-\frac{t}{C(r+Z)}}\,, \tag{41}$$

von der man folgendes aussagen kann:

a) Der Anteil $\varrho_a f_0(t)$ wird auf die Leitung sogleich zurückgeworfen.

b) In den Widerstand r dringt ein Anteil $f_0(t)\cdot\frac{2\,r}{r+Z}$ ein, der mit einem Strom $f_0(t) \cdot \frac{2}{r+Z}$ verknüpft ist. Dieser Strom ladet den Kondensator naturgemäß auf. Dies wird in der Weise berücksichtigt, daß zunächst angenommen wird, der Kondensator hemme das Eindringen des Stromes nicht durch Entwicklung einer Gegenspannung, verhalte sich also diesbezüglich wie ein Kurzschluß. Dafür wirke er nach außen hin mit eben dieser wachsenden Spannung und dem zugehörigen Gegenstrom. Man macht dabei nur vom Superpositionsprinzip Gebrauch, indem man die allmähliche Verringerung des von außen eindringenden Stromes auflöst in einen nach seinem unveränderten Ablaufgesetz eindringenden Strom und einen neu entwickelten, allmählich ansteigenden Gegenstrom, der sich aus der allmählich zustande kommenden Spannung V gemäß der Beziehung

$$i(t) = \frac{V}{r+Z} \tag{42}$$

herleitet.

Damit kommt man zu folgender Gleichung über das Spannungs-Gleichgewicht am Kondensator

$$\frac{1}{C}\int f_0(t)\,\frac{2}{Z+r}\,dt - \frac{1}{C}\int i(t)\,dt = i(t)\cdot(r+Z). \tag{43}$$

Einmalige Differentiation nach t liefert eine leicht lösbare Differentialgleichung und als Ergebnis

$$i(t) = e^{-\frac{t}{C(r+Z)}}\int e^{\frac{t}{C(r+Z)}}\cdot\frac{2}{C(r+Z)^2}\,f_0(t)\,dt. \tag{44}$$

Nun kommt in $f_0(t)$ gemäß Gleichung (41) das Glied $e^{-\frac{t}{C(r+Z)}}$ vor, so daß man schreiben kann

$$i(t) = e^{-\frac{t}{C(r+Z)}}\,\frac{2}{C(r+Z)^2}\int A_0\,dt. \tag{45}$$

Auf der Leitung erscheint eine um den Spannungsabfall im Widerstand r verminderte Spannung

$$V - ir = iZ = e^{-\frac{t}{C(r+Z)}}\,\frac{2Z}{C(r+Z)^2}\int A_0\,dt, \tag{46}$$

die sich der reflektierten Welle allmählich überlagert. Zusammen entsendet daher das kondensatorseitige Ende die Welle

$$U_1 = e^{-\frac{t}{C(r+Z)}}\left(A_0\,\varrho_a + \frac{2Z}{C(r+Z)^2}\int A_0\,dt\right)$$

$$= e^{-\frac{t}{C(r+Z)}}\,\varrho_a\left(A_0 + \frac{2Z}{C(r^2-Z^2)}\int A_0\,dt\right). \tag{47}$$

Nach Ausführung der Integration, die $A_0 t$ liefert, hat man mit dieser

Welle genau so zu verfahren, wie mit U_0. Bei ihrem Eintreffen am Leitungsende ist sie mit ϱ_e und $e^{-\alpha\tau}$ zu multiplizieren, worauf sie ihren Rückweg antritt, der neuerlich den Faktor $e^{-\alpha\tau}$ bringt.

So entsteht

$$f_1(t) = E \cdot \frac{Z}{r+Z} \cdot \varrho_a \varrho_e^2 e^{-\frac{t}{C(r+Z)}} \left(1 + \frac{2Z}{C(r^2-Z^2)} \cdot t\right) e^{-4\alpha\tau}. \tag{48}$$

Naturgemäß darf nicht übersehen werden, daß mit jedem derartigen Eintreffen eine neue Zeitzählung beginnt, die für die neu entstehende Teilwelle gilt. Zunächst stört das nicht, da ohnehin jede Teilwelle für sich betrachtet wird. Bei der Zusammensetzung der Teilwellen wird aber darauf zu achten sein.

Wenn man mit dem Ausdruck (48) der Reihe nach alle Operationen vornehmen wollte, denen der Ausdruck (41) unterworfen wurde, so bekäme man zwar einen Ausdruck für die dritte Teilwelle, aber ein Ende der mathematischen Ableitungen wäre nicht abzusehen. Ein kleiner Kunstgriff hilft hier über den toten Punkt hinweg.

Bei der Berechnung des Kondensatorgegenstromes $i(t)$ wurde die am Kondensator eintreffende Welle von vornherein ganz allgemein mit $f(t) = A\, e^{-\frac{t}{C(r+Z)}}$ eingeführt. In der anschließenden Ableitung wurde A sogar als beliebige Funktion von t behandelt. Somit ist das Verfahren geeignet, eine Rekursionsformel zu liefern. Ist nämlich

$$f_n(t) = A_n(t)\, e^{-\frac{t}{C(r+Z)}}, \tag{49}$$

so ergibt sich

$$f_{n+1}(t) = \varrho_a \varrho_e e^{-2\alpha\tau} \left(A_n(t) + \frac{2Z}{C(r^2-Z^2)} \int A_n(t)\, dt\right) e^{-\frac{t}{C(r+Z)}}, \tag{50}$$

was gleichwertig mit Formel (47) ist und außerdem die Zurücklegung der doppelten Leitungslänge mit dazwischen liegender Reflexion, also den Übergang von U_n zu f_n berücksichtigt.

Man bezeichne nun die Integration symbolisch durch den Faktor μ. Eine einfache Überlegung zeigt, daß hierdurch nur eine formale Bezeichnungsänderung erfolgt, die gestattet, mehrfache Integration durch Potenzen von μ auszudrücken. Dann ist

$$A_{n+1}(t) = \varrho_a \varrho_e e^{-2\alpha\tau} \left(1 + \frac{2Z}{C(r^2-Z^2)} \mu\right) A_n(t), \tag{51}$$

daher weiter

$$A_n(t) = \varrho_a^n \varrho_e^n \cdot e^{-2n\alpha\tau} \left(1 + \frac{2Z}{C(r^2-Z^2)} \mu\right)^n A_0 \cdot \tag{52}$$

Das angewendete symbolische Rechenverfahren wird am besten durch ein einfacheres Beispiel klargestellt. Es sei für eine Funktionenfolge das Bildungsgesetz vorgeschrieben, daß jedes Glied gleich dem vorangegangenen, vermehrt um dessen Zeitintegral sein soll.

Dann ist

$$B_1 = B_0\,(1+\mu),$$
$$B_2 = B_0\,(1+\mu) + B_0\,(1+\mu)\cdot\mu = B_0\,(1+\mu)^2,$$
$$B_n = B_0\,(1+\mu)^n.$$

Selbstverständlich ist die Anwendung des binomischen Lehrsatzes zulässig.

Aus Gl. (41) liest man ab

$$A_0\,(t) = E\,\frac{Z}{r+Z}\,\varrho_e\,e^{-2\alpha\tau},$$

d. h. A_0 ist eine Konstante. Daher hat $\mu^m A_0$ die Bedeutung von $A_0\,\frac{t^m}{m!}$.

Somit ist

$$A_n\,(t) = \varrho_a^n\,\varrho_e^n\,e^{-2n\alpha\tau}\,A_0 \sum_{m=0}^{n} \binom{n}{m} \left(\frac{2\,Z}{C\,(r^2-Z^2)}\right)^m \frac{t^m}{m!} \tag{53}$$

Nun geht aus Gl. (47) und (51) hervor, daß die vom Kondensatorende ausgehende Welle

$$U_n = e^{-\frac{t}{C(r+Z)}}\,\varrho_a\,\frac{A_n}{\varrho_a\,\varrho_e\,e^{-2\alpha\tau}}$$

ist, während

$$U_{en} = U_n\,\frac{2\,Z_e}{Z+Z_e}\cdot e^{-\alpha\tau}$$

in Z_e eindringt. Demzufolge ist

$$U_{en} = A_0\,\frac{2\,Z_e}{Z_e+Z}\,\varrho_a^{n}\,\varrho_e^{n-1}\,e^{-(2n-1)\alpha\tau}\,e^{-\frac{t}{C(r+Z)}} \sum_{m=0}^{n} \binom{n}{m} \left(\frac{2\,Z}{r-Z}\right)^m \frac{\left(\frac{t}{C(r+Z)}\right)^m}{m!}. \tag{54}$$

Mit

$$A_0 = E\,\frac{Z}{r+Z}\,\varrho_e\,e^{-2\alpha\tau}$$

erkennt man, daß man unter Berücksichtigung des über die Zeitzählung Gesagten in diesem Ausdruck das $n$te Glied der Summenformeln (29) bzw. (34) vor sich hat, so daß das Ergebnis auf diesem Wege bestätigt erscheint. Es ist erfreulich, daß man hierbei ohne H e a v i s i d e - Rechnung auskommen kann, aber es ist eine willkommene Bestätigung, daß das Ergebnis auf dem ersten Wege bereits sichergestellt ist.

Über die Beherrschung der Randfelder von Durchführungen und Transformatorwicklungen für hohe Betriebspannungen.

Von R. Crämer.

1. Einleitung.

In der Hochspannungstechnik begegnet man überall dort, wo zylindrische konzentrische Leiteranordnungen gegeneinander zu isolieren sind, besonders großen Schwierigkeiten, da die Feldstärke an den Rändern außerordentlich rasch zu hohen Werten ansteigt.

Im Transformatoren- und Hochspannungsapparatebau kommen derartige zylindrische Anordnungen bei allen Durchführungen und bei den Wicklungen von Transformatoren, Wandlern und Drosselspulen mit Zylinderspulen vor.

2. Feldverhältnisse bei Durchführungen und bei Transformatorwicklungen.

Bei der Betrachtung der Feldverhältnisse zweier konzentrischer Zylinder sieht man ohne weiteres, daß die Feldstärke am inneren Zylinder größer ist als am äußeren und in beiden Fällen fast bis zu den Zylinderrändern konstant bleibt. Ist der innere Zylinder wesentlich länger als der äußere, wie das bei Durchführungen der Fall ist, bei denen der Bolzen den inneren Zylinder und die Fassung den äußeren darstellt, so wird an diesem die Feldstärke von der Austrittstelle an stetig geringer, während am Rand des äußeren Zylinders eine starke Feldlinienkonzentration eintritt. Bei zylindrischen Transformatorwicklungen liegen die Verhältnisse praktisch ebenso. Hier sind zwar die zylindrischen Spulen gleich lang, jedoch wird der Rand der inneren Spule durch den Eisenkern elektrisch überdeckt, so daß man wieder das Feldbild zweier verschieden langer konzentrischer Zylinder vor sich hat.

Die Feldstärken zwischen den Zylindern lassen sich an jeder Stelle auf einfache Weise berechnen. Die Stärke des Randfeldes ist bei den meist kantigen Rändern bei den einfacheren geometrischen Formen der Ränder rechnerisch mit der Methode der konformen Abbildung zu ermitteln.

Da aber die elektrische Festigkeit des Öles für jede Elektrodenform und für jeden Abstand verschieden ist und man vor allem nicht weiß, ob die Durchschlagspannung bei einer bestimmten Elektrodenanordnung von der höchsten Feldstärke oder vom Feldstärkenverlauf über eine gewisse Länge des Überschlagweges abhängt, so kommt man durch die Berechnung der Feldstärken der Lösung der Aufgabe nicht näher, sondern ist von Fall zu Fall auf den Versuch angewiesen[1]).

a) Randfeld in Luft von Durchführungen für Innenräume.

Im folgenden soll nun gezeigt werden, auf welche Weise die Randfeldstärke bei Durchführungen für höhere Betriebspannungen, bei denen Luft als Isolierstoff im Innern nicht mehr in Frage kommt, gesteuert oder gemildert werden kann, so daß ein möglichst geringer Baustoffaufwand für die Konstruktion erforderlich wird. Bekanntlich gibt es zwei Arten von Durchführungen, und zwar Wanddurchführungen, die zwei luftgefüllte Räume verbinden, und Apparatedurchführungen, die einen ölgefüllten Raum mit einem luftgefüllten verbinden, wobei in jedem Fall der Luftteil in Innenräumen sowohl wie im Freien zur Aufstellung kommen kann. Im letztgenannten Falle sind die beiden Hälften elektrisch vollständig getrennt zu behandeln.

Zunächst seien Wanddurchführungen bzw. die Luftseite von Apparatedurchführungen betrachtet.

Schon bei verhältnismäßig niedrigen Spannungen scheidet Luft als Isoliermittel zwischen Bolzen und Fassung wegen ihrer geringen elektrischen Festigkeit aus, da sehr bald an den Stellen hoher Feldstärke, also an der Bolzenoberfläche und am Rand Entladungen einsetzen, die zum Überschlag führen. Man ist deshalb gezwungen, die Luft zwischen Bolzen und Fassung durch einen Isolierstoff höherer Festigkeit, wie Öl, Porzellan oder Hartpapier oder durch eine geschichtete Anordnung dieser Stoffe zu ersetzen.

Durch die Wahl derartiger Isoliermittel gelingt es zwar, bei erträglichen Abmessungen die Durchschlagspannung zwischen Fassung und Bolzen in zum Bolzen senkrechter Richtung, genügend hoch zu erhalten, nicht aber die Überschlagspannung längs der Isolatoroberfläche.

Die den elektrisch am höchsten beanspruchten Fassungsrand umgebende Luft mit ihrer geringen Durchschlagfestigkeit bietet

---

[1]) Dreyfuss, Teknisk Tidskrift, Jahrg. 52, H. 23, 33, 39.

die Hauptschwierigkeit für die Konstruktion einer Durchführung, und die Aufgabe besteht grundsätzlich darin, bei gegebener Überschlagslänge den kleinsten Abstand zwischen den beiden Zylindern bzw. bei Durchführungen den geringsten Fassungsdurchmesser zu erreichen.

Die Überschlagslänge ist durch die höchstzulässige Luftfestigkeit von 3,6 bis 4 kV/cm bestimmt, unter der Voraussetzung eines genügenden Ausgleichs der Feldstärke an den Fassungsrändern, der durch die im folgenden behandelten Konstruktionen angestrebt wird. Dieser Wert, der ganz allgemein sowohl bei Anordnungen mit kantigen Elektroden als auch für die Nadelfunkenstrecke bei größeren Abständen gilt, ist wegen der Glimm- bzw. Büschelentladungen an den Elektroden verhältnismäßig niedrig.

Durch entsprechende Schichtung der festen und flüssigen Isolierstoffe zwischen Bolzen und Fassung unter Berücksichtigung ihrer Dielektrizitätskonstanten derart, daß vom Bolzen aus eine stetige Abnahme der Dielektrizitätskonstanten erfolgt, wird zwar eine günstige Spannungsverteilung in radialer Richtung erzielt, jedoch die Feldstärke am Fassungsrand erhöht.

a) Tulpenförmige Ausbildung der Ränder.

Durch tulpenförmige Ausbildung der Fassungsränder kann man nach Rogowski bei richtiger Formgebung der Tulpe erreichen, daß die Feldstärke ohne an einer Stelle größer zu werden, als im Innern des Zylinders, nach außen gegen den Tulpenrand zu stetig abnimmt. Für höhere Spannungen erweist sich jedoch eine derartige Anordnung in Luft als völlig abwegig, da der gewünschte Erfolg ausbleibt. Wegen kleiner radialer Abmessungen braucht man, wie schon erwähnt, Isoliermaterialien höherer Festigkeit als Luft zwischen Fassung und Bolzen. Der Einfluß der verschiedenen Dielektrizitätskonstanten auf die Feldverteilung und vor allem die Neigung von Grenzschichten zur Gleitfunkenbildung setzen die Überschlagspannung soweit herab, daß praktisch kein großer Unterschied zwischen kantigen und tulpenförmigen Fassungsrändern übrig bleibt. Schon bei der Fassung mit kantigen Rändern hat man durch Glimm- und Büschelentladungen mit einer Herabsetzung der Feldstärke zu rechnen, so daß der Unterschied zwischen tulpenförmigen und kantigen Fassungsrändern selbst dann, wenn die erwähnte Gleitfunkenbildung nicht vorhanden wäre, nicht allzu groß ist. Unter Öl liegen hier, wie noch gezeigt werden wird, die Verhältnisse wesentlich günstiger.

β) Steuerung des Randfeldes durch Kondensatorbelege.

Der geringste Materialaufwand wird dann bei Durchführungen erreicht, wenn man die Feldstärke an den Fassungsrändern und zwischen Bolzen und Fassung in bekannter Weise dadurch steuert, daß man die Durchführung in eine entsprechend große Anzahl von konzentrischen Einzel-Kondensatoren aufteilt, deren Kapazität man möglichst einander gleich macht. Dadurch ergeben sich vom Bolzen aus gerechnet, mit wachsendem Zylinderdurchmesser entsprechend kürzer werdende Zylinder. Eine derartige Konstruktion bietet neben dem geringsten Materialaufwand den Vorteil, daß man die Abmessungen für eine bestimmte Betriebspannung genau vorausberechnen kann. Die beste Materialausnützung wird dann erreicht, wenn man längs der Oberfläche der Durchführung für eine gleichmäßige Spannungsverteilung sorgt, woraus sich radial zwangläufig eine ungleichmäßige ergibt.

γ) Ausgleich des Randfeldes durch Glimmentladungen.

Das Randfeld bei mäßig großem Fassungsdurchmesser läßt sich auch dadurch stark mildern, daß man am Fassungsrand Glimmentladungen künstlich durch Anbringen messerscharfer Ringe erzeugt. Es bildet sich dann bei Steigerung der Spannung bis zum Überschlag eine im Dunkeln bläulich leuchtende Streifenentladung bis über die Hälfte der Überschlagslänge aus, ohne daß an irgendeiner Stelle Gleitfunken oder Büschel zu sehen wären. Diese Glimmentladungen bewirken eine Erhöhung der Überschlagspannung um etwa 60 vH gegenüber der gleichen Durchführung mit kantigen Fassungsrändern; die durch die gleichmäßige Glimmentladung entstehende Raumladung bewirkt einen Ausgleich des Randfeldes und damit eine Erhöhung der Überschlagsspannung. Durch den Eintritt des Glimmens wird eine wesentliche Zunahme der Randfeldstärke unterbunden und es erfolgt eine nahezu gleichmäßige Spannungsverteilung längs der Oberfläche des Isolators[2]).

Bei kurzen Spannungsstößen wird die Wirkung des Glimmringes geringer und folglich die Randfeldstärke höher sein. Um auch dann noch das gleich günstige Verhältnis zwischen der Stoßspannung und der Überschlagsspannung von 50 Per/s, wie z. B. bei Kondensatordurchführungen zu erzielen, bringt man in ⅓ der Höhe der Überschlagslänge vom Glimmring aus gemessen eine Ionenbarriere in Form eines mit der Durchführung elektrisch gut verbundenen Wulstes aus Isolierstoff an. Die Wirkung dieses Ringes besteht

---

[2]) s. O. Mayr, Arch. f. El. 1927, Band XVIII.

darin, daß einerseits die Glimmentladungen nicht gestört werden, anderseits Gleitfunken, die sich bekanntlich nur auf der Isolatoroberfläche bewegen, innerhalb gewisser Grenzen aufgehalten werden, die sonst bei rasch verlaufenden Spannungsstößen zum Überschlag führen würden.

Die Bemessung derartiger Durchführungen mit Glimmringen muß mit Rücksicht auf die Glimmanfangsspannung erfolgen, die oberhalb der Phasenspannung liegen muß, da man das Glimmen im Betriebe wegen der Zersetzung der Luft in geschlossenen Räumen und wegen des störenden Geräusches vermeiden muß. Außerdem würde das Hartpapier an den Stellen, an denen die Entladungen die Papieroberfläche treffen, geschwärzt und zersetzt. Für die Dauer von Stunden, also während eines mehrstündigen Erdschlusses, der die verkettete Spannung gegen Erde an den nicht vom Erdschluß betroffenen Phasen zur Folge hat, schädigen die Glimmentladungen das Material noch nicht merklich.

Bild 1. Glimmring-Durchführung für 100 kV.

Derartige ölgefüllte Durchführungen mit Glimmringen wurden von der AEG für Betriebsspannungen bis zu 135 kV geliefert und bei Prüftransformatoren bis zu 1 Million V angewendet (Bilder 1 und 2).

δ) Beeinflussung des Feldes durch Ionenbarriere.

Im Gegensatz zur Durchführung mit Glimmringen, bei der die Glimmentladung unterstützt wird, steht die Durchführung mit der sogenannten Ionenbarriere unmittelbar an der Fassung, die zwar das Glimmen nicht unterbindet, aber doch der Streifenentladung den Weg sperrt. Durch diese Maßnahme läßt sich ebenfalls das Verhältnis $\frac{\text{Überschlaglänge}}{\text{Fassungsdurchmesser}}$ recht günstig gestalten. Die Wirkung einer derartig weit ausladenden Rippe beruht in erster Linie darauf, das die Feldstärke auf der der Fassung abgewandten Seite der Rippe durch die hohe Dielektrizitätskonstante des keramischen Materials wesentlich herabgesetzt wird, ähnlich wie die Feldstärke im Öl auf der Bolzenisolierung.

Allerdings ist die praktische Durchführbarkeit an keramische Stoffe gebunden insofern, als sich nur bei diesen Wulste am Fassungsrand, also an der Stelle der höchsten Feldstärke anbringen lassen, welche die genügende elektrische Festigkeit haben. Der wirtschaftliche Vorteil liegt darin, daß man bei einer ölgefüllten Durchführung den Fassungsdurchmesser, der ja das Volumen der Durchführung und damit den Materialaufwand bedingt, wesentlich ver-

Bild 2. Prüftransformator für 1 Million V gegen Erde mit Glimmringdurchführung.

ringern kann, wenn man in unmittelbarer Nähe des Fassungsrandes eine Rippe genügender Ausladung anbringt. Für höhere Betriebspannungen wird gegenüber ölgefüllten Durchführungen mit normaler Rippenanordnung eine Materialersparnis von 50 vH erreicht. Aus den Bildern 3, 4 und 5 sind in der ersten Bildreihe Durchführungskörper für Ölfüllung mit normaler Rippenausbildung und in der zweiten Bildreihe solche zu sehen, bei denen die erste Rippe unmittelbar auf dem Fassungsrand aufsitzt und entsprechend größere Ausladung hat. Keramische Durchführungen für Innenräume können grundsätzlich mit Ausnahme der Rippe, die als Ionensperre dient, glatt ausgeführt werden. Um jedoch Zufälligkeiten wie Schwitzwasserbildung oder Verschmutzung zu begegnen, werden einige Wulste mit geringer Ausladung angebracht (Bild 6).

ε) Beeinflussung des Randfeldes durch Kondensatorbelege und Ionenbarriere.

Eine Verbindung von Kondensatordurchführungen und Durchführungen mit Ionenbarriere unmittelbar am Fassungsrand findet

Bild 3. Keramische Durchführungskörper Reihe 45 bis 150 mit normalen Rippen.

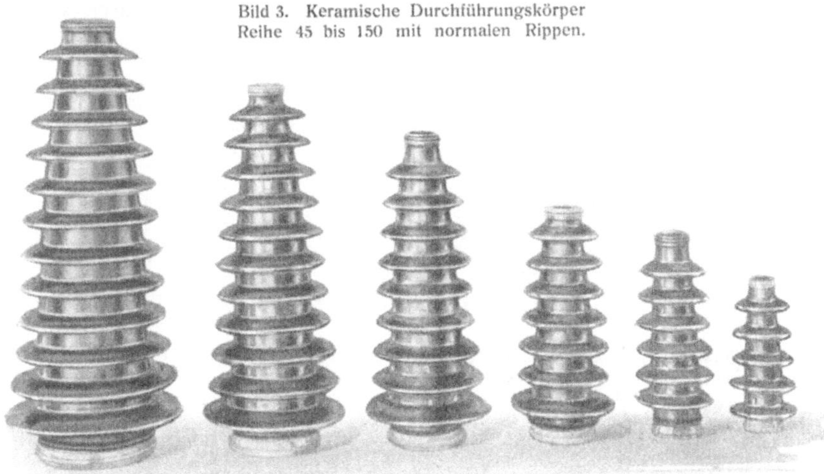

Bild 4. Keramische Durchführungskörper Reihe 45 bis 150 mit weit ausladenden Rippen an der Fassung.

man bei den sogenannten Mehrrohr-Porzellan-Durchführungen der Porzellanfabrik Ph. Rosenthal & Co., bei denen als Isolierstoff ausschließlich Porzellan mit einem Bindemittel in Frage kommt. Bei dieser Art von Durchführungen ist der Bolzen durch mehrere übereinandergeschobene Porzellanrohre isoliert, die gegen die Fassung zu kürzer werden und an ihren Enden jeweils einen verhältnismäßig weit ausladenden Porzellanteller tragen. Durch die hohe Dielektrizitätskonstante des Porzellans tritt bei dem verhältnismäßig geringen Fassungsdurchmesser am Fassungsrand in Luft eine außerordentlich hohe Feldstärke auf, so daß hier zur Erreichung des gewünschten Wertes der Überschlagspannung ein weit ausladender Teller am Fassungsrand erforderlich wird. Um außerdem das Glimmen in dem Raum zwischen den Porzellanrohren, der durch einen besonderen Kitt ausgefüllt ist, zu vermindern, werden die Porzellanzylinder an den gegen-

Bild 5. Prüftransformator für 1 Million V gegen Erde mit Durchführung, deren Rippen an der Fassung weit ausladen.

Bild 6. Keramische Durchführungskörper Reihe 80 und 100 für Innenraum mit weit ausladenden Rippen an der Fassung.

überliegenden Flächen metallisiert und miteinander metallisch verbunden, so daß zwischen je zwei Zylindern ein feldfreier Raum entsteht. Die Zahl der Kondensatorbelege ist durch die Zahl der Porzellanrohre gegeben und beträgt bei 60 kV-Durchführungen zwei, bei 100 kV-Durchführungen drei. Die Steuerwirkung ist demzufolge wesentlich geringer als bei gewöhnlichen Kondensatordurchführungen mit z. B. 22 Belegen für 100 kV Betriebspannung.

Der wesentlichste Vorteil, den derartige Durchführungen bieten, besteht darin, daß sie völlig unbrennbar und unhygroskopisch sind.

ζ) Steuerung des Randfeldes durch eine vorgeschobene Elektrode.

Eine wesentliche Milderung des Randfeldes kann auch erreicht werden, indem man den Fassungsrand elektrisch dadurch überdeckt, daß man bei einer ölgefüllten glatten Durchführung innerhalb des Ölmantels einen Metallzylinder vor den Fassungsrand schiebt, der mit der Fassung verbunden ist. Gegenüber den besprochenen Bauarten erreicht man hier den Nachteil erhöhter Durchschlagsgefahr, bei niedriger Durchschlagspannung, die aber bei günstigen Isolationsabmessungen noch genügend hoch über der Überschlagspannung gehalten werden kann.

Das Randfeld auf der Luftseite von Durchführungen kann also zusammenfassend durch folgende Mittel gemildert bzw. in seiner Wirkung geschwächt werden:

1. Steuerung des Feldes durch Kondensatoreinlagen,
2. Absichtlich hervorgerufene Glimm- bzw. Streifen-Entladungen am Fassungsrand,
3. Verhinderung einer Streifenentladung mit Ionensperre,
4. Vorgeschobene Elektroden,
5. Mehrrohr-Porzellan-Durchführungen mit Kondensatorbelegen.

b) Randfeld von Freiluft-Durchführungen.

α) Ausbildung und Anordnung der Rippen.

Durchführungen, die im Freien zur Verwendung kommen, müssen naturgemäß mit wetterbeständigem Überzug versehen werden, und hierfür kommen nur keramische Stoffe in Frage, die in bekannter Weise mit verhältnismäßig weit ausladenden Rippen versehen werden müssen, um bei Beregnung eine ununterbrochene Strombahn zu verhüten. Unter den keramischen Isolierstoffen kommen heute für hohe Betriebspannungen hauptsächlich Porzellan und Sillimanit in Frage. An sich müßte eine gleichmäßige Benetzung einen gewissen Ausgleich der Randfelder der Fassung zur Folge haben. Tatsächlich bilden sich aber verschieden lange und verschieden breite Strombahnen aus mit verschieden großen Spannungsabfällen auf der Oberfläche. Da man bei Beregnung mit Wasser von einiger Leitfähigkeit (etwa 100 μs) nur noch von einem Ohmschen Spannungsabfall längs der Oberfläche sprechen kann und das elektrostatische Feld des trockenen Isolators ganz in den Hintergrund tritt, so muß der Ausbildung der Rippen besondere Aufmerksamkeit geschenkt werden, wenn die vom VDE vorgeschriebenen Prüf- und

Mindest-Überschlagspannungen auch bei Beregnung eingehalten werden sollen. Von großem Einfluß auf die Regen-Überschlagspannung derartiger Durchführungen ist die richtige Bemessung des Abstandes der einzelnen Rippen, während Form und Neigungswinkel von geringerer Bedeutung sind. Bei Durchführungen für sehr hohe Betriebspannungen kann die abfließende Regenmenge durch einen in der Mitte angeordneten Teller größerer Ausladung von dem darunterliegenden ferngehalten werden, wie dies bei den 220 kV-Durchführungen der AEG geschehen ist (Bild 7).

β) Keramische Durchführungen mit Ionenbarriere.

Als Freiluft-Durchführungen kommen in erster Linie die keramischen Durchführungen mit Ionenbarriere am Fassungsrand in Frage, wobei die folgenden Rippen bei entsprechendem Abstand die nötige Ausladung zur Unterbrechung der Wasserfäden bei Beregnung und zur Verhinderung eines sich insbesondere bei Nebel durch Verschmutzung ausbildenden Kriechweges erhalten.

γ) Kondensatordurchführungen mit keramischem Überwurf.

Obwohl eine ölgefüllte Durchführung aus keramischem Material für Aufstellung im Freien voll und ganz den Anforderungen des Betriebes und den Prüfvorschriften entspricht, so werden doch häufig Kondensatordurchführungen mit keramischen Überwürfen verlangt, die mit entsprechenden Regenrippen versehen werden. Da derartige Überwürfe ungefähr den gleichen Durchmesser wie die oben beschriebene keramische Durchführung erhalten, sich also von dieser nur durch weniger weit ausladende Rippen in der Fassungsgegend unterscheiden, so kann man den Einbau einer Kondensatordurchführung sparen, sofern nicht andere Gründe wie z. B. der einer Vereinfachung der Lagerhaltung vorliegen. Daß tatsächlich bei Beregnung des Überwurfes kein Einfluß auf das Randfeld der Überwurffassung durch die innenliegende Kondensatordurchführung ausgeübt wird, zeigt deutlich das Ergebnis der Überschlagmessung einer derartigen Durchführung und zwar einmal mit, das andere Mal ohne innere Kondensatordurchführung. In beiden Fällen ergibt sich genau die gleiche Überschlagspannung. Auch der häufig hervorgehobene Nachteil der Brennbarkeit der Durchführung gegenüber der Kondensatordurchführung verliert bei Freiluftanlagen an Bedeutung, da der Raum zwischen Kondensator und keramischem Überwurf mit Isolationsmasse ausgefüllt werden muß, um Feuchtigkeitniederschläge zu vermeiden, ganz abgesehen davon, daß in Freiluftanlagen eine Verrußungsgefahr wie für Räume nicht besteht.

c) Randfeld auf der Ölseite von Apparate-Durchführungen.

Wie verhält sich nun das Randfeld auf der Ölseite? Bei sonst gleichen Abmessungen befindet sich der Fassungsrand in einem Medium erhöhter elektrischer Festigkeit, so daß bei gleichem Fassungsdurchmesser wie auf der Luftseite mit Ausnahme der Kondensatordurchführung keine besonderen Maßnahmen getroffen werden müssen, um die geforderte Mindest-Überschlagspannung zu erreichen. Während man, wie vorher besprochen, bei einer ölgefüllten Durchführung auf der Luftseite einen Glimmring oder eine Ionensperre in Form einer weit ausladenden Rippe anwenden muß, um eine genügend hohe Prüfspannung halten zu können, sind auf der Ölseite bei gleichem Fassungsdurchmesser keinerlei Mittel erforderlich, da die Festigkeit des Öles allein genügt, um die Überschlagspannung genügend hochzuhalten.

α) Entlastung des Randfeldes durch isolierte Metallringe.

Eine nicht unwesentliche Verbesserung derartiger Durchführungen wird dadurch erreicht, daß in Fassungsnähe auf der Ölseite ein isolierter Metallring konzentrisch um das Durchführungsrohr gelegt wird, der mit der Fassung verbunden wird. Die hohe Durchschlagfestigkeit der Isolierung des Ringes bewirkt eine wesentliche Herabsetzung der Feldstärke im Öl am Fassungsrand, wodurch die Überschlagspannung entsprechend gesteigert wird.

Ungünstige Erfahrungen wurden mit Durchführungen von Ölschaltern gemacht, deren Ölteil aus Hartpapier bestand. Bei derartigen Ölschalterdurchführungen traten manchmal Brandkanäle auf der Papieroberfläche mit folgendem Lichtbogenüberschlag ein, während in Transformatoren bei gleichen Betriebspannungen und gleichen Randfeldstärken niemals derartige Störungen bekannt wurden. Zweifellos sind als Ursache Ölzersetzungsprodukte anzusprechen, die beim Abschaltlichtbogen entstehen und auf der Papieroberfläche leichter haften bleiben als auf Porzellan. Außerdem werden Porzellandurchführungen stets mit Rippen ausgeführt, welche die Bildung eines ununterbrochenen Kriechweges verhindern.

d) Kondensatordurchführungen auf der Ölseite.

Bei der Kondensatordurchführung ergibt sich die Verlängerung der Belege über die Fassung hinaus von selbst. Infolge der höheren Festigkeit des Öles kann mit einer höheren Beanspruchung gerechnet werden, wodurch sich eine entsprechende Verkürzung der Überschlaglänge ergibt. Durch den geringen Fassungsdurchmesser derartiger Durchführungen würden ohne Steuerung der Feldstärke auch auf der Ölseite schon unterhalb der Prüfspannung Überschläge zu erwarten sein.

Nachteilig wirkt bei Kondensatordurchführungen die verhältnismäßig große Überschlagslänge auf der Ölseite, die bei ölgefüllten Durchführungen wesentlich kürzer gehalten werden kann.

a) Einschnürung der Fassung ölgefüllter Durchführungen zwecks Unterbringung von Wandlern kleineren Durchmessers.

Einen nicht zu unterschätzenden Nachteil hat die ölgefüllte Durchführung für Aufstellung im Freien gegenüber der Kondensatordurchführung

Bild 7. Transformator - Durchführung für 220 kV mit weit ausladenden Rippen in der Mitte und an der Fassung.

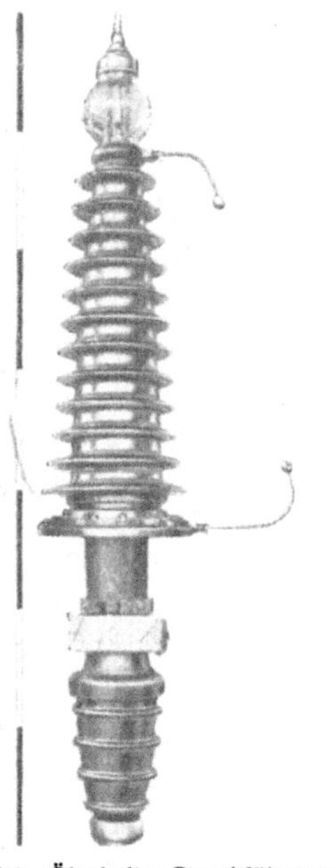

Bild 8. Ölschalter-Durchführung für 150 kV mit eingeschnürter Fassung.

Bild 9. Ölschalter-Durchführung für 220 kV mit eingeschnürter Fassung.

mit Überwurf stets dann, wenn die Durchführung mit um die Fassung herumgelegten Ringwandlern versehen werden soll, wie das fast allgemein bei Ölschaltern der Fall ist. Hier wirkt sich der Unterschied im Fassungsdurchmesser besonders bei sehr hohen Betriebspannungen unangenehm aus.

Für Ölschalterdurchführungen ist bisher der Durchmesser der Ölseite der Durchführungen für die Abmessungen des Stromwandlerkernes maßgebend gewesen. Bei sehr hohen Betriebspannungen werden die Fassungsdurchmesser jedoch so groß, daß die Wandler magnetisch ungünstig werden, ganz abgesehen von dem Gewicht des Kernes und der dadurch bedingten Deckelkonstruktion.

Der Fassungsdurchmesser muß im allgemeinen so groß gewählt werden, daß auf der Ölseite am Fassungsrand bei der Luftüberschlagspannung des Isolators noch keinerlei Entladungen auftreten.

Man kann nun, ohne die Randfelder auf beiden Seiten zu beeinflussen, trotzdem zu verhältnismäßig kleinen Wandlerkern-Durchmessern kommen, wenn man die Fassung bei unveränderten Randdurchmessern tulpenförmig gegen die Mitte zu verjüngt. Während in Luft, wie anfangs erwähnt, die tulpenförmige Ausbildung der Fassung praktisch keinen Erfolg bringt, tritt unter Öl erst bei Überschreitung der höchstzulässigen berechneten Feldstärke der Überschlag ein. Ohne die Bolzenisolierung oder das Öl elektrisch besonders hoch beanspruchen zu müssen, kann man den Durchmesser in der Mitte der Fassung gegenüber dem Fassungsdurchmesser an den Rändern auf die Hälfte verkleinern und erhält dadurch für den Stromwandler sehr günstige Abmessungen in magnetischer Hinsicht, und geringeres Gewicht. In den Bildern 8 und 9 sind die von der AEG gelieferten Durchführungen für 150 und 220 kV-Ölschalter wiedergegeben.

3. Prüfung von Durchführungen.

a) Bedeutung der Verlustmessung.

Für jede Betriebspannung ist gewöhnlich eine bestimmte Prüf- bzw. Mindest - Überschlagspannung festgelegt, die sowohl für Innenraum-Durchführungen als auch für Freiluft-Durchführungen maßgebend ist. Darüber hinaus sind für ölgefüllte Durchführungen ohne innere Elektroden keine weiteren Prüfungen erforderlich. Irgendwelche Hohlräume oder mangelhaftes Isolationsmaterial machen sich im allgemeinen beim Prüfen mit der Prüfspannung durch Gleitfunken, Durchschläge oder durch Erwärmung bemerkbar. Verlustmessungen können Material- oder Konstruktionsfehler kaum besser aufdecken als eine Prüfung mit der Prüfspannung, wobei, wie schon erwähnt, vorzeitige Glimm- oder Büschelentladungen deutlich zeigen, daß die Durchführung elektrisch nicht in Ordnung ist.

Anders ist es bei Kondensatordurchführungen mit ihren scharfkantigen Stanniolleinlagen.

b) Verminderung der Verluste bei Kondensatordurchführungen.

Bei der praktischen Herstellung von Kondensatordurchführungen in Form von Papierwickeln mit Stanniolleinlagen besteht die Gefahr einer Verschiebung einer Einlage; es kann auch vorkommen, daß eine Stanniolleinlage am Rand nicht gut verklebt ist, so daß Lufteinschlüsse an Stellen verhältnismäßig hoher Feldstärken vorhanden sind. Bei der gewöhnlichen Prüfung mit 50 Per/s zeigen sich derartige Fehler nur dann, wenn sie die Spannungsverteilung empfindlich stören oder wenn die Lufteinschlüsse lange Gleitfunken zulassen, die bei der Prüfung zu Längsdurchschlägen führen. Mit Hilfe der Verlustwinkelmessung kann man manchmal derartige Fehler aufdecken, aber auch nur dann, wenn genügend Erfahrung vorliegt, da durch einen einzigen Klebefehler und damit durch einige Glimmpunkte an einer Stelle der Verlustwinkel nicht wesentlich vergrößert wird. Die Verluste bei derartigen Durchführungen sind einerseits dielektrische Verluste des Hartpapiermaterials, die abhängig sind vom Isolationswiderstand und einen konstanten Verlustwinkel zur Folge haben, anderseits Glimmverluste, die bei richtiger Bemessung erst oberhalb der verketteten Spannung einsetzen. Die Glimmverluste verursachen ein plötzliches Ansteigen des Verlustwinkels. An Hand einer bei zunehmender Spannung aufgenommenen Verlustwinkelkurve kann man im allgemeinen deutlich das Einsetzen des Glimmens ersehen, das sich durch einen Knick in der sonst stetig verlaufenden Kurve bemerkbar macht.

Diese Glimmentladungen haben ihren Sitz nicht an den Rändern, wie man annehmen müßte, sondern zwischen Belegen und Papieroberfläche. Wenn auch die Belegränder scharfkantig sind, so darf man nicht übersehen, daß die von den einzelnen Rändern ausgehenden Feldlinien sich gegenseitig überdecken, wodurch eine wesentliche Herabsetzung der Feldstärken an den Rändern erfolgt.

An einem zylindrischen Hartpapier-Kondensator, bestehend aus zwei in einem Abstand von 2 bis 3 mm eingewickelten Stanniolbelegen gleicher Länge kann mit Hilfe der Verlustmeßbrücke leicht der Sitz der Verluste festgestellt werden unter der Voraussetzung, daß beim Einlegen des äußeren Belages auf jeder Seite in etwa 10 mm Entfernung von den Rändern eine Trennfuge und eine

Anschlußmöglichkeit für die beiden abgetrennten Stanniolbelege vorgesehen ist. Verbindet man den mittleren langen Teil des äußeren Belages mit den beiden abgetrennten Teilen, so werden die Randkapazitäten und gegebenenfalls auftretende Glimmverluste an den Rändern mitgemessen. Erdet man dagegen die beiden abgetrennten Belegteile und führt nur den mittleren zur Meßbrücke, so werden Randverlust-Ströme und Randkapazität-Ströme direkt zur Erde abgeleitet. Es werden dann lediglich die Kapazität und die Verluste zwischen Belag und Papier gemessen.

Bei einer derartig durchgeführten Messung ergibt sich stets praktisch die gleiche Verlustwinkelkurve mit und ohne Randkapazität. Für das Auftreten der Glimmverluste bleibt also nur noch der Raum zwischen Stanniolbelag und Papieroberfläche übrig.

Bei nicht allzu fest gewickelten Durchführungen hört man mit dem Höhrrohr deutlich das Glimmen, das gegen die Ränder zu plötzlich verschwindet.

Wenn auch der Anstieg der Verlustwinkelkurve bei den gewöhnlichen Kondensatordurchführungen oberhalb der Betriebspannung mäßig ist, so kann auch dieser durch ein einfaches Mittel so gut wie vollkommen unterbunden werden. Läßt man nämlich die Stanniolbelege nicht einfach, sondern, nach einem Vorschlag von G. Stern, doppelt einlaufen und zwar derart, daß der Belag vorher beiderseits bis zur Mitte umgelegt wird, so erreicht man ein doppelseitiges Anhaften des Belages am Papier, jedoch mit dem Unterschied, daß sich bei Wärmeausdehnungen des Papierwickels der Stanniolbelag auf keiner Seite vom Papier ablösen kann. Auf diese Weise entsteht zwischen den beiden am Papier haftenden Belegen ein feldfreier Raum, während bei einem einfachen Belag ein einseitiges Ablösen vom Papier erfolgen kann, so daß ein Hohlraum zwischen Papier und Belag entsteht, in dem Glimmentladungen stattfinden können.

Dieses Prinzip wird bei den AEG-Kondensatordurchführungen mit gutem Erfolg angewandt.

Die Verlustwinkelmessung gibt also nur Aufschluß über eine an sich gleichmäßige Herstellung und über das Material; sie kann aber nicht mit Sicherheit einzelne Herstellungsfehler aufdecken. Zwischen Stanniolbelag und Papieroberfläche kann infolge sich bei der Herstellung ergebender kleiner Abstände Glimmen auftreten, während für Büschelentladungen bzw. Gleitfunken eine bestimmte Weglänge erforderlich ist, unterhalb der diese Entladungsform nicht möglich ist. An einer mangelhaft geklebten Stelle an den Stanniolrändern ist also die Gefahr einer Gleitfunkenentladung gegeben.

c) Glimmlampenverfahren.

Da eine derartige fehlerhafte Stelle mit Sicherheit im Laufe der Zeit zum Durchsschlag führt, so ist ein Erkennungsmittel bei der Prüfung von größter Wichtigkeit.

Eine Gleitfunkenentladung hat stets eine Entladewelle mit steiler Front zur Folge, die sich dem Kapazitätstrom überlagert. Der Nachweis kann einfach dadurch erbracht werden, daß in dem Stromkreis, in dem eine Entladewelle vermutlich auftritt, eine Induktionsspule eingeschaltet wird, an der infolge des hochfrequenten Vorganges ein verhältnismäßig hoher Spannungstoß erzeugt wird, der mit einem Entladungsrohr z. B. einer Glimmlampe, nachweisbar ist. Es wird also lediglich beim Prüfen zwischen Durchführungsfassung und Erde eine eisenlose Spule und parallel zu dieser eine Glimmlampe geschaltet. Durch den Ladestrom wird an der Spule eine Spannung der Größenordnung von 1 V erzeugt, während bei Gleitfunkenentladungen Spannungen von einigen hundert V an den Klemmen der Spulen entstehen. Mit Hilfe einer derartigen Apparatur lassen sich einzelne Klebefehler von Kondensatordurchführungen einwandfrei feststellen, die sich bei Verlustwinkelmessungen meist nur bei hohen Spannungen dadurch bemerkbar machen, daß das Vibrationsgalvanometer auf die einzelnen Büschelentladungen ruckartig anspricht.

d) Prüfung mit Stoßspannung.

Die Prüfung mit Stoßspannung hat den Vorzug, daß man einer Durchführung eine wesentlich höhere Spannung kurzzeitig aufdrücken kann, als bei 50 Per/s, so daß je nach der Zeitverzögerung des verwendeten Isolierstoffs bei entsprechend kurzen Stößen die Durchschlagspannung erreicht werden kann. Insbesondere bei Porzellan mit seiner verhältnismäßig geringen Verzögerung kann man Durchschläge erzielen, die bei 50 Per/s durch den frühzeitigen Außenüberschlag nicht möglich sind. Außerdem stellt eine Stoßbeanspruchung die tatsächliche Beanspruchung im Betrieb besonders bei Gewitter-Überspannungen dar. Da die Dauer der Spannungseinwirkung je nach Wahl der Wellenform verschieden ist, so muß man auf jeden Fall, um Durch- oder Überschlagwerte vergleichen zu können, stets die gleiche Wellenform anwenden. Auf Grund von Oszillogramm-Aufnahmen von Gewitter-Überspannungen auf Freileitungen, die mit dem Kathodenstrahl-Oszillograph in den letzten Jahren von verschiedenen Instituten gemacht wurden, kann man annehmen, daß eine Welle, die in 5 μs ihren Höchstwert erreicht, um nach weiteren 50 μs auf die halbe Höhe der Spannung abzufallen, einen großen Bereich der am häufigsten vorkommenden Überspannungswellen erfaßt, so daß eine Prüfung mit einer derartigen Welle den wahren Betriebsverhältnissen einigermaßen entspricht.

Für ölgefüllte Durchführungen kommt eine Stoßprüfung nur als Typenprüfung zur Bestimmung der Überschlagspannung bei einer bestimmten Stoßwelle in Frage, da bei der hohen Durchschlagfestigkeit ein Durchschlag in radialer Richtung auch mit kurzen Stoßwellen kaum erzielt werden kann.

4. Isolationsaufbau von Transformatoren.

a) Feldverhältnisse.

Wie schon eingangs erwähnt, liegen beim Öltransformator mit zylindrischen Wicklungen die gleichen Feldverhältnisse vor wie bei Durchführungen. Zu den Öltransformatoren mit zylindrischen Wicklungen gehören Leistungtransformatoren, Strom- und Spannungswandler und Drosselspulen mit Eisenkern. An Stelle des Bolzens der Durchführung tritt hier die Niedervoltwicklung mit dem innenliegenden Eisenkern, während die Fassung der Durchführung die Stelle der Hochvoltwicklung vertritt. Die Aufgabe besteht darin, sowohl den Abstand zwischen Hoch- und Niedervoltwicklung als auch den zwischen Hochvoltwicklung und Eisenjoch so klein wie möglich zu halten. Die Hoch- und Niedervoltwicklungen sind im allgemeinen aus einzelnen Spulen aufgebaut und zwar aus Gründen der Isolation und Kühlung mit entsprechenden Abständen untereinander. Auf diese Weise entsteht ein ziemlicher Ungleichförmigkeitsgrad längs der Oberfläche der Wicklungen, der eine genaue Berechnung der Feldstärke zwischen den Spulenzylindern unmöglich macht. Auch hier ist man auf den Versuch angewiesen. Die Isolation von Transformatoren für hohe Betriebspannungen und Leistungen ist deshalb besonders schwierig, weil hier neben der elektrischen Festigkeit auf die Kühlung, die mechanische Festigkeit und auf die hohe Betriebstemperatur Rücksicht genommen werden muß.

Die beiden Enden der Hochvoltwicklung werden bei AEG-Transformatoren stets von gut abgerundeten Metallringen gebildet, die unmittelbar auf der letzten Spule aufliegen und entsprechend isoliert sind. Auf diese Weise tritt also die höchste Feldstärke an diesen Ringen auf, denen eine für die Feldausbildung günstigste Form gegeben werden kann, im Gegensatz zur letzten Hochvoltspule mit ihrem rechteckigen Querschnitt. Bei einem Durchschlag zwischen Hochvoltwicklung und Eisenjoch wird ferner unter dem Schutz des Ringes ein Windungskurzschluß in der letzten Spule verhütet. Außerdem bieten derartige Ringe auch einen gewissen Sprungwellenschutz für die Eingangswindungen. Die Durchschlagspannung zwischen Hoch- und Niedervoltwicklung, also in radialer Richtung, hochzuhalten, bietet auch hier keine allzugroßen Schwierigkeiten. Neben der Ölisolierung werden je nach Höhe der Spannung mehr oder weniger Hartpapierzylinder zwischen Hoch- und Niedervoltwicklung geschoben. Dadurch wird einerseits an den Stellen höchster Feldstärke eine Brückenbildung durch die im Öl schwimmenden unvermeidlichen Fasern unterbunden, anderseits wird durch die ausgleichende Wirkung, die das Zylindermaterial hoher Dielektrizitätskonstante auf das elektrische Feld ausübt eine Verringerung der Feldstärke im Öl und somit eine wesentliche Steigerung der Durchschlagspannung erreicht.

b) Isolation bzw. Steuerung der Randfelder der Spulen.

Zur Isolation des Randfeldes bzw. zu seiner Steuerung kann man verschiedene Wege einschlagen.

α) Steuerung des Randfeldes durch Einbau von Materialien verschiedener Dielektrizitätskonstante.

Ein Vorschlag besteht darin, durch Einbau eines Materials höherer Dielektrizitätskonstante zwischen Hochvoltwicklung und Joch oder durch Materialien, deren Dielektrizitätskonstante gegen das Joch zu abnehmen, eine einigermaßen gleichmäßige Feldverteilung zu erzwingen. Durch Metallzwischenlagen lassen sich Ungleichheiten in den Dielektriken ausschalten.

Praktisch kam dieser Vorschlag jedoch nicht zur Ausführung, da durch eine andere Lösung günstigere Abmessungen der Isolationsabstände erzielt wurden.

c) Winkelringkonstruktion.

Um die Ölstrecke zwischen Hochvoltwicklung und Eisenjoch aus den oben erwähnten Gründen wirksam zu unterteilen, werden sogenannte Winkelringe aus Hartpapier eingebaut, die nach beiden Seiten zwischen Wicklungsende und Joch und zwischen Wicklungsende und Niedervoltwicklung eine Trennung der Ölstrecke bewirken. Für hohe Spannungen werden in bestimmten Abständen mehrere derartige Ringe aus Hartpapier eingebaut (Bild 10). Die höchste Beanspruchung entfällt auf den unmittelbar am Wicklungsende sitzenden Ring. Wenn auch diese Winkelringe nur lose an den Hartpapierzylindern anliegen, so besteht doch keine Gefahr, daß Gleitfunken vom Endring der Hochvoltwicklung aus den Kriechweg zwischen Hartpapierzylindern und anliegendem Winkelring entlang verlaufen, da diese stets den Feldlinien folgen. Mit diesem Hilfsmittel erreicht man sehr kleine Abstände und ein günstiges Verhältnis zwischen axialen und radialen Überschlagwegen, gemessen vom Wicklungsende der Hochvoltwicklung, abgesehen von der Möglichkeit einer guten Wicklungsabstützung und Kühlung (s. Bild 10).

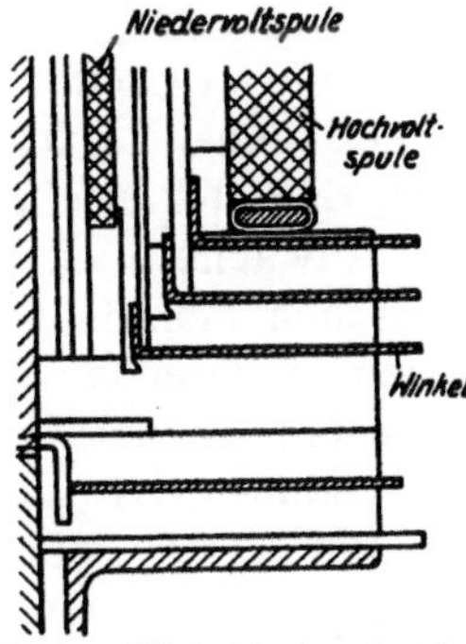

Bild 10. Winkelringkonstruktion.

d) Abgestufte Wicklung.

Bei Prüftransformatoren bis zu 500 kV liegen die Verhältnisse insofern günstiger, als hier auf mechanische Festigkeit der Wicklungsabstützung und auf die Kühlung keine Rücksicht genommen werden braucht. Außerdem wird hier das eine Ende der Hochvoltwicklung geerdet, so daß nur am gegenüberliegenden Ende hohe elektrische Feldstärken auftreten können. Bis zu diesen Spannungen lassen sich die Feldstärken am Wicklungsrand durch Einbau von Hartpapierwinkelringen bei verhältnismäßig kleinen Abständen noch beherrschen. Darüber hinaus kommt eine Isolierung mit genügender Sicherheit kaum mehr in Frage. Hinzu kommt noch die Sprungwellensicherheit eines Prüftransformators, die bei einer einfachen zylindrischen Hochvoltspule sehr gering ist, da nur verhältnismäßig schwach isolierter Draht verwendet werden kann, im Gegensatz zu Leistungtransformatoren mit außerordentlich stark isolierten Drähten. Die AEG ist deshalb zu einem für Prüftransformatoren besonders geeigneten Spulenaufbau übergegangen, der eine weitgehende Steuerung des Randfeldes gestattet. Die Hochvoltspule wird hierbei in eine größere Anzahl von konzentrischen Einzelspulen aufgelöst, deren innerste die Niedervoltspule umgibt und mit Erde verbunden ist. Durch das von Spule zu Spule anwachsende Potential gegen Erde ergibt sich zwangläufig eine stetige Verkleinerung der Spulenlängen, so daß also die letzte Spule mit der höchsten Spannung auch die kürzeste wird. Man hat also ebenso wie bei der Kondensatordurchführung eine gleichmäßige Steuerung des Feldes erreicht, und damit die beste Ausnützung des Isolierstoffs neben einer wesentlich erhöhten Sprungwellensicherheit.

5. Zusammenfassung.

Ganz allgemein kann man sagen, daß die Schwierigkeiten, Leiteranordnungen mit kantigen Rändern bei sehr hohen Feldstärken zu isolieren, behoben sind, wenn es gelingt, das elektrische Feld zwangläufig zu steuern bzw. ein stetiges Anwachsen und Abfallen der Feldstärke zu bewirken. Bei zylindrischen Isolationsanordnungen unter Öl erreicht man praktisch durch entsprechende Isolierung der Ränder und des Zwischenraumes ohne jede Steuerung des Feldes in radialer wie in axialer Richtung mindestens die gleichen Abmessungen wie mit Steuerung, jedoch nur bis zu Feldstärken, bei denen der unvollkommene Durchbruch des Öles noch nicht erreicht ist. Darüber hinaus ist eine Herabsetzung der Randfeldstärke durch Steuerung unerläßlich.

Konstruktionsfragen im Schalterbau.

Von K. Bauerschmidt.

1. Einleitung.

Aus dem reichhaltigen Gebiete elektrischer Schaltapparate sollen im folgenden die Konstruktionsfragen im Bau von Hochspannungschaltern herausgegriffen werden. Es scheint nicht unangebracht, einleitend einiges über Konstruieren im allgemeinen und die Stellung des Konstrukteurs im Fabrikationsvorgang zu bemerken.

Wie jeder Beruf, in dem der persönlichen Initiative ein gewisser Spielraum gelassen werden muß, so stellt auch der Beruf des Konstrukteurs Anforderungen, die besondere Erfahrungen und Fähigkeiten verlangen. Die theoretische Ausbildung, so wertvoll und notwendig sie auch ist, gibt hier nur die Grundlage. Sie genügt nicht zur Lösung der Aufgabe, einen Entwurf so zu gestalten, daß das Gerät mit einem möglichst geringen Aufwand an Baustoff, Lohn und andern Kosten in trotzdem hochwertiger Güte hergestellt werden kann. So selbstverständlich diese Forderung scheint, so schwierig ist oft in einzelnem Falle die Lösung. Genaue Kenntnis der Baustoffe, ihrer Vorzüge und Tücken, zweckmäßige Formgebung unter Berücksichtigung gießtechnischer Erfordernisse, vorteilhafter Bearbeitungsmöglichkeiten des Werkstücks und eines leichten Zusammenbaus sind unerläßlich.

Diese Kenntnisse lassen sich auf dem Wege theoretischer Ausbildung nur in sehr geringem Umfange vermitteln; hierzu sind zunächst praktische Erfahrungen nötig, wie sie nur in einer längeren ernsthaft betriebenen Werkstattätigkeit erworben werden können.

Weiterhin muß der Konstrukteur auch an sich eine gute Veranlagung für seinen Beruf mitbringen. Blick für wirtschaftliche Zusammenhänge und Auswirkungen im Fabrikationsgang, konstruktives Gefühl für zweckmäßige Gestaltung und eine treffsichere, oft instinktiv wirkende Einstellung in der Beurteilung nicht ohne weiteres kontrollierbarer Faktoren sind Eigenschaften, die sich nicht erlernen lassen. In das Gebiet konstruktiver Veranlagung gehört auch die Fähigkeit, eine Konstruktion nicht nur technisch richtig, sondern auch in der Form gefällig zu gestalten, ein Moment, auf das manche Konstrukteure noch viel zu wenig Wert legen.

Oft sind zum Erreichen des angestrebten Zieles mehrere Wege möglich, die sich in der Wahl der Baustoffe und Bearbeitungsverfahren erheblich unterscheiden. Hier ist meist die Kenntnis der Marktlage — Rohstoffe — für die wirtschaftlich zweckmäßigste Bauart entscheidend. Kommen Auslandlieferungen in Frage, so muß der Konstrukteur auch die Zollfragen in den Kreis seiner Erwägungen einbeziehen. Ebenso darf er nicht achtlos an den Fragen der Verpackung und des Versands vorübergehen. Bei größeren Geräten, die nicht im ganzen versandt werden, ist darauf Bedacht zu nehmen, daß der Zusammenbau am Aufstellungsort möglichst einfach, mit geringem Aufwand an Montagelöhnen und Hilfsvorrichtungen vor sich gehen kann.

Des weiteren muß die Entscheidung über die Bauweise eines neuen Gerätes stark abhängig gemacht werden von der voraussichtlich anzufertigenden Stückzahl. Während man bei Massenanfertigung sich auf ausgiebige Verwendung von Vorrichtungen, Lehren usw. bei möglichst spanloser Formung einrichten muß, ist es bei Einzelanfertigung ratsam, auf diese Hilfsmittel zu verzichten, falls nicht vorhandene benutzt werden können; unter Umständen kann sogar mehr Baustoff u. dgl. zugegeben werden, als unbedingt nötig, wenn man hierbei mit vorhandenen Profilen, Modellen oder mit vorhandenen Vorrichtungen auskommt. Auch die Entwurfsarbeit im Konstruktionsbüro ist, — im Gegensatz zu Geräten für Massenanfertigung, bei der jeder einzelne Teil sorgfältig auf wirtschaftliche Herstellung geprüft werden muß — auf ein Mindestmaß zu beschränken, da selbst eine in Baustoff und Lohn etwas teurere Bauweise meist durch Ersparnis an Bürokosten aufgewogen wird. Zwischen diesen beiden Grenzfällen liegen die Geräte, die zwar laufend, aber in geringerer Stückzahl — meist in kleineren oder größeren Reihen — herzustellen sind. Die konstruktive Bearbeitung muß hier schon so gründlich durchgeführt werden wie bei Massenanfertigung; die Verwendung von Vorrichtungen und Lehren wird sich auf einer mittleren Linie halten müssen.

2. Besondere Gesichtspunkte und Aufgaben des Schalterbaues.

Der Schalterbau enthält gegenüber vielen Gebieten des Maschinenbaues erhebliche Abweichungen grundsätzlicher Natur. Ein Hochspannungsschalter wirkt gegenüber einer Präzisionsmaschine einfach und primitiv in seinen Konstruktionsteilen. Dafür steckt in ihm eine Anzahl wichtiger Momente anderer Art, deren notwendige Berücksichtigung den Konstrukteur vor oft nicht leichte Aufgaben stellt. Ein Hauptmerkmal ist die Verwendung von elektrisch hochwertigem

Isoliermaterial, das vielfach auch mechanisch sehr stark beansprucht wird. Leistungschalter stellen besondere Aufgaben in der Frage des Abschaltens großer Leistungen und der Kinematik; besondere Gesichtspunkte sind ferner zu berücksichtigen bei Freiluft-Schaltgeräten und bei Geräten für feuchte, staubige, säurehaltige und explosionsgefährdete Räume.

In kinematischer Hinsicht erfordert der Schaltmechanismus von Hochleistungsölschaltern besondere Beachtung. Für das Ausschalten ist eine hohe Geschwindigkeit schon im Augenblick der Kontakttrennung notwendig, die dann bis gegen das Ende des Ausschaltweges möglichst unvermindert beibehalten werden muß. Für das Abstoppen in der Endlage sind gut dämpfende Anschläge erforderlich. Die von den Ausschaltfedern zu leistende Arbeit ist im wesentlichen abhängig von der zu überwindenden Kontaktreibung, der Reibung im Schaltsystem selbst und der Trägheit der zu bewegenden Massen; auch deren Formgebung spielt bei der Bewegung im Öl eine nicht unwesentliche Rolle. Die gleichen Gesichtspunkte sind maßgebend für die aufzuwendende Einschaltenergie; zusätzlich kommt noch die Gegenwirkung der Ausschaltfedern hinzu. Es ergibt sich somit eine bemerkenswerte Wechselbeziehung zwischen der von den Ausschaltfedern aufzubringenden Ausschaltkraft und der Einschaltlast insofern, als jede Vergrößerung der Bewegungswiderstände eine entsprechende Verstärkung der Ausschaltfedern bedingt, die sich dann wiederum als Zusatzbelastung für das Einschalten auswirkt. Oder mit anderen Worten: Jede Vermehrung oder Verminderung des Ausschaltwiderstandes wirkt sich in ungefähr doppeltem Maße in der Einschaltlast aus. Dieses gegenseitige Verhältnis ist nicht ganz einheitlich, so wird es z. B. sehr beeinflußt durch die Art der Schaltkontakte; Gleitkontakte wirken sich anders aus als Druckkontakte. Es besteht mithin ein erhebliches Interesse an der Verringerung der Bewegungswiderstände. Da für die Ausbildung der Kontakte in erster Linie andere Gesichtspunkte vorherrschen, sind es vor allem die Reibung im Schaltsystem und die bewegten Massen, die möglichst verringert werden müssen. Bei kleineren Schaltern kommt man noch gut mit Gleitführungen und einfachen Zapfenlagern aus, während größere Schalter mit entsprechend reichlicher bemessenen Massen zweckmäßig Rollen in den Gleitführungen und gegebenenfalls Kugellager erhalten. Einen besonders leichten Gang gewähren Gelenk-Geradführungen — Evanslenker u. dgl. —, die jedoch für kleine Schalter zu teuer sind. Die bewegten Massen sucht man vor allem durch Verwenden von Leichtmetall klein zu halten; in sehr großen Schaltern verwendet man vorteilhaft Holzbrücken als Träger der Schaltkontakte, die naturgemäß noch durch einen nur für die Strombelastung bemessenen Leiter verbunden werden.

Für gewisse Verhältnisse haben sich Schnellkontakte als zweckmäßig erwiesen, die bei Beginn der Ausschaltbewegung der Schaltbrücke noch in den Gegenkontakten festgehalten und sodann durch Federkraft nachgerissen werden, so daß sich die Geschwindigkeiten von Schaltbrücke und Kontakt addieren. Ein besonderer Fall zusätzlicher Beschleunigung ist bei den Löschkammer-Schaltern zu verzeichnen. Der im Innern der Löschkammer entstehende, von der Höhe der abzuschaltenden Leistung in gewisser Hinsicht abhängige Gasdruck erteilt dem die Kammer verlassenden Schaltstift eine Zusatzbeschleunigung, welche die Schaltgeschwindigkeit gegenüber der bei Leerschaltung auf ein mehrfaches steigern kann.

Die Endanschläge für die mit erheblicher Geschwindigkeit anlaufenden Massen bedürfen hauptsächlich bei größeren Schaltern besonderer Beachtung. Die Bewegungsenergie muß durch geeignete Dämpfungen aufgenommen werden, um Baustoffzerstörungen zu vermeiden. Hierbei dürfen diese Dämpfungsvorrichtungen die auftreffende Energie nicht oder in nur geringem Maße reflektieren, weil sonst unter Umständen die Schaltbrücke zurückgeschleudert wird und Rückzündungen verursachen kann. Federdämpfungen sind daher nur in sehr beschränktem Maße brauchbar. Als sehr günstig haben sich Öldämpfungen erwiesen, die meist in Gestalt von Kolben ausgeführt werden. Man verwendet sie sowohl außerhalb, als auch innerhalb des Ölkessels. Die letztgenannte Anordnung hat noch den Vorteil, daß man keine besondere Sorgfalt auf die Dichtheit des Gehäuses zu legen braucht. Auch im Ölkessel angebrachte Dämpferplatten tun gute Dienste. Bei allen Ausführungen muß jedoch die Dämpfung in ihrer Charakteristik der Eigenart des betreffenden Schalters angepaßt werden, wenn sie wirklich ihren Zweck erfüllen soll; das letzte Wort hat hier der praktische Versuch. — Für das Einschalten sind Federdämpfungen weniger bedenklich, da der Mechanismus sich in der Endlage verklinkt. Die Kraft der zusammengepreßten Dämpfungsfeder kann sogar unterstützend für den Beginn der Ausschaltbewegung herangezogen werden.

Besondere Bedeutung kommt auch dem sich im Verlauf der Einschaltbewegung wechselnden Lastmoment zu. Im allgemeinen beginnt die Kurve niedrig, um dann in der zweiten Hälfte der Einschaltbewegung mehr oder weniger steil anzusteigen. Es ergibt sich oft ein Spitzendrehmoment, das nur auf eine kurze Strecke wirksam ist, aber das Höchstmaß der aufzuwendenden Einschaltenergie bestimmt. Dies ist besonders wichtig für von Menschenkraft einzuschaltende Schalter. Man muß also versuchen, durch Anwenden geeigneter Übersetzungen innerhalb oder außerhalb des Schalters für den Antrieb eine andere Lastverteilung über die Einschaltstrecke herbeizuführen, um eine möglichst flach verlaufende Lastkurve und damit ein kleineres Spitzendrehmoment zu erreichen. Als einfachste Mittel hierfür kommen Kurbelübersetzungen und über Exzenterscheiben laufende Kettentriebe in Betracht. Für Kraftantriebe — Einschaltmagnete, Einschaltmotoren, Kraftspeicher usw. — ist es wichtig, daß ihre Leistungskurve in der Form eine möglichst gute Angleichung an die Lastkurve des Schalters aufweist; stark abweichende Kurven machen den Kraftantrieb unwirtschaftlich, und die an einzelnen Stellen des Schaltwegs auftretenden zwecklosen Überschußenergien können sich auch in mechanischer Hinsicht schädlich auswirken.

3. Baustoffe.

Im Schalterbau lassen sich drei Hauptgruppen von Baustoffen unterscheiden: stromleitende Stoffe, Isoliermaterial und nicht elektrisch sondern nur mechanisch — und gegebenenfalls noch magnetisch — beanspruchte Bauteile.

Als stromleitende Stoffe kommen fast nur Kupfer und Kupferlegierungen in Frage. Soweit möglich, verwendet man seiner hohen Leitfähigkeit wegen Elektrolytkupfer. Nur in gewissen Fällen, d. h. wenn ein Interesse vorliegt, den Stromleiter im Gewicht möglichst leicht zu halten — Schaltbrücken u. dgl. —, greift man zu Aluminium und Aluminiumlegierungen. Bei diesen erfordert die Behandlung der Stromübergangstellen in Hinsicht auf die sehr rasch einsetzende Oxydation der Oberfläche besondere Sorgfalt. Andere Metalle, wie Silber und Wolfram, werden im allgemeinen nur für Sonderzwecke, z. B. für gewisse Kontakte, in Betracht gezogen. Bestrebungen, hochbeanspruchte Schaltkontakte durch eine Sinterlegierung aus Kupfer mit anderen Metallen widerstandsfähiger gegen die Einwirkung des elektrischen Lichtbogens zu machen, befinden sich noch zu sehr in der Entwicklung, als daß man hierüber ein abschließendes Urteil abgeben könnte.

Von den festen Isolierstoffen sind zunächst zwei Hauptgruppen zu unterscheiden: Keramische — Porzellan, Steatit, Feinsteinzeug u. a. — und Hartpapier. Für bestimmte Zwecke kommen dann noch gewisse Preßmassen und ferner entsprechend vorbehandeltes Holz hinzu. Stützer und Durchführungen für Hochspannung werden fast nur keramisch oder aus mit Kunstharz behandeltem Hartpapier hergestellt; Stützer aus Holz, mit denen man auch schon Versuche gemacht hat, sind in ihrer Anwendung kaum bekannt geworden. In elektrischer Hinsicht sind die keramischen Isolatoren bis heute noch unübertroffen; ihre Unempfindlichkeit gegen Feuchtigkeit sichert ihnen eine beherrschende Stellung in feuchten, schmutzigen Räumen und in Freiluftanlagen. Die mechanischen Eigenschaften sind nicht ganz so günstig; der spröde Baustoff verträgt wohl eine große Druckbeanspruchung, ist jedoch schon empfindlicher gegen Zug, Biegung, Verdrehung und Stoßbeanspruchung. Die spezifische Festigkeit hängt sehr ab von der Formgebung; hier muß sich der Konstrukteur beim Entwurf völlig frei machen von den Gewohnheiten der Gestaltung bearbeiteter metallischer Teile. Eher besteht schon eine gewisse Verwandtschaft mit den in gießtechnischer Hinsicht anzuwendenden Grundsätzen. Schroffe Querschnittsübergänge, Baustoffanhäufungen u. dgl. sind zu vermeiden. Es ist zu beachten, daß der keramische Körper erst getrocknet und gebrannt wird, wonach dann noch eine entsprechende Abkühlungsperiode folgt. Die rohe, knetbare Masse schrumpft hierbei gegenüber dem Anfangszustand um 15 bis 17 vH. Es ist ohne weiteres klar, daß bei ungünstiger Formgebung innere Spannungen auftreten müssen, die sich vielfach in Trocken- und Brandrissen äußern und so unter Umständen eine große Fehlerquote und nur mäßige spezifische Festigkeiten des fertigen Körpers verursachen. Weiterhin kann es vorkommen, daß eine ungünstige Formgebung Anlaß zum Verziehen der noch weichen Masse im Brennofen gibt. Auf die Möglichkeit einer zweckmäßigen Aufstellung bzw. Aufhängung im Transportwagen für den Ofen ist ebenfalls Rücksicht zu nehmen. Ein eingehendes Zusammenarbeiten des Konstrukteurs mit dem Keramiker ist daher unerläßlich. Zu beachten ist auch, daß ein Nacharbeiten der keramischen Körper kaum in Betracht kommt. Neuerdings ist es zwar gelungen, ebene Flächen abzuschleifen bzw. abzudrehen; ebenso lassen sich mit Spezialwerkzeugen Löcher bohren. Diese Arbeitsvorgänge sind jedoch verhältnismäßig teuer, so daß der Konstrukteur von vornherein gewisse Toleranzen in Betracht ziehen muß. Die anzubringenden Armaturen (Kopfkappen, Flansche) werden im allgemeinen aufgekittet und dieses Verfahren gibt die Möglichkeit, die durch die Eigenart der keramischen Körper bedingten Ungenauigkeiten auszugleichen. Eine wesentliche Rolle hinsichtlich der mechanischen Zuverlässigkeit spielt hierbei die Güte des Kittes bzw. der Kittung.

Auch die Frage der Kittung ist nicht zu unterschätzen. Es kommt nicht allein darauf an, aus welchem Material der Kitt besteht, sondern es ist auch sehr wesentlich, wie das Kittmaterial beim Einkitten selbst behandelt wurde. Ferner ist die Treibwirkung des Kittes zu berücksichtigen. Sie wird vielfach als schädlich angesehen; dies jedoch zu Unrecht. Bei zweckmäßiger Gestaltung der Kittstelle ist eine in gewöhnlichen Grenzen sich äußernde Treibwirkung ein durchaus wünschenswertes Mittel zur weiteren Verfestigung der Verbindungstelle und es ist Sache des Konstrukteurs, diese Erkenntnis durch geeignete Formgebung auszunutzen. Nach erfolgter Verfestigung des Kittes ist die Kittstelle mit einem feuchtigkeitsfestem Lack mehrmals zu streichen, wenigstens für die Fälle, in denen eine wesentliche Einwirkung von Luftfeuchtigkeit zu befürchten ist. Für Kittstellen unter Öl, z. B. bei Schaltkästen mit Bodendurchführungen, hat sich außerdem noch das Vorschalten einer besonderen ölfesten Kittschicht vor die Hauptkittung, bestehend aus Bleimennige und Glyzerin, bewährt. Die Zusammensetzung und Behandlung des Kittes ist zum großen Teile Sache praktischer Erfahrung. Es ist sogar ohne besondere Schwierigkeiten möglich, bei einigermaßen sorgfältiger Behandlung zuverlässige Kittungen auch für schwierigere Verhältnisse, wie für Freiluftanlagen, und Kittungen unter Öl herzustellen. Unter den Kittmassen steht eine entsprechende Mischung aus Bleiglätte und Glyzerin immer noch an erster Stelle.

In diesem Zusammenhange sei auch die Frage k i t t l o s e r I s o l a t o r e n gestreift. In bezug auf mechanische Festigkeit besteht gemäß den vorstehenden Ausführungen über die Kittung offenbar kein Vorteil; man muß sogar im Gegenteil damit rechnen, daß die mechanische Festigkeit gekitteter Isolatoren vielfach nicht ganz erreicht werden wird, da der Kitt ein nicht zu übertreffendes Mittel darstellt, mechanische Beanspruchungen sehr gleichmäßig auf den Porzellankörper zu übertragen. Außerdem können bei kittlosen Isolatoren, mit Rücksicht auf die zu verwendenden Armaturen, nur sehr geringe Toleranzen zugelassen werden; dies verteuert naturgemäß die Herstellung der Körper. Ein Vorteil der kittlosen Isolatoren kann im Bereiche der Spannungen von 10 bis 30 kV insofern erblickt werden, als sich die Bauhöhe der Isolatoren und damit der Raumbedarf der Schaltanlage verringert. Für höhere Spannungen ist diese Verringerung ohne Bedeutung.

Das mit Kunstharz behandelte H a r t p a p i e r wird in Rohren, prismatischen Stäben und Platten hergestellt. Die elektrische Durchschlagfestigkeit ist quer zur Schichtung bedeutend höher als in der Längsrichtung. Wichtig für die Güte sind sowohl das Backverfahren als auch die Oberflächenbehandlung. Diese beiden Faktoren bestimmen vor allem den elektrischen Festigkeitsgrad gegenüber äußeren Einwirkungen, besonders gegen Feuchtigkeit. Wenn es auch bisher nicht gelungen ist, in letztgenannter Beziehung die Werte der keramischen Isolatoren zu erhalten, so hat man doch immerhin schon ein Material erzielt, das für normale Verhältnisse in Innenräumen sehr zuverlässig ist und auch leichteren Feuchtigkeitsangriffen noch gut standhält. In mechanischer Hinsicht ist das Hartpapier den keramischen Isolatoren unbedingt überlegen, insbesondere, was Zug, Biegung und Schlag anbelangt. Hinzu kommt noch der Vorteil der verhältnismäßig bequemen Bearbeitbarkeit, die eine genaue Maßhaltigkeit der Konstruktionsteile ermöglicht. Aus diesem Grunde wird es vor allen Dingen für Isolierteile im Schaltmechanismus unter Öl und für Innenraum-Isolatoren verwendet.

Isolierteile aus Preßmassen kommen überwiegend als Formstücke zur Verwendung, die man aus bestimmten Gründen nicht keramisch oder aus Hartpapier herstellen kann; ein Beispiel bieten die Armaturen für gewisse Löschkammertypen. Bei der Formgebung muß Rücksicht darauf genommen werden, daß die Masse meist ziemlich spröde ist und gegen Druck fester ist als gegen Zugbeanspruchungen oder eine damit kombinierte Belastungsart.

Holz als Isoliermaterial wird, soweit man es überhaupt verwendet, hauptsächlich für mechanisch hochbeanspruchte Teile im Schaltmechanismus unter Öl gebraucht. In mechanischer Hinsicht ist es vermöge seiner Zähigkeit äußerst widerstandsfähig; auch auf dem Gebiete der Formgebung ist es von großem Vorteil, da es dem Konstrukteur großen Spielraum läßt und erheblich vereinfachte Armaturen gestattet. In elektrischer Hinsicht sind jedoch sehr sorgfältige Trocknungs- und Imprägnierverfahren zum Erzielen guter Ergebnisse erforderlich. Dies ist der Hauptgrund, weshalb sich Holz als Isoliermaterial in Europa — im Gegensatz zur amerikanischen Praxis — nur verhältnismäßig wenig eingeführt hat. Es ist letzten Endes eine Kostenfrage.

Bei den nichtelektrisch beanspruchten Baustoffen erfordert das Material für Gehäuse und Schaltsystem von Hochleistungs-Ölschaltern erhöhtes Interesse. Die Gehäuse müssen hohen inneren, stoßartig auftretenden Drücken gewachsen sein. Diese Aufgabe läßt sich mit geringstem Baustoffaufwand neben zweckmäßiger Formgebung nur durch einen Werkstoff von hoher Zugfestigkeit und guter Bruchdehnung erfüllen. Für die in ihrer Form einfachen Ölkessel ist daher Stahlblech das gegebene. Die Ölschalterdeckel tragen den ganzen Schaltmechanismus mit den Durchführungen; sie müssen deshalb mit einer gegenüber dem Ölkessel noch höheren Festigkeit ausgestattet werden. Der nächstliegende Baustoff ist auch hier Stahlblech und tatsächlich geht man immer mehr zu dieser Ausführung über. Vor allem sind es die Schalter großer Abmessungen, deren Deckel neuerdings fast allgemein aus Stahlblech gefertigt werden; die meist runde Form erlaubt hierbei die Verwendung handelsüblicher Kesselböden. Gegenüber gegossenen Deckeln ergibt sich eine erhebliche Ersparnis an Baustoff, Gewicht und Modellkosten. Für kleinere Schalter liegt die wirtschaftliche Seite nicht ganz so einfach. Der Deckel erfordert für Schaltsystem, Durchführungen, Senkwinde u. dgl. eine ganze Anzahl von Stutzen, Ansätzen, Lagerstellen, Wulsten usw., die teils eingepreßt, teils angeschweißt werden müssen. Die Kosten der Preßform für einen Schalterdeckel lassen sich jedoch nur bei sehr großen Stückzahlen amortisieren. In vielen Fällen wird der gegossene Deckel nicht nur wirtschaftlicher sein, sondern auch größere Freiheit in der Formgebung geben.

Diese Überlegungen geben Veranlassung, sich etwas näher mit den von manchen Stellen vertretenen Standpunkt zu befassen, der für moderne Schalter nur den Stahlblechdeckel gelten lassen will. Die Festigkeit eines Deckels hängt nicht allein vom Baustoff ab, sondern auch ganz erheblich von seiner Form und konstruktiven Durchbildung im einzelnen. Die Technik verfügt heute über Gußmetalle, die neben guter Zugfestigkeit auch günstige Dehnungsverhältnisse aufweisen; es bietet durchaus keine Schwierigkeiten, auch gegossene Deckel in einer für den bestimmten Zweck mehr als ausreichenden Festigkeit herzustellen. Das Primäre bei der Bewertung eines Schalters sollte also nicht die Frage nach dem Material des Deckels sein, sondern die Ermittlung der Festigkeit bzw. Sicherheit des Deckels gegen innere Drücke. Ob Stahlblech oder Guß bleibt dann lediglich nach wirtschaftlichen Gesichtspunkten zu entscheiden.

Die Teile des Schaltsystems müssen bei möglichst geringen Massen erheblichen, oft schlagartig wirkenden Beanspruchungen gewachsen sein. Es sind also für die bewegten Teile hochwertige Baustoffe notwendig. Soweit Isolierstoffe in Frage kommen, ist die Auswahl gering: überwiegend Hartpapier — Rohre, prismatische Stäbe —, zu einem kleineren Teile besonders vorbehandeltes Holz.

Die Suche nach geeigneten metallischen Teilen leitet über zum gegenwärtigen Stand der Festigkeitsfragen im allgemeinen. Zwei Momente treten hierbei in den Vordergrund. Auf der einen Seite ist die Güte der Metalle — Eisen sowohl als Nichteisenmetall — dauernd verbessert worden bzw. es sind neben die bisherigen handelsüblichen Qualitäten weitere getreten, die in einer oder in mehreren Richtungen höherwertig sind; dies gilt nicht nur für Guß, sondern auch für gewalztes und gezogenes Material. Anderseits hat die Praxis, unterstützt durch eingehende Forschung, ergeben, daß man in vielen Fällen mit den lange Jahre gebräuchlichen einfachen Bewertungen nach Zug, Druck, Biegung, Torsion und Dehnung, also Werten, die rein statische Belastungen darstellen, allein nicht mehr auskommt. Konstruktionsteile mit stoß- und schlagartiger Beanspruchung lassen sich mit diesen Unterlagen nicht berechnen. Wenn man auch die Energie des Stoßes rechnerisch ermitteln kann, so fehlen doch hinreichende Unterlagen für die Widerstandsfähigkeit des Werkstoffes gegen diese Einwirkungen, weil die Schwingungsfestigkeit bzw. die Ermüdungsgrenze des betreffenden Bauteils sehr von der Art und dem Zustand des metallischen Gefüges sowie von seiner Form und Oberflächenbeschaffenheit abhängt. Auch die an sich bekannte Schädlichkeit der Kerbwirkung ist in ihren Ausmaßen noch nicht restlos erfaßt; fest steht jedenfalls, daß schon leichte Einkerbungen die Bruchsicherheit durch örtliche Spannungserhöhung herabdrücken. Die Erforschung dieses ganzen Fragenbereiches ist zurzeit noch sehr im Fluß.

Um von vornherein eine vorteilhafte Auslegung des Werkstücks zu erreichen, ist ein erhebliches Maß an konstruktivem Gefühl und Erfahrung notwendig; im übrigen ist durch eine ausgiebige Typenprüfung im Dauerversuch Gewißheit über die Zuverlässigkeit der Konstruktion zu schaffen.

Ähnlich liegen die Verhältnisse auf dem Gebiete der Schweißstellen; die S c h w e i ß t e c h n i k hat in den verschiedenen Verfahren während der letzten Jahre einen raschen Aufschwung genommen und in vielen Fällen werden Festigkeiten von 80 bis 90 vH des geschweißten Werkstoffes gewährleistet. Die Schwingungsfestigkeit dürfte allerdings tiefer liegen. Nicht selten tritt der Fall ein, daß überbeanspruchtes Material nicht in der Schweißstelle reißt, sondern daneben. Man wird diese Erscheinung allerdings nicht immer als Beweis für die Güte der Schweißstelle buchen können; es ist damit zu rechnen, daß die Schweißstelle teils durch den Schweißvorgang an sich — teils durch eine Querschnittsvergrößerung der Naht — Spannungsverlagerungen im Werkstück verursacht, die den schwächsten Punkt in die außerhalb liegende Rißstelle verlegten. Überhaupt ist auch hier eine Anzahl Faktoren — Art und Anlage der Schweißstelle, Materialstärken, Form des Werkstückes usw. — zu berücksichtigen, die aber nach dem neuesten Stand der Forschung mit ziemlicher Genauigkeit rechnerisch erfaßbar sind.

Was hier über die mechanische Beanspruchung metallischer Teile gesagt ist, gilt natürlich auch für Isolierstoffe, soweit sie derartigen Beanspruchungen unterworfen sind.

4. Schaltertypen.

Unter den Hochspannungschaltern stellt eine Hauptgruppe, die der Leistungschalter, die höchsten Anforderungen, während bei einer anderen Gruppe, den Trennschaltern, die nötige Rücksicht auf ausreichende Isolation und zweckmäßige Kontaktausbildung im wesentlichen zu einer brauchbaren Konstruktion genügt. Der Leistungschalter, der auch schwere Kurzschlüsse sicher unterbrechen soll, wurde bis vor kurzem so gut wie ausschließlich als Ölschalter ausgebildet; erst in letzter Zeit hat man sich eingehender mit der Entwicklung ölloser Leistungschalter befaßt.[1]) Die Ölschalter sind im Laufe des letzten Jahrzehnts zu sehr hochwertigen Geräten entwickelt worden. Die Erkenntnis, daß man mit der Zweifachunterbrechung je Pol mit den üblichen offen in Öl schaltenden Kontakten nur bis zu einer gewissen Leistungsgrenze auskommen kann, ließ nach weiteren Hilfsmitteln suchen. Unter den angewandten Verbesserungen sind zwei Hauptrichtungen bemerkenswert: die Anwendung von Löschkammern und die Vielfachunterbrechung. Die Löschkammer, in Europa von G. Stern bei der AEG eingeführt, scheint sich in letzter Zeit ein immer größeres Gebiet zu erobern. Im übrigen ist das Problem des Hochleistung-Ölschalters in den letzten Jahren so häufig in Vorträgen und Aufsätzen erörtert worden, daß sich ein weiteres Eingehen hierauf, abgesehen von einigen Teilfragen, erübrigt.

Bild 1. Dreipoliger Freiluft-Ölschalter 30 kV.

In der Frage der Vorstufenwiderstände sind vielleicht einige Betrachtungen nicht ganz ohne Belang. Es ist ohne weiteres

[1]) s. S. 275.

klar, daß ein Schalter ohne Widerstände einfacher und übersichtlicher ist. Die Entwicklungsrichtung geht auch seit einiger Zeit dahin, die Vorstufen in den Schaltern möglichst wegzulassen. Inwieweit dies durchführbar ist, hängt vor allem davon ab, wie sich die Elektrizitätswerke zu dieser Frage stellen. Man hat bisher geglaubt, in die Belastungsfähigkeit der Widerstände eine hohe Sicherheit hineinlegen zu müssen, um bei etwaigem Hängenbleiben des Schalters auf der Vorstufe ein Durchschmelzen des Widerstandes mit der darauf erfolgenden Lichtbogenbildung unter Öl und starker gegebenenfalls zur Schalterstörung führenden Gasentwicklung zu unterbinden. Diese reichliche Auslegung der Widerstände wirkt konstruktiv erschwerend und ist auch wirtschaftlich ungünstig. Nun wird aber das Hängenbleiben auf der Vorstufe niemals durch die Vorstufenkontakte verursacht, denn deren Reibungswiderstände sind sehr gering. Bleibt der Schalter auf der Vorstufe hängen, so liegt ein Versagen des gesamten Schaltmechanismus vor und es bietet durchaus keine Schwierigkeit, diesen so sicher zu bauen, daß ein Hängenbleiben praktisch nicht in Frage kommen kann. Braucht man aber nur die einen kleinen Bruchteil einer Sekunde dauernde Überschaltzeit zu berücksichtigen, so genügt ein wesentlich kleinerer und leichterer Widerstand. Es scheint daher durchaus der Erwägung wert, ob man nicht, soweit Vorstufenwiderstände überhaupt noch eingebaut werden, das bisher übliche Verfahren im Bemessen der Widerstände ändern soll.

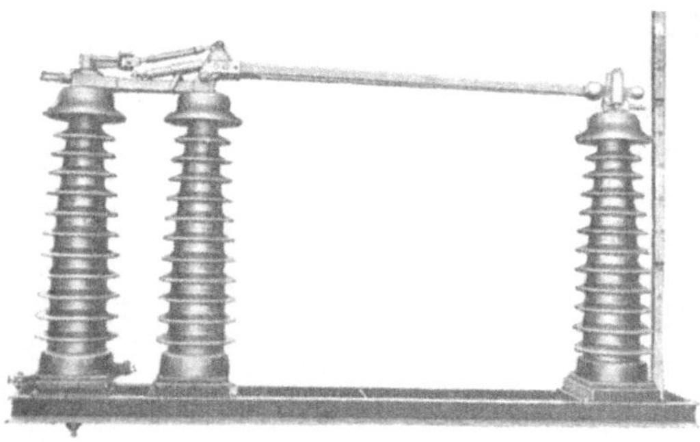

Bild 2. Freiluft-Trennschalter 125 und 150 kV.

Die Natur des Hochleistungschalters bringt es mit sich, daß nur kleinere Schalter von Hand geschaltet werden können; größere müssen durch besondere E i n s c h a l t a p p a r a t e betätigt werden. Bei Festlegung der Grenze für Handbetätigung ist zu beachten, daß dort, wo mit hohen Kurzschlußströmen gerechnet werden muß, beim Einschalten auf einen etwa bestehenden Kurzschluß infolge dynamischer Wirkung der Kurzschlußschleife eine erhebliche Zusatzbelastung gegenüber der Leerschaltung auftreten kann. Dies muß naturgemäß auch bei der Bemessung der Einschaltapparate berücksichtigt werden.

Zu den elektrischen Einschaltapparaten sind neuerdings auch andere, z. B. Preßluftapparate getreten. Diesen wird ein gutes Anpassungsvermögen an das Lastmoment und verhältnismäßig weiches Schalten nachgerühmt. Hierzu ist zu sagen, daß sich diese Eigenschaften in durchaus ausreichendem Maße auch von einem guten elektrisch betätigten Einschaltapparat erreichen lassen. Anderseits bedeutet die Preßluft ein zusätzliches Element in der Schaltanlage, so daß es letzten Endes eine Frage wirtschaftlicher und betriebstechnischer Erwägungen ist, ob man sich für das eine oder andere entscheiden will. Von den elektrisch betätigten Einschaltorganen hat der Federkraftspeicher den besonderen Vorzug, daß er

Bild 3. Dreipoliger Freiluft-Trennschalter 200 kV.

sich nötigenfalls auch ohne andere Hilfsmittel von Hand aufziehen und betätigen läßt.

Bei der Erörterung von Gesichtspunkten für den Schalterbau kann man nicht an den Kontaktfragen vorübergehen. Man unterscheidet im wesentlichen Gleit-, Tast-, Bürsten- und Wälzkontakte. Die größte Verbreitung in Hochspannungsapparaten haben die Gleitkontakte — Tulpen- und Fingerkontakte — gefunden. In mechanischer Hinsicht ist ihr Reibungswiderstand beim Ein- und Ausschalten etwas unbequem, der durch entsprechende Bemessung des Schaltsystems ausgeglichen werden muß; dagegen besteht der Vorteil, daß sich die Kontaktflächen immer wieder von selbst blank schleifen, ferner ist eine in fabrikatorischer und betriebstechnischer

Hinsicht hoch einzuschätzende Zuverlässigkeit des Kontakteingriffes vorhanden. Bei Tastkontakten fällt der Reibungswiderstand fort, ebenso aber auch der Vorteil der Selbstreinigung durch die Schleifbewegung. Bürsten haben ebenfalls keine nennenswerten Reibungswiderstände; die einzelnen Lamellen bewirken trotzdem beim Eingriff genügend Bewegung, um die Kontaktstellen blank zu schaben, jedoch ist für ihre Herstellung sehr hochwertiges Material und eine sorg-

Bild 4. Dreipolige Ölschalter 125 und 150 kV in einer Freiluft-Schaltanlage.

fältige Bearbeitung notwendig. Außerdem sind sie in der Herstellung und im Betrieb gegen Ungenauigkeiten in der Einstellung empfindlich. Wälzkontakte lassen ebenfalls den Vorteil der Selbstreinigung vermissen; sie werden mehrfach dort verwendet, wo man einem befürchteten Festbrennen der Kontakte infolge hoher Kurzschlußströme entgegen wirken will.

Besondere Aufmerksamkeit erfordert die Ausbildung der Kontakte für Einschalten auf starke Kurzschlüsse. Große Massen in den Kontakten sind (außer für Dauerbelastung) nur insofern von Vorteil, als sie eine Reserve für den Abbrand bei wiederholten Schaltungen haben, dagegen scheidet die Frage der Wärmekapazität infolge der sehr kurzzeitigen Schaltvorgänge fast völlig aus. Viel wichtiger ist es, von vornherein eine größere Zahl von Stromübergangstellen zu schaffen, um so durch Unterteilen der Strombahn die Beanspruchung der einzelnen Übergangstellen zu verringern. Diese in der Theorie richtige Überlegung wird allerdings praktisch dadurch etwas beeinträchtigt, daß es nur schwer möglich ist, einen genügend gleichmäßigen Eingriff aller Kontaktsegmente zu erreichen. Da außerdem noch verschiedene andere Faktoren, wie Formgebung, Kontaktdruck, Schaltgeschwindigkeit u. dgl. eine Rolle spielen, kann die zweckmäßigste Kontaktanordnung nur durch praktische Versuche im Kurzschlußprüffeld ermittelt werden.

Bemerkenswert ist übrigens, daß man neuerdings auch bei Gleitkontakten mehr und mehr von der Form großer, aufeinander eingeschliffener Flächen abkommt und mehr zu punkt- und linienartigen Berührungsflächen übergeht. Es ist eine Folgerung der schon länger bekannten Tatsache, daß in erster Linie nicht die Größe der Kontaktfläche, sondern der Kontaktdruck entscheidend ist.[2])

Bild 5. Kraftspeicherantrieb für Ölschalter 125 und 150 kV.

Die in den letzten Jahren auch in Europa immer mehr Eingang findenden Freiluft-Schaltanlagen stellten auch dem Konstrukteur neue Aufgaben. Vor allem war durch die Wahl der Baustoffe und entsprechende Behandlung der Baustoffe das Auftreten von Korrosionserscheinungen zu unterbinden; wenn auch besondere Schwierigkeiten nicht zu verzeichnen sind, so ist die sehr ausgedehnte Forschung zur Bekämpfung der Korrosion doch auch hier jederzeit einer regen Beachtung seitens der Konstrukteure sicher.

Weiterhin mußten die Schalter gegen die Einwirkungen von Regen, Schnee und Luftfeuchtigkeit unempfindlich gemacht werden. Während Regen und Schnee durch geeignete Ausbildung von Gehäusen und Isolatoren ziemlich leicht zu beherrschen waren, ergaben sich gewisse Unsicherheiten in der Durchbildung der Gehäuse mit Rücksicht auf die durch Luftfeuchtigkeit verursachte Kondens-

[2]) Hoepp, ETZ 1920, Heft 11/12, S. 205 u. 235.

wasserbildung bei plötzlichem Temperaturwechsel. Kondenswasserbildung führt naturgemäß zur Oxydation an Metallteilen und verursacht Schimmel an den isolierten Leitungen. In Frage kommen außer dem Ölschalter hauptsächlich die mit Schutzgehäuse versehenen Schalterantriebe, ferner Gehäuse für Sicherungen, Leitungs-

Bild 6. Pol eines 200 kV-Ölschalters in der Werkstatt.

anschlüsse u. dgl. Der Zweifel, ob dicht geschlossene oder mit Lüftung versehene Gehäuse vorzuziehen sind, kann auf Grund eingehender Untersuchung dahin geklärt werden, daß bei zweckmäßiger Ausführung beide Arten gut brauchbar sind. Im dicht geschlossenen Gehäuse befindet sich eine Luftmenge mit einer gewissen Feuchtigkeitsmenge, die als nur einmaliges Quantum für Niederschläge bei schroffem Temperaturwechsel in Betracht kommt; ein Erneuern der Luft und damit eine weitere Feuchtigkeitzufuhr findet praktisch nicht statt. Dagegen ist bei gelüfteten Gehäusen zwar mit reichlichem Luftwechsel zu rechnen; ist aber die Lüftung so, daß ein bequemer, alle Teile des Innenraums erfassender Luftdurchzug möglich ist, so kann praktisch auch bei plötzlichem Temperaturwechsel kein nennenswerter Niederschlag eintreten, weil eine gute Zirkulation das Eintreten von Temperaturspannen zwischen außen und innen und damit die Kondenswasserbildung überhaupt verhindert. Als ungünstig müssen Gehäuse angesehen werden, die weder dicht

Bild 7. Gußgekapselte Schaltanlage 10 kV.

geschlossen, noch genügend gut gelüftet sind, also mangelhaft gelüftete Gehäuse. In ihnen kann sich die Feuchtigkeitsmenge der Luft immer wieder erneuern, ohne daß bei plötzlichen Temperatursprüngen der erforderliche rasche Ausgleich möglich ist. Die Folgen sind Temperaturunterschiede und damit Kondenswasserbildung im Innern. Aus praktischen Gründen dürften im allgemeinen gut gelüftete Gehäuse den dicht geschlossenen vorzuziehen sein; sie sind, wenigstens bei größeren Abmessungen, billiger und außerdem für gewöhnliche Verhältnisse völlig betriebsicher. Bei geschlossenen Gehäusen dagegen kann ein Versagen der Dichtung den schädlichen Zustand mangelhafter Lüftung herbeiführen.

Eine besondere Bauart erfordern auch die Schaltgeräte für staubige, feuchte, säurehaltige und explosionsgefährdete Räume. Ihnen allen gemeinsam ist der völlige Abschluß der spannungführenden Teile gegen den Außenraum bei

Schaltkästen, Schaltwagen und mit Isoliermasse vergossene Schaltfeldern. Am weitesten geht man bei den Schaltgeräten, bei dem nahezu alle spannungführenden Teile in Öl oder Vergußmasse verlegt sind. Soweit man Schaltfelder mit Vergußmasse verwendet, sollte man wenigstens alle der Nachprüfung bzw. etwaiger Auswechslung bedürftigen Teile, also auch Strom- und Spannungswandler, zwecks besserer Zugänglichkeit nicht in Vergußmasse, sondern unter Öl unterbringen. Ein anderer Weg ist der, die Wandler als für sich abtrennbare Organe auszubilden. Im übrigen gibt es sehr viele Fälle, in denen man bei zweckmäßiger Bauweise normaler Schaltkästen mit in Luft verlegten Leitungsteilen auf die verhältnismäßig teure Öl- bzw. Massekapselung verzichten kann. Eine besondere Bedeutung kommt der Ölkapselung vor allem bei den Schaltkontakten und weiterhin dem Schaltmechanismus überhaupt zu; das Öl dient nicht nur zur Löschung des Lichtbogens in Leistungschaltern, sondern es gewährleistet auch einen guten Schutz der Innenteile gegen äußere Einflüsse in ungünstigen Betriebsräumen. Das gleiche trifft auf Schalter in Freiluftanlagen zu.

Die rasche Entwicklung der Elektrotechnik im letzten Vierteljahrhundert, der Übergang zu immer höheren Spannungen und Leistungen, drückt sich naturgemäß auch im Hochspannungsapparatebau aus. Besonders die Anforderungen in der Zeit nach dem Kriege brachten in der einen Richtung eine erhebliche Vermehrung der Typen, in der anderen Apparate immer größerer Abmessungen. In den beigefügten Bildern sind einige Geräte neuerer Ausführung wiedergegeben. Ein besonders charakteristischer Zug liegt in dem immer mehr in Anwendung kommenden Bau von Freiluft - Schaltanlagen, der neuerdings auch auf die verhältnismäßig niedrigen Spannungen von 10 bis 30 kV übergreift; auch gußgekapselte, mit Isoliermasse vergossene Schaltanlagen bedeuten — wenigstens für deutsche Verhältnisse — ein verhältnismäßig neues Gebiet.

Die eingefügten Bilder mögen als charakteristische Beispiele dienen, wie sich alte und neue Erkenntnisse in der Konstruktion von Hochspannungsapparaten beim Bau neuerer Anlagen auswirken.

Bild 1 zeigt einen dreipoligen Freiluft-Ölschalter für 30 kV mit Fern-Antrieb. Mit Ausnahme der Isolatoren und einiger einfacher Abdeckungen unterscheidet er sich nicht von dem Innenraum-Typ.

In Bild 2 ist ein einpoliger Freiluft-Trennschalter wiedergegeben, wie er in dieser Bauweise für 125 und 150 kV Verwendung findet.

Das Schaltmesser ist auf dem mittleren Isolator um 90° nach oben drehbar angeordnet; die Betätigung erfolgt durch Drehen des rechts daneben befindlichen Isolators über Kurbel und Zugstange. Zwecks leichteren Schaltens sind Ausgleichfedern für das Gewicht des Schaltmessers vorgesehen. Je drei Pole werden gekuppelt und gemeinsam motorisch oder von Hand geschaltet.

Für 220 kV ist die vorerwähnte Bauweise wegen der weitaus größeren Schaltstrecke schwierig. Hier hat sich die in Bild 3 gezeigte Bauweise als vorteilhaft erwiesen. Als Schaltisolator wird hier der auf dem Fußrahmen fahrbare mittlere Isolator benutzt, dessen Kontakt über eine Schere stromleitend mit dem rechten Außenstützer verbunden ist. Die Schaltkontakte sind mit einer gleichzeitig als Strahlungschutz dienenden Einkapselung versehen; hierbei ist die über dem Schaltmesser des Schaltisolators befindliche Kapsel verschiebbar angeordnet. In Fällen, in denen die Stromleitung in Gestalt eines gut biegsamen Seils oberhalb der Fahrbahn des Schaltisolators angebracht werden kann, wird der dritte Stützer mit Schere entbehrlich.

Aus Bild 4 sind mehrere in einer Freiluft-Schaltanlage aufgestellte dreipolige Ölschaltersätze für 125 und 150 kV zu ersehen. Der Antrieb erfolgt gemeinsam für alle drei Pole durch einen Federkraftspeicher, der in dem linksseitig befindlichen Schutzgehäuse untergebracht ist.

Das Innere eines Federkraftspeichers für diese Schaltertypen zeigt Bild 5. Der Kraftspeicher kann sowohl elektrisch aufgezogen und geschaltet werden als auch von Hand ohne Zuhilfenahme einer elektrischen Stromquelle.

Die Ölschalter für 220 kV unterscheiden sich — außer in den Abmessungen — nicht von den vorgenannten Typen; Bild 6 gibt einen Pol eines 220 kV-Ölschalters mit Vorstufenwiderstand in der Werkstatt wieder; der Deckel mit der Schaltarmatur ist hochgezogen.

Bild 7 schließlich zeigt eine gußgekapselte Schaltanlage für 10 kV. Diese Bauweise ist verwendbar für eine Abschaltleistung bis 400 MVA. Die Schaltfelder stehen über Steckkontakte mit den Sammelschienen und dem Abzweigkabel in Verbindung und sind nach vorn herausziehbar; entsprechende Verriegelungen sorgen für die richtige Reihenfolge der Handgriffe bei Lösen und Wiedereinfahren. Die Ölschalter sind nach der Bedienungseite hin durch abnehmbare Stahlbleche verkleidet; ihre Betätigung erfolgt durch Fernsteuerung — hier Schaltmagnete. Alle starr verlegten Leitungsteile sind in zähflüssige Isoliermasse eingebettet; Strom- und Spannungswandler befinden sich in dem gemeinsamen, für sich abnehmbaren Ölkessel hinter dem Ölschalter.

Weiterentwicklung des Druckgasschalters.

Von K. Rittmeyer.

1. Einleitung.

Die Versuche mit Hochleistungschaltern ohne Öl führten, nachdem sich die AEG für den Druckgasschalter entschieden hatte, zuerst zum Bau eines Druckgasschalters für 10 kV Nennspannung und 600 A Betriebstrom (Bild 1). Auf diesen Schalter baute sich zunächst auch die weitere konstruktive Entwicklung auf, die bis zu 30 kV Nennspannung, 1000 A Betriebstrom und 500 MVA Abschaltleistung führte. Die Aufgabe, Druckgasschalter für noch höhere Nennspannungen und für Verwendung in Freiluftanlagen zu bauen, brachte dann wiederum neue Voraussetzungen und neue Forderungen mit sich, die es nötig machten, neben dem früher beschrittenen Weg neue Wege zu suchen. Das gleiche galt auch für den Bau von Druckgasschaltern von mehr als 1000 A Nennstrom. Neben den grundsätzlichen Richtlinien im Aufbau der verschiedenen Bauarten des Druckgasschalters war eine Anzahl von Einzelfragen, wie z. B. die Bauart der Ventile, der Abgasführung und der Schalldämpfung zu lösen, die der Hochspannungstechnik an sich fremd waren. Die Eigenart des Druckgasschalters stellte hier in mancher Hinsicht neue Bedingungen, so daß auch die im Maschinenbau vorhandenen Konstruktionen meist nur als Anregung dienen konnten. Alle diese Umstände trugen dazu bei, daß die konstruktive Durchbildung des Druckgasschalters, trotz des geringen Zeitraumes von wenigen Jahren, zu einem vielseitigen und in vieler Hinsicht interessanten Gebiet der Hochleistungschaltertechnik herangewachsen ist.

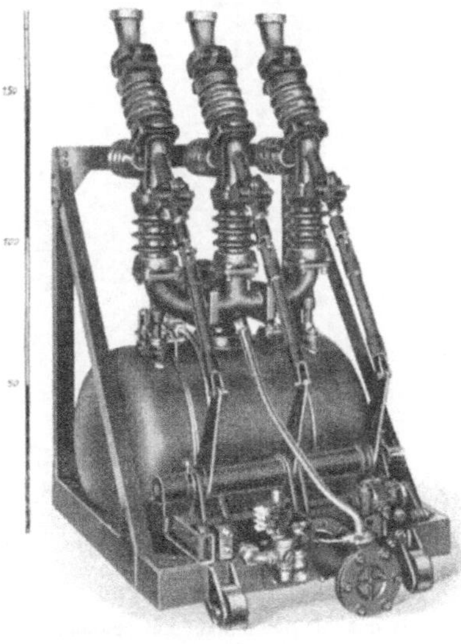

Bild 1. Druckgasschalter für 10 kV, 600 A.

2. Kontaktdüse.

Die Grundlage für alle Druckgasschalter-Konstruktionen bis zu 100 kV Nennspannung bildet eine nach strömungstechnischen Grundsätzen entwickelte Kontaktdüse, die sich, obwohl sie zunächst nur für den Druckgasschalter der Reihe 10 bestimmt war, auch bei höheren Betriebspannungen als technisch und wirtschaftlich überaus günstig erwies. So wurde, als es galt, Schalter für mehr als 10 kV Nennspannung zu bauen, zunächst durch stufenweise Steigerung der Versuchspannung an einem Schalter für 10 kV Nennspannung festgestellt, daß sich mit diesem Schalter, dessen Isolatoren eine Überschlagspannung von 55 kV hatten, bei 50 kV Versuchspannung noch 500 MVA mit Sicherheit abschalten ließen, d. h. die gleiche Leistung wie bei 10 kV Nennspannung. Weitere Versuche zeigten, daß mit zwei in Serie geschalteten Unterbrechungstellen die doppelte Abschaltleistung einer Unterbrechungsstelle bewältigt werden kann. Neben der Tatsache, daß der für den Schalter der Reihe 10 entwickelte Düsenkontakt hinsichtlich der Spannung eine im Ölschalterbau nie erreichbare Sicherheit aufweist, ergab sich also auch, daß sich mit diesem Kontakt bei Anordnung von zwei Unterbrechungstellen in Serie ein brauchbarer Schalter für 100 kV Betriebspannung schaffen läßt. Eine weitere Möglichkeit, die Abschaltleistung nötigenfalls auch nachträglich noch um das Zwei- bis Dreifache zu erhöhen, ergab sich aus Versuchen mit Kohlensäure als Blasmittel.

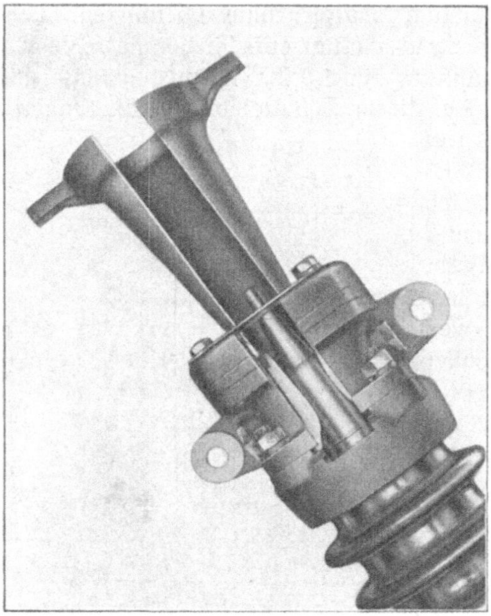

Bild 2. Düsenkontakt mit seitlichem Schlitz für Zeitlupenaufnahmen.

Neuerdings durchgeführte Aufnahmen mit der Zeitlupe brachten neben der Bestätigung früherer Überlegungen neue Aufschlüsse über den Unterbrechungsvorgang innerhalb der Kontaktdüse. Um diese Vorgänge, die sich meist im Lauf von weniger als $^1/_{100}$ s abspielen, ordentlich zergliedern zu können, mußte mit höchsten Bildgeschwindigkeiten bis zu 6000 Bildern je s gearbeitet werden. Ein schlitzförmiges Fenster an der Seite des Düsenkontaktes (Bild 2) machte es möglich, den Lichtbogen von der Seite aufzunehmen. Um eine Störung der Druckgasströmung in der Kontaktdüse zu

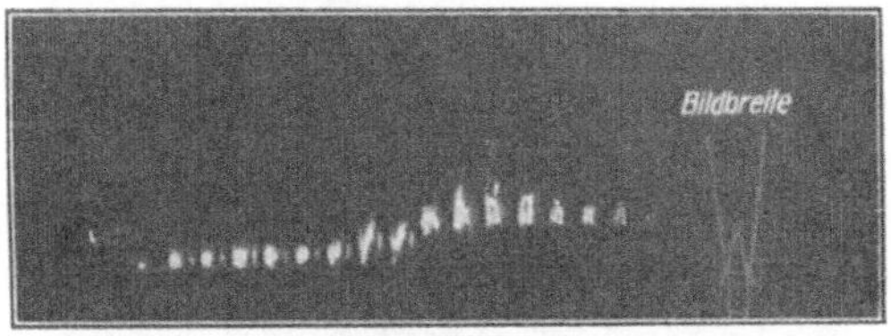

Bild 3. Zeitlupenaufnahme des Lichtbogens im Druckgasschalter.

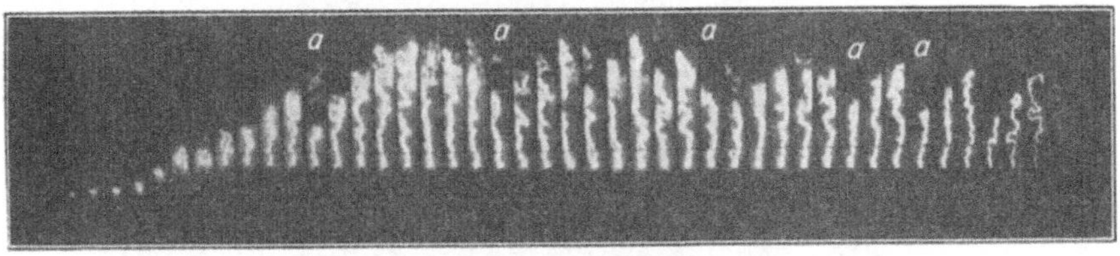

Bild 4. Zeitlupenaufnahme des Lichtbogens im Druckgasschalter.

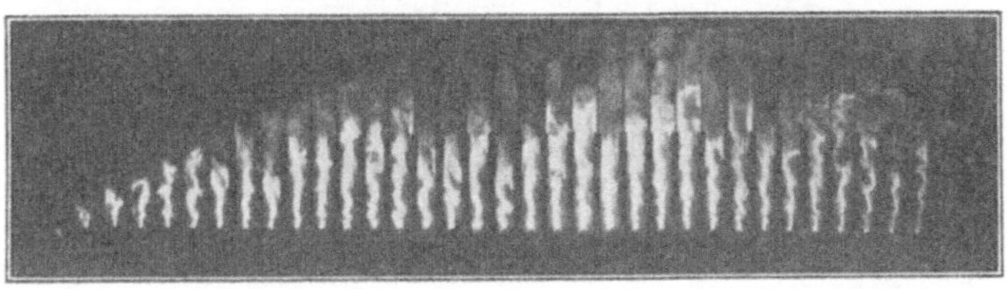

Bild 5. Zeitlupenaufnahme des Lichtbogens im Druckgasschalter.

vermeiden, war dieses Fenster durch eine hitzebeständige Glasscheibe abgeschlossen. Die Bilder 3 bis 5 zeigen eine Anzahl der an dieser Anordnung aufgenommenen Filmstreifen. Zum besseren Verständnis sind in Bild 3 die Umrisse der Kontaktdüse auf der rechten Seite eingezeichnet. Der Bildausschnitt ergab sich durch eine entsprechende vor dem Film umlaufende schmale Blende. Man sieht den Unterbrechungslichtbogen bei einer Stromstärke von 1000 A, wobei die elektrische Trennung zwischen Kontaktstift und Düse ganz kurz vor dem Durchgang des Stromes durch Null erfolgte. Die Lichtbogendauer beträgt entsprechend der Zahl von

16 Bildern und einer Geschwindigkeit von 4500 Bildern je s nur 0,0028 s. Erfolgt die Trennung der Kontakte etwas früher, so wird der Lichtbogen, wie Bild 4 zeigt, zunächst sehr rasch nach oben geblasen, wobei der eine der beiden Fußpunkte nach der Wolframspitze des Kontaktstiftes hingetrieben wird. Der andere Lichtbogen-

Bild 6. Druckgasschalter für 30 kV, 600 A.

fußpunkt wandert nach der Innenwandung des an die Kontaktdüse angeschraubten Metalltrichters. Der Lichtbogen ist überaus beweglich, nur in einigen seltenen Fällen kann man seine seitlichen Ausbiegungen von einem bis zum anderen der in $^1/_{5000}$ s Zeitabstand aufgenommenen Bilder feststellen und daraus auch die Luftgeschwindigkeit berechnen, die von der Größenordnung der Schallgeschwindigkeit ist. Die Ausbiegungen des Lichtbogens werden, wie sich an den mit *a* bezeichneten Stellen zeigt, bisweilen so groß, daß Teile des Lichtbogens in sich kurzgeschlossen werden und daß plötzlich neue Fußpunkte an der Wandung des Metalltrichters entstehen. Bild 5 zeigt schließlich einen Unterbrechungsvorgang bei einer Stromstärke von 6000 A, bei dem der Lichtbogen während des Strommaximums entsprechend stärker und heller wird, trotzdem aber wieder beim ersten Nulldurchgang nach der Trennung der Kontakte zum Erlöschen kommt.

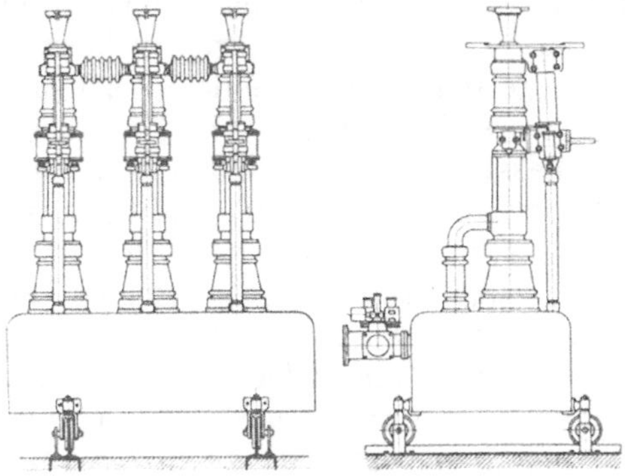

Bild 7. Druckgasschalter für 20 kV, 2000 A.

3. Druckgasschalter bis 30 kV für Innenräume.

Auf Grund der erwähnten Versuche war es möglich, aus der in Bild 1 gezeigten Bauart durch einfache Verlängerung der Isolatoren unter gleichzeitiger Vergrößerung des Phasenabstandes Schalter für 20 und 30 kV Betriebspannung (Bild 6) zu entwickeln. Die Nennstromstärke, die ursprünglich 600 A betrug, konnte durch einige geringfügige Änderungen auf 1000 A gesteigert werden. Da jedoch auch bald ein Bedarf an Schaltern höherer Nennstromstärken eintrat, wurde eine weitere Bauart entwickelt, die mit außerhalb der Unterbrechungskammer liegenden Hauptkontakten versehen ist. Den mechanischen Aufbau dieser Schalter zeigt Bild 7. Ein kastenförmiges Gehäuse mit abnehmbaren Seitenwänden enthält zwei Wellensysteme, deren eines die Kontaktstangen des Löschkontaktes und deren anderes die Hauptkontakte antreibt. An der Stirnseite dieser Wellen ist ein pneumatischer Antrieb angekuppelt. Er besteht aus zwei gegeneinander gestellten Luftzylindern mit gemeinsamer Kolbenstange. Die beiden Zylinder übernehmen jeweils den Antrieb für die Einschaltung bzw. die Abpufferung der bewegten Massen.

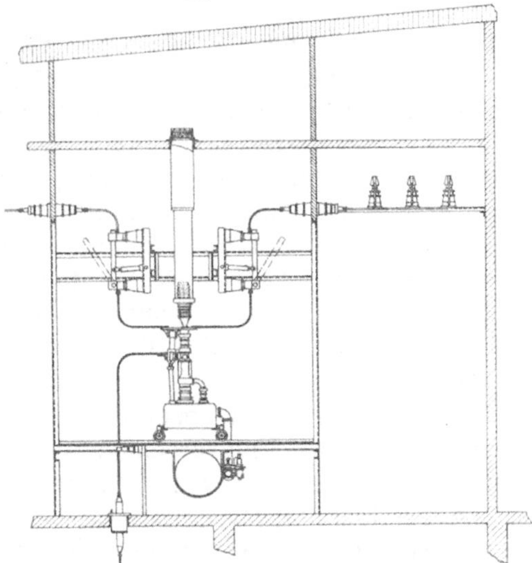

Bild 8. Schaltanlage mit eingebautem Druckgasschalter für 20 kV.

Die mechanische Ausschaltung erfolgt durch direkte Einwirkung der zur Lichtbogenlöschung erforderlichen Luft auf die gleichzeitig als Geradführung dienenden Zylinder, die zwischen den unteren und oberen Isolatoren angeordnet sind. Eine weitere Eigentümlichkeit dieser neuesten Bauart ist der getrennt aufgestellte Druckgasbehälter. Hierdurch ist eine gewisse Freizügigkeit in Unterbringung und Bemessung des Druckkessels, und wie Bild 8 zeigt, ein sehr ruhig wirkender Einbau in die Schalterzelle und eine bequeme Leitungführung gegeben. Das Einschaltventil ist mit Ausschaltventil, Mindestdruck-Verriegelung und Betätigungsmagneten zu einem geschlossenen Ganzen vereinigt und wird entweder am Schalter oder auch am Druckgaskessel angeschlossen. Ein neu einzufahrender Ersatzschalter kann also ohne Druckgaskessel und Ventilaggregat in Reserve stehen, was eine nicht unwesentliche Ersparnis bedeutet. Die geschlossene Bauart des Schalters macht nach Kapselung des Ausschaltventils und Aufsetzen von Schalldämpfern die Verwendung dieses Typs auch in Freiluftanlagen möglich.

4. Druckgasschalter bis 100 kV für Freiluftanlagen.

Die Entwicklung der Schalter für Freiluftanlagen begann infolge des größten Interesses für hohe Betriebspannungen mit dem Schalter für 100 kV Betriebspannung. Die Versuche im Hochleistung-Versuchsfeld hatten, wie geschildert, ergeben, daß es galt, je Pol zwei in Reihe geschaltete Kontaktdüsen unter Beachtung der vorgeschriebenen Isolationsabstände mit einem gemeinsamen Antrieb zu versehen. Diese Aufgabe führt zu der in Bild 9 schematisch wiedergegebenen Anordnung, bei der außer den Kontaktdüsen auch alle bewährten Ventile der anderen Schalter mit übernommen wurden.

Der Schalter ist ebenfalls auf seinen Druckgas-Vorratsbehälter aufgebaut. Die Unterbrechung des Stromes erfolgt in den beiden oberen Isolatoren, die an ihrem oberen Ende die Düsenkontakte und die Leitungsanschlüsse tragen. Von dort fließt der Strom im eingeschalteten Zustand über die im Innern der oberen Isolatoren liegenden beweglichen Schaltstifte zu der unteren Isolatorfassung. Beide Unterbrechungstellen sind durch zwei waagerecht angeordnete Kupferstangen elektrisch und mechanisch verbunden. Der Antrieb der Schaltstifte erfolgt durch den zwischen den beiden unteren Isolatoren angeordneten senkrecht stehenden Antriebzylinder über einen Kreuzkopf und über zwei Stangen aus Isolierstoff, die sich im

Innern der unteren Isolatoren bewegen. Bild 10 zeigt eine Ansicht des 100 kV-Schalters, die auch die an den oberen Isolatoren befestigten schalldämpfenden Auspufftöpfe erkennen läßt. Die Isolatoren sind zwischen den äußeren Tellern mit Bronzedraht-Bandagen versehen. Sollte es aus irgendeinem Grunde zu einer Beschädigung eines Isolators kommen, so verhindern diese Bandagen, wie durch eine Anzahl Versuche bestätigt wurde, auch beim nachfolgenden Abschalten das Wegfliegen von Scherben. Die Abschalt-

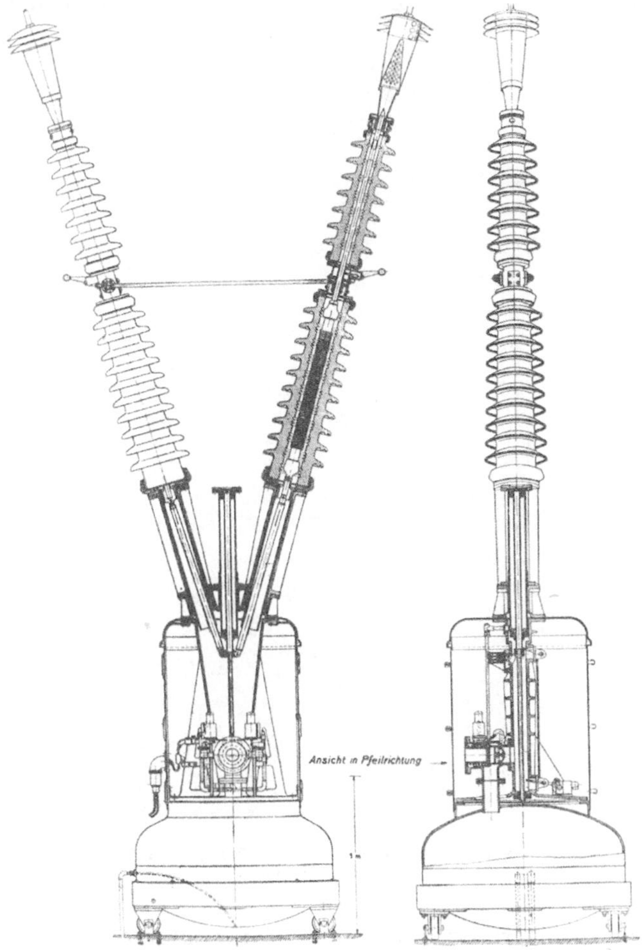

Bild 9. Schnitt durch den Druckgasschalter für 100 kV, 600 A (Freiluftausführung).

leistung des Schalters beträgt bei Verwendung von Luft als Blasmittel 1,5 Millionen kVA für das dreipolige Aggregat. Auch bei diesem Schalter erfolgt, selbst bei höchsten Spannungen und Leistungen die Abschaltung des Kurzschlusses spätestens eine

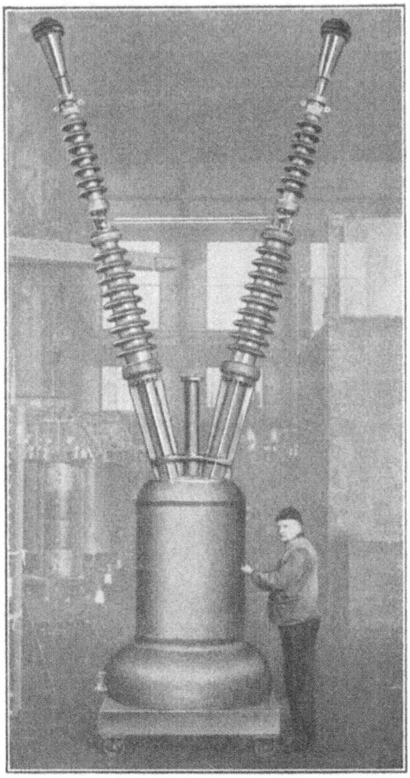

Bild 10. Druckgasschalter für 100 kV, 600 A (Freiluftausführung).

Halbperiode nach erfolgter Trennung der Kontakte. Das Verhalten des Schalters bei derartig hohen Abschaltleistungen zeigt nichts Ungewöhnliches. Außer einem infolge der angebrachten Schalldämpfer nur mäßigen Knall und einer schwachen aus den Schalldämpfern austretenden kurzzeitigen Flamme ist nichts zu bemerken. Die Kontaktstücke, die beim 10 kV-Schalter Strömen bis zu 30000 A gewachsen sind, zeigen beim 100 kV-Schalter wegen der geringen Stromstärken kaum Spuren einer Anbrennung. Im Gegensatz zum Ölschalter werden die Fundamente des Schalters auch bei den höchsten Leistungen nicht anders beansprucht als beim stromlosen Schalten.

Der für den 100 kV-Schalter gewählte Aufbau wurde, nachdem er sich praktisch bewährt hatte, auch beim Bau eines Freiluft-

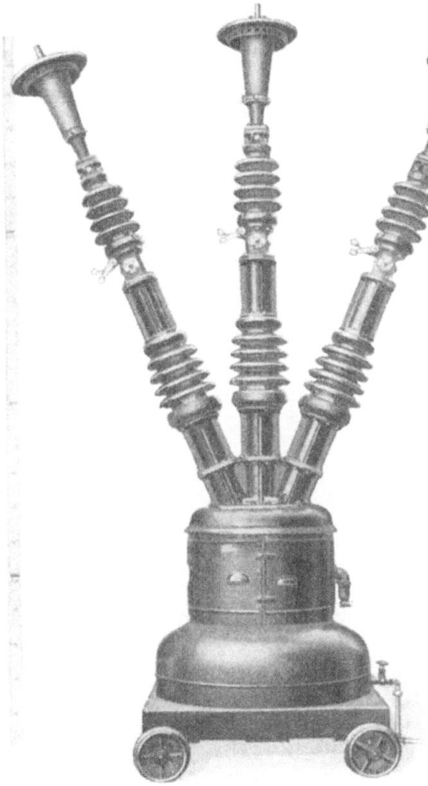

Bild 11. Druckgasschalter für 30 kV, 600 A (Freiluftausführung).

Schalters für 30 kV gewählt, den Bild 11 zeigt. Der Schalter hat in jeder der drei Phasen eine Unterbrechungsstelle, die gemeinsam auf einem Druckgaskessel angeordnet sind. Der Antrieb erfolgt ähnlich wie beim 100 kV-Schalter. Sowohl von diesem Typ als auch von dem 100 kV-Typ ist bereits eine ganze Anzahl Schalter dem praktischen Betrieb übergeben worden.

5. Abgasführung und Schalldämpfung.

Beim Einbau der Druckgasschalter, insbesondere in Innenräumen, spielt die Frage der Abgasführung und der Schalldämpfung eine wichtige Rolle. Durch zahlreiche Versuchsreihen mit den verschiedenartigsten Anordnungen wurde hierfür schließlich eine Lösung gefunden, die sich den praktischen Verhältnissen immer, auch in

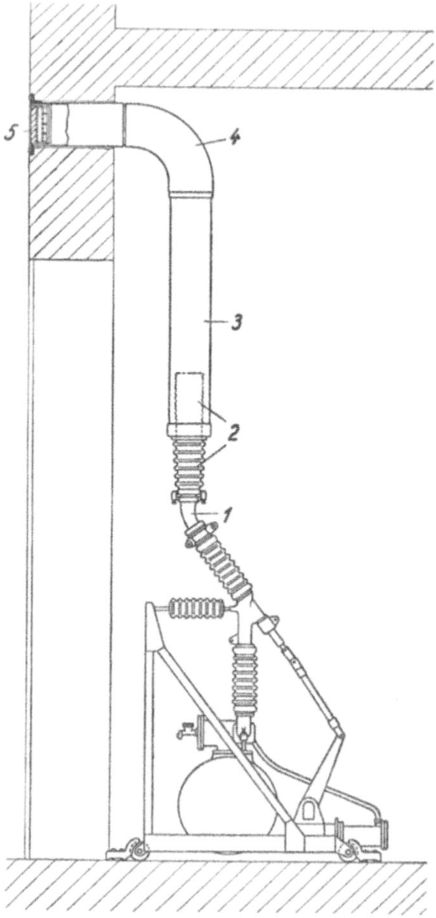

1 = Auspufftrichter, 4 = Krümmer,
2 = Porzellanisolator, 5 = Schalldämpfer.
3 = Geaxrohr,

Bild 12. Abgasführung eines Druckgasschalters für 30 kV.

schwierigen Fällen beim Einbau von Druckgasschaltern in bestehenden Anlagen, anpassen ließ.

Die Aufgabe der Abgasführung besteht darin, die heißen im Lichtbogen entstehenden Gase von der unter Spannung stehenden

Kontaktdüse abzuleiten, ohne daß durch diese Überschläge nach Erde oder zwischen den Phasen eintreten können. Die Isolation zwischen den Phasen macht bei Verwendung isolierender Rohre keine großen Schwierigkeiten. Dagegen bedurfte die Isolation gegen Erde, d. h. zwischen der Auspuffdüse des Schalters und dem z. B. durch die Mauer führenden Schacht einer besonders sorgfältigen Erprobung. Zwischen diesen Punkten kann bei jedem Erdschluß und auch unmittelbar nach der Abschaltung eines Doppelerdschlusses

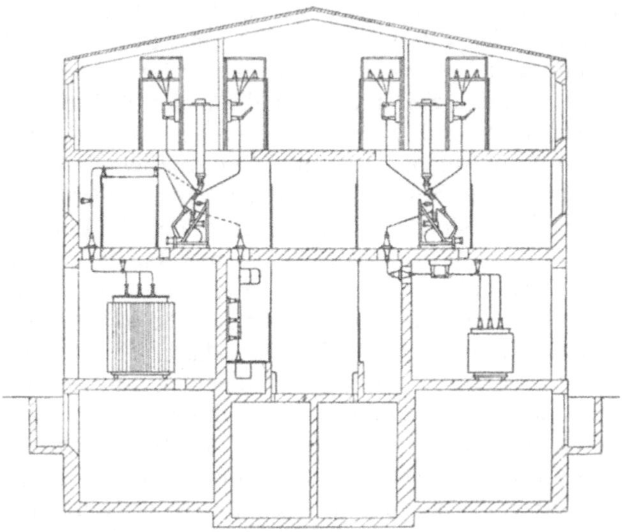

Bild 13. Schalthaus mit eingebauten Druckgasschaltern.

die volle verkettete Netzspannung auftreten. Die Länge der Isolation muß so groß sein, daß sie auch in diesem ungünstigsten Falle durch das Schaltfeuer nicht überbrückt wird. Außerdem muß ein Schutz gegen die beim Schalten entstehenden Niederschläge vorhanden sein, die an sich zwar gering sind, durch Aufnahme von Feuchtigkeit aber unter Umständen doch gefährlich werden könnten.

Eine Anordnung, die sich schließlich bei Doppelerdschluß-Versuchen mit Spannungen bis zu 35 kV als ausreichend und zweckmäßig erwies, zeigt Bild 12. Die Abgase durchströmen, nachdem sie den Auspufftrichter *1* des Schalters verlassen haben, zunächst einen Porzellan-Isolator 2, der in ein Geaxrohr *3* hineinragt. Von diesem Rohr aus können sie dann, wie z. B. in Bild 12, durch einen Eisenblechkrümmer *4* und den Schalldämpfer *5* ins Freie geleitet werden. Wo die räumlichen Verhältnisse es gestatten, können sie auch durch den Schalldämpfer direkt ins Schalthaus ausgeblasen werden, wie dies in Bild 13 gezeigt wird, bei dem die Abgasrohre zwischen den Sammelschienen eingebaut sind. Der Porzellan-Isolator 2 verhindert durch seine innerhalb des Geaxrohres liegende Außenseite, die mit den heißen Auspuffgasen nicht in direkte Berührung kommt, unter allen Umständen die Ausbildung von Kriechwegen durch Niederschläge zwischen Schalter und Schalldämpfer.

Wie aus Bild 12 hervorgeht, war es möglich, für den Schalldämpfer eine Bauart mit sehr geringem Raumbedarf zu schaffen. Er besteht lediglich aus einer wenige cm starken, durch zwei gelochte Bleche gehaltenen Schicht sogenannter Rasching-Ringe, das sind kleine auf beiden Seiten offene Hülsen, die für Luftfilter in großen Mengen hergestellt und verwendet werden. Die Dämpfung der bei Kurzschluß-Abschaltungen entstehenden Knallwelle kommt dadurch zustande, daß diese Schicht, die einer langsameren Luftströmung nur geringen Widerstand entgegensetzt, plötzliche Druckwellen nicht durchtreten läßt. Die Luft wird in diesem Falle im Geaxrohr, das neben seiner Aufgabe zu isolieren, gleichzeitig einen wesentlichen Bestandteil des Schalldämpfers bildet, festgehalten und kann nur langsam entweichen. Der dabei innerhalb des Geaxrohres entstehende Gegendruck beträgt nur einen geringen Bruchteil des Blasdruckes und ist deshalb ohne Rückwirkung auf die Abschaltleistung des Schalters. Anderseits ist die Schalldämpfung so gut, daß das Geräusch bei Abschaltungen mit 25 000 A Kurzschlußstrom in wenigen m Entfernung vom Schalter nach einmütiger Ansicht zahlreicher Vertreter von Elektrizitätswerken als durchaus erträglich bezeichnet wurde. Bild 14 zeigt ein Oszillogramm des Druckes der neben dem Schalter mit einem Russchreiber aufgezeichneten Schallwelle ohne (Kurve *a*) und mit (Kurve *b*) angebautem Schalldämpfer. Wo es möglich ist, zwischen Schalldämpfer und Austritt der Gase ins Freie ein weiteres, allen drei Phasen gemeinsames Rohr, einen Schacht oder einen leerstehenden Raum unter dem Dach einzuschalten, kann die Schalldämpfung soweit gesteigert werden, daß in den Betriebsräumen und außerhalb des Schalthauses auch bei Kurzschluß-Abschaltungen lediglich ein kurzes Blasen zu hören ist.

6. Betriebsicherheit.

Wenn auch der Druckluftantrieb bei Ölschaltern schon bisweilen praktisch ausgeführt worden ist, so waren doch für den Druckgasschalter neben dem Antriebmechanismus neue Ventile entwickelt worden, die erst durch viele tausend mechanische Schaltungen auf Festigkeit und Dichtheit geprüft werden mußten. Durch Verwendung von Dichtungsringen aus Gummi an allen Ventilen konnte erreicht werden, daß die Schalter auch nach vielen Schaltungen noch so dicht sind, daß sie bei einer Störung in der Druckluftanlage die in ihren Vorratsbehältern aufgespeicherte Luft noch mehrere Stunden festhalten. Ebenso wurden die Antriebe der verschiedenen Schaltertypen durch Dauerschaltungen durchgeprüft und, soweit erforderlich, verstärkt. Neben der ausreichenden Schaltgeschwindigkeit wurde dabei auch auf die Dämpfung des Aufschlages in den Endstellungen großer Wert gelegt. Die Festigkeit der Isolatoren und ihrer Kittungen wurde ebenfalls durch zahlreiche Druckversuche und durch Versuche in der Zerreißmaschine nachgemessen und teilweise noch weiter erhöht.

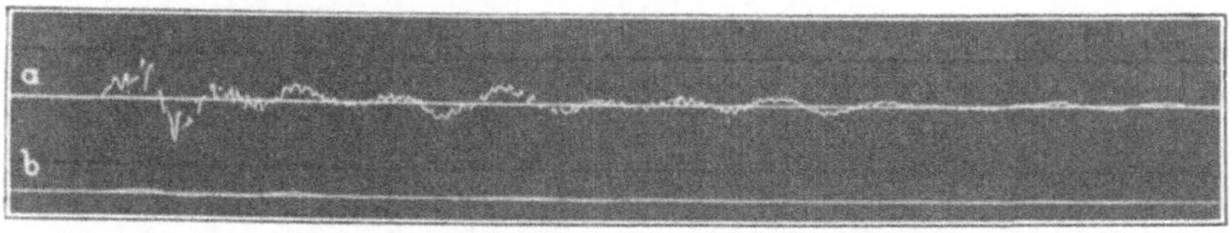

a = ohne Schalldämpfer, b = mit Schalldämpfer.

Bild 14. Schalldruck.

Zur Prüfung der Druckgasschalter, deren serienmäßige Herstellung unmittelbar nach der Entwicklung des 10 kV-Schalters einsetzte, wurde alsbald ein besonderes Prüffeld eingerichtet, das mit einer Druckluftanlage und Abgasleitungen für mehrere gleichzeitig zu prüfende Schalter versehen ist, und außerdem über Einrichtungen zur Prüfung verschiedener Einzelteile der Schalter vor dem Zusammenbau verfügt. In diesem Prüffeld wird jeder einzelne Schalter vor seiner Lieferung einer eingehenden Prüfung unterzogen, die mit der Untersuchung der Dichtigkeit beginnt und nach Vornahme einer größeren Anzahl von Schaltungen mit der Aufnahme von Geschwindigkeitsdiagrammen und gegebenenfalls auch von Druckdiagrammen endet.

Alle diese Bestrebungen haben in Verbindung mit den bei der Konstruktion vorgesehenen Sicherungen, wie Maximal- und Minimaldruckventil u. a. sowie mit den zahlreichen Kurzschluß-Aus- und -Einschaltversuchen dazu beigetragen, den Druckgasschalter trotz der kurzen Zeit seiner Entwicklung zu einem betriebsicheren Schalter zu machen, der auch in rein mechanischer Hinsicht hinter dem

Ölschalter und dessen Einschaltapparat nicht zurücksteht. Eine Reihe von Schaltern, die schon über ein Jahr in Betrieb sind und teilweise täglich mehrmals unter Last geschaltet werden, teilweise auch zu Kurzschlußversuchen im Netz herangezogen wurden, haben gezeigt, daß der Druckgasschalter seinen Zweck voll und ganz erfüllt und daß er den Anforderungen der Praxis durchaus gewachsen ist.

Die Löschkammer.

Von F. Grünewald.

1. Die Löschkammer von Hilliard und Parsons, ihre geschichtliche Voraussetzung und ihre Weiterentwicklung.

Um das Jahr 1900 war im Schalterbau alles in Fluß. Es war die Zeit einer gesteigerten Einführung der Elektrizität in die Industrie und zugleich des Überganges zu höheren Betriebspannungen. Der bis dahin übliche Luftschalter war den größeren Anforderungen nicht mehr gewachsen, vor allem erschienen die isolationstechnischen Schwierigkeiten bei höheren Spannungen fast unüberwindlich. Daher siegte der kurz vorher erfundene Ölschalter auf der ganzen Linie, nachdem sich seine Brauchbarkeit sehr schnell erwiesen hatte. Das widersinnig erscheinende Verfahren, den Lichtbogen in Öl zu löschen, brachte die verschiedenartigsten Bauweisen zum Vorschein. Zwischen diesen fallen besonders zwei Verfahren auf: entweder den Lichtbogen durch Anwendung eines höheren Druckes zu ersticken[1]) oder ihn durch einen Ölstrom zu löschen[2]). Offenbar ließ man sich hierbei von den gleichen Vorstellungen leiten, die man mit der Feuerlöschung im allgemeinen verbindet.

Die im Jahre 1908 von Hilliard und Parsons in Deutschland zum Patent angemeldete Löschkammer[3]) vereinigt bei der Stromunterbrechung die Anwendung eines höheren Druckes mit der eines Ölstromes. Ausdrücklich wird in der Patentschrift gesagt, daß ein Strahl der Flüssigkeit in den Lichtbogen gerichtet wird. Die in der Patentschrift beschriebene Konstruktion einer Löschkammer enthält im übrigen bereits so viele bemerkenswerte Einzelheiten, daß es lohnend erscheint, diese an Hand der Patentzeichnung eingehend zu besprechen. Der Löschvorgang soll beim Durchgang der beweglichen Kontakte D^1, D^3 (Bild 1) durch die Bohrungen *c* erfolgen, nachdem der Lichtbogen in den Löschkammern vorher einen hohen Druck erzeugt hat, der das Öl der Löschkammern beim Austritt der Kontaktstifte in einem kräftigen Strahl in den Lichtbogen treibt. Es fällt auf, daß die Löschkammern Luftpolster

[1]) vgl. Engl. Pat. 4248/1900.
[2]) vgl. DRP 131 211.
[3]) vgl. DRP 211 074.

haben und daß die Ölspiegel in ihnen mit dem des äußeren Behälters übereinstimmen. Es wird hierdurch erreicht, daß der in der Löschkammer gleich bei Beginn der Lichtbogenbildung zustande kommende Druck elastisch aufgenommen wird. Es sei ferner auf Bohrung b^6 hingewiesen, durch die nach jedem Abschaltvorgang ein Druckausgleich über den inneren und äußeren Flüssigkeitspiegel erfolgen kann. Die Gefahr, daß sich über dem Ölspiegel in der

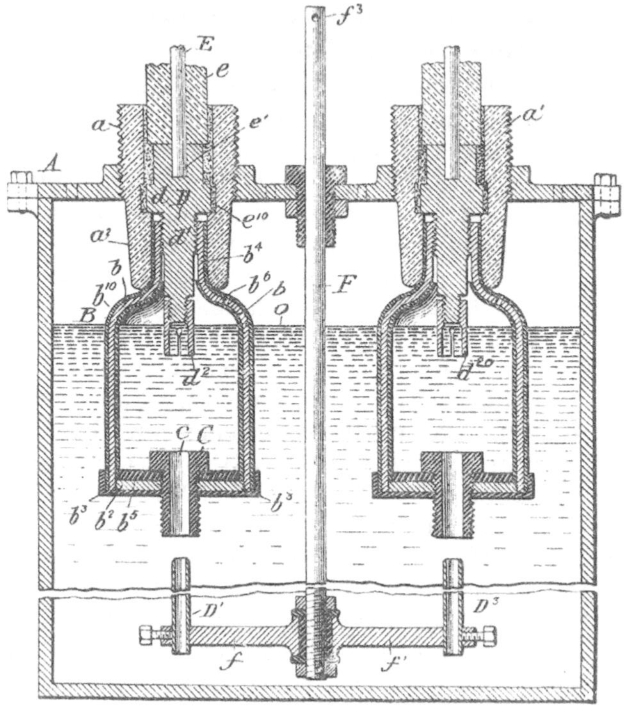

Bild 1. Löschkammer von Hillard und Parsons (Bild aus der Patentschrift DRP 211074).

Löschkammer brennbare Gase bilden, erscheint nicht sehr groß, da das in ihr enthaltene Luftvolumen verhältnismäßig klein ist. Beachtenswert erscheinen sodann die Art und Weise, wie der Druck in der Löschkammer geregelt werden soll, damit er nicht gefährlich hohe Werte annimmt und zum Zersprengen der Löschkammer führt. Dies geschieht entweder durch das Spiel zwischen den beweglichen Kontakten D^1, D^3 und den Bohrungen c oder durch die Ausbildung der beweglichen Kontakte als Röhren. Die Verwendung von röhrenförmigen Kontakten hat zugleich den Vorteil, daß bereits eine kräftige — allerdings hauptsächlich aus Ölgas bestehende — Strömung gegen den Lichtbogen gerichtet wird, wenn sich die Spitze des beweglichen Kontaktes noch in der Löschkammer befindet. Wenn man überdies die Ausführung der aus Metall mit einer Isolationverkleidung bestehenden Kammern selbst betrachtet, so erkennt man, daß die erste Löschkammer in ihrer in dem Patent beschriebenen ursprünglichen Gestalt, bereits alle Elemente enthält, die später immer wieder in der einen oder andern Form bei den verschiedenen Bauarten der Löschkammer hervortreten.

In der Zeit, die auf die Erfindung von Hilliard und Parsons folgte, erblickte man einen wesentlichen Vorteil der Löschkammer darin, daß der Abschaltvorgang auf einen verhältnismäßig kleinen Raum beschränkt wird und daß sich infolgedessen die beim Abschalten auftretenden Drucke viel leichter beherrschen lassen.[4]) Besonders geschätzt wurde die hiermit im Zusammenhang stehende Eigenschaft, daß im Falle eines Versagens des Schalters die Folgeerscheinungen weit weniger schwer sind, als es beispielsweise bei einem Schalter der Fall ist, der entweder ständig unter einem höheren Druck steht oder bei dem der ganze Ölkessel den beim Schalten entstehenden Druck aufnehmen muß.

Wenn man noch kurz einen Blick auf die in der späteren Zeit entstandenen Löschkammerpatente wirft, so handelt es sich meistens immer wieder darum, einen kräftigen Ölstrom in den Lichtbogen zu blasen. Beispielsweise läßt man zwei Unterbrechungstellen so zusammen arbeiten, daß an der einen zuerst ein Lichtbogen entsteht und der von ihm erzeugte Druck einen kräftigen Ölstrom in die andere später öffnende Unterbrechungstelle treibt[5]). Oder man steigert die Wirkung des Ölstrahles, sobald der bewegliche Kontakt die Löschkammer verläßt, indem man besondere, seitlich auf den Lichtbogen gerichtete Kanäle vorsieht[6]). Doch dürfte die Umsetzung dieser Ideen in die Praxis entweder überhaupt nicht oder nur vorübergehend erfolgt sein, da in Anbetracht der schnellen, von hohen Drucken begleiteten Schaltvorgänge auf die Dauer nur die einfachste und solideste Anordnung erfolgreich sein kann.

Die Einführung der Löchkammer in Deutschland geschah durch die AEG. Ihre systematische Entwicklung und die Anpassung an die immer größer werdenden Schaltleistungen erfolgte im großen und ganzen auf empirischem Wege und war nur dadurch möglich, daß der AEG eine in ihrer Art lange Zeit einzige Kurzschlußver-

[4]) G. Stern, J. Biermanns, ETZ 1916, S. 637.
[5]) DRP 370 386.
[6]) DRP 499 932.

suchs-Anlage zur Verfügung stand. Die Löschkammer hat sich hierbei gegenüber der ursprünglichen Form nur insofern geändert, als sie tiefer unter den Ölspiegel verlegt wurde und dabei das Luftpolster in ihrem Innern fortfiel. Auch wurden besondere Vorkehrungen für die Führung der Schaltgase aus der Löschkammer getroffen. Im übrigen handelte es sich bei dieser Entwicklungsarbeit im wesentlichen darum, von Fall zu Fall die günstigsten Abmessungen festzulegen und die Löschwirkung und Festigkeit des jeweiligen Löschkammertyps nachzuprüfen. Die mit der Löschkammer bei der AEG gemachten günstigen Erfahrungen veranlaßten dann verhältnismäßig spät auch andere Firmen, sie für ihre Schalter zu verwenden.

2. Physikalische Vorgänge in der Löschkammer.

Wie oben gezeigt wurde, erklärten die Erfinder der Löschkammern und auch die später an sie anknüpfenden Verbesserer das günstige Verhalten der Löschkammer hauptsächlich mit dem hohen Druck und dem gegen den Lichtbogen gerichteten Flüssigkeitstrom. In neuerer Zeit ist außerdem noch auf die günstige Wirkung der Expansion der Schaltgase hingewiesen worden[7]). Diese die Löschung des Lichtbogens begünstigenden Momente seien im einzelnen näher erläutert.

Über den Einfluß des Druckes liegen Untersuchungen mit Abschaltungen mäßiger Ohmscher Belastung von Bauer vor[8]), aus denen sich ergibt, daß unter bestimmten Bedingungen die Lichtbogenlänge mit ansteigendem Druck zunächst einem Kleinstwert zustrebt, um dann von verhältnismäßig kleinen Drucken (4 bis 7 atü) an wieder zu steigen. Im gleichen Druckbereich ergibt sich daher auch ein Kleinstwert für die Schaltarbeit und die entwickelten Gasmengen. Für die Zweckmäßigkeit der Anwendung höherer Drucke in der Löschkammer spricht jedoch der Umstand, daß die Zündspannung, die bei Nulldurchgang des Stromes das Weiterbrennen des Lichtbogens bedingt, annähernd verhältnisgleich mit dem Druck wächst. Es ist ferner zu berücksichtigen, daß die Geschwindigkeit der beweglichen Kontakte, auf welche die Schaltgase in der Löschkammer wie auf einen Kolben wirken, mit wachsender Abschaltleistung erheblich gesteigert wird. Hat man doch mehr als eine Verdoppelung der Schaltgeschwindigkeit festgestellt. Infolgedessen gelangen auch die beweglichen Kontakte viel schneller aus der bei höheren Drucken an und für sich schon kleineren Gasblase. Die

[7]) Kesselring, ETZ 1930, S. 508.

[8]) Bauer, SEV 1917, S. 291.

praktische Ausnutzung dieses Zusammenhanges bei den sogenannten Schnellkontakten[9]), d. h. auf der Schaltertraverse frei beweglichen, unter Federdruck stehenden Kontakten, wurde von G. Stern angegeben und vielfach bei Löschkammerschaltern angewandt. Dem Einfluß des Druckes auf die in der Löschkammer sich abspielenden Vorgänge kommt vor allem dann besondere Bedeutung zu, wenn die Löschung des Lichtbogens erfolgt, bevor die Spitze des beweglichen Kontakts die Bohrung der Löschkammer passiert hat, was bei mittleren Abschaltleistungen stets der Fall ist. Die Zusammenhänge sind im einzelnen jedoch recht verwickelt.

Der Einfluß des gegen den Lichtbogen gerichteten Flüssigkeitstromes, auf den die Erfinder der Löschkammer den größeren Wert legten, dürfte ein doppelter sein: es wird ein isolierendes Medium zwischen die Elektroden gebracht und zugleich eine intensive Kühlwirkung ausgeübt. Die Flüssigkeitströmung, soweit sie den Lichtbogen trifft, hat offenbar ihren größten Wert und damit die größte Wirksamkeit, wenn der bewegliche Kontakt die Löschkammer verläßt. Es interessiert zunächst die Frage, ob überhaupt in der verhältnismäßig kurzen zur Verfügung stehenden Zeit τ, innerhalb der nach dem Aufhören des Stromes die wiederkehrende Spannung ihren vollen Wert erreicht, durch den Flüssigkeitstrom eine Ölschicht genügender Durchschlagfestigkeit zwischen die Elektroden gebracht werden kann. Die Zeit τ kann unter den ungünstigsten Verhältnissen mit 10 μs angenommen werden[10]), wenn Generatoren, und mit 20 μs, wenn Transformatoren vom Netz zu trennen sind. Setzt man beispielsweise einen 100 kV-Schalter mit zweifacher Unterbrechung je Phase voraus, der einen Transformator mit einem Netz verbindet, so tritt im Falle eines dreipoligen Kurzschlusses an der zuerst unterbrechenden Phase eine wiederkehrende Spannung von 1,5×Phasenspannung, also an jeder Unterbrechungstelle $\frac{100\times 1{,}5}{\sqrt{3}\times 2} = 43$ kV auf[11]). Der Spannungsanstieg der wiederkehrenden Spannung beträgt mithin $\frac{\sqrt{2}\times 43\,000}{20\times 10^{-6}} = \sqrt{2}\times 2{,}15\times 10^{9}$ V/s. Bei gutem Schalteröl kann man für die stoßartige Beanspruchung innerhalb der Zeit τ mit einer Durchschlagfestigkeit von ungefähr 500 kV/cm rechnen. Will man daher in dem Maße, wie die wiederkehrende Spannung anwächst, eine durchschlagfeste Isolationschicht in die Unterbrechungstelle

[9]) DRP 285738, G. Stern und J. Biermanns, ETZ 1916, S. 638.
[10]) Biermanns, ETZ 1929, S. 1073.
[11]) Biermanns, Überströme in Hochspannungsanlagen, S. 391.

bringen, so muß dies mit $\frac{\sqrt{2}\times 2{,}15\times 10^9}{\sqrt{2}\times 5{,}00\times 10^5} = 43$ m/s geschehen. Aus der Ausflußformel $V = \sqrt{2\cdot g \frac{p}{\gamma}}$ ergibt sich alsdann unter der Annahme eines spezifischen Gewichts γ des Schalteröls mit 0,88 ein statischer Druck in der Löschkammer von $p = 8{,}1$ atü.

Wie man sieht, handelte es sich hinsichtlich der zur Herstellung eines durchschlagsicheren Ölfilms erforderlichen Flüssigkeitströmung und des entsprechenden Löschkammerdruckes um Größenordnungen, die durchaus im Bereich des Möglichen liegen, selbst wenn man damit rechnet, daß nach Auftreten der vollen wiederkehrenden Spannung das Öl anschließend einer Dauerbeanspruchung ausgesetzt wird, bei der die elektrische Festigkeit — allerdings mit kurzer Übergangzeit — auf die Hälfte bis ein Drittel des für Stoßbeanspruchung eingesetzten Wertes zurückgeht. Denn die Löschkammer verträgt ohne weiteres einen Druck in Höhe des Vielfachen des oben errechneten Wertes. Bei dieser Betrachtung ist vorausgesetzt, daß die Anordnung überhaupt erlaubt, eine geschlossene Ölschicht zwischen die Elektroden zu bringen. Diesem Bestreben steht der Umstand im Wege, daß Flüssigkeit und Schaltgas in parallelen Strömen aus der Löschkammer austreten, wobei das Gas die bewegliche Elektrode unmittelbar umgibt. Wenn man daher eine Abriegelung durch eine Ölschicht erreichen will, so muß man auf eine besonders zweckmäßige Ausbildung der Austrittsöffnung der Löschkammer achten und unter Umständen zu besonderen Hilfsmitteln, wie beispielsweise den oben erwähnten Querkanälen greifen.

Im übrigen kann aber der günstige Einfluß des gegen den Lichtbogen gerichteten Flüssigkeitstrahls nicht überwiegend in der Herstellung einer durchschlagfesten Ölschicht zwischen den Elektroden begründet sein. Denn ersetzt man das Öl der Löschkammer durch eine leitende Flüssigkeit, wie Wasser, so bleibt die Löschwirkung bekanntlich bestehen. Wenn auch derartige leitenden Löschflüssigkeiten bei der Stoßbeanspruchung unmittelbar nach der Stromunterbrechung eine erhebliche Durchschlagfestigkeit haben, so geht diese bei der darauf folgenden Dauerbeanspruchung auf Null zurück. Daher kann bei Verwendung von leitenden Flüssigkeiten die Isolation ausschließlich von den vom Lichtbogen gebildeten und die bewegliche Elektrode unmittelbar umgebenden Dämpfen übernommen werden. Da diese Dämpfe mit hoher Geschwindigkeit ausströmen, so kühlen sie dabei den Lichtbogenfußpunkt der beweglichen Elektrode und längere Strecken des Lichtbogens. Sie werden ihrerseits wiederum von dem sie eng umgebenden Flüssigkeitstrom gekühlt. Dieser Vorgang muß auch für eine mit Öl gefüllte Löschkammer Geltung haben.

Die Isolierfähigkeit der Schaltgase, die durch die kühlende Wirkung des Flüssigkeitstrahles erheblich heraufgesetzt wird, erfährt noch eine weitere Verbesserung durch die Expansion der Schaltgase, wodurch diese in den Sättigungszustand übergehen und dann nur eine verhältnismäßig geringe Ionengeschwindigkeit ermöglichen. Diese Expansion tritt auf und wird wirksam, sobald der bewegliche Kontakt aus der Löschkammer heraustritt. Ob sie jedoch auf die Schaltgase in der Löschkammer selbst praktisch einen so großen Einfluß hat, wie von anderer Seite angenommen wird[12]), kann zweifelhaft erscheinen. Denn mit Rücksicht darauf, daß der Druck in der Löschkammer nicht zu stark anwächst, pflegt man besondere Entlüftungslöcher vorzusehen. Infolgedessen ist die Zunahme des Querschnitts der gesamten Austrittsöffnungen, die beim Herausziehen des beweglichen Kontaktes aus dem Löschkammerboden zustande kommt, verhältnismäßig gering. Dagegen dürfte die Expansion der Schaltgase nach dem Verlassen der Löschkammer, d. h. außerhalb, viel wirksamer sein, da ja hier die Expansion von dem hohen Druck in der Löschkammer auf angenähert Atmosphärendruck erfolgt. Dies ist auch der Grund dafür, daß man — gerade bei sehr schweren Kurzschlüssen — eine einwandfreie Abschaltung erzielt, wenn der Lichtbogen durch die Löschkammeröffnung herausgezogen wird. Die frühere Praxis suchte hingegen das Brennen des Lichtbogens außerhalb der Löschkammer nach Möglichkeit zu vermeiden.

3. Stellungen der beweglichen Elektrode im Augenblick der Stromunterbrechung.

Auf Grund der vorausgegangenen physikalischen Betrachtungen kann man drei Stellungen der beweglichen Elektrode unterscheiden, bei denen die Löschung eines Lichtbogens erfolgt. Es ist in den Bildern 2a bis c versucht worden, diese für eine Löschkammer mit besonderen Gasabzug-Öffnungen darzustellen. Bei der Stellung a erlischt der Lichtbogen in der Löschkammer hauptsächlich unter der Wirkung des statischen Druckes. Dieser Fall gilt vor allem für mittlere Abschaltleistungen. Man muß sich vorstellen, daß ein tiefer Gastrichter in das Öl hineingezogen wird, das seinerseits gegen die Wandungen der Löschkammer gedrückt wird. Beim Stromdurchgang

---

[12]) Kesselring, ETZ 1930, S. 508.

durch Null zieht sich die Gasblase infolge Abkühlung und gleichzeitigen Abströmens durch die Entlüftungslöcher zusammen. Der Gastrichter füllt sich mit Öl auf, während der bewegliche Kontakt unter der Druckwirkung mit erhöhter Geschwindigkeit seine Ausschaltbewegung fortsetzt. Er taucht infolgedessen bald im Öl unter.

In Bild 2b ist die Stellung wiedergegeben, bei welcher der bewegliche Kontakt die Löschkammer im Augenblick der Löschung verläßt. Nach den vorausgegangenen Erörterungen muß diese Stellung für die Löschung als besonders günstig angesehen werden.

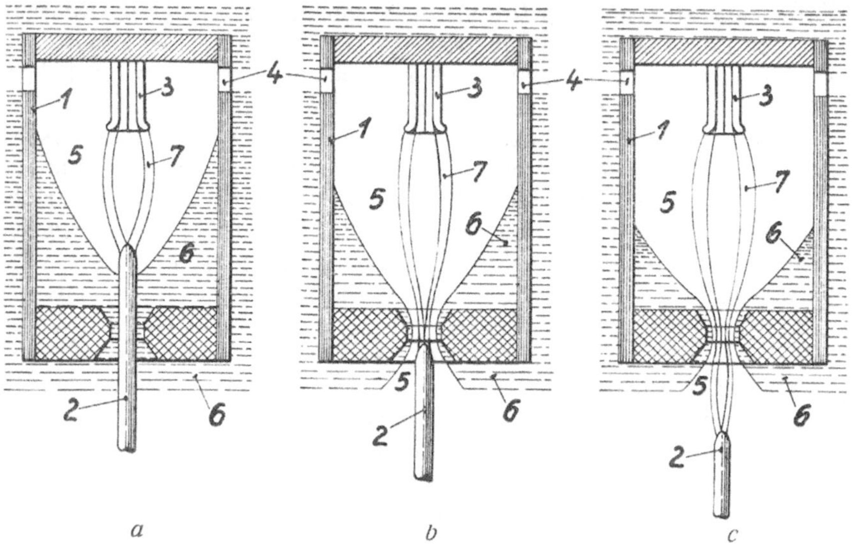

1 = Löschkammer, 2 = Kontaktstift, 3 = Kontakttulpe, 4 = Lüftungsöffnungen, 5 = Gas, 6 = Öl, 7 = Lichtbogen.

Bild 2. Die drei Stellungen der beweglichen Elektrode, bei denen die Löschung des Lichtbogens erfolgt.

Denn der aus der Löschkammer austretende kräftige Ölstrahl sucht sich zwischen die Elektroden als isolierende Wand zu schieben und kühlt dabei zugleich die den beweglichen Kontakt umgebenden Schaltgase sehr energisch ab. Außerdem hat die Expansion der Schaltgase begonnen, so daß ihnen bereits eine größere Isolierfestigkeit zukommt. Im übrigen hat auch der Lichtbogen schon eine beträchtliche Länge erreicht, die ihn unstabil macht.

Im Bild 2c ist schließlich angedeutet, wie der Lichtbogen weiter brennt, wenn der bewegliche Kontakt die Löschkammer bereits verlassen hat; das ist beispielsweise bei höheren Spannungen vielfach der Fall. Die Möglichkeit, daß sich zwischen den Elektroden eine Ölschicht bildet, erscheint zwar nur noch gering. Um so größer ist jedoch der Einfluß der Expansion der Schaltgase außerhalb der Löschkammer. Es kommt hinzu, daß der langgezogene Lichtbogen noch unstabiler geworden ist.

Aus den beschriebenen Löschvorgängen ist zu erkennen, daß die Löschfähigkeit der Löschkammer wächst, je mehr sich der Abstand der beweglichen Elektrode vergrößert. Die Löschkammer hat daher für alle Betriebsverhältnisse ein durchaus stabiles Verhalten. Es muß hierbei allerdings vorausgesetzt werden, daß während des Brennens des Lichtbogens in der Löschkammer in jedem Falle ein genügender Ölvorrat vorhanden ist, daß also die Löschkammer nicht „trocken brennt". Denn nur so kommt ein gegen die bewegliche Elektrode gerichteter Flüssigkeitstrahl zustande und nur so erfolgt die Neubildung von Schaltgasen. Es ist also erforderlich, den Löschkammerinhalt ausreichend zu bemessen. Bei kleinen Strömen kommt dann die oben beschriebene Wirkung der Löschkammer nicht mehr zustande; der Lichtbogen erstreckt sich vielmehr in diesem Falle über mehrere Halbperioden. Im großen ganzen arbeitet daher ein Löschkammerschalter bei kleineren Strömen wie ein gewöhnlicher Schalter ohne Löschkammern.

4. Konstruktive Fragen und Prüfung der Löschkammer.

Nachdem die Vorgänge in der Löschkammer erörtert sind, lassen sich die Gesichtspunkte übersehen, auf die bei der Konstruktion und Prüfung der Löschkammer Rücksicht zu nehmen ist. Es handelt sich dabei um eine Verwendung in Schaltern, für die Abschaltleistungen bis zu 1,5 Millionen kVA dreipolig gewährleistet und durch Versuche nachgewiesen worden sind. Von größter Bedeutung erscheint zunächst die Baustoffrage. Diese verlangt die Erfüllung folgender Forderungen: Es müssen stoßartig auftretende Drucke bis zur Größenordnung von 100 atü überstanden werden. Ferner ist einer Spannung in Höhe der 1,5fachen Phasenspannung bei dreipoligem Kurzschluß bzw. der 1,73fachen Phasenspannung bei Doppelerdschluß Rechnung zu tragen, wobei auch noch zu berücksichtigen ist, daß die wiederkehrende Spannung unmittelbar nach der Stromunterbrechung kurzzeitig auf den doppelten Wert hinaufschwingen kann. Anderseits dürfte die vom VDE vorgeschriebene Prüfspannung für die Schalter lediglich eine Frage der Bemessung des Schaltweges sein und auf die Gestaltung der Löschkammer praktisch keinen Einfluß haben.

Bei niedrigeren und mittleren Spannungen lassen sich die an das Material zu stellenden Forderungen mit metallenen

Löschkammern erfüllen, die mit Isolierstoff ausgekleidet sind. Aus der Zeichnung zu dem Patent von Hilliard und Parsons (Bild 1) war zu ersehen, daß die erste Löschkammer eine Umpressung des metallenen Mantels mit einer Isoliermasse vorsah. Doch muß bezweifelt werden, daß die damalige Isoliertechnik bereits im Stande war, einen dauerhaften, allen Anforderungen genügenden Überzug aus Isoliermasse herzustellen. Versuche und langjährige Erfahrungen führten demgegenüber dazu, die Isolierung der Metallkörper mit Hartpapier, möglichst in Zylinderform, vor-

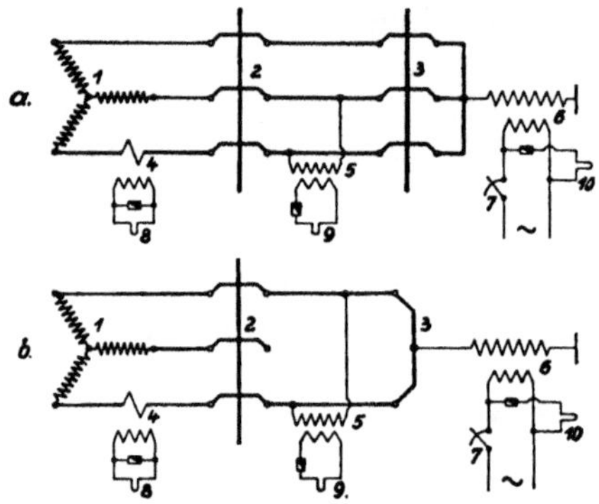

1 = Generator,
2 = Vorschalter,
3 = Versuchsschalter,
4 = Stromwandler,
5 = Spannungswandler,
6 = Prüftransformator,
7 = Vorschaltwiderstand,
8 = Oszillogr., Strom,
9 = Oszillogramm, Spannung,
10 = Oszillogramm, Prüfspannung.

Bild 3. Versuchsanordnungen zur Isolations- bzw. Durchschlagprüfung in Verbindung mit Abschaltung eines Kurzschlusses.

zunehmen. Bei hohen Spannungen ist man schließlich dazu übergegangen, die Löschkammern ganz aus Isoliermaterial, insbesondere Hartpapier, auszuführen.

In diesem Zusammenhang interessiert, wie die fertige Löschkammer auf ihre Brauchbarkeit und wie insbesondere die aus der Materialfrage sich ergebenden Forderungen, nachgeprüft werden können. Die Druckfestigkeit der Löschkammer muß in erster Linie durch Abschaltversuche festgestellt werden, da sich die in Form von kurzzeitigen Druckstößen auftretenden betriebsmäßigen Beanspruchungen in anderer Weise kaum darstellen lassen. Man kann und muß allerdings diese Abschaltversuche durch hydraulisches Abdrücken der Löschkammern (nicht pneumatisches, da zu gefährlich) ergänzen, nachdem man sich über die Höhe und die Art der beim Abschaltvorgang auftretenden Drucke Klarheit verschafft hat. Beim hydraulischen Abdrücken lassen sich alsdann die mechanischen Beanspruchungen zahlenmäßig weit über die betriebsmäßig beim Kurzschluß auftretenden bis zur Bruchgrenze steigern. Auf diese Weise kann man den Sicherheitsfaktor auch noch in derartigen Fällen ermitteln, in denen es nicht möglich ist, die Abschaltleistung bis zum Bruch der Löschkammer zu steigern.

Die isolierenden Eigenschaften der Löschkammer können durch die in Bild 3a und 3b skizzierten Versuchsanordnungen ermittelt werden, die eine Isolations- bzw. Durchschlagprüfung in Verbindung mit der Abschaltung eines Kurzschlusses ermöglichen. Hierbei erfolgt die Kurzschlußprüfung in einer der bekannten Schaltungen dreipolig (Bild 3a) oder einpolig (Bild 3b). Nur wird entweder an die kurzgeschlossenen Löschkammern (Bild 3a) oder an die Schaltbrücke des Schalters (Bild 3b) ein Transformator *6* angeschlossen, für den die Kapazität der Anlage eine derartige Belastung darstellt, daß in seinem Niederspannungskreis ein Spannungsabfall entsteht, wenn Vorschalter *2* und Versuchschalter *3* geschlossen sind, während bei geöffnetem Versuchschalter und einwandfreien Löschkammern die volle Netzspannung an dem Prüftransformator *6* zustande kommt. Auf diese Weise kann einerseits die Isolierung der Löschkammern gegen Erde und anderseits die der beweglichen Kontakte gegen die Löschkammerkörper während des Abschaltvorganges selbst geprüft und oszillographisch beobachtet werden. Trotz einer Steigerung der Prüfspannung über den vierfachen Wert der betriebsmäßig auftretenden Spannung erfolgte bei den Löschkammern, die auf Grund systematisch durchgeführter Versuche und langjähriger Erfahrungen entstanden waren, kein Spannungszusammenbruch.

5. Anwendung des Löschkammerprinzips bei Schaltern mit leitenden Flüssigkeiten.

Die vorangegangenen Betrachtungen bezogen sich fast ausschließlich auf Löschkammern mit Öl. In der Schaltertechnik hat man aber schon seit langer Zeit erkannt, daß die Art der Löschflüssigkeit für den Abschaltvorgang selbst keine wesentliche Bedeutung hat. Die beschriebenen physikalischen Vorgänge in der Löschkammer verlaufen daher genau so, wenn an Stelle von Öl eine nicht brennbare, leitende Flüssigkeit wie Wasser verwendet wird. Nur dürften dann, wie bereits erwähnt, die Ausführungen nicht mehr gültig sein, die über die Einbringung einer Flüssigkeitschicht zwischen die

Elektroden während des Abschaltvorganges gemacht wurden. Die Verwendung einer leitenden Flüssigkeit wirkt sich naturgemäß auch konstruktiv aus. Denn die bewegliche Elektrode darf nach der Unterbrechung des Stromes nicht mehr dauernd in Berührung mit der leitenden Flüssigkeit bleiben. Während daher bei Löschkammern mit Öl der bewegliche Kontakt meistens nach unten aus der Löschkammer in den umgebenden Ölbehälter gezogen wird, erfolgt die Bewegung des beweglichen Kontakts bei Verwendung von leitenden Flüssigkeiten aus diesen nach oben in den Luftraum.

Der Ölkolben und seine Wirkung auf den Druck im Ölschalterkessel.

Von O. Mayr.

1. Zweck der Untersuchung.

Die Hochspannungstechnik ist gewiß nicht arm an Fragen, zu deren Lösung der Hochspannungstechniker seines gesamten Rüstzeuges aus Mathematik und Physik bedarf. Trotzdem zeigt ein kurzer Rückblick auf die Entwicklung der Hochspannungs-Maschinen, -Apparate und -Leitungen, daß in vielen, man kann wohl sagen in den meisten, Fällen Theorie und Praxis sich gegenseitig befruchtet und miteinander Schritt gehalten haben. Im Gegensatz zu vielen Fragen, die heute mathematisch und physikalisch klar durchschaut sind, wurden die Fragen, die der Bau von Hochleistungsschaltern stellte, bis heute durchweg von der rein praktischen Seite her gemeistert. Auch die Aussichten, daß sich daran in Zukunft etwas ändern wird, sind sehr gering. Wenn diese Tatsache auch an und für sich kein Fehler ist, so wirkt sie sich doch wirtschaftlich dadurch sehr unangenehm aus, daß die Versuchseinrichtungen zur Entwicklung von Hochspannungs-Hochleistungsschaltern in ihrer Anschaffung und in ihrem Betrieb überaus kostspielig und nur für wenige Großfirmen erschwinglich sind. Aber auch der Erfolg einer experimentellen Entwicklung hängt neben den praktischen Mitteln in allererster Linie von der Zweckmäßigkeit und Folgerichtigkeit der angestellten Versuche ab. Das erfordert jedoch, auch wenn die theoretischen Untersuchungen zur Zeit an den Kernpunkt der Unterbrechung hoher Kurzschlußleistungen noch nicht vordringen können, daß wenigstens den lösbar scheinenden Fragen auch gedanklich soweit als möglich nachgegangen wird.

In diesem Sinne stellt das vorliegende Thema eine zum Verständnis der Vorgänge im Ölschalter sehr wesentliche Frage. Der Ölkolben erfordert zu seiner Beschleunigung im Schalter einen besonderen Beschleunigungsdruck, was zur Folge hat, daß die im Schalter auftretenden Drucke räumlich und zeitlich sehr verschieden groß sind. Das bedeutet, daß auch die Beanspruchungen des Kesselbodens, der Wandungen und des Deckels voneinander abweichen. Da die Ölbewegung im Schalter meist der Bewegungsrichtung der beweglichen Kontakte, der Traverse und des Antriebgestänges entgegengerichtet ist, treten Gegenkräfte auf, die bei unzweckmäßig gebauten Schaltern so groß sein können, daß die beweglichen Kontakte nach der ersten Kurzschlußabschaltung nochmals hochgedrückt werden und einen zweiten Kurzschluß einleiten. Die im Schalter vorhandenen Druckunterschiede wirken sich auch nach außen aus, indem sie starke Kräfte an den Befestigungsvorrichtungen und an den Schalterfundamenten zur Folge haben. Gerade die Erfahrungen der letzten Jahre, in denen vor allem Versuche mit großen Abschaltleistungen, auch an Schaltern höherer Spannung durchgeführt wurden, haben gezeigt, daß man selbst bei Schaltern mit großem Eigengewicht große Sorgfalt verwenden muß, um das Springen der Schalter bei Kurzschlußabschaltungen zu vermeiden. Die schwere Bauart der Fundamente und die stärkere Befestigung des Schalters an den Fundamenten hat dadurch wiederum in wirtschaftlicher Beziehung an Bedeutung zugenommen.

Um allen diesen Fragen gelegentlich auch zahlenmäßig nachgehen und auch die Folgen von Abmessungsänderungen übersehen und abschätzen zu können, wird versucht, von der Gasentwicklung im Schalter ausgehend, die Bewegung des Ölkolbens und ihre Folgen rechnerisch zu untersuchen.

2. Der Ölkolben und seine wirksame Masse.

In den Bildern 1 und 2 ist der Versuch gemacht, die bei einer Abschaltung auftretende Ölströmung bzw. deren Strömungslinien darzustellen. Eine genaue mathematische Behandlung dieser Strömung ist aus verschiedenen Gründen nicht möglich. Neben der Rückwirkung der Ölbewegung auf den Druck in der Gasblase ist vor allem zu beachten, daß es sich ja nicht um eine stationäre Strömung handelt und daß aus diesem Grunde die Masse der einzelnen Flüssigkeitselemente und deren Beschleunigungs- bzw. Verzögerungsdrucke berücksichtigt werden müssen, was auf zur Zeit unlösbare Differentialgleichungen führen würde. Die nächstliegende Vereinfachung des Problems ist die in Bild 3 angedeutete Annahme, daß eine sich über die ganze Grundfläche des Schalterkessels ausdehnende Gasblase einen Ölkolben mit ebenen Begrenzungsflächen nach oben treibt. Die Höhe a dieses Kolbens wird gleich der normalen Höhe des Ölvolumens über den Abreißkontakten zu setzen sein. Damit werden die in den Bildern 1 und 2 gezeichneten, nach oben sich erweiternden Flüssigkeitsfäden durch solche gleichen Querschnittes ersetzt. Es ist ohne weiteres einzusehen, daß diese Vereinfachung die wirklichen Verhältnisse besonders während des letzten Teiles des Unterbrechungsvorganges (Bild 2), in dem die Gasblasen einen großen Teil der Kessel-Grundfläche einnehmen, gut wiedergibt. Man wird damit also zur Zeit der eigentlichen Stromunterbrechung und

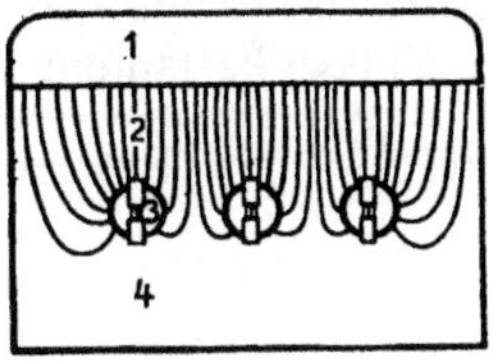

Bild 1.

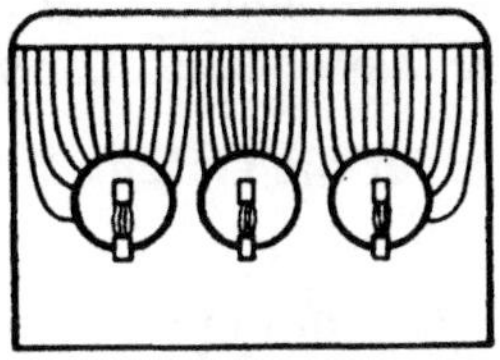

Bild 2.

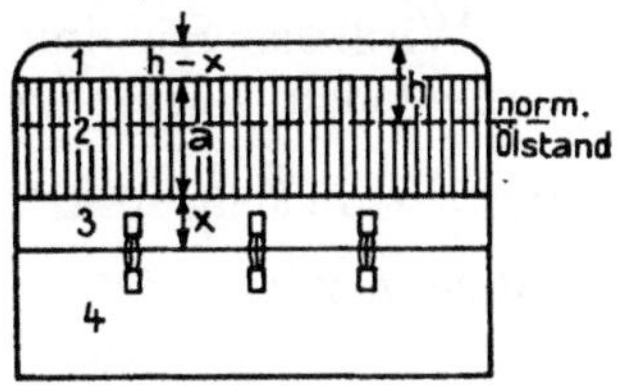

Bild 3.

1 = Luftpolster, 3 = Gasblase und Kontakt,
2 = Ölkolben, 4 = nicht bewegtes Öl.

Bilder 1 bis 3. Entwicklung der Gasblasen und der Ölkolben.

auch für die nachfolgende Ölbewegung gegen den Schalterdeckel keinen großen Fehler machen. Dagegen ist es erforderlich, die im Anfang des Abschaltvorganges auf die Ausdehnung der Gasblase hemmend wirkende Ölmasse durch eine genauere Rechnung zu erfassen.

In diesem Falle haben die Flüssigkeitsfäden, wie Bild 1 zeigt, in Wirklichkeit zum großen Teil eine kegelähnliche Gestalt, so daß es also darauf ankommt, die wirksame Masse eines derartigen Flüssigkeitsfadens (Bild 4) mit der eines zylindrischen (Bild 5) zu vergleichen. Der kegelförmige Flüssigkeitsfaden ist dabei als Ausschnitt aus einer Hohlkugel mit den Begrenzungsradien r und r_1 entstanden zu denken. Der Querschnitt beider Flüssigkeitsfäden sei an der Gasblase gleich f. Die Geschwindigkeit der Flüssigkeitsfäden sei an dieser Stelle gleich groß und gleich v. Ist dann s das spezifische Gewicht des Öles und g die Erdbeschleunigung, so ergibt sich die kinetische Energie des zylindrischen Flüssigkeitsfadens zu

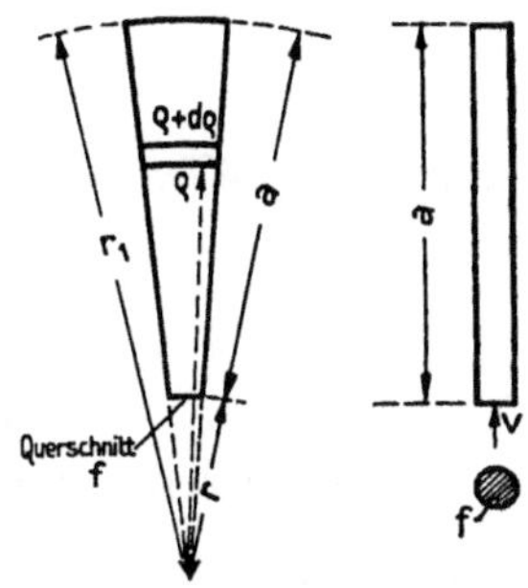

4 5

Bilder 4 und 5. Kegelförmiger und zylindrischer Flüssigkeitsfaden.

$$A_1 = \frac{1}{2} m v^2 = \frac{s \cdot a \cdot f}{2g} \cdot v^2. \tag{1}$$

Für den kegelförmigen Flüssigkeitsfaden ist die kinetische Energie zu errechnen aus

$$A_2 = \frac{1}{2} \int \left(\frac{d\varrho}{dt}\right)^2 \cdot dm \cdot \tag{2}$$

Dabei ist $\frac{d\varrho}{dt}$ die Geschwindigkeit der Flüssigkeit am Radius ϱ und dm das Massenelement, das von den Radien ϱ und $\varrho + d\varrho$ eingeschlossen wird. Das Integral hat sich als Körperintegral über den ganzen Flüssigkeitskegel von $\varrho = r$ bis $\varrho = r_1$ zu erstrecken.

Wird das Schalteröl als inkompressibel angesehen, so muß die durch jeden Querschnitt je Zeiteinheit fließende Flüssigkeitsmenge gleich groß sein, so daß also für die Geschwindigkeit $\frac{d\varrho}{dt}$ des Öles am Radius ϱ gilt:

$$\frac{d\varrho}{dt} = \frac{dr}{dt}\left(\frac{r}{\varrho}\right)^2,$$

und da $\frac{dr}{dt} = v$

$$\frac{d\varrho}{dt} = v \cdot \left(\frac{r}{\varrho}\right)^2.$$

Da ferner

$$dm = \frac{s \cdot f}{g}\left(\frac{\varrho}{r}\right)^2 d\varrho,$$

so folgt aus Gleichung (2) nach Integration zwischen den Grenzen r und r_1

$$A_2 = \frac{s \cdot f}{2g} v^2 r\left(1 - \frac{r}{r_1}\right). \tag{3}$$

Solange $r \ll r_1$, kann dafür die Näherungsgleichung

$$A_2 = \frac{s \cdot f \cdot r}{2g} \cdot v^2 \tag{4}$$

benutzt werden. Ein Vergleich mit Gleichung (1) zeigt, daß die auf die kugelförmige Gasblase wirksame Masse unter den vorliegenden Annahmen zunächst im Verhältnis $\frac{r}{a}$ kleiner ist als die Masse eines gleich langen zylindrischen Kolbens. Da zu Beginn der Unterbrechung mit $r = 0$ zu rechnen ist, folgt, daß die Annahme eines zylindrischen Ölkolbens nach Bild 3 beim Beginn der Gasentwicklung zu einem falschen Ergebnis führen muß. Will man den Druckverlauf in der Gasblase während des ganzen Schaltvorganges richtig erfassen, so muß man die Masse des Ölkolbens zu einer Funktion des Volumens der Gasblase machen, die sich asymptotisch der Masse des oben bestimmten Ölkolbens nähert.

Im Anschluß hieran werden in Abschnitt 4 die Bewegungsgleichungen sowohl für die kugelförmige, als auch für die kolbenförmige Ausbreitung des Öles abgeleitet.

3. Gasentwicklung.

Um auch die Druckänderungen zwischen den wenigen Halbperioden des Schalterlichtbogens zu erfassen, ist es erforderlich, das Bauersche Gesetz, nach dem die ganze bei der Abschaltung entwickelte Gasmenge der ganzen im Lichtbogen in Form von Wärme frei gewordenen Lichtbogenarbeit proportional ist, zu differenzieren und zu behaupten, daß in jedem Augenblick die je Zeiteinheit neu entwickelte Gasmenge der jeweiligen Lichtbogenleistung proportional sei. Vom physikalischen Standpunkt aus ist gegen eine derartige Unterstellung, die auch von anderer Seite schon gemacht wurde, nichts einzuwenden, sofern die Wärmekapazität und die Wärmeleitfähigkeit der Gasblase in einem entsprechenden Verhältnis zu den in Frage kommenden Zeitintervallen stehen. Da die Wärmekapazität der Gasblase in Anbetracht der großen, während einer Halbperiode frei werdenden Wärmemenge verhältnismäßig klein ist, wären auf jeden Fall große Temperaturschwankungen in der Gasblase zu erwarten. Es fragt sich also vor allem: Sind solche Temperaturschwankungen möglich, ohne daß ein Ausgleich mit der niedrigen Temperatur der Wandungen der Gasblase stattfindet? Bei der großen Beweglichkeit des Lichtbogens und der damit verbundenen Gaswirbelung ist es wohl möglich, daß der Wärmeaustausch zwischen der Gasblase und ihrer Wandung überaus rasch vor sich geht. In dieser Hinsicht geben auch neuere Zeitlupenaufnahmen an Lichtbogen von Druckgasschaltern Anhaltspunkte, welche diese Annahme stützen. Trotz einer Bildfolge von 6000 Aufnahmen je Sekunde, d. h. von 60 Aufnahmen während einer Halbperiode war es dort nur in einigen günstigen Fällen möglich, die seitlichen Bewegungen des Lichtbogens zu verfolgen. Da kein Grund vorhanden ist, daß der Lichtbogen in einer Gasblase ruhiger brennt als in der homogenen Gasströmung des Druckgasschalters, ist anzunehmen, daß der Lichtbogen im Laufe einer Halbperiode viele Male hin und her flackert und dabei auch die Wandungen der Gasblase berührt. Nimmt man nun an, daß die an der Wandung der Gasblase herrschende Temperatur, die von der Größenordnung der Siedetemperatur des Öles ist, auch die Temperatur der Gasblase, naturgemäß bis auf die Temperatur im Lichtbogen selbst, regelt, so ergibt sich neben der erweiterten Gültigkeit des Bauerschen Gesetzes auch ein wichtiger Punkt hinsichtlich der Ausdehnung der Gasblase. Man muß dann nämlich bei den weiteren Berechnungen auch annehmen, daß diese Ausdehnung, solange noch ein Lichtbogen vorhanden ist, hinsichtlich der m i t t l e r e n Temperatur in der Gasblase isotherm vor sich geht. Die bei der Ausdehnung der Gasblase eigentlich zu erwartende Abkühlung wird eben teils dadurch kompensiert, daß durch den Lichtbogen etwas weniger Öl verdampft wird, teils dadurch, daß vorhandener Öldampf in entsprechender Menge kondensiert. Die Höhe der mittleren Temperatur in der Gasblase selbst läßt sich nur schätzen. Berücksichtigt man die Siedepunkterhöhung durch den höheren Druck, einen gewissen Siedeverzug und die wesentlich höhere Temperatur im Lichtbogen selbst, so wird man als mittlere Temperatur mindestens 500° annehmen müssen. Dieser Wert ist insofern von Bedeutung, als die Bauersche Gaskonstante für das abgekühlte aus dem Schalter entwichene Gas gilt. Bezieht man das Volumen der Gasblase im Schalter auf Normaldruck, so müßte man also mit Rücksicht auf die Temperatur allein den $\frac{500}{273}$ fachen, d. h. angenähert den zweifachen Wert der Bauerschen Konstanten einsetzen. Dazu kommt nun noch der Öldampf, d. h. verdampftes, aber nicht chemisch zersetztes Öl, das bei der Abkühlung wieder zu Öl kondensiert und dementsprechend in der Bauerschen Konstante ebenfalls nicht enthalten ist. Als wahrscheinlichster Faktor für den Öldampf ist aus den bisherigen Untersuchungen der Faktor 2 anzunehmen, d. h. das Volumen des Öldampfes ist in der Gasblase etwa gleich dem Volumen des Ölgases. Für das auf Normaldruck bezogene Volumen der Gasblase ist also bei Beachtung der Temperatur und des Öldampfes schließlich der vierfache Wert des aus der Bauerschen Gaskonstante ermittelten Volumens einzusetzen. Besser noch wird man für den Endwert das vierfache Volumen der durch einen Versuch bestimmten kalten Gasmenge einsetzen.

Die Verteilung des Gasvolumens auf die einzelnen Halbperioden ist insofern nicht schwierig, als sich für den Verlauf der Lichtbogenspannung eine gewisse Norm angeben läßt, die bis auf wenige Ausnahmen das Oszillogramm zu ersetzen vermag. Geht man davon aus, daß die Lichtbogenspannung während der Abschaltung annähernd nach einer Exponentialfunktion zunimmt, so braucht man nach Bild 6 zu ihrer mathematischen oder graphischen Wiedergabe nur drei aus dem Oszillogramm leicht zu entnehmenden Werte: die Lichtbogendauer t_0 oder die Zahl der Lichtbogen-Halbperioden, die mittlere Höhe U_n irgendeiner Halbperiode und das Verhältnis u der Spannungen U_n und U_{n+1} zweier aufeinanderfolgender Halbperioden. Während t_0 und U_n in sehr weiten Grenzen veränderlich sind, findet man, daß n selten außerhalb der Grenzen $u = 1{,}2$ und $u = 2$ liegt, wobei der Wert $u = 1{,}2$ bis 1,6 vor allem für den Schalter ohne Löschkammer und die höheren Werte für den Löschkammerschalter bis zu etwa 60 kV Betriebsspannung zutreffen. Durch Multiplikation der Lichtbogenspannung mit dem sinusförmigen Strom erhält man dann die Lichtbogenleistung und durch Integration die Lichtbogenarbeit bzw. das ihr proportionale Gasvolumen V' (Bild 7). Um die Kurven aus Bild 7 bzw. die später für diese Kurven geltenden Lösungen für besondere Fälle verwenden zu können, setzt man zweckmäßig

$$V = k \cdot V',$$

wobei man k daraus bestimmt, daß am Ende des Schaltvorganges, d. h. für $t = t_0$, $k \cdot V'$ gleich der vierfachen, nach dem Bauerschen Gesetz ermittelten bzw. gleich der vierfachen beim Versuch gemessenen kalten Gasmenge zu setzen ist.

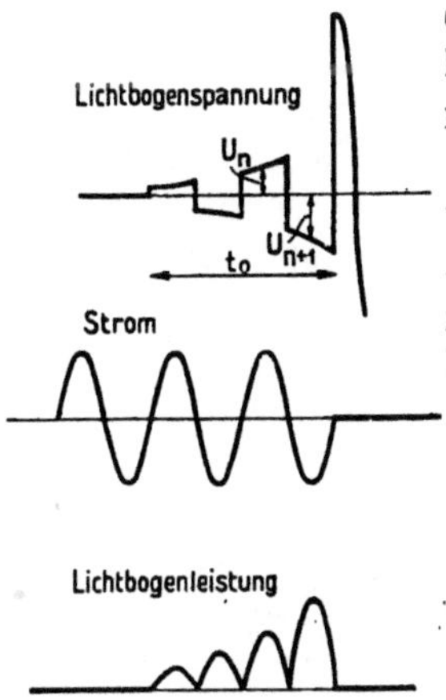

Bild 6. Lichtbogen-Spannung, -Strom und -Leistung.

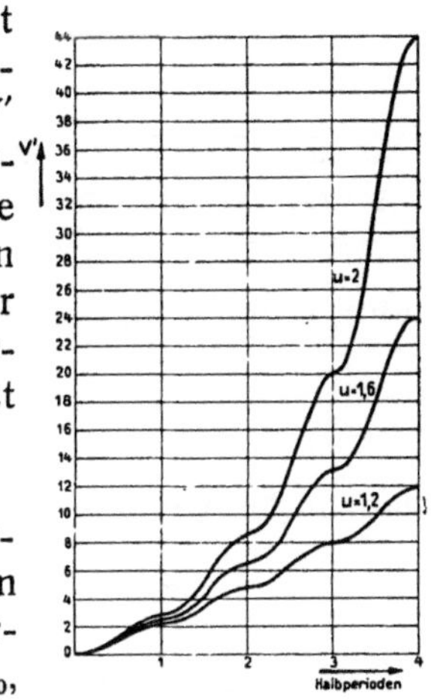

Bild 7. Gasentwicklung während vier Halbperioden.

Da für den Beginn der Abschaltung eine besondere Lösung entwickelt werden soll, ist es zweckmäßig, den Anfang der Kurven in Bild 7 durch eine Parabel darzustellen. Nach Bild 8 erhält man, wenn V_1 die Gasentwicklung am Ende der ersten Halbperiode und ω die Winkelgeschwindigkeit des Wechselstromes bedeutet, die Beziehung

$$V = \frac{V_1 (\omega t)^2}{4}, \tag{5}$$

welche die Kurven des Bildes 7 während der ersten Viertelperiode mit genügender Genauigkeit ersetzen kann.

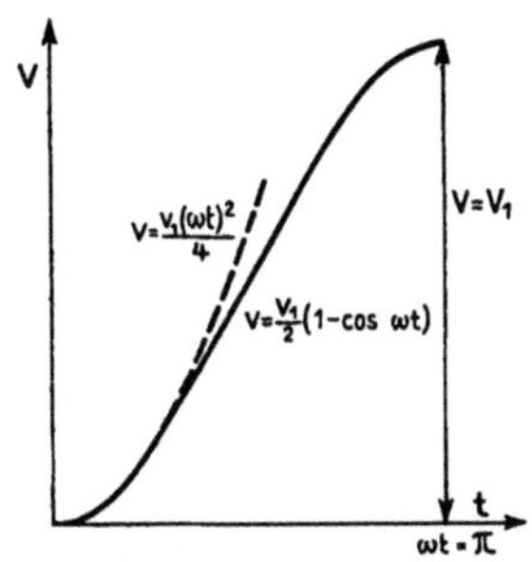

Bild 8. Näherungsformel für V und t.

4. Differentialgleichung und Lösung für kleine t.

Wie aus Abschnitt 2 hervorging, ist während der Zeit unmittelbar nach der Trennung der Kontakte mit kugelförmigen Gasblasen zu rechnen. Ist V das auf 1 ata bezogene jeweilige heiße Gasvolumen sämtlicher Unterbrechungsstellen und n die Zahl dieser Stellen, so ergibt sich für einen Kugelradius r der Druck p in der Gasblase zu

$$p = \frac{V}{\frac{4\pi}{3} r^3 n} \cdot \tag{6}$$

Das die Gasblasen umhüllende Öl enthält jeweils eine kinetische Energie A, die man aus Gleichung (4) erhält, wenn man dort $f = 4 r^2 \pi \cdot n$ d. h. gleich der Oberfläche aller Gasblasen setzt. Damit wird, wenn man gleichzeitig v durch $\frac{dr}{dt}$ ersetzt

$$A = 2\pi n \frac{s}{g} r^3 \left(\frac{dr}{dt}\right)^2 \tag{7}$$

und durch Differentiation nach t

$$dA = 2\pi n \frac{s}{g} \left[3 r^2 \left(\frac{dr}{dt}\right)^2 + 2 r^3 \left(\frac{dr}{dt}\right) \frac{d^2 r}{dt^2}\right] dt. \tag{8}$$

Gleichzeitig ist aber die aus Druck und Weg dazu angewandte Arbeit

$$dA = 4\pi r^2 n \cdot p \cdot dr.$$

Setzt man diesen Ausdruck unter Verwendung der Gleichungen (5) und (6) in Gleichung (8) ein, so erhält man schließlich nach einfacher Umformung:

$$\frac{3 V_1 (\omega t)^2 g}{8 \pi n s} = 3 r^3 \left(\frac{dr}{dt}\right)^2 + 2 r^4 \frac{d^2 r}{dt^2} \cdot \tag{9}$$

Für diese Differentialgleichung ergibt sich aus dem Ansatz

$$r = B \cdot t^{\lambda}$$

die Lösung

$$r = B \cdot t^{\frac{4}{5}},$$

wobei

$$B = \sqrt[5]{\frac{3 V_1 \omega^2 g}{12{,}8 \pi n s}}$$

oder, da für Schalteröl bei einer Längeneinheit von 1 cm und einer Druckeinheit von 1 kg/cm² $s = 0{,}0009$ und $g = 981$ zu setzen ist,

$$r = 9{,}6 \left(\frac{V_1 \omega^2}{n}\right)^{\frac{1}{5}} \cdot t^{\frac{4}{5}}. \tag{10}$$

Aus den Gleichungen (5) und (6) erhält man damit für den Druck p

$$p = \frac{1}{14800} \left(\frac{V_1 \omega^2}{n \cdot t}\right)^{\frac{2}{5}}. \tag{11}$$

Schließlich interessiert auch noch das Produkt P aus dem Druck p und dem Gasblasenquerschnitt $r^2\pi$, wofür sich ergibt

$$P = 0{,}0195 \left(\frac{V_1\,\omega^2}{n}\right)^{\frac{4}{5}} \cdot t^{\frac{6}{5}}. \tag{12}$$

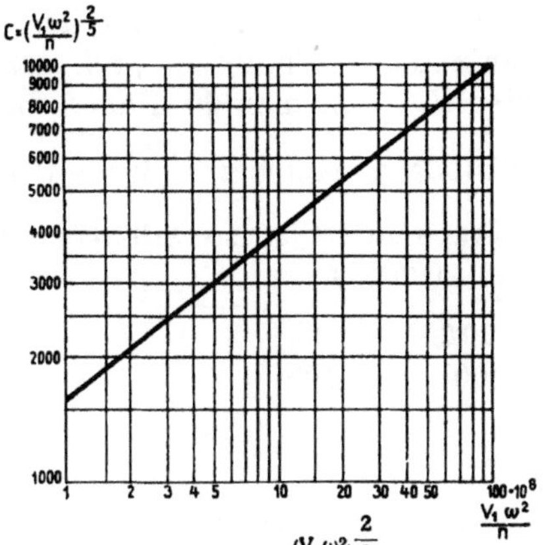

Bild 9. $C = \left(\frac{V_1\omega^2}{n}\right)^{\frac{2}{5}}$

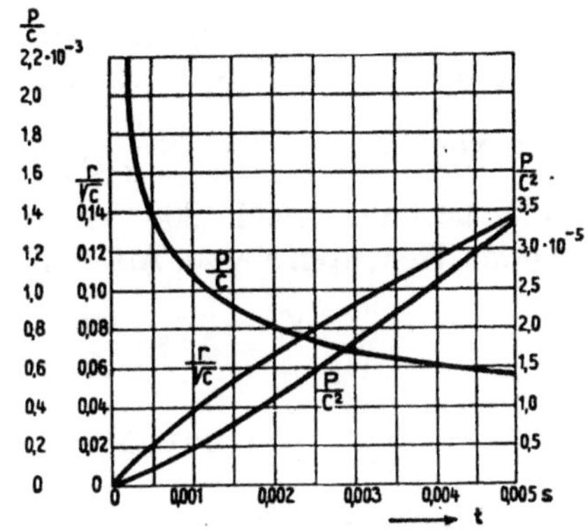

Bild 10. Kurven zur Bestimmung von r, p und P.

Um die Rechenarbeit zu erleichtern, sind in Bild 9

$$C = \left(\frac{V_1\,\omega^2}{n}\right)^{\frac{2}{5}}$$

als Funktion von $\frac{V_1\,\omega^2}{n}$ und in Bild 10 $\frac{r}{\sqrt{C}}$, $\frac{p}{C}$ und $\frac{P}{C^2}$ als Funktion von t aufgetragen.

Die in den Gleichungen (10) bis (12) und in Bild 11 formulierten Ergebnisse sind in mancher Beziehung bemerkenswert, umsomehr, als auch bei irgendeinem elektrischen Durchschlag unter Öl mit ähnlichen Verhältnissen zu rechnen ist. Daß der Druck mit einem unendlich hohen Wert einsetzt, ist natürlich physikalisch nicht möglich. Diese scheinbare Unstimmigkeit beruht zum Teil darauf, daß das Öl als unkompressibel angenommen wurde. Außerdem ist damit zu rechnen, daß unmittelbar nach der Trennung der Kontakte ein großer Teil der Lichtbogenarbeit von den Kontakten aufgenommen wird und deshalb die Gasentwicklung im ersten Augenblick etwas langsamer einsetzt, als nach Gleichung (5) angenommen wurde. Auf jeden Fall hat man im Augenblick der Kontakttrennung mit dem höchsten Druck zu rechnen. Obwohl die vom Öl aufgenommene Energie ständig anwächst, wird die Wandung der Gasblase selbst nicht beschleunigt; die Kurve $\frac{r}{\sqrt{C}} = f\ (t)$ ist nach unten konkav. Der Verlauf von P zeigt, daß diese Kraft, welche die beiden Kugelhälften auseinander treibt, bei $t = 0$ mit dem Wert Null einsetzt und daß also allein die Annahme, der erste Druckstoß würde durch die Elastizität des Öles aufgenommen, genügt, um die Lösung auch physikalisch möglich zu machen. Wie die Verhältnisse praktisch liegen, zeigt am besten ein Zahlenbeispiel. Setzt man die Bauersche Gaskonstante gleich $50\ \frac{\text{cm}^3}{\text{kWs}}$, die Lichtbogenspannung in der ersten Halbperiode gleich 300 V je Unterbrechungstelle, so erhält man unter Beachtung von Abschnitt 3 bei 20000 A

$$\frac{V_1}{n} = 4 \cdot 50\ \frac{\text{cm}^3}{\text{kWs}} \cdot \frac{300\ \text{V} \cdot 20000\ \text{A}}{1000} \cdot \frac{1}{100}\ \text{s},$$

$$\frac{V_1}{n} = 12000\ \text{cm}^3$$

und für $\omega = 314$ aus Bild 9: $C = 4200$. Damit ergeben sich dann aus Bild 10 für $t = \frac{1}{1000}$ s, d. h. nach dem zehnten Teil der ersten Halbperiode die Werte $r = 2{,}6$ cm, $p = 4{,}5$ ata, $P = 90$ kg. Man sieht daraus, daß der erste Druckstoß dadurch, daß das Öl nach allen Seiten entweichen kann, sehr rasch abklingt. Zu den hohen Drucken in der Gasblase kommt es erst wieder, wenn der in Bild 2 dargestellte Zustand eingetreten ist, bei dem die Gasblasen so groß geworden sind, daß das Öl nur noch in einer Richtung entweichen kann. Wegen der raschen Zunahme von r wird dies z. B. bei einem kleinen Serienschalter schon nach weniger als einer Halbperiode der Fall sein.

5. Differentialgleichung und Lösung für den prismatischen Ölkolben.

Wenn die Ausdehnung der Gasblasen soweit fortgeschritten ist, daß im wesentlichen nur noch eine nach aufwärts gerichtete Ölströmung vorhanden ist, gelten gemäß Bild 3 folgende Bedingungen:

Der Druck p in der Gasblase ist

$$p = \frac{V}{x \cdot F},$$

wobei V wieder das jeweilige heiße und auf Atmosphärendruck bezogene Gasvolumen und F die Grundfläche des Schalterkessels in cm^2 bedeutet. Diesem Druck wirkt die ebenfalls auf die Flächeneinheit zu beziehende Kraft zur Beschleunigung des Öles entgegen, so daß man setzen kann

$$\frac{V}{x \cdot F} = \frac{s \cdot a}{g} \frac{d^2 x}{dt^2}. \tag{13}$$

Dabei ist bewußt der auf der Oberseite des Ölkolbens wirkende Druck gleich Null gesetzt. Er beträgt in Wirklichkeit zunächst 1 ata und ist deshalb gegenüber dem von unten auf den Ölkolben wirkenden Druck und gegenüber der Beschleunigungskraft vernachlässigbar. Gleichung (13) ist bei Beachtung des in Bild 8 festgelegten zeitlichen Verlaufes von V nur durch schrittweise, bei $x = 0$ beginnende Integration zu lösen. Der Anfangswert von $\frac{d x^2}{d t^2}$ für $t = 0$ kann zu diesem Zweck wieder mit einer für kleine t geltenden Lösung gefunden werden, indem, wie im vorhergehenden Abschnitt, für V die Gleichung (5) eingesetzt wird. Man erhält damit aus Gleichung (13)

$$\frac{V_1 \omega^2 g}{4 s a F} t^2 = x \frac{d^2 x}{dt^2} \tag{14}$$

und als Lösung hierfür

$$x = t^2 \sqrt{\frac{V_1 \omega^2 g}{8 s a F}} \tag{15}$$

und damit für p, das während der ersten Viertelperiode von t unabhängig wird,

$$p = \sqrt{\frac{V_1 \omega^2 a s}{2 g F}}.$$

Die weitere Lösung der Gleichung (13), die durch stufenförmige um je $^1/_{1000}$ s fortschreitende Integration erhalten wurde, findet sich in den Bildern 11, 12 und 13. Dabei ist (entsprechend der früheren Bemerkung zu Bild 7) $V = kV'$ gesetzt, woraus k und damit der Koordinatenmaßstab für jeden speziellen Fall leicht zu bestimmen sind. Am meisten interessieren die für den zeitlichen Druckverlauf geltenden Kurven in Bild 13. Der Druck setzt wieder verhältnismäßig hoch ein, fällt zunächst rasch ab und pulsiert dann mit der doppelten Frequenz des Stromes. Für das Ende der Kurven sind zwei Variationen möglich, je nachdem ob der Lichtbogen aufhört, bevor der Ölkolben den Schalterdeckel erreicht hat oder nicht. Im ersten Fall nimmt der Druck von dem Zeitpunkt der Lichtbogenlöschung beginnend, nach einer Adiabate, der Bewegung des Ölkolbens entsprechend weiter ab. Im zweiten Fall wird der Druck gegen das Ende der Unterbrechung direkt proportional V weiterwachsen und also unter Umständen noch wesentlich größer werden.

Im Gegensatz zu der im vorhergehenden Abschnitt beschriebenen Strömung, bei der praktisch der ganze Druck durch die Masse des Öles aufgenommen wird, muß man jetzt damit rechnen, daß der

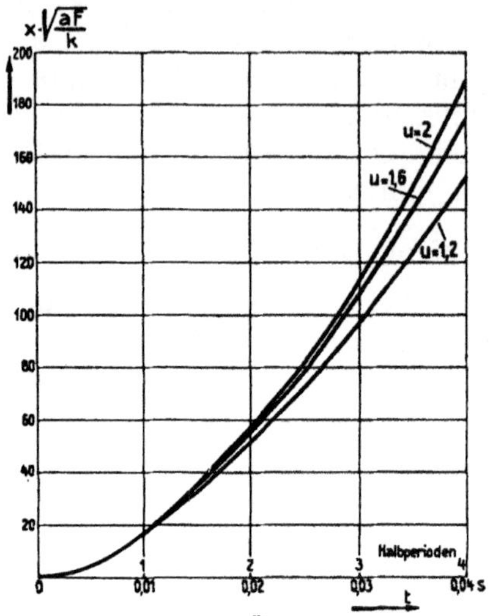

Bild 11. Ölspiegel.

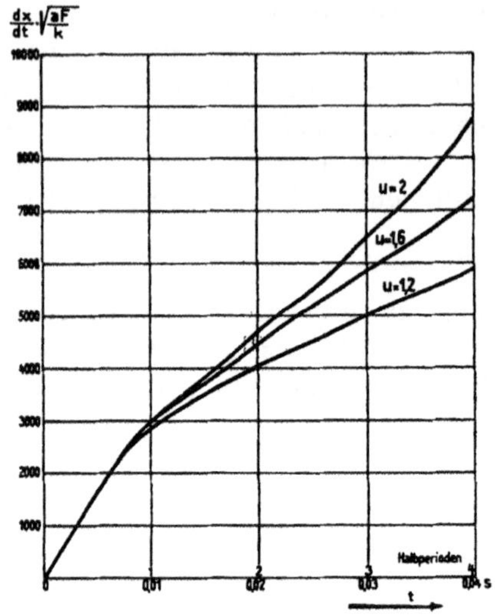

Bild 12. Ölgeschwindigkeit.

Druck in der Gasblase durch das ruhende Öl im unteren Teil des Schalters auch auf den Boden und die Wandungen des Kessels übertragen wird. Allerdings ist für den ersten Teil der Kurven in Bild 13 insofern eine Einschränkung zu machen, als sie dort den praktischen Verhältnissen nicht ganz gerecht werden. Ob der Kessel von dieser Druckspitze betroffen wird, hängt davon ab, ob sich die Gasblasen während der ersten Viertelperiode weit genug ausdehnen, was praktisch wohl verneint werden kann. Innerhalb des Ölkolbens und auch an der ihn umschließenden Kesselwandung entlang nimmt der Druck, entsprechend der zur Beschleunigung der einzelnen Flüssigkeitselemente verbrauchten Kraft, nach oben hin stetig

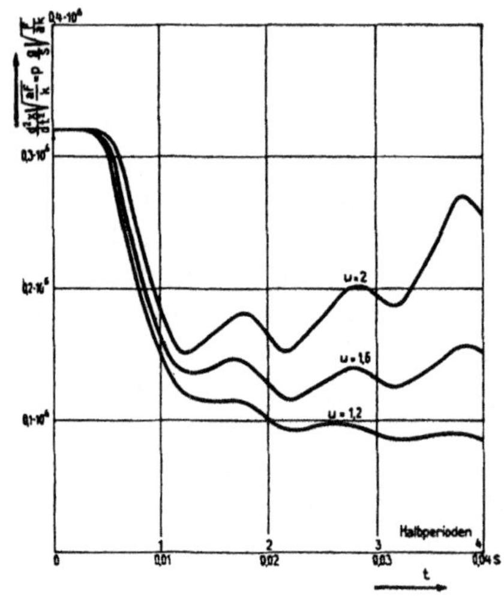

Bild 13. Druck in der Gasblase.

ab. Erst wenn der Ölkolben gegen den Deckel prallt, treten auch im oberen Teil des Schalters größere Druckbeanspruchungen auf.

Zu deren Berechnung muß man noch die dem Ölkolben durch die Expansion der Gasblase erteilte kinetische Energie A kennen. Man berechnet diese aus der bis zur Löschung des Lichtbogens nach der Zeit $t = t_0$ erteilten Geschwindigkeit und der nachfolgenden adiabaten Expansion der Gasblase, die so lange dauert, bis x einen Wert von praktisch nahezu gleich h erreicht hat. Man erhält so

$$A = \frac{s\,a\,F}{2g} v_0^2 + p_0 F \int_{x_0}^{h} \left(\frac{x_0}{x}\right)^{\varkappa} dx.$$

Dabei bedeuten x_0, v_0 und p_0 die Werte, die x, $\frac{dx}{dt}$ und p zur Zeit $t = t_0$ erreicht haben und die aus den Bildern 11, 12 und 13 ermittelt werden können. $\varkappa$ ist das Verhältnis der spezifischen Wärme bei konstantem Druck und Volumen und kann, da die Ölgase zum großen Teil aus Wasserstoff bestehen, gleich dem auch für das Luftpolster unter dem Deckel geltenden Wert $\varkappa = 1{,}41$ gesetzt werden. Die Auswertung des oben stehenden Integrals ergibt schließlich

$$A = \frac{s\,a\,F}{2g} v_0^2 + p_0 \frac{F \cdot h}{1 - K} \left[\frac{x_0}{h} - \left(\frac{x_0}{h}\right)^{\varkappa}\right]. \tag{17}$$

Zur Erleichterung der Rechenarbeit ist der Klammerausdruck

$$\left[\frac{x_0}{h} - \left(\frac{x_0}{h}\right)^{\varkappa}\right]$$

in Bild 14 graphisch als Funktion von $\frac{x_0}{h}$ aufgetragen.

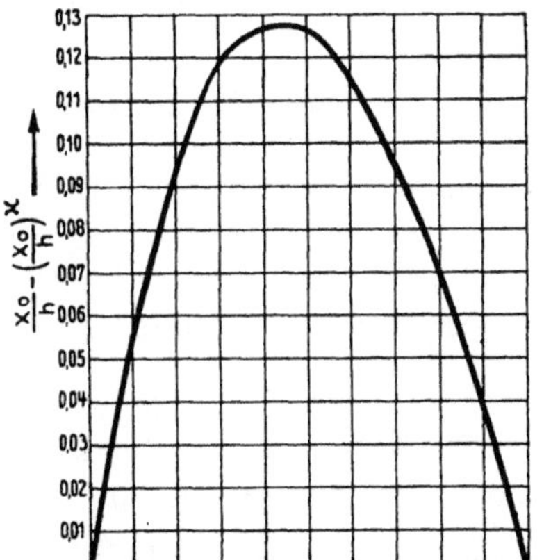

Bild 14. Zur Berechnung von A nach Gleichung (17).

6. Anprall des Ölkolbens gegen den Schalterdeckel.

Neben dem Druck im Schalterkessel stellt der Schlag des Ölkolbens gegen den Schalterdeckel die schwerste Abschaltbeanspruchung des Schalters dar. Da die Richtung des Schlages von unten nach oben geht, versucht er gleichzeitig, den Schalter anzuheben, was mit Rücksicht auf die Stromzuführungen und das Antriebgestänge durch entsprechend kräftige Befestigung des

Schalters am Boden und entsprechende Ausbildung der Fundamente unter allen Umständen verhindert werden muß.

Nimmt man an, daß das unter dem Deckel befindliche Luftpolster nicht, bzw. nur sehr langsam entweichen kann, so erhält man für die adiabatische Kompression des Luftpolsters, in dem jeweils der Druck q herrsche, die Beziehung

$$q = \left(\frac{h}{h - x}\right)^{\varkappa}. \tag{18}$$

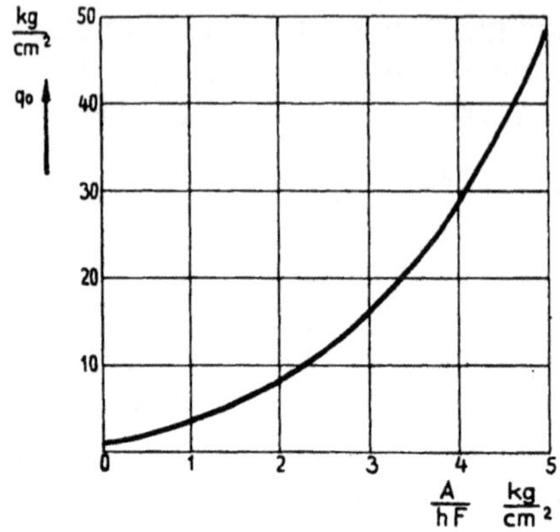

Bild 15. Druck unter dem Schalterdeckel.

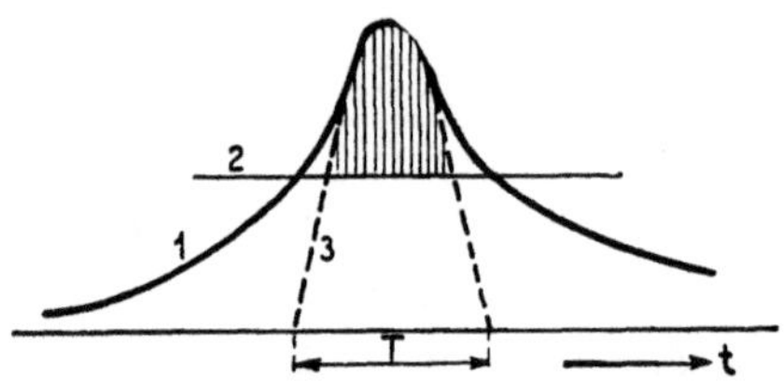

1 = F · q = F · f (1),
2 = G + p F,
3 = F · q = F q_0 · sin (at).

Bild 16. Ersatz der Druck-Zeit-Kurve des Luftpolsters durch eine Sinuswelle.

Es wird dabei eine Druckspitze $q = q_0$ erreicht, bei der $x = x'$ sei. Dabei ist zur Berechnung von x' die Kompressionsarbeit gleich der ganzen ursprünglich kinetischen Energie A des Ölkolbens zu setzen, das heißt

$$A = F \cdot \int_0^{x'} q \cdot dx = F \frac{h}{\varkappa - 1}\left[\left(\frac{h}{h - x'}\right)^{\varkappa - 1} - 1\right]. \tag{19}$$

Eliminiert man in dieser Gleichung x' durch die Beziehung

$$q_0 = \left(\frac{h}{h - x'}\right)^{\varkappa}, \tag{20}$$

so erhält man schließlich

$$q_0 = \left[1 + \frac{A(\varkappa - 1)}{h \cdot F}\right]^{\frac{\varkappa}{\varkappa - 1}}. \tag{21}$$

Die graphische Darstellung dieser Beziehung findet sich in Bild 16. Da später auch noch $\left(\frac{dq}{dx}\right)_{x = x'}$ benötigt wird, sei an dieser Stelle auch dieser Wert abgeleitet, für den sich aus der Gleichung (19) und (20) ergibt

$$\left(\frac{dq}{dx}\right)_{x = x'} = \frac{\varkappa}{h} \cdot q_0^{\frac{\varkappa + 1}{\varkappa}}. \tag{22}$$

Neben der größten Druckhöhe unter dem Deckel ist, vor allem

mit Rücksicht auf die elastische Durchbiegung der Befestigung-schienen zwischen Schalter und Fundament, auch der zeitliche Druckverlauf von Bedeutung. Da eine genaue Formulierung aus mathematischen Gründen nicht möglich ist, sei gemäß Bild 16 eine praktisch ausreichende Näherungslösung gesucht. In Bild 16 sei der wirkliche Verlauf der Kraft $q \cdot F$ auf dem Deckel durch Kurve I dargestellt. Um die auf die Fundamente wirkende Kraft zu erhalten, muß man davon das Gewicht G des Schalters und die am Grund der Gasblase nach unten wirkende Kraft

$$p \cdot F = p_0 \left(\frac{h}{x_0}\right)^{\varkappa} \cdot F$$

abziehen. Es bleibt dann der in Bild 16 schraffierte Rest als wirkliche Beanspruchung der Schalterbefestigung übrig. Man sieht

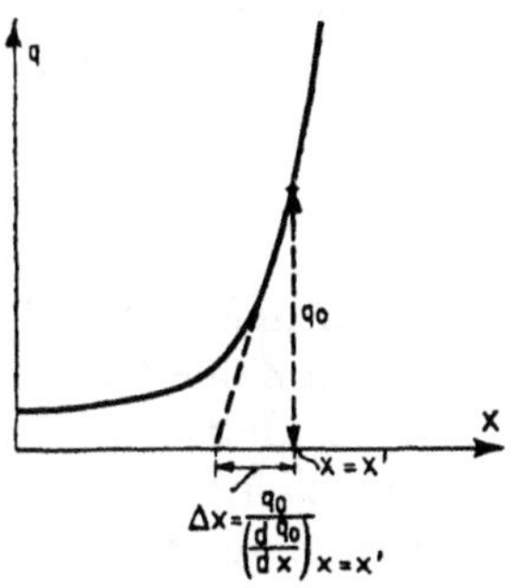

Bild 17. Bestimmung von Δx.

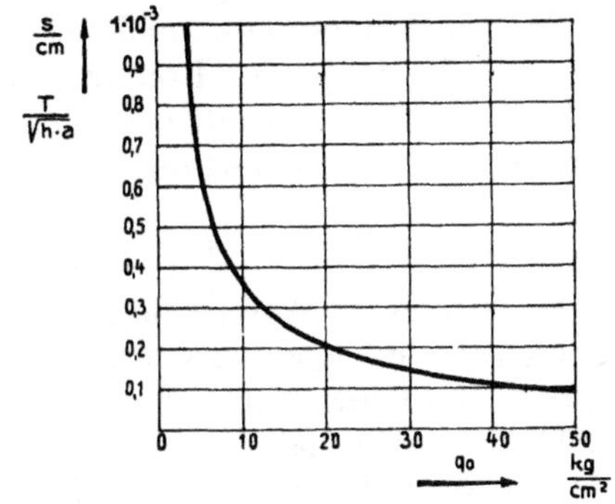

Bild 18. $\frac{T}{\sqrt{h \cdot a}} = f(q^0)$.

daraus, daß es genügt, für $q \cdot F$ die gestrichelt eingezeichnete, sich der wirklichen Kurve anschmiegende Sinuslinie zu kennen. Man erhält diese, wenn man annimmt, daß sich der Druck entsprechend der in Bild 17 eingezeichneten gestrichelten Geraden, welche die Adiabate bei $q = q_0$ tangiert, proportional x ändert. Da dann für den Druck

$$q = q_0 \sin(\alpha t)$$

und für die Höhe des Ölspiegels

$$x = (x' - \Delta x) + \Delta x \sin(\alpha t)$$

gelten muß, erhält man schließlich unter Beachtung von Bild 17 anstelle der Differentialgleichung

$$q = -\frac{as}{g} \cdot \frac{d^2 x}{dt^2}$$

die Beziehung

$$q_0 \cdot \sin(\alpha t) = \frac{a s\, q_0}{g \cdot \left(\frac{dq}{dt}\right)_{x = x'}} \cdot \alpha^2 \cdot \sin(\alpha t),$$

das heißt

$$\alpha = \sqrt{\frac{g}{a s} \cdot \left(\frac{dq}{dx}\right)_{x = x'}},$$

und für T (Bild 18)

$$T = \frac{\pi}{\alpha} = \frac{\pi}{\sqrt{\frac{g}{a \cdot s} \cdot \left(\frac{dq}{dx}\right)_{x = x'}}} \tag{23}$$

Unter Benutzung von Gleichung (22) wurde hierfür die in Bild 18 eingetragene Kurve erhalten. Es genügt danach, aus der Rechnung oder aus einer Messung q_0 und die Höhe des Luftpolsters sowie das Maß a für die Lage der Kontakte unter dem Ölspiegel zu kennen, um damit auch den zeitlichen Verlauf der gegen den Deckel gerichteten Druckspitze angeben zu können.

7. Zahlenbeispiele.

Die praktische Anwendung der in den Abschnitten 6 und 7 abgeleiteten Beziehungen wird am besten an Hand von Zahlenbeispielen erläutert, von denen eines einen Schalter für 45 kV Betriebspannung bei 500 MVA Abschaltleistung, ein anderes einen kleineren Schalter für 10 kV Betriebspannung bei 100 MVA Abschaltleistung behandeln soll.

Die Werte, von denen die Rechnung auszugehen hat, sind folgende:

Betriebspannung	kV	45	10
Abschaltstrom	A	6500	5500
Lichtbogendauer	s	0,03	0,03
$u = \frac{U_n + 1}{U_n}$ (Bild 6)		2	1,6
Gesamtvolumen V der heißen Ölgase und des Öldampfes	cm³	200000	60000
Schalter-Grundfläche F . . .	cm²	7000	2500
Höhe des Ölspiegels über den Kontakten a	cm	60	20
Höhe des Luftpolsters h . . .	cm	70	15

Aus Bild 7 entnimmt man für $t = 0{,}03$ s und $u = 2{,}0$ den Wert $V' = 6{,}5$ und da entsprechend der in Abschnitt 3 gemachten Voraussetzung $V = k \cdot V'$ sein soll, erhält man damit

$$k = \frac{200\,000}{20} = 10\,000.$$

Damit ergibt sich $\sqrt{\frac{a \cdot F}{k}} = 6{,}5$ und unter Verwendung dieses Wertes aus Bild 11 und Bild 12 wird für $t = 0{,}03$ s und $u = 2{,}0$

$$x_0 = \frac{112}{6{,}5} = 17{,}2 \text{ cm}$$

und

$$v_0 = \frac{dx}{dt} = \frac{6500}{6{,}5} = 1000 \frac{\text{cm}}{\text{s}}.$$

Aus Bild 13 ergibt sich nach Einsetzen der Konstanten für den Druck in den Gasblasen

$$p_0 = \frac{s}{g} \cdot \sqrt{\frac{a\,k}{F}} \cdot 0{,}194 \cdot 10^6 = 1{,}65 \frac{\text{kg}}{\text{cm}^2}.$$

Man sieht daraus, daß sich der Ölkolben bei Beendigung des Abschaltvorganges so wenig gehoben hat, daß ein nennenswerter Druck im Luftpolster noch nicht entstanden ist. Dagegen steckt im Ölkolben entsprechend der hohen Geschwindigkeit von 10 m/s eine hohe kinetische Energie, die sich durch die weitere Ausdehnung der Gasblasen noch vergrößert, so daß sich schließlich aus Gleichung (17) unter Verwendung der ermittelten Ergebnisse eine kinetische Energie von $A = 400\,000$ kg/m ergibt. Aus Bild 15 findet man damit den Höchstdruck unter dem Deckel zu

$$q_0 = 3{,}0 \text{ kg/cm}^2.$$

Die größte Kraft, die den Schalter vom Boden abzuheben sucht, ergibt sich bei einem Schaltergewicht $G = 3000$ kg aus

$$P = F\left(q_0 - p_0 \left(\frac{x_0}{h}\right)^{\varkappa}\right) - G$$

zu

$$P = 16\,000 \text{ kg},$$

d. h. mehr als das Fünffache des Schaltergewichtes. Die Zeit T, die gemäß Bild 16 ein Maß für die Dauer dieser Kraft gibt, wird nach Bild 18 $T = 0{,}065$ s.

Wesentlich anders liegen die Verhältnisse bei dem kleineren 10 kV-Schalter. Man erhält hier aus Bild 7 den Wert $k = 4600$ und damit $\sqrt{\frac{a \cdot K}{k}} = 3{,}3$.

Aus Bild 11 ergibt sich dann für $t = 0{,}03$

$$x_0 = \frac{108}{3{,}5} = 32{,}7 \text{ cm},$$

d. h. wenn das Luftpolster nicht lediglich 15 cm hoch wäre, würde sich der Ölspiegel nach Schluß der Abschaltung bereits um 33 cm gehoben haben. Man muß also umgekehrt rechnen und findet dann aus Bild 11, daß entsprechend dem Wert $x\sqrt{\frac{aF}{k}} = 15 \cdot 3{,}3 = 50$ der Ölspiegel bereits 0,02 s nach Beginn der Unterbrechung gegen den Schalterdeckel prallt. Nach Bild 9 ist zu diesem Zeitpunkt

$$v_0 = \frac{dx}{dt} = \frac{4500}{3{,}3} = 1350\,\frac{\mathrm{cm}}{\mathrm{s}}.$$

Wegen der geringen Masse des Ölkolbens ist aber seine kinetische Energie nach Gleichung (17) nur $A = 41\,500$ kg/cm und der dadurch hervorgerufene Druck unter dem Deckel maximal

$$q_0 = 4\,\frac{\mathrm{kg}}{\mathrm{cm}^2}.$$

Der Druck in der Gasblase am Ende des Abschaltvorganges, d. h. nach 0,03 s ergibt sich mit großer Annäherung dadurch, daß der Luft und den Schaltgasen zusammen nur das ursprüngliche Volumen $h \cdot F$ des Luftpolsters zur Verfügung steht, d. h. es wird

$$p = \frac{V + h \cdot F}{h \cdot F} = 2{,}7\,\frac{\mathrm{kg}}{\mathrm{cm}^2}.$$

Im Gegensatz zu dem größeren Schalter, der allerdings aus konstruktiven Gründen ein reichliches Luftpolster aufweist, ist bei dem betrachteten 10 kV-Schalter die Beanspruchung des Deckels durch den Anprall des Ölkolbens nur unwesentlich größer als die Beanspruchung durch den am Ende des Abschaltvorganges vorhandenen und im ganzen Schalterkessel gleichmäßig verteilten Druck. Die den Schalter hochhebende Kraft P wird bei einem Gewicht des Schalters von $G = 200$ kg

$$P = F\,(q_0 - p) - G = 5250\ \mathrm{kg}.$$

Dabei wurde p aus $p = \frac{0{,}5\ V + hF}{hF}$ bestimmt, da beim Anprall des Ölkolbens, d. h. zurzeit $t = 0{,}02$ entsprechend Bild 7 nur mit 50 vH des gesamten Gasvolumens zu rechnen ist. Das Verhältnis zwischen der Kraft P und dem Schaltergewicht G ist also wesentlich ungünstiger, doch macht es wegen der geringeren Größe des Absolutwertes von P keine großen Schwierigkeiten, diese Kraft mechanisch abzufangen. Die charakteristische Zeit T, die sich nach Bild 18 zu $T = 0{,}014$ s errechnet, ist zudem wesentlich kleiner, was bei der schlagartigen Beanspruchung der Schalterbefestigung sehr ins Gewicht fällt.

Thermodynamik des Hochspannung-Druckgasschalters.

Von W. Uebermuth.

1. Aufbau des Druckgasschalters.

Die Schaltleistung des Druckgasschalters ist in erster Linie durch die Formgebung sowie die Art der Bewegung und Beblasung der Schaltkontakte bedingt. Um Höchstwerte der Schaltleistung zu erzielen, war es notwendig, die thermodynamischen Vorgänge im Druckgasschalter durch rechnerische und experimentelle Untersuchungen möglichst günstig zu gestalten. Über diese Arbeiten und ihren Einfluß auf die Entwicklung der Druckgasschalter wird nachstehend berichtet.

Die Wirkungsweise der Druckgasschalter wurde bereits mehrfach beschrieben, so daß zum Verständnis des nachfolgenden nur wenige Worte über seinen Aufbau notwendig sind.

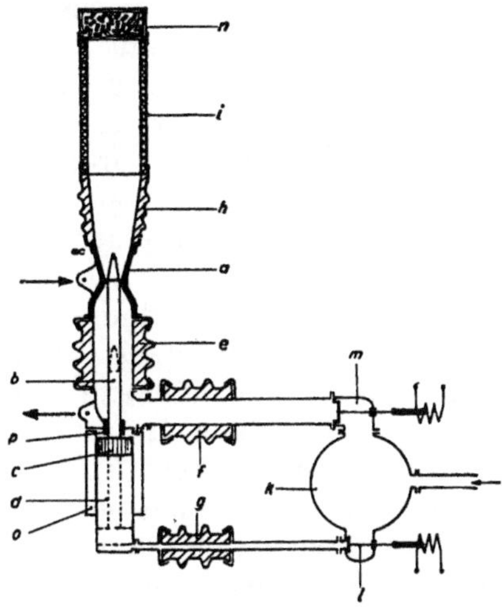

Bild 1. Schematische Darstellung eines einpoligen Druckgasschalters.

Der Druckgasschalter (Bild 1) besteht im wesentlichen aus einem Kontaktpaar, gebildet aus dem festehenden Kontakt *a* und dem beweglichen Stiftkontakt *b*, dem Antrieb für den beweglichen Kontakt bestehend aus Kolben *c* und Zylinder *d*, ferner den Isolatoren *e* bis *i*, dem Behälter *k* zum Speichern des zum Schalten erfordęrlichen Druckgases, den Ventilen *l* und *m* zum Ein- bzw. Ausschalten des Schalters und dem Schalldämpfer *n*. Der hochgespannte Wechselstrom fließt über die Kontakte *a* und *b* und den Schleifkontakt *p*.

Zum Ausschalten wird — gewöhnlich durch elektromagnetische Fernsteuerung — das Ausschaltventil *m* geöffnet, das nunmehr Druckgas aus dem Behälter *k* und durch die anschließende Rohrleitung in die Isolatoren *f* und *e* einströmen läßt. Gleichzeitig wird der Kolben *c* mit dem Druck des Gases beaufschlagt und im Zylinder *d* nach unten bewegt. Die mit dem Kolben verbundene Schaltstange *b* wird hierbei aus dem Hohlkontakt *a* gezogen. Bei der Trennung der Kontakte *a* und *b* entsteht zwischen ihnen der Unterbrechungslichtbogen, welcher durch das aus der nunmehr freigelegten Öffnung des Hohlkontaktes *a* strömende Druckgas nach außen getrieben wird. Die Löschung des Lichtbogens erfolgt beim nächsten Nulldurchgang des Stromes infolge der Entionisierung der Schaltstrecke durch das mit hoher Geschwindigkeit zwischen den Kontakten *a* und *b* strömende Druckgas. Die Löschung des Öffnungslichtbogens erfolgt in der Regel schon dann, wenn sich die Spitze der Kontaktstange noch innerhalb der Kontaktulpe befindet, also im ersten Teil des Ausschaltvorganges. Ein Wiederzünden des Lichtbogens wird durch die hohe Durchschlagfestigkeit des verdichteten Druckgases verhindert. Um Druckgas zu sparen, wird das Ausschaltventil kurze Zeit nach beendeter Lichtbogenlöschung, aber noch vor dem Ende der Ausschaltbewegung geschlossen. Das Weitertreiben des Antriebkolbens in seine Endlage übernimmt hierauf das Druckgas, das während der Beblasung der Kontakte im Behälter *o* am Antriebzylinder gespeichert wurde.

Beim Abschalten eines Kurzschlusses entsteht zwischen den Kontakten infolge der starken Erhitzung des Druckgasstromes eine Druckwelle, die beim unmittelbaren Austritt aus dem Hohlkontakt ins Freie ein knallartiges Geräusch erzeugt. Zur Milderung dieses Knalles ist der Schalldämpfer *n* vorgesehen.

Das Einschalten des Druckgasschalters wird durch Öffnen des Einschaltventils *l* bewirkt. Hierbei strömt Druckgas unter den Kolben *c* und treibt ihn und die Kontaktstange *b* nach oben, wobei der Stromkreis durch die in den Hohlkontakt *a* eindringende Kontaktstange *b* geschlossen wird. Die Einschaltgeschwindigkeit der Kontakte ist so groß, daß der Einschaltlichtbogen nur während der äußerst kurzen Zeit zwischen Spannungüberschlag und Kontaktberührung brennt. Eine Beblasung der Kontakte beim Einschalten ist aus dem angeführten Grunde unnötig.

2. Zustandsänderungen des Druckgases im Behälter.

Der Druckgasbehälter *k* wird je nach Art des verwendeten Gases mit Hilfe eines Kompressors oder einer Flaschenbatterie gefüllt und dann ständig unter Druck gehalten. Die Größe des Gasbehälters und seine Lage zu den Löschkontakten des Schalters muß so gewählt sein, daß beim Ausschalten eine ausreichende Versorgung der Schaltkontakte mit Druckgas sichergestellt ist. Da die Speiseleitungen von der Druckgaserzeugungs- oder -speicherstelle zu den Druckgasschaltern einer Schaltanlage aus praktischen Gründen nur einen verhältnismäßig beschränkten Durchflußquerschnitt und in der Regel hohe Gasreibungswiderstände aufweisen, muß der Behälter infolge der hohen Entnahmegeschwindigkeit beim Ausschalten fast ausschließlich den ganzen Gasbedarf der Ausschaltung decken. Eine Wärmeabgabe der Behälterwandungen an das Druckgas findet infolge der geringen Dauer des Ausschaltvorganges kaum statt. Die Zustandsänderung des Druckgases im Behälter erfolgt daher mit genügend großer Annäherung bei konstanter Entropie, also adiabatisch. Die Energieverminderung des Behälterinhaltes, somit die aufgewandte Schaltarbeit, ist demnach eine Funktion des Druckabfalles des Behälterdruckes beim Schalten, ausgedrückt durch die Beziehung

$$\Delta E = \frac{1}{k-1} \cdot V_B \left[P_{B_1} - P_{B_2} \left(\frac{P_{B_1}}{P_{B_2}} \right)^{\frac{1}{k}} \right] kgm \tag{1}$$

worin P_{B_1} und P_{B_2} die absoluten Gasdrücke des Behälters in kg/m² vor bzw. nach dem Schaltvorgang und V_B den Rauminhalt des Behälters in m³ bedeuten. Der Koeffizient bzw. Exponent k ist das Verhältnis der spezifischen Wärmen des verwendeten Druckgases bei konstantem Druck und konstantem Volumen, ausgedrückt durch

$$k = \frac{c_p}{c_v} . \tag{2}$$

Für Luft, Stickstoff und Wasserstoff wird $k \sim 1{,}4$, für Kohlensäure $\sim 1{,}28$.

Von größerer praktischer Bedeutung als die aufgewandte Schaltarbeit ist der Luftverbrauch des Druckgasschalters für eine Schaltung; denn die Höhe des Luftverbrauches bestimmt Größe und Zahl der Kompressoren und Druckgasbehälter bzw. Vorratflaschen einer Schaltanlage mit Druckgasschaltern. Adiabatische Ausdehnung vorausgesetzt, wird der Gasverbrauch eines Schalters bezogen auf den Normalzustand von 0° und 760 mm Quecksilber-Säule:

$$V_{0^0,\,760\,Hg} = 0{,}0264 \frac{V_B}{273 + t_{B_1}} \left[P_{B_1} - P_{B_2} \left(\frac{P_{B_1}}{P_{B_2}} \right)^{\frac{k-1}{k}} \right] m^3 , \tag{3}$$

worin V_B den Rauminhalt des Schalterbehälters in m³, t_{B_1} und P_{B_1} Temperatur in °C und Druck in kg/m² des Gases im Behälter vor der Schaltung, P_{B_2} den Druck unmittelbar nach der Schaltung bedeuten. Gleichzeitig mit dem Druck sinkt auch die Temperatur im

Schalterbehälter während der Schaltung auf

$$t_{B_2} = \frac{273 + t_{B_1}}{\left(\frac{P_{B_1}}{P_{B_2}}\right)^{\frac{k-1}{k}}} 273\,{}^0\mathrm{C}. \tag{4}$$

Für Druckluftschalter läßt sich die Beziehung zahlenmäßig noch weiter vereinfachen zu

$$V_{\mathrm{Luft},\,0^0,760\,\mathrm{Hg}} = 0{,}0264\,\frac{V_B}{273 + t_{B_1}}\left[P_{B_1} - P_{B_2}\left(\frac{P_{B_1}}{P_{B_2}}\right)^{0{,}286}\right]\mathrm{m}^3, \tag{5}$$

$$t_{2,\,\mathrm{Luft}} = \frac{273 + t_{B_1}}{\left(\frac{P_{B_1}}{P_{B_2}}\right)^{0{,}286}}\,{}^0\mathrm{C}. \tag{6}$$

In den weitaus meisten Fällen folgen die Schaltungen der einzelnen Druckgasschalter einer Anlage nicht gleichzeitig oder unmittelbar aufeinander. Der nach der Schaltung im Schalterbehälter bzw. im Vorratbehälter zurückbleibende, auf die Temperatur t_{B_2} abgekühlte Gasrest erwärmt sich auf Kosten des Wärmeinhaltes der den Schalter umgebenden atmosphärischen Luft. Der Restdruck im Gasbehälter, bzw. im Rohrnetz der Anlage wird in diesem Falle höher, der Gasverbrauch also geringer sein als bei schnell aufeinander folgenden Schaltungen. Günstigstenfalls erfolgen dann die Zustandänderungen im Gasbehälter des Schalters ohne Temperaturänderung, also isothermisch. Ist der Restdruck im Schalterbehälter nach erfolgtem Temperaturausgleich bekannt, so errechnet sich der absolute Luftverbrauch, bezogen auf 0^0 C und 760 mm Barometerstand, zu

$$V_{isoth} = 0{,}0264 \cdot \frac{V_B}{273 + t_{B_1}} (P_{B_1} - P_{B_2})\, m^3. \tag{7}$$

3. Die Steuerventile des Druckgasschalters.

Zum Ausschalten des Schalters ist es nach dem früher Gesagten notwendig, das Ausschaltventil *m* zu öffnen. Das geschieht durch Erregen des zugehörigen Auslösemagneten durch den vom Überstromrelais oder vom Betätigungschalter zugeführten Auslösestrom. Um die Beblasung der Löschkontakte unverzüglich und mit der unverminderten Energie des im Behälter gespeicherten Druckgases durchzuführen ist es notwendig, den Durchflußquerschnitt des Ausschaltventils schnell und weit zu öffnen. Da das Arbeitvermögen des Auslösemagneten beschränkt ist und anderseits der Druck des Gases einen sehr hohen Öffnungswiderstand des Ausschaltventils bedingt, ergibt sich die Forderung, daß der Öffnungswiderstand des Ausschaltventils mit einer Auslösekraft, die etwa 150 000mal kleiner ist, überwunden werden muß. Auf Grund dieser Forderung wurde die in Bild 2 schematisch dargestellte Ventilkombination entwickelt, die an allen Druckgasschaltern der AEG Verwendung findet. In dem Ventilgehäuse *a* befindet sich ein Differentialkolben *b*, der durch den Druck des Gases, das durch die Bohrung *c* den Raum rechts vom Kolben aufgefüllt hat, abdichtend auf den Sitz gepreßt wird. Diesem Anpressungsdruck wirkt eine kleinere Kraft entgegen, die durch den Gasdruck auf die Ringfläche $\pi/4\ (d_1^2 - d_2^2)$ hervorgerufen wird. Wird der Gasdruck im Raume rechts vom Kolben *b* gesenkt, was am einfachsten durch Öffnen eines genügend großen Ausflußquerschnittes *e* geschieht, so überwiegt der konstante Gasdruck auf die Ringfläche und treibt den Kolben *b* nach rechts. Das Ausschaltventil ist damit geöffnet und der Ausschaltvorgang kann, wie oben beschrieben, verlaufen. Die zum Steuern des Kolbens *b* verhältnismäßig große Ausflußöffnung *e* wird durch ein Hilfsventil, das sogenannte pneumatische Relais, beeinflußt, welches wie das Ausschaltventil arbeitet und nur entsprechend kleiner bemessen ist. Die Steuerung des Hilfsventils *f* erfolgt durch den Auslösemagneten *h*, der kräftig genug ist, um über eine Nockenwelle *g* ein kleines Tellerventilchen *i* öffnen zu können. Das Schließen der Ventile erfolgt in der Reihenfolge *i* — *f* — *b*, wobei sich die Ventilkolben *f* und *b* unter der Wirkung des durch die Ausgleichbohrungen *c* und *d* einströmenden Druckgases schließen. Durch das Zusammenfügen zweier gleichartiger, aber verschieden großer Ventile zu einer Ventilkombination nach Bild 2 läßt sich das geforderte Übersetzungsverhältnis der Auslösekraft zum Öffnungswiderstand des Ausschaltventils erreichen. Trotz dieses hohen Kräfteverhältnisses sind die Öffnungzeiten der Ventile äußerst kurz. In Bild 3 sind Weg-Zeit- und Druck-Zeit-Diagramme des Ausschaltventils mit pneumatischem Relais wiedergegeben.

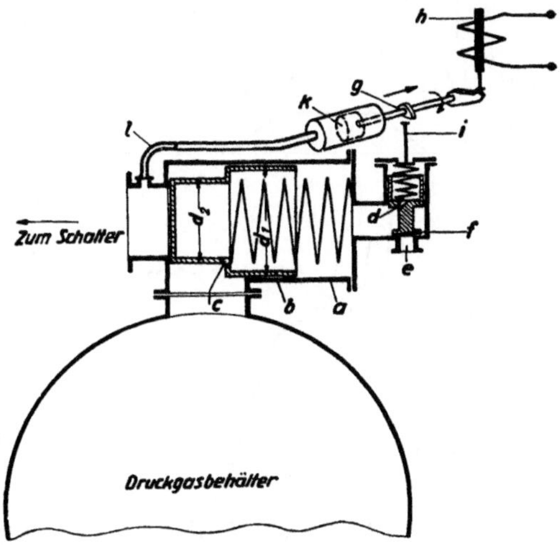

Bild 2. Ausschaltventil.

Daraus geht u. a. hervor, daß der Beginn des Öffnens des pneumatischen Relais mit dem Auslöseimpuls praktisch zusammenfällt, und daß das Ausschaltventil selbst 0,03 s nach der Einleitung des Öffnungsimpulses öffnet. Die Zeit bis zum vollen Öffnen des Ausschaltventils beträgt nur 0,065 s, so daß sich eine ganze Öffnungzeit für die Ventilkombination nach Bild 2 von rd. 0,1 s ergibt.

Sobald nach dem Öffnen des Ausschaltventils Druckgas zum Schalter strömt, wird ein kleiner Teil des Gasstromes abgezweigt und durch eine Rohrleitung *l* hinter den Kolben k (Bild 2) geführt, um durch seitliches Verschieben der Nockenwelle *g* das Ventil *i* zu schließen. In gewissen Zeitabständen, die von der Größe der mit Druckgas zu füllenden Räume hinter den beiden Ventilkolben und der Größe der Ausgleichbohrungen *c* und *d* in diesen Kolben abhängig sind, schließen sich pneumatisches Relais und Ausschaltventil. Durch geeignetes Bemessen dieser Räume und Ausgleichbohrungen läßt sich die Durchlaßzeit des Ausschaltventils so bemessen, daß eine von der Dauer des Auslöseimpulses völlig unabhängige und in allen Fällen gleichmäßige Beblasung der Löschkontakte des Druckgasschalters stattfindet.

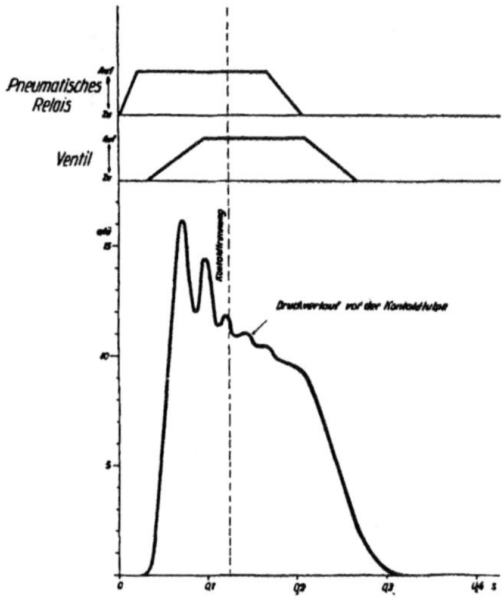

Bild 3. Druck-, Weg-Zeitdiagramm des Ausschaltventils.

Zwecks Untersuchung der Steuerung der Druckgaszufuhr zu den Löschkontakten wurde der Druckverlauf vor den Kontakttulpen des Schalters mit dem Indikator aufgenommen. Aus dem Diagramm des Bildes 3 geht hervor, daß der Druckanstieg sehr steil, d. h. mit einem dp/dt von 87 000 kg/cm² s verläuft. Demnach wird bei Beginn des Löschvorganges im Schalter mit ausreichender zeitlicher Sicherheit der volle Gasdruck herrschen. Nach der Kontakttrennung, also nach der Freigabe der Ausflußöffnung des Tulpenkontaktes *a* (Bild 1) sinkt der Druck vor dem Kontakt nach einer Exponentialkurve, die angenähert mit dem Druckabfall im Druckgasbehälter übereinstimmt. Nach dem Abschluß des Ausschaltventils fällt die Druckkurve des Bildes 3 steil ab, da die zwischen Ausschaltventil und Löschkontakt befindliche Gasmenge durch den Hohlkontakt entweicht.

Diese Untersuchungen beweisen, daß Ausschaltventile der vorstehend beschriebenen Bauweise durchaus für die besonderen Betriebsbedingungen des Druckgasschalters geeignet sind. Die Praxis hat die hohe Betriebsicherheit dieser Ventile bewiesen.

Wie schon erwähnt, werden die Kontakte des Druckgasschalters beim Einschalten nicht beblasen. Deshalb wird zum Einschalten nur Druckgas zum Bewegen des Antriebkolbens gebraucht. Die hierzu erforderliche Gasmenge ist gegenüber der zum Ausschalten benötigten so gering, daß zu ihrer Steuerung ein einfaches Ventil nach Bild 4 verwendet werden kann. Dieses Einschaltventil arbeitet nach dem gleichen Prinzip wie die Ventile nach Bild 2; jedoch ist infolge des verhältnismäßig kleinen Durchflußquerschnitts die Verwendung einer Kräfteverstärkung in Form eines „pneumatisches Relais" überflüssig. Mit dem Steuerkolben *a* des Einschaltventils ist ein Ventilteller *b* verbunden, der nach dem Abschluß der Druckgaszufuhr zum Antriebszylinder das im Zylinder eingeschlossene, verbrauchte Druckgas durch eine Bohrung *c* ins Freie treten läßt. Ist das Einschaltventil geöffnet, so verschließt der Ventilteller *b* die Entlüftungsbohrung *c*.

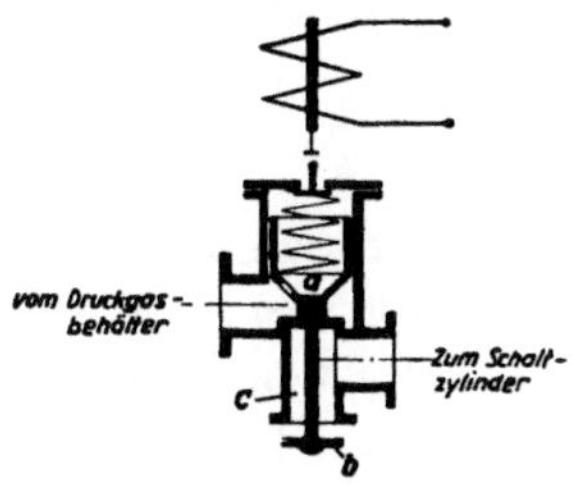

Bild 4. Einschaltventil.

Die vorstehend beschriebenen Ausschalt- und Einschaltventile haben infolge des hohen Anpressungsdruckes der abschließenden Ventilkolben außer den bereits angeführten Vorteilen noch den Vorzug außerordentlich guter Dichtigkeit und somit geringer andauernder Gasverluste. Dies ist für den Betrieb von Druckgasschaltern außerordentlich wichtig, um die Schaltanlage bei Unterbrechungen der Druckgaserzeugung mit der Füllung der Druckgasbehälter möglichst lange Zeit betriebsbereit halten zu können.

4. Strömungsvorgänge vor und an den Löschkontakten.

Von allen thermodynamischen Vorgängen im Druckgasschalter sind die beim Ausschalten in der Nähe der Löschkontakte verlaufenden die wichtigsten. Wie schon eingangs gesagt, wird von ihrem Verlauf die Leistungsgrenze des Druckgasschalters am stärksten beeinflußt. Es ist daher erklärlich, daß der Erforschung der Strömungsvorgänge an den Kontakten stets besonderes Interesse zugewandt wurde.

Nach dem Öffnen des Ausschaltventils des Druckgasschalters füllen sich die Rohrleitungen zwischen Ventil und den Löschkontakten mit Druckgas. Die hohe Beschleunigung der Gasmasse beim Austritt aus dem Ausschaltventil in die noch überdrucklosen Räume der zur Gasleitung dienenden Hohlisolatoren und Verteilungstücke, sowie die vor den noch verschlossenen Löschkontakten stattfindende Verzögerung der Druckgasmasse führen zu heftigen Verdünnung- und Verdichtungstößen im Schalterinnern. Wie aus Bild 3 ersichtlich, genügt jedoch die Zeit, die vom Öffnen des Ausschaltventils bis zur Trennung der Schalterkontakte für die Beschleunigung der beweglichen Schalterteile erforderlich ist, um die Gasschwingungen zum größten Teil abklingen zu lassen. Im Augenblick der Kontakttrennung wird somit an den Löschkontakten ein Gasdruck bestehen, der im wesentlichen vom Druck im Behälter vor der Schaltung und vom Inhalt des Behälters und der Rohrleitungen zum Löschkontakt abhängt. Dieser maximale, absolute Gasdruck am Löschkontakt bei Trennung der Kontakte wird dargestellt durch den Ausdruck

$$p_L = \frac{p_B}{\left(\frac{V_B + V_s}{V_B}\right)^k} \text{ in ata;} \tag{8}$$

hierin bedeuten

p_B den absoluten Gasdruck im Schalterbehälter,

V_B den Behälterinhalt in m^3 und

V_s den Inhalt aller Gasleitungen zwischen Ausschaltventil und Löschkontakten.

Gl. (8) läßt erkennen, daß alle Räume hinter dem Ausschaltventil als „schädliche Räume" anzusprechen sind, denn von ihrer Größe hängt der Druck am Löschkontakt bei Beginn der Lichtbogenlöschung ab, mithin auch zum Teil die maximale Abschaltleistung des Schalters. Deshalb wird es notwendig, bei der Bemessung der Gasleitung zu den Löschkontakten des Druckgasschalters die Anordnung zu wählen, bei der Reibungsverluste und Rauminhalt in günstigem Verhältnis zueinander stehen.

Wie schon erwähnt, gelangt ein Teil des Druckgases nach dem Öffnen des Ausschaltventils in den Antriebzylinder des Schalters und beschleunigt die Kontaktstange in Ausschaltrichtung. Nach dem Zurücklegen eines Durchlaufweges wird die Austrittöffnung des Tulpenkontaktes mehr und mehr freigelegt. Die Stellung des Kontaktstiftes, der auf die Schaltstange aufgesetzt ist, in Abhängigkeit von der seit der Kontakttrennung verstrichenen Zeit geht aus der unteren Figur des Bildes 5 hervor.

Gleichzeitig mit dem Beginn der Freigabe der Austrittöffnung des Tulpenkontaktes setzt das Ausströmen des unter dem Druck p_L (s. Gl. 8) vor dem Kontakt stehenden Druckgases ein. Der Verlauf der Geschwindigkeit des ausströmenden Druckgases im Tulpenkontakt ähnelt der Geschwindigkeitsverteilung in einer Düse. Vor dem Kontakt, in dem als Rohrleitung dienenden Isolator strömt das Gas mit einer mäßigen Geschwindigkeit, die erst unmittelbar vor und in der düsenförmigen Öffnung des Tulpenkontaktes die Größe erreicht, die dem Unterschied zwischen dem Druck p_L vor der Kontaktdüse und dem Gegendruck p_0 hinter der Düse entspricht. Da der Druck p_0 im allgemeinen gleich dem Druck der den Schalter umgebenden atmosphärischen Luft ist, so wird die Größe der Geschwindigkeit vornehmlich eine Funktion des Innendruckes p_L sein. Nach den Gesetzen der Gasdynamik steigt die Geschwindigkeit ausströmenden Druckgases aus parallelwandigen Öffnungen bei wachsenden Innendrücken nur bis zum sogenannten kritischen Druck

$$p_{L,kr} = \frac{p_0}{\left(\frac{2}{k+1}\right)^{\frac{k}{k-1}}} \text{ in ata} \tag{9}$$

oder für Druckluft bis zu

$$p_{L,kr} = \frac{p_0}{0{,}53} \text{ in ata.} \tag{10}$$

Die maximale Ausströmgeschwindigkeit — auch „kritische“ Geschwindigkeit genannt — die sich bei gleichen oder größeren Drucken als nach Gl. (9) erreichen läßt, wird dargestellt durch den Ausdruck

$$w_{k_r} = \sqrt{\frac{2k}{k+1} R (273 + t_L)}, \tag{11}$$

worin

w_{kr} die maximale Ausflußgeschwindigkeit des Druckgases aus parallelwandigen Öffnungen,

R die Gaskonstante und

t_L die Temperatur des Druckgases vor den Löschkontakten

bedeuten.

Die Spannung des zum Betrieb der Druckgasschalter verwendeten Druckgases wird in der Regel wesentlich höher liegen als der Mindestdruck $p_{L,kr}$, der zum Erreichen der kritischen Geschwindigkeit w_{kr} notwendig ist. Um die größere innere Energie des höher gespannten Druckgases zur weiteren Geschwindigkeitsteigerung auszunutzen, ist es notwendig, die Querschnitte der Ausflußöffnung in Strömungsrichtung stetig zunehmen zu lassen. Die Querschnittszunahme des Gasstromes bewirkt hierbei eine Vergrößerung des spezifischen Volumens $v = R \cdot T/p$ des Druckgases und somit bei Druckabnahme eine weitere Geschwindigkeitsteigerung des Gasstromes. Es wird auf diese Weise möglich, die im Druckgas enthaltene potentielle Energie innerhalb des Schalters vollständig in kinetische Energie umzusetzen.

Den für Luft von 15 atü Anfangsdruck p_L berechneten Verlauf der Gasgeschwindigkeit vor und in der düsenförmigen Kontakttulpe und am Kontaktstift sowie die zugehörigen Gasdrucke zeigt Bild 5. Der Beeinflussung des Strömungsbildes durch die Verdrängung des zu-

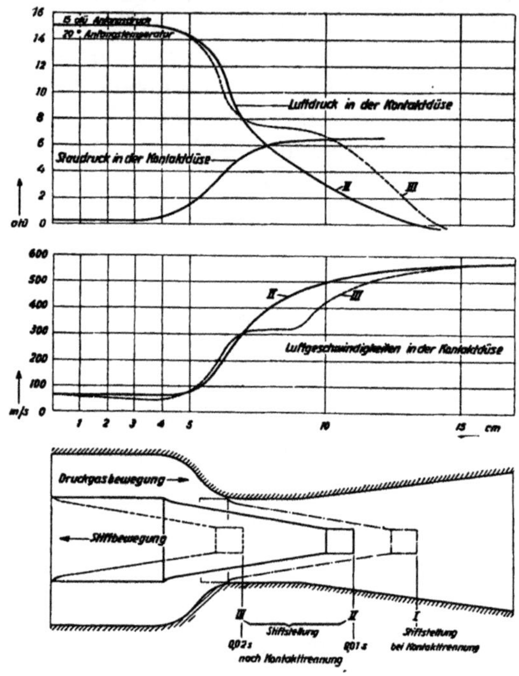

Bild 5. Druck, Geschwindigkeit und Staudruck im Hohlkontakt.

rückgehenden Kontaktstiftes ist dadurch Rechnung getragen, daß die Geschwindigkeit- und Gasdruckkurven auf zwei für den Schaltvorgang besonders wichtige Stellungen des Kontaktstiftes bezogen sind. Die Kurven *II* gelten für die Stellung des Stiftes 0,01 s nach erfolgter Kontakttrennung. In dieser Stellung erfolgt beim Betrieb des Druckgasschalters in Schaltanlagen für Wechselstrom von 50 Per/s in der Regel das Ablöschen des Ausschaltlichtbogens. Um auch außergewöhnlichen Fällen Rechnung zu tragen, sind auch die Strömungs- und Druckverhältnisse für die Stiftstellung nach 0,02 s untersucht und als Kurven *III* in Bild 5 aufgetragen.

Der Verlauf der Gasströmung in der Kontaktdüse läßt sich am besten an Hand der Kurven *III* verfolgen. Vor dem Einlauf in die Kontaktdüse hat das zuströmende Druckgas die Geschwindigkeit von 70 m/s, die unmittelbar vor dem Einlauf noch eine Verringerung auf 50 m/s infolge der Verjüngung des Kontaktstiftes erfährt. Der Gasdruck ist dementsprechend hoch. Im Einlauf der Düse fällt der Druck rasch ab und die Gasgeschwindigkeit erreicht schnell die Schallgeschwindigkeit, die für den betreffenden Zustand etwas über 300 m/s beträgt. Diese Geschwindigkeit besteht im engsten Teil der Düse und bleibt bis zur Querschnitterweiterung der Düse konstant. Die weitere Entspannung des strömenden Druckgases im konischen Teil der Düse bewirkt eine zusätzliche Geschwindigkeitssteigerung bis zu 560 m/s.

Auf die Führung des Ausschaltlichtbogens hat auch der Staudruck des Gasstromes einen wesentlichen Einfluß. Der Staudruck bedeutet dabei die maximale spezifische Kraft, die von der strömenden Gasmenge auf eine im Strom befindliche Staufläche ausgeübt wird, ausgedrückt durch

$$p_{st} = \frac{w^2}{2g} \cdot \gamma \text{ in kg/cm}^2, \tag{12}$$

worin

w die Gasgeschwindigkeit,
γ das spezifische Gewicht und
g die Fallbeschleunigung darstellen.

Für die der Rechnung zugrunde gelegten Werte sind die Staudrücke entlang der Kontaktdüse eines Druckgasschalters ebenfalls in Bild 5 eingetragen.

Bei der Kontakttrennung (Bild 5) besteht an der Trennstelle das volle Druckgefälle $p_L - p_0$. Der entstehende Lichtbogen wird also im ersten Augenblick unter der statischen Wirkung des Gasdruckes kolbenartig beschleunigt. Auch nach der Ausbildung der Strömung in der Kontaktdüse bleibt die Beaufschlagung des Lichtbogens hoch, da die bei der Kontakttrennung entstehende, ringförmige Ausflußöffnung die engste Stelle der Düse bildet, in der die kritische Geschwindigkeit und nach Bild 5 bereits fast der maximale Staudruck bestehen. Der an der gleichen Stelle entstehende kurze und daher sehr widerstandsfähige Lichtbogen wird daher mit größtmöglicher Kraft von dieser Stelle weg nach außen getrieben und setzt sich einerseits an der Spitze des Kontaktstiftes, anderseits gewöhnlich am Ende der konischen Düse fest.

Der Kontaktabbrand, der notwendigerweise in der Zeit bis zum nächsten Strom-Nulldurchgang nach Kontakttrennung erfolgt, bei dem bekanntlich bei größeren Abschaltleistungen allein eine Löschung des Lichtbogens möglich ist, betrifft infolgedessen Kontaktteile, die bei eingeschaltetem Schalter nicht zur Übertragung des Dauerstromes dienen. Außerdem schafft das Indielängeziehen des Lichtbogens günstige Vorbedingungen für die nachfolgende Löschung des Lichtbogens, die bei Kontaktstiftstellungen nach *II* und *III* des Bildes 5 erfolgt. Das entsprechende Geschwindigkeitsdiagramm läßt erkennen, daß sich hierbei die Spitze des Kontaktstiftes, die den einen der beiden Lichtbogenfußpunkte bildet, im Gebiet überkritischer „maximaler" Strömungsgeschwindigkeit befindet. Es wird dadurch erreicht, daß in der sehr kurzen Zeit des Stromnulldurchganges von etwa 10^{-5} bis 10^{-3} s eine genügend lange Strecke zwischen den erhitzten Lichtbogenfußpunkten entionisiert und somit ein Wiederzünden des Lichtbogens durch die wiederkehrende Spannung vermieden wird. Die Verhütung des Wiederzündens wird dadurch wirksam unterstützt, daß nach beendeter Ablöschung des Lichtbogens, der inzwischen stetig beschleunigte Schaltstift über das Gebiet kritischer Strömungsgeschwindigkeit in das der unterkritischen Geschwindigkeit, also in Druckgas höherer Dichte und Durchschlagfestigkeit gelangt.

Der in Bild 5 dargestellte Verlauf der Geschwindigkeiten in der Umgebung der Löschkontakte des Schalters bezieht sich auf den Fall, daß die Zustandsänderung des Druckgases adiabatisch, d. h. ohne äußere Wärmezu- oder -ableitung erfolgt. Das trifft jedoch beim Ausschaltvorgang eines Druckgasschalters, insbesondere beim Abschalten eines schweren Kurzschlusses nicht zu. Die im Lichtbogen freiwerdende Wärme bewirkt vielmehr eine starke Erhitzung des in der Umgebung des Lichtbogens befindlichen Druckgases. Die Gasgeschwindigkeiten können deshalb infolge der bei höherer Temperatur verminderten Dichte des Gases ein mehrfaches der in Bild 5 dargestellten Werte erreichen. Kurz vor und beim Stromnulldurchgang ist die Wärmeabgabe des verhältnismäßig schwachen Lichtbogens jedoch so gering, daß die Strömung in der Umgebung der Kontakte angenähert adiabatisch verläuft. Kinematographische Aufnahmen mit einer Bildfolge von 6000 Bildern je Sekunde haben die Richtigkeit dieser Annahme bestätigt.

Beim Abschalten großer Kurzschlußleistung kann die hohe, im Lichtbogen freiwerdende Wärme zu erheblichen Temperatur- und Drucksteigerungen führen. Die so entstehenden örtlichen Drucksteigerungen laufen wellenartig von ihrem Entstehungsort mit bzw. entgegen dem Gasstrom. Ihre Ausbreitungsgeschwindigkeit kann in Anbetracht der starken Wärmezufuhr des Lichtbogens mehr als

1000 m/s betragen. Bei weiterer Wärmezufuhr, also bei noch höheren Abschaltleistungen wird schließlich ein Grenzfall eintreten, bei dem die Energieübertragung auf den Gasstrahl so groß wird, daß ein weiteres Einströmen von Gas in die Kontaktdüse verhindert wird. Bei noch höherer Lichtbogenenergie wird sogar ein Zurückströmen des hocherhitzten Druckgases in der Richtung zum Druckgasbehälter des Schalters eintreten. Im letztgenannten Falle wird zwar beim Abnehmen des sinusförmigen Wechselstromes bei Annäherung an den Strom-Nulldurchgang erneut ein Ausströmen des Druckgases eintreten, jedoch wird zunächst nur die ins Schalter-

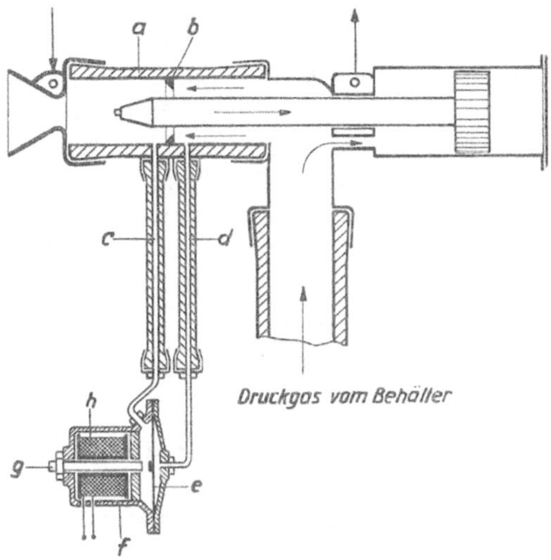

Bild 6. Gasmengen-Meßvorrichtung.

innere hineingetriebene, hocherhitzte und demzufolge ionisierte Gasmenge die Kontakte beblasen. Wird der Strom Null, so kann eine ausreichende Entionisierung der Schaltstrecke nicht eintreten und die wiederkehrende Spannung wird ein Wiederzünden des Lichtbogens und beim Anwachsen des Stromes ein abermaliges Zurückfließen des Druckgases herbeiführen. Die Abschaltung ist in diesem Falle mißlungen und der Schalter brennt aus.

Um diese Vorgänge experimentell zu untersuchen, wurde eine Meßeinrichtung nach Bild 6 entwickelt. Die dargestellte Apparatur ist im wesentlichen ein empfindlicher, trägheitsarmer Gasmengenmesser nach dem Staurand-Prinzip, mit elektromagnetischer Fernübertragung des Meßergebnisses. Im oberen Isolator *a* eines Druckgasschalters, den das Gas auf dem Wege zu den Löschkontakten durchströmt, wurde ein ringförmiger Staurand b befestigt. Die durch den Staurand hervorgerufene Geschwindigkeitsteigerung im Gasstrom erzeugt einen Unterschied des Gasdruckes vor und hinter dem Staurand. Diese Drucke werden durch Isolierröhrchen c und d auf die beiden Flächen einer Stahlmembran e geleitet, die sich entsprechend der Größe des Druckunterschiedes mehr oder weniger stark durchbiegt. Zur Vermeidung von Zeitverzögerungen durch Füll- und Entleerungsvorgänge in den Räumen vor und hinter der Membran werden diese Räume mit Öl gefüllt. Die Membran bildet mit dem Gehäuse f und dem verstellbaren Kern g den Eisenschluß einer Spule h. Die Selbstinduktion dieser Spule wird entsprechend der Durchbiegung der Membran durch Veränderung des kraftliniendurchsetzten Luftspaltes zwischen e und g verändert. Wird diese Spule in eine mit Wechselstrom von etwa 500 Per/s gespeiste induktive Meßbrücke geschaltet und an diese ein Schleifenoszillograph gelegt, so können die auf dem Oszillogramm aufgezeichneten Amplitudenänderungen des Schleifenausschlages als Maßstab für die Differenzdrucke vor und hinter dem Staurand gelten. Aus dem Differenzdruck läßt sich die sekundlich zu den Löschkontakten strömende Druckgasmenge errechnen zu

$$Q = \alpha \cdot f \cdot \sqrt{2 g \cdot \Delta p / \gamma} \text{ in m}^3/\text{s}, \tag{13}$$

worin

f den Durchflußquerschnitt in m^2,
α den Durchflußkoeffizienten des Staurandes,
Δp den Differenzdruck vor und hinter dem Staurand und
γ das spezifische Gewicht des strömenden Druckgases

darstellen.

In den Bildern 7 und 8 sind zwei mit der vorstehend beschriebenen Einrichtung gewonnene Oszillogramme wiedergegeben. Das Oszillogramm in Bild 7 ist bei geringer Abschaltleistung aufgenommen. Die Kurven für Strom, Spannung und Gasmenge sind wie üblich übereinander aufgezeichnet. Die Kurve a der Spannung zwischen den Kontakten des Schalters ist anfangs Null, geht nach der Kontakttrennung in die Lichtbogenspannung über und nach der Lichtbogendauer t_L in die wiederkehrende Spannung. Der Ausschlag der Stromschleife b hat im Anfang seinen vollen Wert, der nach beendeter Lichtbogenlöschung, also nach Ablauf der Zeit t_L, auf Null zurückgeht. Die Differenzdrucke des Strömungsmessers sind als Amplitudenänderungen der Ausschläge der dritten Schleife zu erkennen. Zwecks anschaulicher Darstellung sind die untere Hüllkurve der Ausschläge als Kurve c und die Nullinie nachträglich eingezeichnet. Die Kurve c läßt erkennen, daß der Staurand-Differenzdruck und somit auch die zugeführte Druckgasmenge nach dem Öffnen des Ausschaltventils des Schalters rasch ansteigen, entsprechend dem Druckgasverbrauch für das Auffüllen der Rohrleitungen zwischen Ausschaltventil und Löschkontakt. Da der Tulpenkontakt des Schalters noch durch den Kontaktstift verschlossen ist, so findet vorläufig kein wesentlicher Gasverbrauch statt und deshalb geht der Differenzdruck auf annähernd Null zurück. Nach der folgenden Kontakttrennung und der damit verbundenen Freigabe der

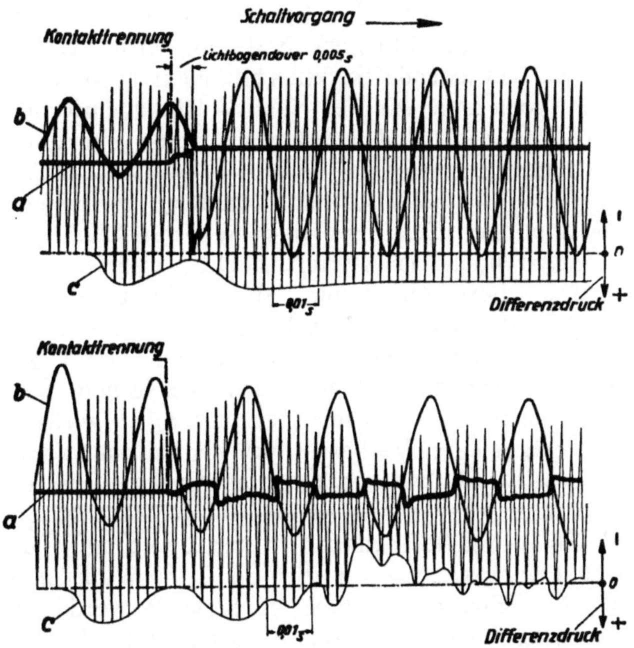

Bilder 7 u. 8. Ausschalt-Oszillogramme mit Strom-, Spannungs- und Gasmengen-Messung.

Ausflußöffnung im Tulpenkontakt steigen der Druckgasverbrauch und somit auch der Differenzdruck wieder auf einen Wert, der nur langsam, entsprechend dem sinkenden Gasdruck im Behälter, zurückgeht. Das Oszillogramm des Bildes 8 ist bei einer Kurzschlußabschaltung mit Stehlichtbogen aufgenommen. Es bedeuten wie im Oszillogramm des Bildes 7 *a, b* und *c* die Kurven für Spannung, Strom und Differenzdruck. Der anfängliche Verlauf der Differenzdruckkurve *c* ähnelt dem des Oszillogramms in Bild 7. Bereits nach der ersten Rückzündung des Lichtbogens wird das Zuströmen des Druckgases zu den Kontakten durch die hohe Wärmeenergie des

Lichtbogens stark gemindert. Nach der zweiten Rückzündung ist erstmalig eine Strömungsumkehr zu beobachten, und nach der dritten Rückzündung ist der durch das Zurückströmen des Druckgases hervorgerufene, negative Differenzdruck um rd. 30 vH höher als der beim Vorwärtsströmen. In den nachfolgenden Perioden pendelt die Gassäule um die Nullinie, d. h. es findet keinerlei Druckgasverbrauch statt.

An Hand der Oszillogramme der Bilder 7 und 8 läßt sich beweisen, daß die Grenze der Abschaltleistung eines Druckgasschalters durch das Zurückströmen des Druckgases infolge übergroßerWärmeentwicklung des Schaltlichtbogens bestimmt wird. Wahrscheinlich beginnt eine vorübergehende Strömungsumkehr schon bei Abschaltleistungen, die noch weit von der Höchstleistung entfernt sind. Mit der Meßanordnung nach Bild 5 ließen sich diese kurzzeitigen Richtungswechsel des Gasstromes nicht nachweisen, wahrscheinlich wegen des verhältnismäßig großen Volumens zwischen Staurand und Kontakttulpe des Schalters, das sich mit Rücksicht auf die hochspannungführenden Schalterteile nicht weiter verringern ließ. Bestätigt wurde diese Anschauung durch die überraschende Erhöhung der Schaltleistung der Druckgasschalter, die auf Grund der vorstehend beschriebenen Versuche mit für die Strömung günstigen Schaltkontakten, bestehend aus einer Laval-Düse und einem Schaltstift mit torpedoartigem Ablaufteil (vgl. Bild 5) ausgerüstet wurden. Die hierbei festgestellte Verbesserung konnte nur zum geringen Teil durch Geschwindigkeitsgewinne im Druckgas-Strom zustande kommen. Es kann eher damit gerechnet werden, daß infolge der günstigeren Strömungsbedingungen in der Umgebung dieser besonders geformten Kontakte, die beim Strommaximum zurückgestoßenen Ionen beim Stromminimum schnell fortgespült werden und somit erst bei wesentlich höheren Abschaltleistungen zu Rückzündungen des Lichtbogens führen können.

5. Strömungsvorgänge hinter den Löschkontakten.

Nach dem Verlassen der Kontaktdüse strömt das entspannte und mehr oder weniger erhitzte Druckgas in das Abgasführungsrohr *i* (Bild 1) aus Isolierstoff. In diesem Rohr findet eine Abkühlung und damit eine Entionisierung des Gasstromes statt, der sodann nach dem Austritt aus dem freien Ende des Abgasführungsrohres und beim Auftreffen auf geerdete oder spannungführende Teile nicht zu Überschlägen Anlaß geben kann. Das Ende der Abgasführung ist gewöhnlich mit einem Schalldämpfer *n* versehen, der im wesentlichen von einer Einrichtung gebildet wird, die dem mit hoher Geschwindigkeit zuströmenden Druckgas große Reibungswiderstände entgegensetzt. Die Ausströmgeschwindigkeit des Gases wird auf diese Weise verringert und damit auch die Stärke des Schaltgeräusches, das beim Auftreffen der rasch bewegten Gasmenge auf die ruhende atmosphärische Luft entsteht. Die Strömungsvorgänge im Rohr zwischen Kontaktdüse und Schalldämpfer sind jedenfalls so verwickelt und außerdem so sehr von der Höhe der Abschaltleistung und vom jeweiligen Verlauf des Schaltvorganges abhängig, daß ihre rechnerische und experimentelle Erfassung sehr schwierig ist. Druckmessungen im Isolierrohr mit einem gewöhnlichen Indikator haben gezeigt, daß die Strömung im Rohr bei stetig wachsendem, von der Lichtbogenwärme periodisch beeinflußtem, Druck erfolgt, so daß sie in der Hauptsache als Auffüllvorgang aufzufassen ist. Wahrscheinlich werden bei zunehmendem Lichtbogenstrom, also bei Druck und Temperatursteigerungen im Druckgas starke Verdichtungsstöße auftreten, die zu Gasschwingungen Anlaß geben. Die Druckstöße werden infolge ihrer großen Wellengeschwindigkeit und ihrer örtlichen Konzentration eine wesentliche Ursache der beim Abschalten eines Kurzschlusses mit dem ungedämpften Druckgasschalter entstehenden Knallgeräusche sein. Bei Schaltversuchen wurde beobachtet, daß bei zuweit getriebener Schalldämpfung mit ungeeigneten Mitteln eine erhebliche Abnahme der größten Abschaltleistung des Druckgasschalters erfolgte, die in keinem Verhältnis zu der entsprechend dem entstehenden Gegendruck nur geringfügigen Verringerung der Gasgeschwindigkeit stand. Auch diese Erscheinung wird wahrscheinlich durch Druckstöße und dadurch hervorgerufene Pendelungen der im Abgasführungsrohr eingeschlossenen Gassäule verursacht. Diese Gasschwingungen unterstützen gegebenenfalls ein Zurückdrängen des erhitzten Druckgases in den Schalter und damit das Stehenbleiben des Lichtbogens. Es war deshalb notwendig, Abgasführung und Schalldämpfer auf Grund zahlreicher besonderer Leistungsversuche so auszubilden, daß bei größter Dämpfwirkung die geringste Schwingungsneigung und damit die kleinstmögliche Verringerung der Abschaltleistung erreicht wurden.

6. Trocknung der Druckgasschalter.

In den Isolatoren der Druckgasschalter kann bei Verwendung der Schalter in Freiluft-Schaltanlagen bei Temperaturstürzen, insbesondere in den Übergang-Jahreszeiten und an Orten hoher Luftfeuchtigkeit Wasserniederschlag auftreten. Da die Schalter in derartigen Anlagen meist mit höheren Spannungen betrieben werden, könnte ein Wasserüberzug der Innenflächen der Isolatoren zu Isolationstörungen und den damit verbundenen Unzuträglichkeiten führen. Es wurde deshalb eine Apparatur nach Bild 9 entwickelt, die durch Druckluft- die für den Betrieb der größeren Freiluft-Druckgasschalter fast ausschließlich Verwendung findet — ein dauerndes Trockenhalten des Schalterinneren bewirkt. Im wesentlichen besteht der Trocknungsapparat aus einem normalen Druckreduktor *a*, der

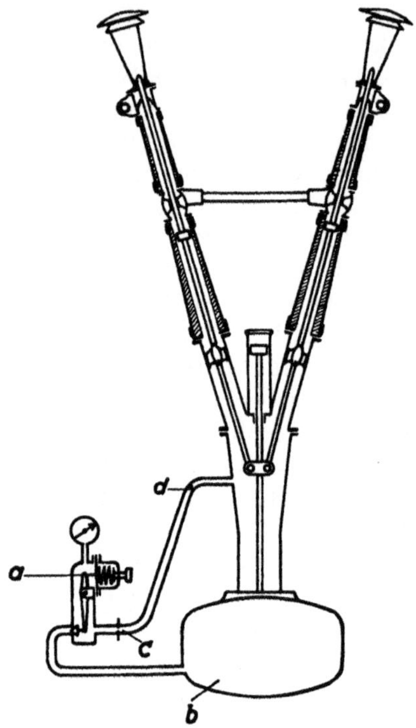

Bild 9. Trocknungsapparat.

einen Teil der Druckluft des Schalterbehälters *b* auf atmosphärischen Druck abspannt. Die entspannte Luft wird durch einen Staurand *c* dosiert und durch ein Rohr *d* dem Schalter und somit auch den Isolatoren zugeführt, die sie mit einer ganz geringen Geschwindigkeit durchspült. Die Luft im Kessel wird gewöhnlich mit 100 vH Feuchtigkeit gesättigt sein, da die voraufgegangene Luftverdichtung in der Regel unter Ausscheidung freien Wassers erfolgt. Der thermische Vorgang der Luftentspannung im Druckreduktor *a* ist als Drosselung anzusehen, ein Vorgang, bei dem — wenigstens bei vollkommenen Gasen — keine Temperaturänderung stattfindet. Das Volumen der entspannten Luft nimmt bei der Drosselung im Verhältnis der absoluten Drucke zu. Hatte die Druckluft vor der Drosselung bei voller Sättigung den Wasserdampfgehalt X_s, so wird der Dampfgehalt nach der Drosselung entsprechend der Vo-

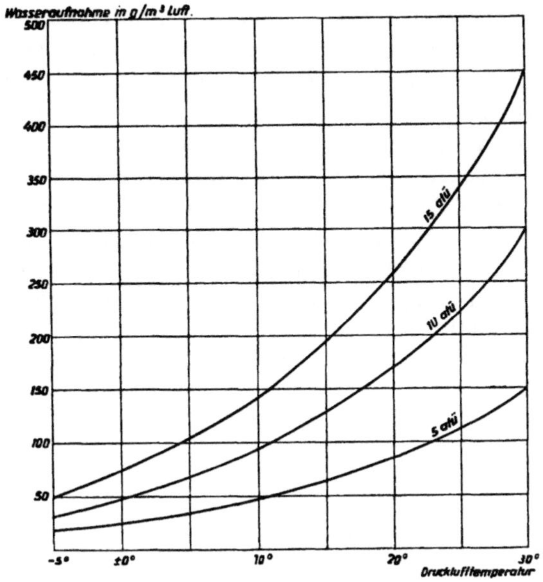

Bild 10. Wasseraufnahmefähigkeit gedrosselter Druckluft.

lumenzunahme auf den Wert X verringert. Der Wassergehalt der Spülluft beträgt somit

$$X = \frac{X_s \cdot p_B}{1{,}033}\,, \tag{14}$$

worin bedeuten

X_s den Dampfgehalt der gesättigten Druckluft vor der Drosselung und

p_B den Überdruck der Druckluft in at vor dem Drosselvorgang.

Aus Gl. (14) geht hervor, daß die Trocknung der entspannten Luft um so vollkommener wird, je höher der Druck der verwendeten Preßluft ist. Die größte Wasseraufnahme für 1 m³ entspannter Luft in Abhängigkeit von Preßluftdruck und -temperatur zeigt Bild 10. Man erkennt, daß bei den für Druckgasschalter gebräuchlichen Drucken eine außerordentlich wirksame Austrocknung des Schalterinnern schon bei geringem Druckluftaufwand erzielt wird, daß also ein dauerndes Trockenhalten der Druckgasschalter bei Aufstellung im Freien sichergestellt ist.

Mit der vorliegenden Arbeit konnten die thermodynamischen Vorgänge im Druckgasschalter keineswegs erschöpfend behandelt werden. Die Schaltvorgänge im Druckgasschalter enthalten infolge ihres nicht stationären Charakters und durch ihre periodische Beeinflussung durch den Schaltlichtbogen nach wie vor eine Fülle von Fragen, deren Lösung sicherlich nicht immer einfach sein wird. Die dazu erforderlichen Untersuchungen können besonders deshalb empfohlen werden, da sie nicht nur wissenschaftlichen, sondern vor allem auch wirtschaftlichen Wert haben. Das ist um so mehr zu erwarten, da wiederholt — wie auch in dieser Arbeit gezeigt werden konnte — an sich geringfügige Verbesserungen der Strömungsverhältnisse im Druckgasschalter infolge ihrer Auswirkung auf den Löschvorgang zu Erfolgen geführt haben, welche die Erwartungen zum Teil weit übertrafen.

Das Einschaltproblem des ferngesteuerten Hochleistungsschalters.

Von W. Herzog.

1. Einleitung.

Der Bau von Hochleistungschaltern zwingt den Hersteller, neben dem Abschaltproblem auch die durch den Einschaltvorgang gegebenen Forderungen zu berücksichtigen, die nur dann die ganze Tragweite des Abschaltproblems annehmen, wenn es sich um die Bewältigung sehr hoher Kurzschlußströme handelt.

Im Gegensatz zu anderen elektrischen Arbeitsmaschinen fehlen für die Ölschalter-Antriebsapparate noch gewisse rechnerische Unterlagen, was im Hinblick auf die vielen verschiedenen Schalterkonstruktionen und die mannigfaltigen Forderungen, die bezüglich der Art der Betätigung, der Stromart und der Anordnung der mechanischen Übertragungsteile gestellt werden, nicht zu verwundern ist. Nur zwei Forderungen gelten für alle Schalterantriebe gemeinsam: Sie müssen unbedingt zuverlässig und dürfen nicht teuer sein. Eine weitere Hauptforderung, die aber ausdrücklich in zweiter Linie erwähnt werden muß, ist die möglichst geringen Energieverbrauchs, d. h. der Antriebsapparat muß, wie jede Maschine, mit möglichst günstigem Wirkungsgrad arbeiten. Hauptsache bleibt jedoch immer der Schalter, dessen mechanisches und elektrisches Verhalten für die Bemessung des Antriebes in erster Linie maßgebend ist.

Unter Zugrundelegung dieser Tatsache soll in den folgenden Ausführungen versucht werden, die Größen abzuleiten, welche die Schaltbewegung am deutlichsten charakterisieren und die eine annähernd richtige Bemessung eines Einschaltapparates ermöglichen, und zwar soll zur Ermittlung der mechanischen Größen das graphische Verfahren angewandt werden, das bei Bewegungsuntersuchungen, die von praktischen Unterlagen ausgehen, gebräuchlich ist.

Mit Rücksicht auf die große Mannigfaltigkeit der Konstruktionen sei eine bestimmte Schalterform als Beispiel behandelt, und zwar eine, die der eingangs erwähnten Aufgabe: Schalten auf hohe Stoßströme, gewachsen sein soll. Dies sei ein dreipoliger Löschkammer-Hochleistungschalter für 6 kV Betriebspannung, 600 A Betriebstrom und 300 MVA Nennabschaltleistung.

Die mechanischen Hauptwerte[1]) des Schalters mögen sein:
Kontaktform: Tulpenkontakt mit sechsteiliger Tulpe,
Kontaktdruck je Tulpensegment: 5,5 kg,
Durchlauf in den Kontakten: 0,06 m,
Anzahl der Unterbrechungsstellen je Phase: $n = 2$.

Es bedeuten ferner:

$G = 20$ kg	=	**Gewicht der Traverse + Hälfte des Pleuelstangen-Gewichtes,**
$m = \frac{G}{g} = 2$ kg $m^{-1} s^2$	=	**Masse der Traverse + Hälfte der Pleuelstangen-Masse,**
$s = 0{,}180$ m	=	**Hub der Traverse (von Stellung „Ein“ aus gerechnet),**
t in s	=	**Zeit,**
v_a in ms^{-1}	=	**Ausschalt-Geschwindigkeit der Traverse.**

2. Ausschalt-Energiespeicher.

Den Hauptanteil der während der Einschaltung zu überwindenden statischen Gegenkräfte liefert der Ausschalt-Energiespeicher des Schalters, der dem beweglichen Schaltorgan auch ohne die Wirkung der elektrodynamischen Stromkräfte bzw. des Gasdruckes auf die Kontaktstifte eine genügende Geschwindigkeit im Augenblick der Kontakttrennung erteilen muß, um zu langes Bestehen des Ausschaltlichtbogens zu vermeiden.

Geeignete Werte der Traversengeschwindigkeit[2]) im Augenblick der Trennung des metallischen Kontaktes sind für verschiedene Kontaktformen durch die Erfahrung gegeben. Es sei — ohne die Einwirkung von Kurzschlußkräften — bei dem Schalter des vorliegenden Beispiels mit 1,5 ms^{-1} gerechnet. Um nun das Diagramm $v_a = f(t)$ bis zum Augenblick der Trennung des metallischen Kontaktes aufstellen zu können, muß noch die zulässige Zeit vom Beginn der Ausschaltbewegung bis zur Trennung des metallischen Kontaktes bekannt sein. Sie wird in neuerer Zeit, hauptsächlich um Fehlerquellen bei Staffelungen zu vermeiden, wieder kurz gehalten und beträgt in dem behandelten Beispiel 0,06 s. Für den Verlauf der Funktion $v_a = f(t)$ nach der Kontakttrennung gilt die Erwägung, daß ein sofortiger Abfall der Geschwindigkeit mit Rücksicht auf die Licht-

[1]) Die Zahlenangaben beziehen sich auf eine ältere Schalterform, die zurzeit nicht mehr hergestellt wird.

[2]) Für den elektrischen Unterbrechungsvorgang ist bekanntlich nicht die Traversengeschwindigkeit v_a, sondern die Trennungsgeschwindigkeit $n \cdot v_a$ maßgebend, wobei n die Anzahl der Unterbrechungsstellen je Phase bedeutet.

bogentrennung bei Betriebsleistung oder kleinen Kurzschlußleistungen nicht erwünscht ist. Zu einer Steigerung der Geschwindigkeit nach der Kontakttrennung liegt aber auch kein Anlaß vor, weil man ja mit dem Abfangen der kinetischen Energie am Ende der Ausschaltbewegung rechnen muß und weil außerdem ohnehin bei Kurzschlußschaltungen Geschwindigkeitsteigerungen zu erwarten sind. Die Geschwindigkeit konstant zu halten, ist also vom elektrischen und mechanischen Standpunkt aus das günstigste. Anderseits muß der Schalter in jeder Stellung soviel Kraftüberschuß in der Richtung „Aus" haben, daß er frei ausfallen kann[3]).

Die Kräfte, die der „Aus"-Bewegung nach Kontakttrennung entgegenwirken, sind folgende:

1. Reibung im Getriebe von der Traverse bis zur Freiauslösung,
2. Reibungen der Traversenführung,
3. Flüssigkeitswiderstand im Öl,
4. Auftrieb der Traverse.

Ein zu hoher oder unsicherer Wert der unter 1 angeführten Kraft ist bei zweckmäßigen Konstruktionen vermieden, so daß es nicht nötig ist, zu große Sicherheit zur Überwindung dieser Kräfte in den Ausschalt-Energiespeicher zu legen.

Die Arbeit zur Überwindung des Ölwiderstandes ist für das vorliegende Schaltermodell durch Versuch angenähert bestimmt worden und beträgt bei einer mittleren Geschwindigkeit von 2 ms^{-1} bei Öl von gewöhnlicher Viskosität etwa 8 kgm und bei einer mittleren Geschwindigkeit von 1 ms^{-1} etwa 2 kgm. Man kann also die Ölwiderstandsarbeit in einem gewissen Geschwindigkeitsbereich annähernd gleich setzen

$$A_F^{\text{kgm}} = \int c\, v_a^2\, d s\,,$$

wobei c eine von der Form der Traverse abhängige Konstante darstellt, die im vorliegenden Falle ungefähr den Wert 10 hat.

Der Auftrieb beträgt im Beispiel etwa 5 kg. Man rechnet also schon mit ziemlicher Sicherheit, wenn man annimmt, daß die Reibungswiderstände und der Auftrieb durch das Traversengewicht ausgeglichen werden.

Am Ende der Ausschaltbewegung muß die Energie der Traverse durch eine Pufferung vernichtet werden. Für das Beispiel sei angenommen, daß die Energie der Traverse innerhalb eines

---

[3]) Vgl. REH 1929, § 44. Bei Freiluftausführung muß überdies die durch große Temperaturschwankungen veränderliche Viskosität des Öles berücksichtigt werden.

Weges von 10 mm und einer Zeit von 0,01 s durch eine beim Einschaltvorgang nicht mitwirkende Ölpufferung in etwa gleichmäßig verzögerter Bewegung aufgezehrt werde.

Nun ist man imstande, die Bewegungsdiagramme für den Ausschaltvorgang aufzustellen (Bild 1). Ausgegangen wird von der Kurve der Traversengeschwindigkeit $v_a = f(t)$, von der bereits ein Punkt gegeben ist, nämlich

$$v_a = 1\ \mathrm{ms}^{-1} \text{ bis } t = 0{,}06\ \mathrm{s},$$

und die Bedingung, daß sie bis zur Pufferung konstant sein soll. Ebenso läßt sich $v_a = f(t)$ für den Bremsvorgang darstellen. Über den Verlauf von $v_a = f(t)$ vor der Kontakttrennung läßt sich weiter nichts aussagen, als daß ihre Integralkurve $s = f(t)$ durch den Punkt $t = 0{,}06$ s, $s = 0{,}06$ m gehen muß. Es muß also das Normalflächenstück

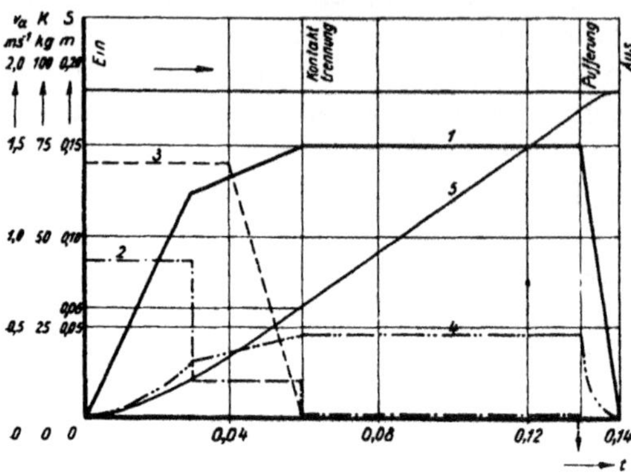

Bild 1. Diagramme der Ausschaltbewegung.

$$\int_{t=0}^{0{,}06\,s} v\,dt \text{ gleich dem Werte } s_{(t\,=\,0{,}06\,s)}$$

gemacht werden, was mit guter Annäherung an die Wirklichkeit durch Aneinanderreihen zweier gleichförmig beschleunigter Bewegungen erfolgt. Da nun der Verlauf der Geschwindigkeit fertig vorliegt, kann die Kurve $s = f(t)$ als Integralkurve von v_a eingetragen (Kurve 1) und somit die Dauer der Traversenbewegung — im Beispiel 0,144 s — ermittelt werden. Nun können ferner die auf die Traverse wirksamen Kräfte eingetragen werden. Sie seien noch einmal kurz zusammengestellt:

1. Traversengewicht $G = 20$ kg $=$ konstant.

   Reibungskraft + Auftrieb.

   Diese beiden Kräfte werden als etwa gleich groß angenommen und heben sich auf.
2. Beschleunigungskraft $m \dfrac{d v_a}{dt} = f(t)$ (Kurve 2).
3. Kontaktreibungskraft $K_k = 3 \cdot n \cdot z \cdot \mu \cdot P$ (Kurve 3).
4. Flüssigkeitswiderstand $K_F = c v_a^2 = f(t)$ (Kurve 4).

Hierbei ist:

n = Anzahl der Unterbrechungstellen,
z = Anzahl der Kontaktlamellen des Tulpenkontaktes,
μ = mittlerer Reibungskoeffizient,
P = Kontaktdruck eines Tulpensegmentes.

Für $n = 2$, $z = 6$, $P = 5$ kg, $\mu = 0{,}4$[4]) ergibt sich:

$$K_k = 72 \text{ kg}.$$

Zum Verlauf der Kontaktreibungskraft sei bemerkt, daß der in Bild 1 eingetragene Wert einen etwas ungünstig angenommenen Mittelwert darstellt, da sich der Reibungskoeffizient bei Bewegung bekanntlich vermindert. Die Reibungskraft vermindert sich ferner mit abnehmender Überlappung der Kontakte. Diesem Umstand ist im Diagramm dadurch Rechnung getragen, daß die Reibungskraft im letzten Drittel des Weges in den Kontakten linear abnehmend dargestellt ist.

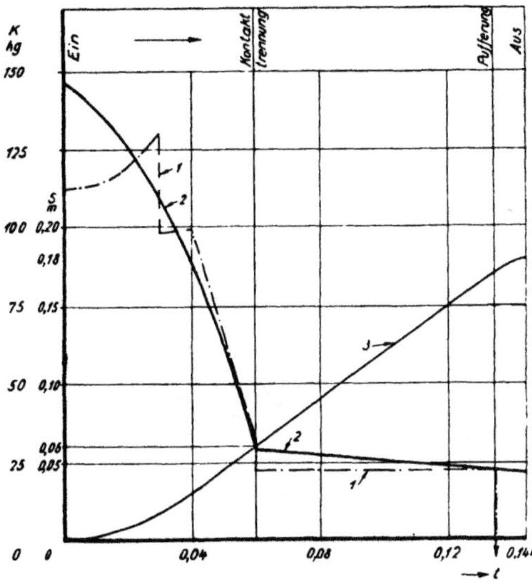

1 = Theoretische Charakteristik,
2 = Praktische Charakteristik,
3 = s = f (t).

Bild 2. Charakteristik des Ausschalt-Energiespeichers.

In Kurve *1* des Bildes 2 ist die resultierende Kraft in Richtung der Ausschaltbewegung der Traverse dargestellt. Sie wird durch Summierung der Kräfte in Bild 1 erhalten. Man kann sie als die theoretische Charakteristik des Ausschalt-Energiespeichers bezeichnen. In der Praxis wird es sich naturgemäß nicht lohnen, einen Energiespeicher mit so verwickelter Charakteristik zu verwenden, sondern man wird die Charakteristik der Ausschaltfedern möglichst der theoretischen Charakteristik anpassen. Im Beispiel wird man die Federcharakteristik etwa in der in Kurve *2* des Bildes 2 dargestellten Form wählen können, ohne an den vorausgesetzten Bewegungsverhältnissen viel zu ändern.

---

[4]) Der Wert $\mu = 0{,}4$ gilt für Reibung der Ruhe in kaltem Öl bei unangegriffenen Kontakten.

3. Einschaltung ohne Berücksichtigung von hohen Kurzschlußströmen.

Nun werde ein ähnliches Diagramm, wie es für den Ausschaltvorgang entworfen wurde, für den Einschaltvorgang aufgestellt mit dem Ziel, die Kraft zu bestimmen, die in jeder Traversenstellung von der Einschaltvorrichtung zur Verfügung gestellt werden muß, um den Vorgang allen Anforderungen entsprechend ablaufen zu lassen (Bild 3).

Im Interesse einer klaren Darstellung soll zunächst angenommen werden, daß der Schalter des Beispiels keine Stoßströme von nennenswerter Höhe zu bewältigen habe. Es sei jedoch jetzt schon eine Geschwindigkeit von 2 ms^{-1} im Augenblick der Kontaktberührung zugrunde gelegt, ein verhältnismäßig hoher Wert, der aber — wie versuchsweise festgestellt — bei Magnetbetätigung zur Bewältigung mittlerer Kurzschlußströme gerade ausgereicht hat. Es soll ferner, da es ja beim Einschalten mit genügend hoher Geschwindigkeit nicht mehr auf das Einhalten von Eigenzeiten, sondern auf Arbeitsbeträge ankommt, nicht die Zeit, sondern der Schalterhub als Abszisse angenommen werden[5]).

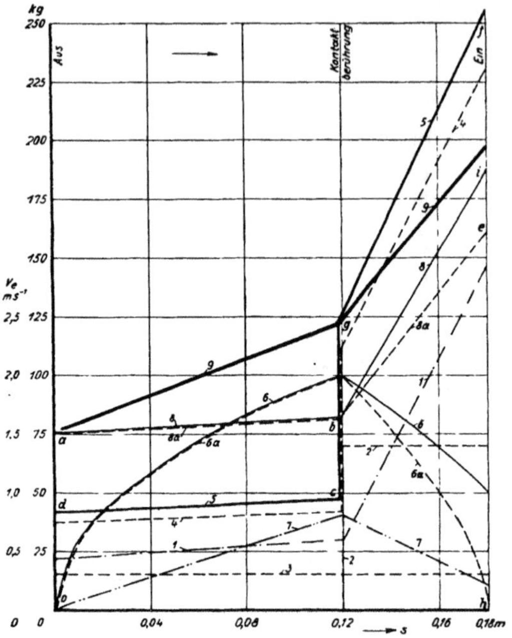

1 = Aufladung des Ausschalt-Energiespeichers. (Aus Bild 2 übertragen),
2 = Kontaktreibung,
3 = Eigengewicht der Traverse, vermindert um den Auftrieb,
4 = Statische Gegenkraft des Schalters ohne Berücksichtigung der Traversenreibung. (Summe der Kurven 1, 2, 3),
5 = Statische Gegenkraft des Schalters mit Berücksichtigung der Reibung,
6 und 6 a = Einschaltgeschwindigkeit,
7 = Ölwiderstand,
8 und 8 a = Dynamische Gegenkraft ohne Berücksichtigung des Ölwiderstandes,
9 = Dynamische Gegenkraft mit Berücksichtigung des Ölwiderstandes.

Bild 3. Diagramme der Einschaltbewegung ohne Stoßstromwirkung.

Der Aufbau der einzelnen Diagramme des Bildes 3 soll nun erläutert werden:

[5]) Die Zeit-Wegkurve läßt sich, sobald $v = f(s)$ ermittelt ist, nach dem Impulssatz $Pdt = m(v_2 - v_1)$ leicht graphisch ermitteln.

Zunächst werden die vom Antrieb zu überwindenden statischen Gegenkräfte (Kurven *1* bis *3*) eingezeichnet und die resultierende statische Gegenkraftkurve *5* durch Summation und Zuschlag der Reibungskraft gebildet. Kurve *1* wird aus Kurve 2 des Bildes 1 entnommen und mit Hilfe der Zeit-Weglinie des Bildes 2 mit dem Hub als Abszisse übertragen. Kurve *2* des Bildes 3 entsteht nach Hinzufügung der Federungsarbeit der Tulpenkontakte aus der entsprechenden Kurve des Bildes 1. Kurve *3* entsteht aus der Überlegung, daß der Auftrieb, nun im Sinne der Bewegung wirkend, das Gewicht der Traverse vermindert. Außerdem wird die Reibungskraft nicht mehr als konstant angenommen, da ja jetzt auf die Führungen von der Schalterwelle aus seitliche Kraftkomponenten ausgeübt werden, sondern sie wird erfahrungsgemäß mit 10 vH der ganzen statischen Gegenkraft eingeschätzt und zu dieser zugeschlagen. Die Kräftekurven *1*, *2* und *3* werden summiert und ergeben mit dem Reibungszuschlag von 10 vH zu ihrer Summenkurve *4* die resultierende statische Gegenkraftkurve *5*. Auf die Schalterwelle umgeformt, ergibt diese Kraft das statische Drehmoment des Schalters, das lange Zeit hindurch als einzige — allerdings unzulängliche — Bemessungsgrundlage für die Einschaltapparate diente.

Nun kann der dynamische Teil des Vorganges behandelt werden. Die Angabe der Schaltgeschwindigkeit

$$v_{ek} = 2 \text{ ms}^{-1}$$

im Augenblick der Kontaktberührung ergibt den notwendigen Wert der Beschleunigungsarbeit P_b bis zur Kontaktberührung zu

$$\int_{s=0}^{0{,}12\text{ m}} P_b\, ds = \frac{m\, v_{ek}^2}{2}.$$

Da in vorliegendem Falle

$$m = 2 \text{ kg m}^{-1} s^2,$$

so ist für das Beispiel: $$\int_{s=0}^{0{,}12\text{ m}} P_b\, ds = 4 \text{ kgm}.$$

Über den Verlauf der Beschleunigungskraft $P_b = f(s)$ entscheiden wieder nur praktische Gesichtspunkte. Es wäre nicht günstig, P_b mit einem zu großen Wert einsetzen zu lassen, weil dadurch überflüssige Beanspruchungen auf Traverse und Übertragungsteile entstehen würden. Anderseits wird man den Anfangswert $P_b\ (s = o)$ nicht zu niedrig halten, um stets genug Kraftreserve zur Überwindung der manchmal veränderlichen Reibung der Ruhe übrig zu behalten. Man wird daher am besten den Mittelweg gehen und die Beschleunigungskraft als konstant über den Weg von Stellung „Aus" bis Kontaktberührung annehmen. Im Diagramm erscheint also die Beschleunigungsarbeit als Fläche des rechteckigen Linienzuges $a - b - c - d - a$ und die Beschleunigungskraft P_b als dessen Höhe von der Größe

$$P_b = \frac{4}{0{,}12} \frac{\text{kgm}}{\text{m}} = 34 \text{ kg}.$$

Aus der Fläche der Beschleunigungsarbeit

$$\int\limits_{s=0}^{0{,}12\text{ m}} P_b\, ds$$

läßt sich der Verlauf der Einschaltgeschwindigkeit nach der Beziehung

$$v_e = \sqrt{\frac{2 \int P_b\, ds}{m}}$$

feststellen, wobei aber bemerkt sei, daß es sich zunächst um den Schaltvorgang in Luft handelt; denn die Widerstandsarbeit ist noch nicht berücksichtigt. Die Fläche $a - b - c - d - a$ ist also ein Arbeitsbetrag, der auf der der Kontaktberührung folgenden Bremsstrecke ganz oder teilweise vernichtet wird, je nachdem, ob die Traverse in der Stellung „Ein" ohne oder mit Restgeschwindigkeit ankommt.

Es sei zunächst der für die Konstruktionsteile des Schalters ideale Fall angenommen und die Geschwindigkeit am Ende des Einschaltvorganges gleich Null gesetzt, was freilich praktisch unmöglich ist. In diesem Falle wird die Beschleunigungsarbeit (Fläche $a - b - c - d - a$) vollständig aufgezehrt und deckt die Fläche $b - e - f - g - b$ des Arbeitsverbrauches der statischen Widerstände. Die untere Begrenzung dieser Überdeckungsfläche soll der Einfachheit wegen geradlinig angenommen werden. Dadurch ist der Verlauf des Linienzuges $a - b - e$ gegeben, der die theoretisch erforderliche Antriebskraft für die Schaltung in Luft mit einer Kontaktberührungs-Geschwindigkeit

$$v_{ek} = 2 \text{ ms}^{-1}$$

darstellt. Der zugehörige Geschwindigkeitsverlauf ist als Kurve *6a* eingezeichnet.

Die Kurve $a - b - e$ hat, wie gesagt, keine unmittelbare praktische Bedeutung. Das von ihr eingeschlossene Normalflächenstück $o - a - b - e - h - o$ hat aber die gleiche Größe wie das der statischen Gegenkräfte $o - h - f - g - c - d - o$. Die entsprechende Arbeitsgröße bezeichnet man auch als „Minimal-Einschaltarbeit des Ölschalters[6]). Diese Größe hat sich als rohe Bemessungsunterlage für Einschaltapparate bewährt und ist an Stelle der oft stark irreführenden Angabe des Spitzenwertes des statischen Drehmomentes getreten. Sie ist die einzige Arbeitsgröße, die am fertigen Schalter fabrikationsmäßig mit einfachsten Mitteln gemessen werden kann.

Für praktische Zwecke wird immer eine Energiereserve nach Kontaktberührung vorgesehen werden müssen, auch wenn der Schalter keine Stoßströme zu bewältigen hat. Aus diesem Grunde soll eine kinetische Energiereserve von 1 kgm[7]) angenommen und die entsprechende Fläche $b-i-e-b$ zur Mindesteinschaltarbeit $o-a-b-e-h-o$ als Dreieck hinzugefügt werden. Der Linienzug $a-b-i$ (Kurve 8) ergibt nun die Kraft, die der Einschaltapparat aufzubringen hat, um den Schalter mit einer Geschwindigkeit von 2 ms^{-1} bei Kontaktberührung und einer Energiereserve von 1 kgm in Stellung „Ein" in Luft einzulegen. Der Geschwindigkeitsverlauf ergibt sich graphisch wieder zu

$$v_e = \sqrt{\frac{2\int P\,ds.}{m}}$$

wobei naturgemäß die Flächenstreifen der Fläche $b-i-f-g-b$ negativ einzusetzen sind. Nun, da die Funktion $v_e = f(s)$ als Kurve gegeben ist, läßt sich wieder der Flüssigkeitswiderstand

$$K_F = c v_e^2, \text{ wobei } c = 10^{8}),$$

aufstellen (Kurve 7).

Addiert man die Ordinaten der Kurve 7 zu denen der Kurve 8, so erhält man die Kraft, die der Einschaltapparat in jeder Stellung der Traverse aufzubringen hat, um den Schalter in Öl unter den oben erwähnten Bedingungen einzuschalten (Kurve 9). Auf die Schalterwelle kinematisch bezogen, wobei noch die Lagerreibungskräfte zu berücksichtigen sind, ergibt diese durch Kurve 9 dargestellte Kraft das „dynamische Drehmoment", oder richtiger

---

[6]) Die „Minimal-Einschaltarbeit" ist bei Schaltung in Luft von der Geschwindigkeit in gewissen Grenzen unabhängig. Sie kann also praktisch dem Wert gleichgesetzt werden, der bei sehr geringer Geschwindigkeit bei Schaltung im Öl gemessen wird.

[7]) Diese Energiereserve wird bei jeder Schaltung in Deformationsarbeit der Konstruktionsteile des Schalters umgesetzt, darf also nicht zu groß angenommen werden.

[8]) Die Konstante c des Flüssigkeitswiderstandes ist bei zweckmäßig konstruierten Traversen für beide Schaltrichtungen gleich und soll überhaupt möglichst klein sein.

das tatsächliche, während der Schaltbewegung vom Antrieb auf den Schalter zu übertragende Moment. Das Normalflächenstück, das vom „dynamischen Drehmoment" und der im Bogenmaß des Schaltwinkels geteilten Abszissenachse eingeschlossen wird, ergibt die „dynamische Einschaltarbeit", d. h. die dem Antrieb tatsächlich zu entnehmende mechanische Arbeit.

Brächte man einen masselosen Energiespeicher (z. B. ein Federsystem) an, der eine Zugkraft mit dem genauen Verlauf der Kurve 9 auf die Schaltertraverse ausübte, so würde diese die geforderte Bewegung ausführen. Man erkennt aber, daß es besonderer konstruktiver Maßnahmen bedarf, dem Schalter des Beispiels einen geeigneten Federkraftspeicher anzupassen. Die fallende Charakteristik der Feder muß auf jeden Fall durch kinematische Umformung in eine steigende der Zugkraft an der Traverse umgeformt werden[9]). Erschwert wird diese Aufgabe allerdings durch die Forderung, daß am Hubende die größte Kraft aufgebracht werden soll.

Beachtet man nun die Vorteile, die der Federkraftspeicher in betriebstechnischer Hinsicht bietet, wie geringe Betätigungsenergie, Möglichkeit mechanisch richtiger Schaltung bei Versagen der Betätigungsenergiequelle, einfacher kräftiger Aufbau usw., so läßt sich sagen, daß der Federkraftspeicher überall dort das gegebene Antriebmittel ist, wo in der Nähe der Schalterstellung „Ein" keine extrem hohen zusätzlichen Gegenkräfte zu erwarten sind.

4. Einschaltung mit Berücksichtigung von hohen Kurzschlußströmen.

Die Frage nach den durch den Kurzschluß hervorgerufenen Gegenkräften ist in der Literatur bereits mehrfach behandelt[10]) und es lassen sich die durch die Stromschleife zwischen Durchführungen und Traverse erzeugten elektrodynamischen Kräfte mit ziemlicher Genauigkeit rechnerisch ermitteln. Auch die Erhöhung des Kontaktdruckes durch die zwischen den parallelen Strombahnen der beweglichen Kontaktteile wirkenden Kräfte läßt sich berechnen. Noch nicht ganz geklärt sind jedoch die elektrodynamischen Kräfte, die durch die Punkt-Berührung der Kontakte verursacht werden und die Kontakte abzuschleudern trachten[11]). Die Kräfte, die durch Gas-

[9]) Vgl. DRP 440 694.

[10]) Z. B. J. Biermanns „Überströme in Hochspannungsanlagen", 2. Auflage, Verlag Springer, Berlin 1926, Kapitel 55.

[11]) Bei einem einfachen Klotzkontakt beträgt die abstoßende Kraft bei 50 000 A etwa 30 kg, wie im Hochspannungslaboratorium der AEG rechnerisch und experimentell nachgewiesen wurde.

entwicklung entstehen, lassen sich im allgemeinen wohl rechnerisch erfassen[12]), jedoch hängt beim Einschalten die entwickelte Gasmenge selbst von Umständen ab, die sich der Rechnung entziehen.

Man wird also nicht fehlgehen, wenn man verlangt, daß bei Löschkammerkontakten mit großem Durchlauf die kinetische Energie des bewegten Systems zumindest diese ersten Energiestöße überwinden und eine genügende Kontaktüberdeckung schaffen soll, während der Einschaltapparat imstande sein muß, unterstützt durch den Rest der kinetischen Energie, die Traverse in die Endstellung zu bringen, wobei nur noch jene Zusatzkräfte mit zu überwinden sind, die durch den nunmehr auf seinen Wechselstromwert abgeklungenen Kurzschlußstrom erzeugt werden[13]).

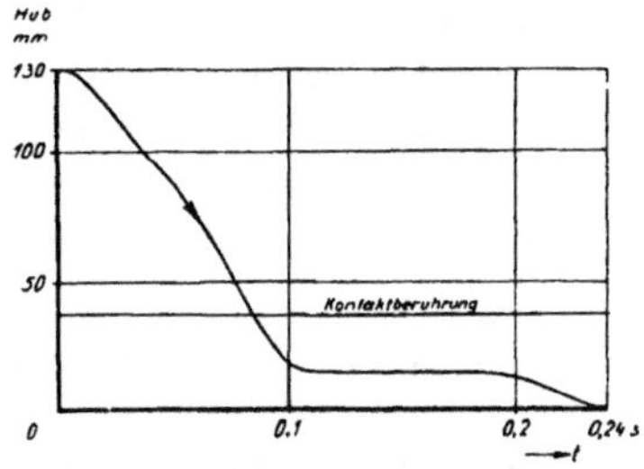

Bild 4. Zeit-Wegkurve des Einschaltmagneten bei Schaltung auf Kurzschluß, 8 kV, 75 kA.

Man sieht also, daß man zufolge dieser neuer Bedingung, die man für den Einschaltapparat bezüglich des Schaltens auf Kurzschluß hoher Leistung verlangen muß, die Betrachtungsweise der Energieverhältnisse gemäß dem Diagramm des Bildes 3 nicht ohne weiteres auf Kurzschluß - Einschaltvorgänge ausdehnen darf.

Für das Beispiel möge also eine Nennabschaltleistung von 300 MVA und zwar in der Nähe eines großen Generators angenommen werden. Der Verlauf des Stromes in seinen ersten Schwingungen ist, wenn der Kurzschluß im ungünstigsten Augenblick eingeschaltet wird, gegeben durch die Gleichung

$$i = \sqrt{2}\, J_{eff}\, (e^{-at} - \cos \omega t)$$[14]).

Nimmt man die Dämpfungskonstante des Statorfeldes im Generator zu $a = 35$ an, so ergibt sich für die Amplitude des größten Stromstoßes, der sich innerhalb einer Zeit von 0,01 s nach der ersten Berührung des Kontaktes einstellt,

$$i_{max} = 2{,}7\, J_{eff}.$$

Die Forderung, daß der Bremsimpuls des ersten Stoßes von der Masse der Traverse überwunden werden soll, hat sich aus den Versuchen im Hochleistungsprüffeld der AEG ergeben. Bild 4 zeigt ein Bewegungsdiagramm eines Hochleistungschalters, das bei einem

---

[12]) Vgl. O. Mayr, „Der Ölkolben usw.", S. 301 dieses Buches.

[13]) Für andere Kontaktformen müßte diese Bedingung naturgemäß entsprechend formuliert werden.

[14]) s. Biermanns, a. a. O., S. 368.

Einschaltstoßstrom von $i_{max} = 75$ kA, bei einer Schaltgeschwindigkeit von 2 ms^{-1} im Augenblick der Kontaktberührung aufgenommen ist, wobei der für diese Schalterform gebräuchliche Einschaltmagnet verwendet wurde. Man sieht, daß der Magnet nach einem Wege, der ungefähr 30 mm Weg in den Kontakten[15]) entspricht, zum Stillstand kommt und dann den Schalter statisch in die Stellung „Ein" zieht. Dieses Verhalten des Einschaltapparates ist naturgemäß in hohem Maße abhängig von der Art und Form der Kontakte, und muß von Fall zu Fall für jede Kontaktform durch mehrere Versuchsreihen festgestellt werden. In der ersten Periode des Einschaltvorganges wirken sich, wie bereits erwähnt, Energien aus, die rechnerisch kaum zu erfassen sind. Dafür werde das Versuchsergebnis eingesetzt und untersucht, wie groß der Anteil der rechnerisch ermittelbaren Kräfte ist, die an dieser ersten Abbremsung mitwirken.

Es sei also der Brems-Impuls berechnet, der von den Stromschleifenkräften bei ungünstigstem Schaltmoment in der ersten Welle des Kurzschlußstromes auf einen Pol der Traverse ausgeübt wird.

Nach dem Impulssatz gilt

$$\int_{t=t_1}^{t_2} P\,dt = m\,(v_2 - v_1)\,,$$

wobei P die Gegenkraft der Stromschleife, m die Masse der Traverse, v_1 die Traversengeschwindigkeit im Augenblick der Kontaktberührung und v_2 die Traversen-Geschwindigkeit nach 0,02 s bedeutet, die unter dem Einfluß der Bremskraft P zustande kommen würde.

Für P ergibt sich aus der nach Biermanns korrigierten Drudeschen Gleichung:

$$P = 1{,}6\, i^2 \left[ln \left(\frac{d}{r}\right) + 0{,}25 \right] \cdot 10^{-8} = k\, i^2\,,$$

worin i den Momentanwert des Stromes und $\frac{d}{r}$ das Verhältnis zwischen Abstand und Halbmesser der Durchführungsbolzen eines Schalterpoles bedeuten.

Für das Beispiel gilt $\frac{d}{r} = 18$, somit $k = 5{,}1 \cdot 10^{-8}$.

Die Werte in den Impulssatz eingesetzt, ergeben für die Ab-

[15]) Die halbe Kontaktüberdeckung genügt meist, um übermäßige thermische Beanspruchung der Kontakte zu vermeiden. Vgl. REH 29, § 50.

nahme der Bewegungsgröße bis zum ersten Nulldurchgang des im ungünstigsten Augenblick eingeschalteten Kurzschlußstromes

$$m(v_1 - v_2) = k \int_{t=0}^{0{,}02\,s} i^2\,dt = k\,i^2 \int_{t=0}^{0{,}02\,s} \left[e^{-at} - \cos\omega t\right]^2 dt$$

$$= 2\,k J_{eff}^2 \left[\int_{t=0}^{0{,}02\,s} \cos^2\omega t\,dt + \int_{t=0}^{0{,}02\,s} e^{-2at}\,dt - 2\int_{t=0}^{0{,}02\,s} e^{-at}\cos\omega t\,dt\right].$$

Die Auswertung des Klammerausdruckes ergibt:

$$\int_{t=2}^{0{,}02\,s} \cos^2\omega t\,dt = \frac{1}{\omega}\left(\frac{1}{4}\sin 2\,\omega t + \frac{1}{2}\omega t\right)\Bigg|_{t=0}^{0{,}02\,s} = w\,,$$

$$\int_{t=2}^{0{,}02\,s} e^{-2at}\,dt = -\frac{1}{2a}e^{-2at}\Bigg|_{t=0}^{0{,}02\,s} = g\,,$$

$$2\int_{t=0}^{0{,}02\,s} e^{-at}\cos\omega t\,dt = \frac{2a\omega}{a^2+\omega^2}e^{-at}\left(\frac{1}{a}\sin\omega t - \frac{1}{\omega}\cos\omega t\right)\Bigg|_{t=0}^{0{,}02\,s} = h\,.$$

Man sieht, die Abnahme der Bewegungsgröße durch den Bremsimpuls der Stromschleifenkraft setzt sich aus drei Anteilen zusammen, von denen der erste w den Beitrag des Wechselstromgliedes und der zweite g den Beitrag des Gleichstromgliedes darstellen. Da im Beispiel $a = 35$, $\omega = 314$ ist, also $\omega \gg a$ ist, sei der dritte Anteil h, in dem beide Einflüsse vertreten sind, durch Vernachlässigung des cos-Gliedes vereinfacht und geschrieben:

$$h \approx 2\,\frac{\omega}{a^2+\omega^2}\,e^{-at}\sin\omega t\,\Bigg|_{t=0}^{0{,}02\,s},$$

woraus schon zu ersehen ist, daß dieser Anteil bei der Integration über eine ganze Welle praktisch verschwindet.

Die zahlenmäßige Auswertung ergibt:

$$w = 0{,}0100\ \mathrm{s},$$
$$g = 0{,}0108\ \mathrm{s},$$
$$h \approx 0.$$

Man erhält endlich — für das Beispiel

$$i = J_{eff}\sqrt{2} = \frac{300000}{6\cdot\sqrt{3}}\cdot\sqrt{2} = 40500 \text{ A}$$

eingesetzt —

$$m\,(v_1 - v_2) \approx 83\,[w + g] = 1{,}73 \text{ kgs.}$$

Es wurden allerdings die ungünstigsten Bedingungen betrachtet, denen ein derartiger Schalter ausgesetzt werden kann, und zwar: Ungünstigster Schaltaugenblick bei niedriger Betriebspannung. In diesem Falle also erfährt die ganze Schaltertraverse durch die Wirkung der Stromschleife eine Abbremsung von 83 $(1{,}5\,g + 3\,w)$ $= 3{,}75$ kgs an allen drei Polen, wenn man die gegenseitige Beeinflussung der Stromschleifen untereinander vernachlässigt. Denkt man sich die Traverse ideal geführt, so kann man setzen

$$v_1 - v_2 = \frac{83\,(1{,}5\,g + 3\,w)}{m};$$

im Beispiel ist $m = 2$ kgm^{-1}s^2, also

$$v_1 - v_2 = 1{,}88 \text{ ms}^{-1}$$ [16]).

Nimmt man jetzt die Verhältnisse noch etwas ungünstiger an, d. h. keine ideale Führung, sondern eine solche mit etwas Spiel und nimmt man ferner an, daß der stärkste Gleichstromstoß einen seitlichen Pol treffe, so muß man zugeben, daß in diesem ungünstigsten Fall eine völlige Abbremsung innerhalb der ersten Welle des Stoßstromes nicht unmöglich ist, wenn man noch die Wirkung unberechenbarer Kräfte, wie z. B. die des Gasdruckes hinzunimmt.

Zur Erhöhung der Sicherheit wird man also, wenn so ungünstige Fälle im Bereich der Möglichkeit liegen, die Geschwindigkeit im Augenblick der Kontaktberührung auf 2,5 ms^{-1} heraufsetzen müssen und als Bemessungsgrundlage für den Einschaltapparat folgende Bedingung aufstellen:

Der Apparat muß bis zur Kontaktberührung eine dynamische Einschaltkraft zur Verfügung stellen, die eine Geschwindigkeit der Traverse von 2,5 ms^{-1} im Augenblick der Kontaktberührung zur Folge hat. Ferner muß er imstande sein, den Schalter nach Kontaktberührung gegen die elektrodynamischen Kräfte des Wechselstromwertes eines Kurzschlußstromes, wie er der Nennabschaltleistung

[16]) Die tatsächliche Geschwindigkeitsverminderung ist gemäß Diagramm Bild 3 noch etwas größer, und zwar um den Betrag, der sich durch die bereits erörterten mechanischen Bremskräfte ergibt. Der Bremsimpuls der Kontaktklemmung wird vernachlässigt, da diese durch das mechanische und elektrodynamische Abschleudern der Kontakte als aufgehoben zu betrachten ist.

entspricht, statisch einziehen zu können. In dieser Bedingung ist folgende Sicherheit für die Überwindung des ersten Stoßes enthalten: Nach der oben durchgeführten Rechnung wird die Traverse durch den Impuls der Stromschleifenkraft auch nach der ersten Welle nicht ganz abgebremst. Man rechnet aber nicht mit der während der ersten Bremsperiode vorhandenen bzw. danach übrigbleibenden Energie, sondern schreibt dem Einschaltapparat sofort nach Kontaktberührung die volle zur statischen Bewältigung der elektrodynamischen Gegenkräfte des Wechselstromwertes notwendige Zugkraft vor.

Die Stromschleifenkraft des Wechselstromgliedes beträgt im vorliegenden Falle ohne Berücksichtigung der gegenseitigen Beeinflussung der Traversenpole

$$P = 3\,k \cdot J_{eff}^2 = 138\ \text{kg}.$$

Außerdem ist jetzt noch die Erhöhung des Kontaktdruckes durch den elektrodynamischen Druck an den Kontaktsegmenten zu berücksichtigen. Für Flachfingerkontakte ist die Rechnung der Kontaktdruckerhöhung durchgeführt[17]). Für den Tulpenkontakt des Beispieles ergibt sich nach einer einfachen Näherungsrechnung, bei der die Tulpensegmente als parallele Leiter aufgefaßt werden,

$$N = \frac{1}{2} \cdot 1{,}02 \cdot 10^{-8}\, \frac{l}{r}\, \frac{n_1 - 1}{n_1^2} \cdot i^2;$$

hierin ist

N die Kontaktdruckerhöhung je Tulpensegment,
l die vom Stift noch unberührte Länge der Tulpensegmente,
r der Halbmesser des Kontaktstiftes,
n_1 die Anzahl der Tulpensegmente.

Da $n_1 = 6$, $r = 1{,}1$ cm, $l = 4{,}5$ cm[18]),
wird $N = 2{,}6$ kg;

die ganze, von der Erhöhung des Kontaktdruckes herrührende Gegenkraft auf die Traverse beträgt also

$$P = 3 \cdot n \cdot n_1 \cdot \mu \cdot N = 37{,}5\ \text{kg}.$$

Nun kann das Diagramm der notwendigen Einschaltkraft für die Schaltung auf Kurzschluß (Bild 5) entworfen werden. Die statische Gegenkraft ist aus dem Diagramm Bild 3 Kurve 5 zu entnehmen. Die Beschleunigungskraft P_b bis zur Kontaktberührung ergibt sich aus der Bedingung, daß zur sicheren Überwindung des

[17]) s. Biermanns, a. a. O., S. 371.
[18]) Also ungünstig, nämlich unmittelbar nach Kontaktberührung gerechnet.

Bremsimpulses die Einschaltgeschwindigkeit auf $v_{ek} = 2{,}5\ \mathrm{ms}^{-1}$ erhöht werden mußte, somit aus

$$\frac{m\, v_{ek}^2}{2} = \int\limits_{s=0}^{0{,}12\,\mathrm{m}} P_b\, ds \text{ zu } P_b = 52\ \mathrm{kg}.$$

Ferner ergibt sich der Ölwiderstand zu

$$c\, v_e^2 = f\,(s).$$

Hiermit sind die Kräfte bis zur Kontaktberührung gegeben. Der Verlauf dieser Kräfte berücksichtigt aber nach früheren Ausführungen auch schon den Bremsimpuls des Stromstoßes, so daß gemäß den früher erklärten Annahmen die statisch zu überwindenden Kurzschlußkräfte zu den statischen Kräften des Schalters nach der Kontaktberührung hinzugefügt werden können, und das fertige Diagramm nunmehr vorliegt.

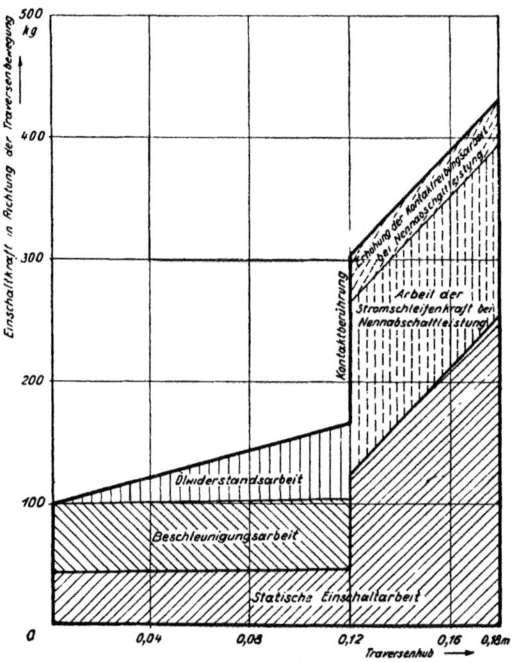

Bild 5. Diagramm der notwendigen Einschaltkraft bei Schaltung auf Kurzschluß.

Es sei nochmals kurz der Leitgedanke wiederholt, der zur Aufstellung des Diagrammes Bild 5 geführt hat: Die Schaltung auf einen der Nenn-Abschaltleistung des Schalters entsprechenden Stoßstrom bei niedrigster Nennspannung und im ungünstigsten Schaltmoment erfordert einen Energiebetrag, dessen Aufspeicherung in einer normalen Schaltertraverse von einem Gewicht von 20 kg bei einer Geschwindigkeit von 2,5 ms^{-1} nicht mehr mit genügender Sicherheit möglich ist. Eine weitere Geschwindigkeitserhöhung ist aber nach praktischer Erfahrung mit Rücksicht auf die mechanische Festigkeit der beweglichen Teile des

Schalters nicht mehr zu empfehlen. Man muß also eine Abbremsung der beweglichen Massen durch den ersten Stoß zulassen, aber gleichzeitig die Bedingung stellen, daß der Einschaltapparat die vom Wechselstromwert des Kurzschlußstromes erzeugten Gegenkräfte im weiteren statisch überwinden kann.

5. Bemessung des Gleichstrom-Einschaltmagneten.

Ein nach den bisher entwickelten Gesichtspunkten richtig ausgelegter Einschaltmagnet arbeitet also, gekuppelt mit einem Schalter gemäß dem Beispiel, der keine nennenswerten Stoßströme zu bewältigen hat, nach Kurve 9 des Diagramms Bild 3, während er an einer Stelle, an der die ungünstigsten Stoßstromwirkungen zu erwarten sind, der Charakteristik des Diagramms Bild 5 folgen müßte, das sich, wie gezeigt, aus dem erstgenannten entwickeln läßt.

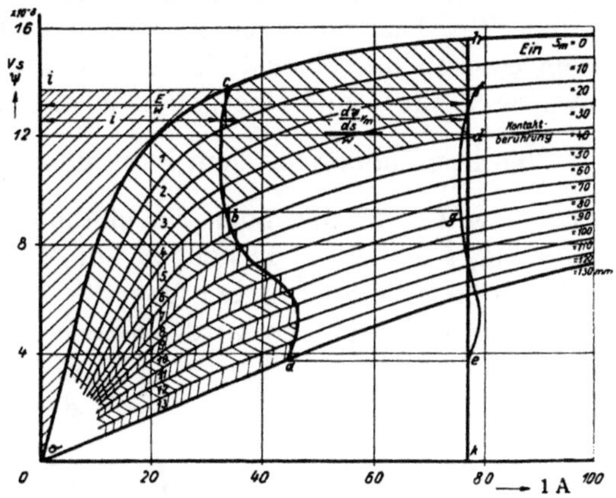

Bild 6. Arbeitsdiagramm des Gleichstrom-Einschaltmagneten

Die dynamische Kraftcharakteristik schreibt dem Magneten jenen Betrag der mechanischen Arbeit vor, den er auf jedem Wegelement an das betätigte System abzugeben hat, wenn der Schaltvorgang den richtigen Verlauf nehmen soll. Den Magneten auf Grund der vorgeschriebenen Charakteristik im voraus zu berechnen, ist nur dann möglich, wenn die magnetische Verkettung

$$\Psi = f(i)_{\,(s\,=\,\text{konst})}$$

für alle Hubstellungen bekannt vorliegt. Die Aufgabe wird also etwa so lauten: Es ist zu untersuchen, ob ein gegebenes Magnetsystem für eine bestimmte Schalterform brauchbar ist, d. h. ob es imstande ist, die von der Schalterform verlangte Einschaltarbeit der Größe und dem Kraftverlauf nach zu liefern. Das — mit mehr oder weniger Mühe ermittelte — zu einer bestimmten Spule gehörige Ψ—i-Diagramm liege vor (Bild 6). Dann stellt nach Emde[19]) die von den Kurven

$$\Psi = f(i)_{\,(s\,=\,0)}, \quad \Psi = f(i)_{\,(s\,=\,130\ \text{mm})}$$

[19]) ETZ 1908, S. 817.

und der während des Hubes beschriebenen Übergangskurve eingeschlossene Fläche die von dem Magneten während des Hubes abgegebene mechanische Arbeit dar[20]). Der Gang der Untersuchung sei an Hand des Diagramms Bild 6 kurz erläutert.

Aus dem Diagramm des Bildes 3 oder 5 — je nachdem es sich um einen Schalter für Kurzschlußschaltung handelt oder nicht — wird die dynamische Einschaltkraft entnommen und unter Zugrundelegung einer angenommenen mechanischen Übertragung und unter Zuschlag eines Arbeitsbetrages für die Lagerreibung auf den Hub des Magneten kinematisch umgeformt. Dann wird der für jedes Hubelement erforderliche Arbeitsbetrag als Flächenstreifen, z. B. 13, in das Ψ—i-Diagramm entsprechend eingetragen, wodurch sich — wenn es sich um einen Schalter handelt, der keine Stoßströme zu bewältigen hat — als Übergangskurve der Linienzug a—b—c ergibt.

Nun kann man nach dem Induktionsgesetz $E = i\,w + \frac{d\Psi}{dt}$ setzen, worin E die noch unbekannte gleichbleibende Klemmenspannung, i den veränderlichen vom Magnet aufgenommenen Strom und w den Widerstand der dem Ψ—i-Diagramm zugrunde liegenden Spule bedeutet. Es wird aber

$$E = i w + \frac{d\Psi}{d s_m} \cdot \frac{d s_m}{d t} \quad \text{oder}$$

$$E = \left(i + \frac{\frac{d\Psi}{d s_m} \cdot v_m}{w} \right) \cdot w,$$

worin s_m den Hub und v_m die veränderliche Geschwindigkeit des Magnetkernes bedeutet, deren Verlauf durch das v — s-Diagramm (Bild 3) bereits festgelegt ist. Nach kinematischer Umformung der aus diesem Diagramm entnommenen Traversengeschwindigkeit auf die Magnetbahn erhält man v_m.

Nun gilt folgende Überlegung: Der Ausdruck

$$\frac{\frac{d\Psi}{d s_m} \cdot v_m}{w}$$

[20]) Die im Diagramm angegebenen Zahlenwerte beziehen sich auf einen Magnet mit 130 mm Hubhöhe. Die Kurven, sowie die nachfolgenden Überlegungen beziehen sich auf einen Magnet mit fein lamelliertem Kern und Joch aus gutem Transformatorenblech ohne Metallspulenkasten. Bei dieser Anordnung können die Abweichungen im Verlauf des Spulenflusses Ψ, die durch Wirbelströme verursacht werden, vernachlässigt werden. Bei massivem Material sind Korrekturen notwendig, auf die hier nicht eingegangen werden soll. (Vgl. E. Jasse, „Die Elektromagnete", S. 114 und 177ff, Springer, Berlin 1930).

stellt die Stromabsenkung zufolge der Gegen-EMK dar, die durch die Bewegung des Kernes verursacht würde, wenn sich der Kern mit der für den Schalter richtigen Geschwindigkeit bewegte. In der Form

$$\frac{\frac{\Delta \Psi}{d s_m} \cdot v_m}{w}$$

läßt diese Größe sich aus dem $\Psi - i$-Diagramm graphisch ermitteln und über dem zu jedem $\Delta \Psi$ gehörigen Stromwert waagerecht auftragen. So entsteht der Linienzug $e - g - f$, der wegen der Bedingung $E =$ konst. in eine zur Abszissenachse senkrechte Gerade fiele, wenn das Magnetsystem und die mechanische Übertragung bereits richtig ausgelegt wären. Da dies aber meist nicht sofort der Fall sein wird, so muß entweder der Magnet, d. h. $\Psi = f(i)$ geändert werden oder besser die Kinematik zwischen Magnet und Traverse.

Man sieht also, auch beim Einschaltmagnet spielt die kinematische Übertragung zwischen Schalter und Antrieb eine Rolle, wenn vielleicht auch nicht in dem gleichen Maße wie beim Federkraftspeicher.

Hat man nun durch zweckmäßiges Ändern des Verlaufes der Kurve $a - b - c$, wobei die Fläche o — a — b — c — o naturgemäß immer gleich groß bleiben muß — und Wiederholung des Verfahrens die Kurve $e - g - f$ einigermaßen einer zur Abszissenachse senkrechten Geraden ausgeglichen, dann ergibt der Schnittpunkt k dieser Geraden mit der Abszissenachse den Wert $\frac{E}{w}$, somit also den Wert der konstanten Klemmenspannung, an die der Magnet gelegt werden muß, um die geforderte Arbeit zu leisten. Da der zugehörige Widerstand w und der Strom $i = \frac{E}{w}$ bekannt sind, lassen sich die Wickelangaben für jede beliebige Spannung berechnen.

Nun muß noch die geänderte Arbeitsverteilung in der Weise berücksichtigt werden, daß die nunmehr erhaltenen Flächenstreifen *1* bis *13* über dem Hub als Abszisse aufgetragen werden und mit Hilfe des neu erhaltenen Zugkraftverlaufes die richtige kinematische Übertragung ermittelt wird.

Handelt es sich um einen Schalter, der hohe Stoßströme zu bewältigen hat, dann wird das Verfahren auf den Kurventeil $a - b$ unter Zugrundelegung des Diagramms Bild 5 beschränkt. Der Übersichtlichkeit halber werde die Erhöhung der dynamischen Einschaltarbeit, die durch die nun erforderliche höhere Geschwindigkeit bedingt ist, im Diagramm Bild 6 nicht berücksichtigt.

Bis zum Punkt *b* — Kontaktberührung — gelten die früheren Überlegungen. Von da an ist $v_m = 0$ zu setzen. Dann ist wieder zu untersuchen, ob die Fläche *o* — *b* — *d* — *h* — *c* — *o* zur Deckung der statischen Reserve gemäß Bild 5 hinreicht, deren Notwendigkeit in früheren Abschnitten eingehend erläutert worden ist.

Hier möge noch kurz eine Bemerkung eingeschaltet werden, welche die Bemessung der Betätigungsbatterie und der Zuleitungen betrifft. In Anlagen, in denen hohe Stoßströme zu gewärtigen sind, muß die Betätigungsbatterie naturgemäß so ausgelegt sein, daß sie den Strom $i = \frac{E}{w}$ ohne wesentlichen Spannungverlust liefern kann; eine zu knappe Bemessung nach dem Maximum des normalen Arbeitstromes *i* wäre ein Fehler, der sich im Falle eines schweren Kurzschlusses rächen könnte.

Das Ψ — *i*-Diagramm liefert ferner Aufschlüsse über die Frage, ob der Magnet richtig ausgenützt ist oder nicht. Die Fläche *o* — *c* — *i* — *o* ist bekanntlich ein Maß für die magnetische Energie, die nicht in mechanische Arbeit umgesetzt wird, also im Lichtbogen des Abschaltschützes vernichtet werden muß. Je flacher die Kurve *o* — *c* — *h* verläuft, desto größer wird diese Fläche gegenüber der Fläche *o* — *a* — *c* — *o*, d. h. der Magnet arbeitet unwirtschaftlicher. Je größer aber der Streufluß in der Endstellung, desto flacher verläuft die Kurve *o* — *c* — *h*.

Die weitere Erörterung des Diagramms kann unterbleiben, da die hieraus ableitbaren Ergebnisse ja längst Eingang in die Praxis gefunden haben. Die Möglichkeit, daß durch systematische Untersuchung der Magnetformen noch Verbesserungen gegenüber den jetzt praktisch verwendeten vorgenommen werden könnten, besteht jedoch immerhin.

6. Schaltung auf Kurzschluß ohne Gleichstromenergiequelle.

Der Gleichstrommagnet kann also so bemessen werden, daß er der zwiespältigen Forderung — Schalten auf hohe Stromstöße und betriebsmäßiges Schalten ohne allzugroße Geschwindigkeitentfaltung — genügt. Allerdings werden die großen Akkumulatorenbatterien von den Betrieben als Last empfunden und nach Möglichkeit vermieden. Die Forderung nach leistungsfähigen Einschaltapparaten, die an die natürliche Energiequelle — das Drehstromnetz — angeschlossen werden können, wird also immer dringender.

Der Wechsel- oder Drehstrommagnet scheidet als Hochleistungsantrieb seiner ungünstigen Arbeitsweise wegen von vornherein aus. Der Nachweis hierfür könnte wieder aus der Energiegleichung und dem Ψ — *i*-Diagramm erbracht werden.

Man hat versucht, Antriebe zu bauen, bei denen ein Drehstrommotor über ein Übersetzungsgetriebe und eine Freiauslösung auf die Schalterwelle wirkt und die Anordnung zunächst als Drehmagnet hoher Drehzahl aufgefaßt. Das Verwendungsgebiet dieser Anordnung ist aber beschränkt, weil es sich u. a. ergab, daß der Drehstrommotor in vielen Fällen beim Schalten auf Kurzschluß nicht nur durch die Kurzschlußkräfte im Schalter, sondern auch durch eigene Ausgleichvorgänge über die Kurzschlußimpedanz seines Transformators festgebremst wird. Man mußte also dafür sorgen, daß der Antriebmotor vor Berührung der Ölschalterkontakte abgeschaltet wurde und damit war die Notwendigkeit einer umlaufenden Schwungmasse gegeben[21]).

Anderseits haben die bisherigen Darlegungen gezeigt, daß es keineswegs leicht ist, langsam laufende Antriebsapparate einem mehr oder weniger streng durch den Schalter vorgeschriebenen Ablauf des Schaltvorganges anzupassen, wenn zusätzliche, nicht bei jeder Schaltung auftretende Bremsimpulse zu erwarten sind. Es drängt sich also ganz von selbst der Gedanke auf, die Traversenbewegung als eine rein kinematische Angelegenheit aufzufassen und die notwendigen Energien — einschließlich der zusätzlichen, von Kurzschlußströmen verursachten Stöße — einem entsprechend großen Energiespeicher, vorzugsweise einer umlaufenden Masse zu entnehmen und die nicht verwendete Energie kinematisch abzuleiten.

Man sieht also, man gelangt von zwei ganz verschiedenen Seiten — einerseits von dem Problem der Energiequelle aus, anderseits von dem der Energiespeicherung aus — zu dem gleichen Lösungsvorschlag.

Wird von einem gewöhnlichen Drehstrommotor mit 3000 U/min eine Schwungmasse angetrieben, die an der Schalterwelle eine kinetische Energie von etwa 60 kgm verkörpert, so sieht man, daß fast 200 vH des Arbeitsbetrages, der an dynamischer Einschaltarbeit für das Beispiel erforderlich ist (Bild 3), als Reserve für die Kurzschlußschaltung übrig bleibt. Faßt man ferner die Übertragung zwischen Antrieb und Traverse als starr auf, so kann man die Masse des Schwungrades auf die Traverse reduzieren und erhält bei 2 ms^{-1} Traversengeschwindigkeit:

$$60 \text{ kgm} = \frac{m v^2}{2},$$

$$\bar{m} = \frac{60 \cdot 2}{v^2} = 30 \text{ kg } m^{-1} s^2,$$

was einem fiktiven Traversengewicht von 300 kg entspricht. Die Formel für die größte Geschwindigkeitsabsenkung durch das un-

[21]) Vgl. AEG-Mitteilungen 1930, S. 166.

günstigste Gleichstromglied

$$v_1 - \bar{v}_2 = \frac{83\,(1{,}5\,g + 3\,w)}{\bar{m}}$$

ergibt also etwa $^1/_{15}$ der Geschwindigkeitabsenkung gegenüber der Schaltung mit Gleichstrommagnet. Es ist klar, daß man nun die Geschwindigkeit im Augenblick der Kontaktberührung nicht mehr nach dynamischen Gesichtspunkten zu wählen braucht, sondern nach elektrischen und thermischen Überlegungen vorgehen kann. Man hat also auch in der Formgebung der Kontakte mehr Freiheit und kann z. B. den Kontaktdruck erhöhen, ohne die erhöhte Abbremsung fürchten zu müssen. Ein ganz wesentlicher Vorteil besteht ferner darin, daß der gleiche Antriebsapparat mit einer ganzen Reihe von Schalterformen gekuppelt werden kann, ohne daß einerseits die Schwierigkeiten durch die Wirkung der hohen Stoßströme, anderseits die Überbeanspruchung des Schalters durch zu hohe Traversengeschwindigkeit auch nur in Rechnung gezogen zu werden brauchen.

7. Schlußbemerkung.

Die vorliegende Arbeit stellt einen Versuch dar, die Gesichtspunkte, die für die Bemessung von Einschaltapparaten maßgebend sind, an Hand eines bestimmten Beispiels mit Berücksichtigung der wichtigsten durch den Einschaltvorgang gegebenen Forderungen aufzustellen. Wenn auch ein Teil der angeführten Einzelheiten dem Schalterfachmann bekannt sein muß, so soll gezeigt werden, daß es notwendig ist, die vielen, durch die Praxis gegebenen Einzelheiten einem durch theoretische Untersuchung gestützten Leitgedanken einzugliedern[22]).

In vielen Fällen der Praxis wird es keineswegs notwendig sein, das Kräftespiel während des Einschaltvorganges so genau zu untersuchen, sondern es wird genügen, den Fernschaltapparat nach den üblichen praktischen Gesichtspunkten auszulegen. In anderen Fällen wieder werden Erwägungen maßgebend sein, die von denen der vorliegenden Ausführungen weit abweichen. Daß es aber notwendig wird, auch auf dem Gebiet der Schalterantriebe die theoretischen Unterlagen in immer stärkerem Maße heranzuziehen und planmäßig zu verwenden, zeigen jene Fälle, in denen die rein praktische Bearbeitung keine befriedigende Lösung ergibt. Dies sind aber jene Grenzfälle, die auch auf anderen Gebieten der Technik den Anstoß zur Fortentwicklung gegeben haben.

---

[22]) Raummangels halber mußten zahlreiche Einzelheiten, die für die Ausbildung des Ausschalt-Energiespeichers, somit auch für die Bemessung des Einschaltapparates von Bedeutung sind, weggelassen werden.

Entwicklung der Hochspannungschaltanlagen.

Von H. Probst.

Die Entwicklung der Hochspannungschaltanlagen bildet ein für die sprunghaften Fortschritte der letzten drei Jahrzehnte charakteristisches Kapitel in der Geschichte der Elektrotechnik. Der Weg von der als Schalter dienenden Sicherung bis zur neuzeitlichen Hochspannungschaltanlage bot dem Elektrotechniker so manche Schwierigkeit.

Der Verfasser gibt im folgenden unter besonderer Berücksichtigung seiner Zusammenarbeit mit G. Stern Erinnerungen wieder aus seiner Tätigkeit als Erbauer von Hochspannungschaltanlagen.

Der im Jahre 1896 als Maschinenbauer in die AEG eingetretene Verfasser wurde in der Apparatefabrik unter Bönnighofen zunächst mit der Konstruktion von Hochspannungsapparaten und später ausschließlich mit dem Aufbau von Schaltanlagen beschäftigt. In der ersten Zeit des Zusammenarbeitens mit den Elektrotechnikern fiel es auf, daß diese mit einem wesentlich geringeren elektrischen Sicherheitsgrad arbeiteten, als dies im Maschinenbau üblich war. Es sei hierbei allerdings erwähnt, daß zu der damaligen Zeit die Elektrizitätswerke, die eine Dynamomaschine bestellten, die Schaltapparate bzw. die Schaltanlage als kostenlose Beigabe erwarteten. Eines Tages bot sich die Gelegenheit, mit Klingenberg und Goldenberg über den geringen Sicherheitsgrad zu sprechen, der zu jener Zeit in der Elektrotechnik üblich war. Beide teilten die Bedenken des Verfassers und versuchten deshalb mit allen Mitteln, diesen Nachteil zu beseitigen. Auch Ch. Merz sorgte für eine Heraufsetzung des Sicherheitsgrades insofern, als er z. B. für die Schaltanlagen des ersten 20 kV-Kabelnetzes in Newcastle die Ölschalter verwendete, welche die AEG für eine Betriebspannung von 40 kV entwickelt hatte. In einer ähnlichen Weise handelte Goldenberg beim RWE, und der damals übliche Sicherheitsgrad von 1,5 wurde damit von selbst auf 3 erhöht. Auch Klingenberg hatte stets den Standpunkt vertreten, zunächst den Sicherheitsgrad einer Anlage auf eine angemessene Höhe zu bringen, bevor man große Aufwendungen für den Einbau von Überspannungschutz-Apparaten macht. In einer Zeit, in der infolge der geringen

Leistung der Kraftwerke auch der primitivste Ölschalter genügte, war es sehr schwer, diese Forderung hinsichtlich des Sicherheitsgrades durchzusetzen. Das Betriebspersonal hatte damals noch so wenig Achtung vor der Hochspannung, daß es z. B. einen in der Schaltanlage entstandenen Lichtbogen noch mit der Mütze auszuschlagen versuchte.

Unter seinem Vorgänger Bertram hatte der Verfasser Gelegenheit, im Jahre 1907 die Schaltanlagen des Umformerwerkes am Koppenplatz für die Berliner Elektricitäts-Werke zu entwerfen, die das besondere Interesse von Emil Rathenau erregten. Die hier zum erstenmal angewendete Gesamtanordnung wurde nämlich das Vorbild für alle später errichteten Umformerwerke bis auf den heutigen Tag. Während die am Fundament der Umformer angeordneten Gleichstromautomaten elektrisch von der Schalttafel aus gesteuert wurden, kamen für die Hochspannungseite der Schaltanlage die von Klingenberg entwickelten Schaltwagen zur Anwendung. Auch die Durchbildung der Meßgerätetafel, und zwar besonders die Art der Verlegung der Meßleitungen auf der Rückseite ist als Vorläufer der neuzeitlichen Betätigungsanlagen zu betrachten. Ungefähr zu der Zeit, als dieses Umformerwerk dem Betrieb übergeben wurde, machte der Verfasser mit Stern eine Studienreise nach Amerika. Sie sahen dort auf dem Versuchsfelde der General Electric Company die ersten pneumatisch gesteuerten 100 kV-Einkesselölschalter, deren Aufbau auch bereits der Geschichte angehört. Als Stern im Jahre 1908 die Leitung der Hochspannungsfabrik übernahm, fand er zunächst die wichtige Aufgabe vor, die bis dahin hergestellten Ölschalter für mittlere Leistungen in Hochleistung-Ölschalter weiter zu entwickeln. Um dieser Aufgabe gerecht werden zu können, schuf er die erste Hochspannungölschalter-Versuchsanlage der Welt.[1]) Aber nicht allein, um Ölschalter zu prüfen bzw. zur Explosion zu bringen, wurde diese Versuchsanlage benutzt, sondern Stern, Pfannkuch, Biermanns und der Verfasser versuchten festzustellen, welche Stoßkurzschlußströme die Kabel bzw. die Kabelmuffen aushalten konnten. Besonders kennzeichnend war u. a. ein Versuch, bei dem die Adern des zu prüfenden Dreiphasenkabels infolge des Stoßkurzschlußstromes von den Ölschalterisolatoren abrissen, bevor der Ölschalter Zeit fand, den Kurzschluß zu unterbrechen. Das Kabel sprang in die Höhe, krümmte sich in der Luft und wälzte sich dann auf dem Boden in seiner Isolierflüssigkeit. Man konnte auch feststellen, daß die Trennschalter unter der Wirkung des Stoßkurzschlußstromes oft früher abschalteten als

[1]) s. Seite 6 dieses Buches.

der zugehörige Ölschalter usw. Die Aufgabe von G. Stern bestand zunächst darin, die Hochspannungsapparate so auszubilden, daß sie allen Betriebsbedingungen genügen konnten. Unabhängig hiervon mußten sie aber auch die Form erhalten, die einen übersichtlichen Aufbau der Schaltanlage ermöglichte. Um nur ein Beispiel zu nennen, bekamen die Hochspannungölschalter einen Winkelantrieb, damit die Leitungen in der Hochspannung-Schaltanlage vom Kabelendverschluß bis zu den Sammelschienen eine gerade Linie bilden konnten. Der Antrieb des Ölschalters mit seinen Klemmen für die Steuerleitungen mußte an einer Mauerwand befestigt werden können, damit diese Teile während der Kontrolle und beim Schalten aus dem Bereich der Hochspannung herauskamen usw.

Erste Hochspannung-Sicherungen.

Die ersten Hochspannung-Sicherungen für eine Betriebspannung von 1100 V bestanden aus einem Silberdraht, der zwischen zwei

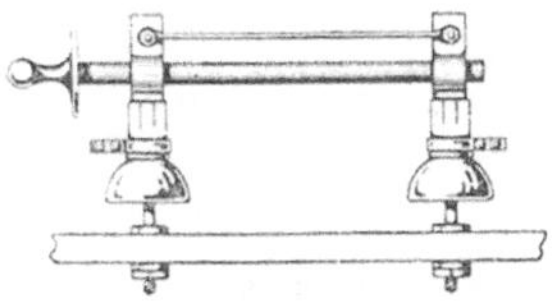

Bild 1. Erste Hochspannung-Sicherung.

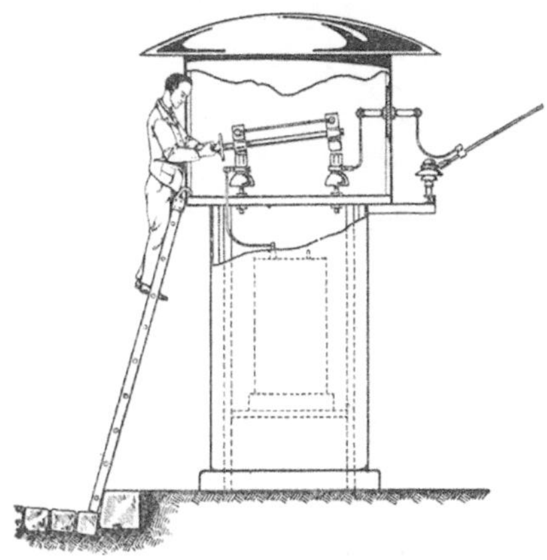

Bild 2. Auswechselung der Hochspannung-Sicherung in den ältesten Transformatorensäulen.

Hochspannung-Isolatoren frei gespannt war. Als die Errichtung des Kraftwerkes Oberspree von den Berliner Elektricitäts-Werken beschlossen wurde, galt es, die Länge des Silberdrahtes einer Hochspannung-Sicherung festzulegen, die bei einer Betriebspannung von 6000 V richtig arbeiten sollte. Dolivo-Dobrowolski legte diese Länge nach einer Schätzung fest und diese war dann maßgebend für die Länge des Silberdrahtes, der bei allen Hochspannung-Sicherungen für eine Betriebspannung bis 6000 V benutzt werden sollte. Bis dahin wurden die einzelnen Sicherungsdrähte noch an den Kappen der beiden Hochspannung-Isolatoren mit Kopfschrauben befestigt. Um die Sicherungen auch ohne Benutzung eines Schraubenschlüssels einsetzen zu können, wurden die Silberdrähte an zwei Kontaktmessern befestigt, die an einem aus Isoliermaterial bestehenden Rohr (Bild 1) angebracht waren. Diese Sicherungen mußten in dem oberen Teil einer Transformatorensäule angebracht werden, die für das Hochspannungsnetz der Kraftwerke Oberspree zu entwerfen war. In diese Transformatorensäule, die auf dem Bürgersteig aufgestellt werden sollte, wurden die vom Kraftwerk Oberspree kommenden 6000 V-Leitungen als Freileitungen hineingeführt (Bild 2). Damit der Verkehr auf dem Bürgersteig nicht unnötig gehemmt wurde, hatte die Behörde den unteren Durchmesser der Säule vorgeschrieben. Dieses Maß war aber zu klein, um die verhältnismäßig langen Hochspannung-Sicherungen unterbringen zu können. Diese Schwierigkeiten wurden jedoch dadurch behoben, daß man dem oberen Teil der Säule einen größeren Durch-

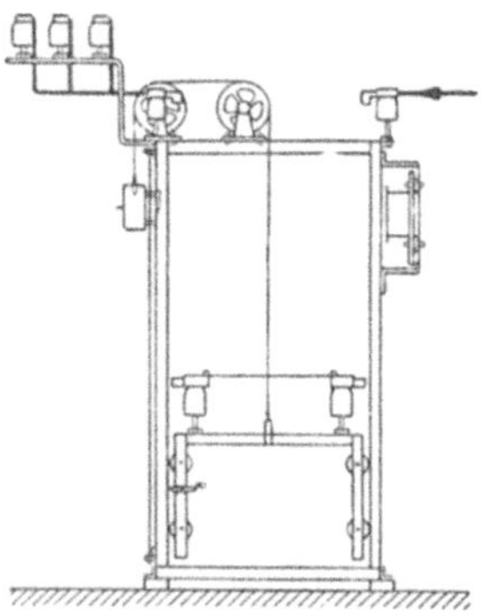

Bild 3. Senkbare dreipolige Hochspannung-Sicherung.

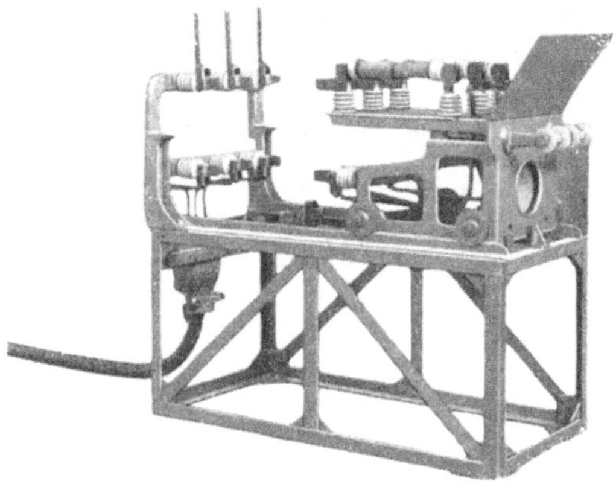

Bild 4. Ausfahrbare dreipolige Hochspannung-Sicherung.

messer gab. Während nun der obere Mantel der Säule infolge der ankommenden Freileitungen mit der Tragkonstruktion fest verbunden wurde, war der untere Mantel drehbar ausgeführt.

Die Silberdrähte erzeugten beim Durchschmelzen einen erheblichen Lichtbogen, so daß oberhalb der Sicherung ein genügend freier Raum vorgesehen werden mußte. Auch wurden die Silberdrähte der verschiedenen Phasen deshalb durch feuerfeste Wände voneinander getrennt. Um den offenen Lichtbogen zu vermeiden, zog man den Draht durch eine Glashülse hindurch und füllte dieses Rohr mit Talkum. Hin und wieder kam es jedoch vor, daß bei diesen Patronensicherungen die Glassplitter in der Schaltanlage umherflogen. Aus diesem Grunde wurde die Glasröhre später mit einem isolierenden Band umwickelt. Die Glasrohre ersetzte man später durch Porzellankörper. Damit man beim Einsetzen einer Sicherung nicht mit spannungführenden Teilen in Berührung kommen konnte, entwickelte der Verfasser auf Veranlassung von A. Weber, dem damaligen Direktor des Kraftwerkes Oberspree, ein Sicherungsgestell, das in Bild 3 dargestellt ist. In diesem Gestell konnte der Rahmen, auf dem die Sicherungen angeordnet waren, so weit gesenkt werden, daß das Betriebspersonal bei der Erneuerung einer Sicherung aus dem Bereich der Hochspannung war. Diese Sicherungsgestelle wurden in der Schaltanlage des Kraftwerkes Oberspree und in den Unterstationen der Berliner Elektricitäts-Werke verwendet, bei denen der Platz in der Grundfläche beschränkt war. In den anderen Stationen dagegen wurde ein Sicherungswagen verwendet (Bild 4). Bei diesem wurde der Rahmen, auf dem die Sicherungspatronen waren, in waagerechter Richtung aus den Kontakten an den Sammelschienen und am Ende des Kabels herausgezogen. Nicht allein die Hochspannung-Verteilungskabel, sondern auch die Transformatoren der Einanker-Umformer wurden seinerzeit mit Hilfe dieses Sicherungswagens ein- und ausgeschaltet, d. h. er wurde gleichzeitig als Hochspannung-Schalter benutzt. Diese Sicherungswagen, die auch mit einem Strommesser versehen waren, haben viele Jahre gute Dienste geleistet; sie gelten als Vorläufer für die später mit Ölschaltern ausgerüsteten Schaltwagen[2]).

Hochspannung-Luftschalter.

Die ersten Hochspannung-Schalter, die mit nur einem drehbaren Schaltmesser versehen waren, wurden durch die Luftschalter mit Doppelmesser ersetzt (Bild 5). Diese Ausführungsart gelangte auch in der Schaltanlage des Kraftwerkes Oberspree zum Einbau, und sie ist auch viele Jahre bei anderen Hochspannunganlagen mit gutem Erfolg benutzt worden. W. Rathenau kam zu jener Zeit von einer Studienreise aus Amerika zurück und machte darauf aufmerksam, daß dort die Ein- und Ausschaltung der Luftschalter nicht nur von Hand, sondern teilweise auch pneumatisch erfolge. Infolge dieser Mitteilung wurden die für das Kraftwerk Oberspree bereits angefertigten Hochspannungschalter nachträglich mit einer pneumatischen Ein- und Ausschaltvorrichtung versehen. Dabei kam man auf den Gedanken, die zum Ein- und Ausschalten erforderliche Preßluft gleichzeitig zum Ausblasen des Lichtbogens zu verwenden. Mit einem Gummischlauch und einer aus Isolierstoff hergestellten Düse wurde die zum Ein- und Ausschalten erforderliche Preßluft zwischen die sich öffnenden Messer des Luftschalters geblasen, und zwar in der Weise, die in Bild 5 dargestellt ist. Die im Jahre 1897

[2]) vgl. ETZ 1928, H. 35, S. 1285.

errichtete Hochspannunganlage des Kraftwerkes Oberspree war demnach die erste Schaltanlage, bei der Preßluftschalter längere Zeit in Betrieb waren. Aber trotz der zugeführten Druckluft wurde der Lichtbogen nicht immer schnell genug ausgelöscht. Er erreichte

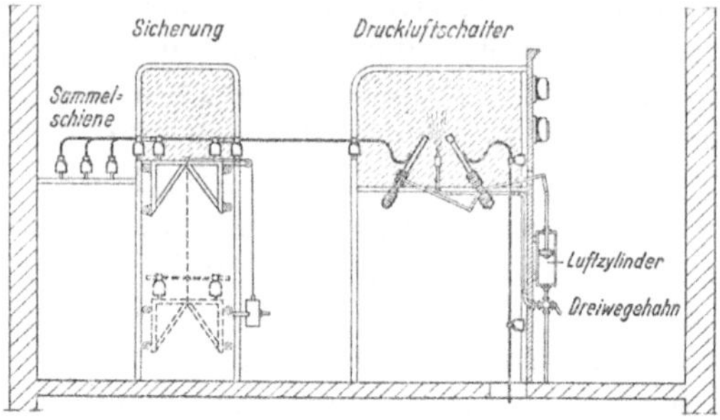

Bild 5. Ollose Hochspannung-Schaltanlage mit Druckluftschalter im Kraftwerk Oberspree 1897.

oft benachbarte Eisenteile, so daß ein Kurzschluß die Folge war. Ein Teil des Lichtbogens versuchte auch, durch den in der Vorderseite der Tafel angebrachten Schlitz hindurchzudringen, der für die Bewegung des Antriebshebels notwendig war und brachte dadurch die Bedienung in Gefahr.

Entstehung der Ölschalter.

Da der Lichtbogen bei den Luftschaltern also vielfach unerwünschte Wege zu nehmen versuchte, war man bestrebt, ihn ebenso einzuzwängen, wie dies bei den Patronensicherungen bereits geschehen war. Bei den Versuchen, die um die Jahrhundertwende angestellt wurden, um den Lichtbogen in einer Flüssigkeit, z. B. Wasser bzw. Öl, zu ersticken, behielt der Ölschalter schließlich die Oberhand. An und für sich wunderte man sich damals genau so wie heute darüber, daß man zur Unterdrückung eines Lichtbogens gerade eine brennbare Flüssigkeit benutzte. Zunächst wurde der Versuch gemacht, den Lichtbogen in einem offenen Ölbehälter auszulöschen. Der Lichtbogen warf jedoch oft so viel Öl in die Hochspannunganlage, daß man sich sehr schnell dazu entschließen mußte, geschlossene Ölbehälter einzuführen.

Aufbau der Hochspannung-Schaltanlagen.

Die Ausführungsart einer Hochspannung-Schaltanlage, bei der Luftschalter benutzt wurden, geht aus Bild 5 hervor. Bei Verwendung von Ölschaltern erhielten diese Schaltanlagen jedoch einen viel gedrungeneren Aufbau (Bild 6). Die Sicherungen, Ölschalter, Trennschalter und Sammelschienen waren in einem Eisengestell ohne jegliche Schutzwände nebeneinander angeordnet. Auch an der Antriebseite des Ölschalters waren oberhalb des Handrades vielfach keine Verkleidungen angebracht, so daß das Bedienungspersonal bei unvorsichtiger Handhabung leicht mit spannungführenden Teilen in Berührung kommen konnte. Je nach der Antriebsart des Ölschalters und der Ausführungsart der Trennschalter machte die Leitungführung innerhalb eines Feldes einen mehr oder weniger ruhigen Eindruck. Um die Kontakte der Ölschalter gelegentlich

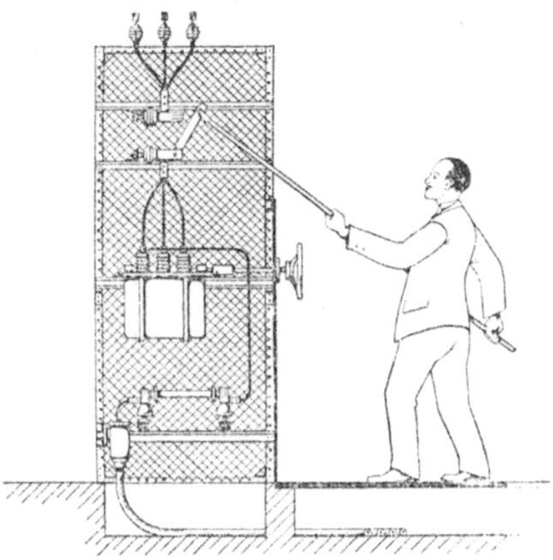

Bild 6. Hochspannung-Schaltzelle ältester Ausführung mit Sicherungen, Öl- und Trennschalter.

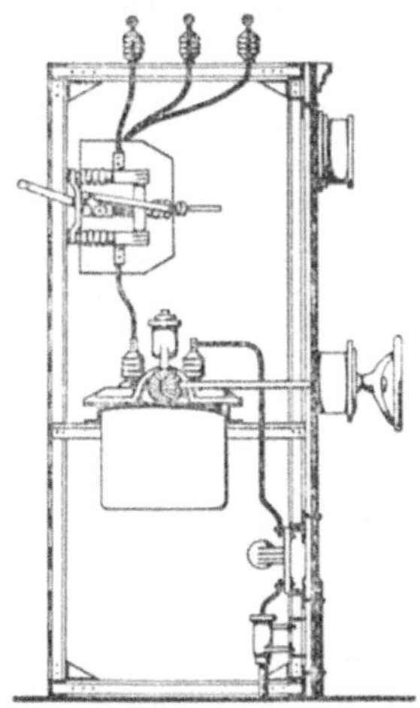

Bild 7. Hochspannung-Schaltzelle mit verbessert eingeordneten Apparaten. Ölschalter mit Winkelantrieb.

nachsehen zu können, ohne mit den unter Spannung stehenden Teilen der benachbarten Felder in Berührung zu kommen, wurden statt der einsteckbaren Schutzwände feststehende Zwischenwände aus Drahtgeflecht verwendet. Die Leistungen der Maschinen wurden allmählich immer größer, so daß beim Schalten des Ölschalters unter Kurzschluß das Öl und auch manchmal Stichflammen durch das Drahtgeflecht in benachbarte Felder gelangten. Um diesen Nachteil zu vermeiden und das Betriebspersonal bei einer Kontrolle der Anlage besser zu schützen, wurden die Drahtgeflechtgitter durch feuerfeste Zwischenwände aus Schiefer, Asbest und auch durch gemauerte Wände ersetzt. Bild 7 zeigt eine derartige Anordnung, bei der die Hochspannung-Sicherung bereits durch den Anbau einer selbsttätigen Auslösevorrichtung an den Ölschalter ersetzt wurde. Dieser hat schon einen seitlichen Antrieb erhalten, damit, wie schon erwähnt, die Leitungen vom Kabelendverschluß bis zu den Sammelschienen eine gerade Linie bilden konnten. Kamen Doppelsammelschienen zur Anwendung, so wurde eine Anordnung gewählt, wie sie Bild 8 zeigt. Diese Ausführungsart hatte den Vorteil, daß sich unmittelbar hinter der Meßgerätetafel keine Hochspannung führenden Teile mehr befanden und deshalb die Magnetregler hinter der Tafel Platz finden konnten. Die Ölschalter, die in diesen Hochspannungsanlagen eingebaut waren, hatten meist Rillenisolatoren, die fast so dicht nebeneinander saßen, wie die Messingrollen bei einem Rollen-Funkenableiter. Zu der Zeit, als die Kraftwerke in ihren Leistungen noch weiter stiegen, nahmen die Hochspannung-Ölschalter infolge der höheren Ausschaltleistung immer größere Abmessungen an und wurden deshalb in der Schaltanlage nicht nur von den an den Sammelschienen sitzenden Trennschaltern, sondern auch von den Stromwandlern, Meßtransformatoren und Kabelendverschlüssen räumlich getrennt. Auf diese Weise entstand im Jahr 1907 der in Bild 9 dargestellte Aufbau einer Hochspannung-Schaltanlage für das Kraftwerk Hastedt des Städtischen Elektrizitätswerks Bremen, der auch in später errichteten Werken zur Anwendung kam. Diese Anlage ist auch dadurch bemerkenswert, daß sie in einem besonderen Schalthaus untergebracht wurde, das 300 m vom Wasserkraftwerk der Weser und 500 m vom Dampfkraftwerk entfernt lag. Alle für die Dampfturbinen und Wasserturbinen erforderlichen Ölschalter sind hier vereinigt und von diesem Schalthaus aus führen auch alle Verteilungskabel in das Netz der Stadt Bremen. Um bei diesem mehrstöckigen Aufbau dem Betriebspersonal die Überwachung zu

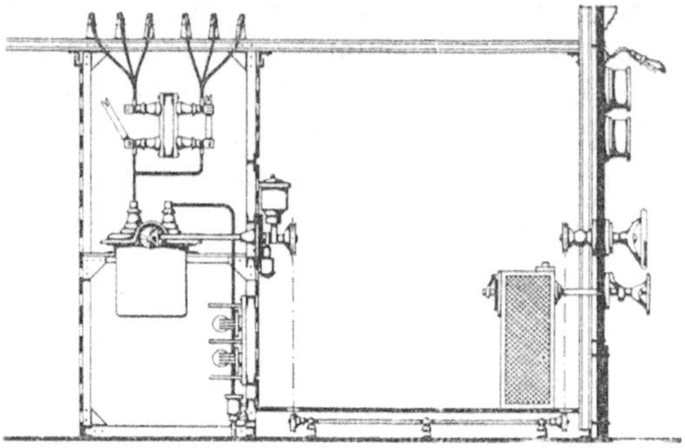

Bild 8. Hochspannungszelle und Bedienungszelle mit Apparatetafel in getrennter Anordnung. Ölschalter mit Fernauslösung.

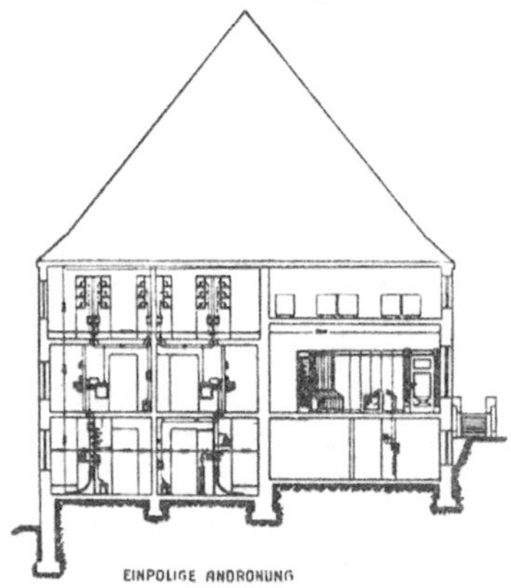

Bild 9. Querschnitt der Hochspannung-Schaltanlage des Kraftwerkes Hastedt (St. E.-W. Bremen).

erleichtern, wurden in jedem Stockwerk hinter den Hochspannungzellen Signallampen angebracht, die anzeigten, ob die Kammern spannungfrei waren. Vor dem Bedienen der Trennschalter konnte man sich durch diese Signallampen davon überzeugen, ob der Ölschalter sich in der ein- oder ausgeschalteten Stellung befand. Diese hier zum erstenmal eingeführte Kontrollanordnung wurde später Allgemeingut. Um eine völlig einwandfreie Signalisierung zu ermöglichen, hatte jeder einpolige Trennschalter einen Signalkontakt erhalten. Durch diesen wurde die Stellung des Trennschalters auf den Meßgerätetafeln angezeigt, so daß man, ohne den Hochspannungsraum betreten zu müssen, in der Warte über die Ein- und Ausschalt-Stellung aller im Schalthaus eingebauten Hochspannungschaltapparate unterrichtet war. Auch die Meßgerätetafel, die bereits vor mehr als 20 Jahren entwickelt wurde, entspricht in ihrem ganzen Aufbau noch den heutigen Anforderungen, die man bezüglich Überlichtlichkeit und Betriebsicherheit stellt. Es soll nicht unerwähnt bleiben, daß in der Warte des Kraftwerkes Bremen 18 Maschinen bedient werden und daß die Warte in dieser Beziehung mit zu den vielseitigsten der Welt gerechnet werden kann.

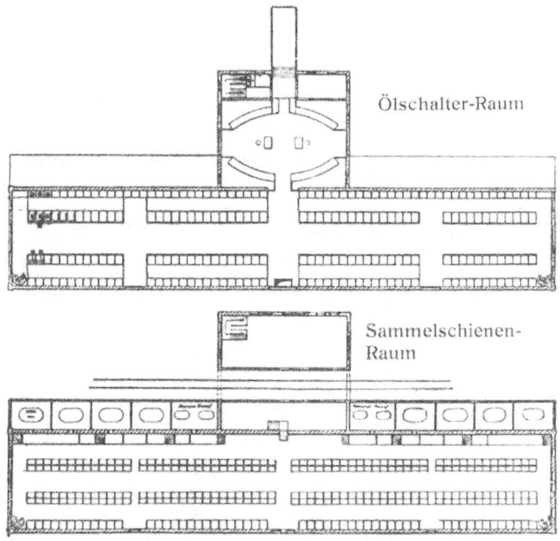

Bild 10. Grundriß der Hochspannung-Schaltanlage des Kraftwerkes Hastedt (Teilung der Hochspannungsanlage in verschiedene Gruppen).

Die von Stern vorgenommenen Versuche hatten genügend bewiesen, daß auch bei der Anordnung nach Bild 9 bei einem Brand auch nur eines Ölschalters in irgendeiner Zelle doch auch die anderen Ölschalterkammern verqualmen und somit ein großer Teil der Schaltanlage außer Betrieb gesetzt würde. Diesen Nachteil versuchte man durch eine Teilung der Anlagen in verschiedene Gruppen zu vermeiden (Bild 10). Einige schwere Brände in größeren Schaltanlagen veranlaßten jedoch, die Schaltanlagen anders zu gruppieren, und es entstand eine Anordnung, die aus Bild 11 ersichtlich ist. Die Ölschalterzellen wurden mit Vollblechtüren verkleidet und münden mit der Rückseite in einen offenen Gang, also unmittelbar ins Freie. Wo die örtlichen Verhältnisse dies zuließen, wurden jedoch die Ölschalterzellen so ausgeführt, daß die Abschlußtüren bündig mit der Außenwand lagen (Bild 12). Bei den beiden

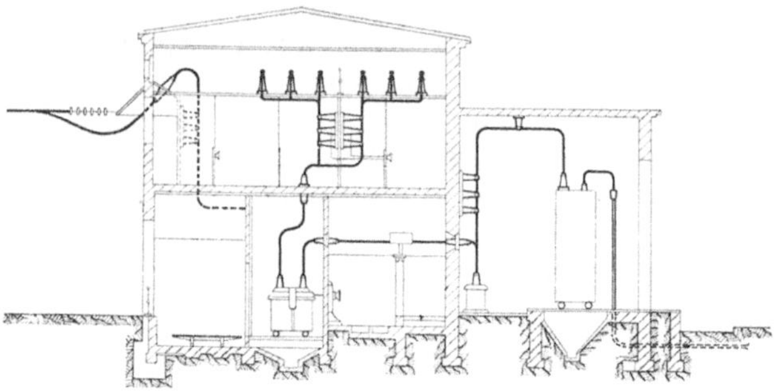

Bild 11. 100 kV-Schalthaus (Kraftwerk Golpa-Zschornewitz).

zuletzt erwähnten Anordnungen wird eine Verqualmung der Innenräume des Schalthauses auf alle Fälle vermieden. Um die Übersichtlichkeit der Schaltanlagen weiter zu erhöhen, machte der Ver-

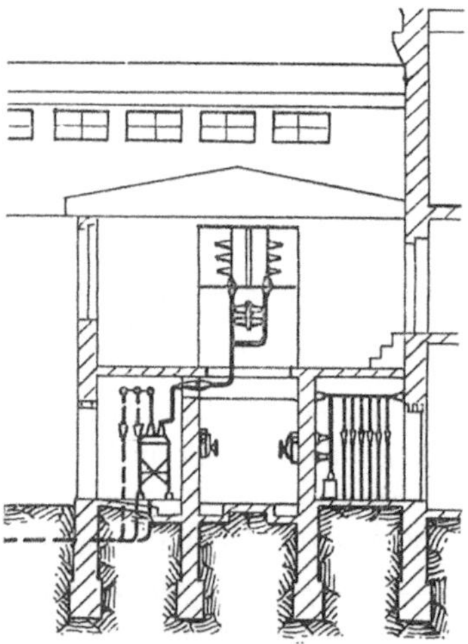

Bild 12. Anordnung der Ölschalterzellen und Abschlußtüren bündig mit der Außenwand. (Kraftwerk Hannover).

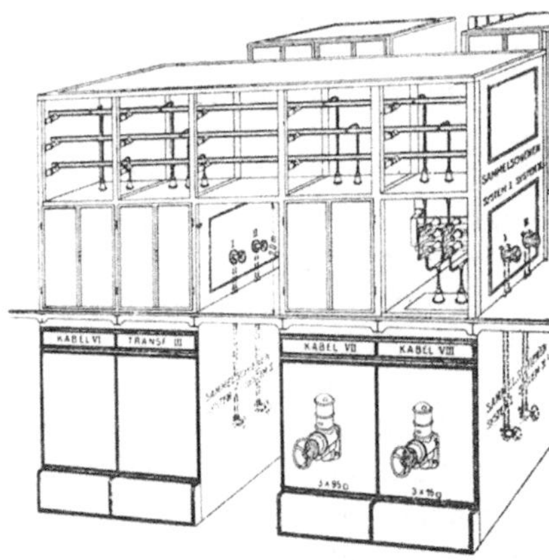

Bild 13. Bedienung der Trennschalter im Sammelschienenraum. (Kraftwerk Lauta).

fasser schon im Jahre 1912 den Vorschlag, den mehrstöckigen Aufbau durch einen nur zweistöckigen zu ersetzen und auch die Trennschalter vom Ölschalter-Bedienungsgang aus sichtbar zu machen. Der Unterschied zwischen dem zweistöckigen Aufbau und den sonst üblichen mehrstöckigen Bauten ist in einer Veröffentlichung behandelt,[3]) in welcher der Verfasser die beiden Ausführungsarten einander gegenüberstellt. Diese Arbeit, die auch im Ausland große Beachtung fand, zeigte sehr deutlich den Unterschied in den Bedienungswegen, die der Schalttafelwärter in dem einen oder anderen Falle zurückzulegen hatte, wenn er beabsichtigte, einen Ölschalter nachzusehen.

Wenn man den Querschnitt des zweistöckigen Schalthauses (Bild 12) betrachtet und berücksichtigt, daß man den Antrieb der Trennschalter auch in den Ölschalter-Bedienungsgang hineinlegen kann, so hat das Bedienungspersonal praktisch nur einen einstöckigen Aufbau einer Schaltanlage vor sich. Abgesehen von der bequemeren Bedienung wird auch die Übersichtlichkeit erhöht, wenn die Trennschalterantriebe neben dem Antrieb der Ölschalter angebracht werden. Sollte sich das Bedienungspersonal aber trotzdem irren, d. h. den Trennschalter unter Last ziehen, so kann es durch den am Trennschalter entstandenen Lichtbogen nicht verletzt werden. Wurde in gewissen Fällen jedoch Wert darauf gelegt, die Trennschalter im Sammelschienenraum zu bedienen, dann konnte die Anordnung nach Bild 13 gewählt werden, die zum ersten Mal im Schalthaus des Kraftwerkes Lauta angewandt wurde. Hier steht der Bedienungsmann durch eine feuerfeste Zwischenwand geschützt in einem Durchgang, der unterhalb der Sammelschienen zwischen zwei Ölschalterzellen vorgesehen ist. Alle Innenstationen für Spannungen bis 125 kV erhielten im großen ganzen den gleichen Aufbau, wie er in den Bildern 12 und 13 dargestellt ist. Ein Unterschied bestand nur sehr oft darin, daß die sich einander gegenüberstehenden Ölschalterzellen um eine halbe Teilung gemäß Bild 14 versetzt wurden. Diese Anordnung wurde zuerst im Kraftwerk Trattendorf der Elektrowerke A.-G. und in den Stationen der Bayernwerk A.-G. praktisch angewendet.

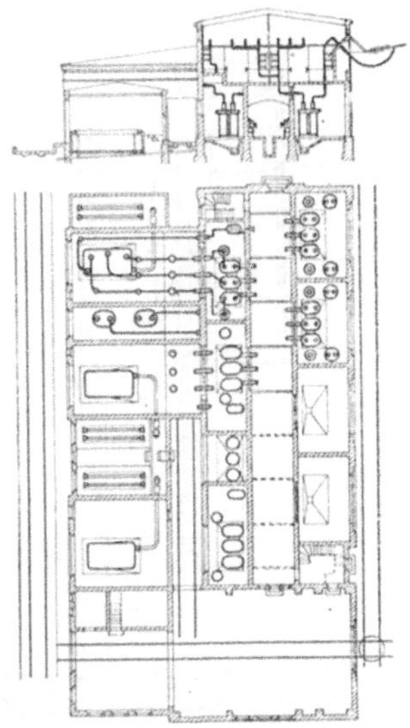

Bild 14. 100 kV-Schalthaus. Ölschalterzellen versetzt angeordnet. (Kraftwerk Trattendorf).

Die von S t e r n im Versuchsfeld, und zwar in einer Hochspannungzelle vorgenommenen Ölschalter-Versuche führten zu folgenden Überlegungen:

[3]) ETZ 1921, H. 22, S. 585.

Tritt bei dem in Bild 12 dargestellten Einbau eines Ölschalters in einer Hochspannungskammer eine Ölschalterstörung auf, so besteht die Möglichkeit, daß die sich beim Brande des Öles bildenden Ölgase deshalb zur Entzündung gelangen, weil die vom Ölschalter zu den Sammelschienen führenden Leitungen noch unter Spannung stehen. Ein zwischen diesen Leitungen entstehender Lichtbogen ist für den Betrieb gleichbedeutend mit einem Sammelschienen-Kurzschluß, d. h. einer Betriebstörung, obwohl der Ölschalter den fehler-

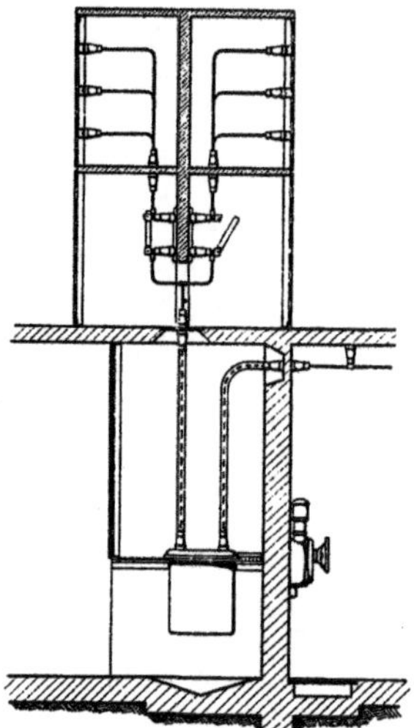

Bild 15. Ölschalterzelle. Isolierte Leitungen oberhalb des Ölschalterdeckels.

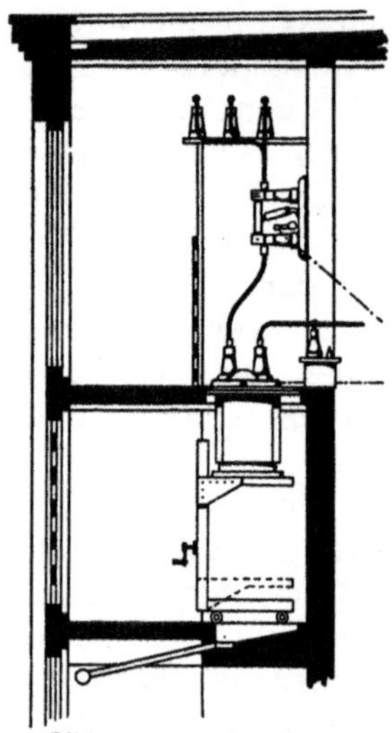

Bild 16. Befestigung des Ölschalterdeckels im Sammelschienenraum.

haften Stromkreis unterbrochen hat. Um die erwähnten Zündungen der Ölgase oberhalb des Deckels zu vermeiden, versuchte man, die Ölschalter so einzubauen, wie Bild 15 zeigt, oder man isolierte die Leitungen oberhalb des Deckels. Wird der Ölschalterdeckel aber, um an Durchführung-Isolatoren zu sparen, im Sammelschienenraum befestigt (Bild 16), so ist die Gefahr der Verqualmung des Sammelschienenraumes, die man auf alle Fälle vermeiden will, nicht beseitigt.

Fällt z. B. bei einem Ausschalten des Ölschalters unter Kurzschluß der Behälter auf den Fußboden, so nutzt kein Ölabflußrohr, denn das Öl bleibt im Behälter und brennt weiter. Die dadurch entstehenden Ölgase können sich deshalb wieder entzünden, weil die eine Seite der Durchführung-Isolatoren des Ölschalters auch unterhalb des Deckels noch von den Sammelschienen her unter Spannung steht. Es entsteht also ein Kurzschluß zwischen den Isolatoren unterhalb des Deckels, und dieser kann, namentlich bei größeren Anlagen, zerstört werden, wenn die Maschinenrelais nicht die ganze Anlage rechtzeitig ausschalten. Durch den zerstörten Ölschalterdeckel dringt dann der Rauch in den Sammelschienenraum. Verschiedene große Elektrizitätswerke haben aus diesem Grunde auch wieder davon abgesehen, die Ölschalterplatte direkt in den Fußboden des Sammelschienenraumes einzubauen.

Bild 17. Druckgasschalter 20 kV.

Man erkennt aus diesen Bemerkungen, welche Vorteile die von Stern vorgenommenen Versuche den Konstrukteuren der Schaltanlagen gebracht haben. Diese Versuche und die Praxis zeigten aber

Bild 18. Ölschalter und Druckgasschalter 110 kV in der Freiluftschaltanlage des Kraftwerkes Else bei Schwandorf der Bayernwerk A.-G.

immer wieder die Nachteile eines Hochspannung-Schalters, der mit Öl gefüllt ist. Da die Ölmengen in den Hochleistung-Schaltern, namentlich bei den hohen Spannungen immer beträchtlicher wurden und sich damit auch die schädlichen Folgen eines Ölbrandes vergrößerten, wurde in den letzten Jahren der Versuch gemacht, die Verwendung brennbarer Flüssigkeit in den Schaltanlagen zu vermeiden. Man wiederholte die früher mit Preßluft und Wasser vorgenommenen Versuche und so entstand unter Stern durch eine Anregung

Bild 19. AEG-Wasserschalter für 10 kV.

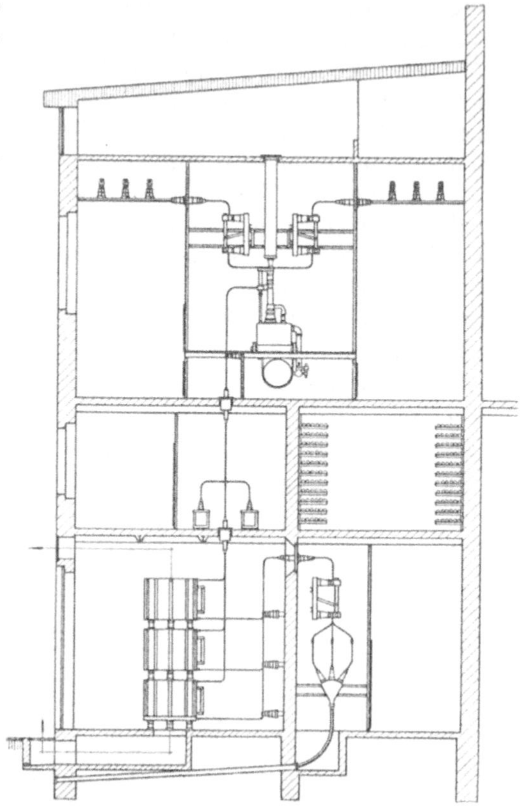

Bild 20. Schaltanlage mit Druckgasschalter für 20 kV und Reaktanzspulen.

S. Ruppel der Preßluft- bzw. Druckgasschalter der AEG, der bereits in mehreren Anlagen für Spannungen bis 100 kV eingebaut ist (Bilder 17 und 18). Den Wasserschalter der AEG zeigt Bild 19. Da bei den öllosen Schaltern eine Brandgefahr bzw. eine Verqualmung der Schalträume nicht zu befürchten ist, kann auch der Aufbau einer Hochspannunganlage in einer sehr viel einfacheren und übersichtlicheren Weise als bisher erfolgen. Einen Querschnitt durch die Schaltanlage mit Druckgasschaltern von 10 bis 20 kV eines Großkraftwerkes, in der auch Reaktanzspulen in den Abzweigen zur

Beschränkung des Stoßkurzschlußstromes verwendet werden, zeigt Bild 20. Eine Zelle mit dem Druckgasschalter für 10 kV ist in Bild 21 im Schnitt wiedergegeben; die Bilder 22 und 23 zeigen den Aufbau von Schalthäusern mit AEG-Wasserschaltern.

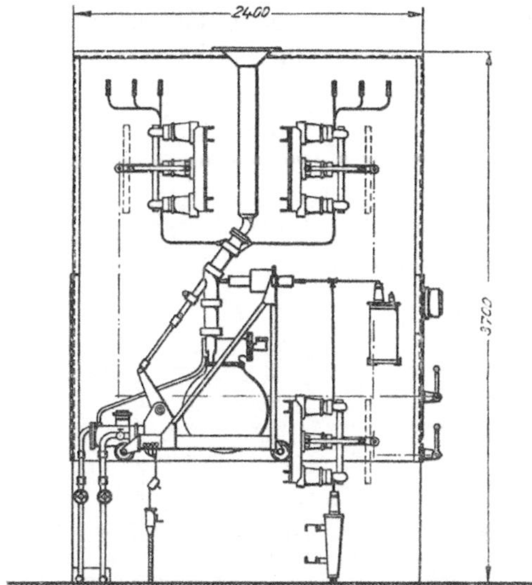

Bild 21. Schaltzelle mit Druckgasschalter für 10 kV.

Werden zwischen dem oberhalb des Ölschalters sitzenden Trennschalter und den Sammelschienen keine Zwischenplatten vorgesehen, so besteht namentlich bei Spannungen bis 30 kV die Gefahr, daß der unter Last geschaltete Trennschalter einen Lichtbogen bildet, der zwischen den Sammelschienen weiterläuft (Bild 24). Dieser Lichtbogen kann in irgendeiner noch so entfernt liegenden Zelle alle Apparate vernichten. Nicht allein der Bedienungsmann, der das Entstehen des Lichtbogens durch ein fehlerhaftes Schalten des Trennschalters verschuldet hat, kann verletzt werden, sondern noch mehr sind solche Personen gefährdet, die in irgendeiner Zelle des Sammelschienenraumes arbeiten. Um das Betriebspersonal derartigen Gefahren nicht auszusetzen, hat die AEG stets den Einbau einer Zwischenplatte empfohlen (Bild 24), zumal durch diesen Einbau auch die Sammel-

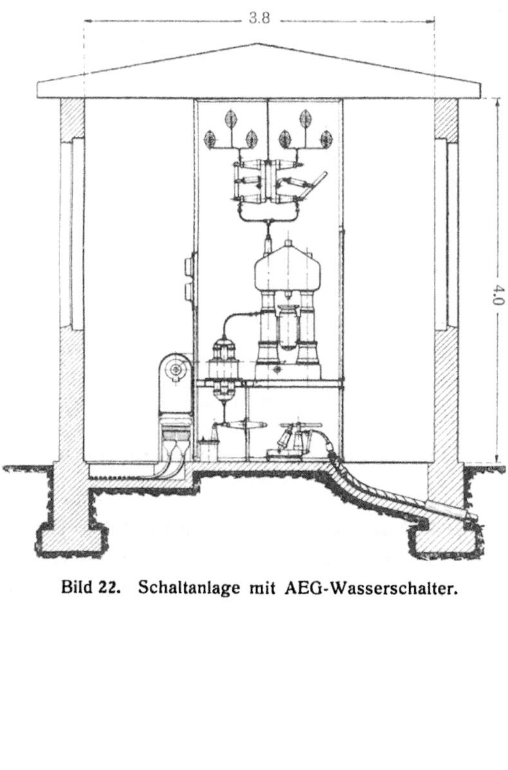

Bild 22. Schaltanlage mit AEG-Wasserschalter.

schienen leichter ohne Gefahr nachgesehen und gereinigt werden können. Die geringen Ersparnisse an Kosten, die man durch den Fortfall der Zwischenplatten und Durchführung-Isolatoren erzielen will, lassen sich nicht rechtfertigen, weil sie Betriebsunfälle und selbst Todesfälle des Betriebspersonals zur Folge haben können.

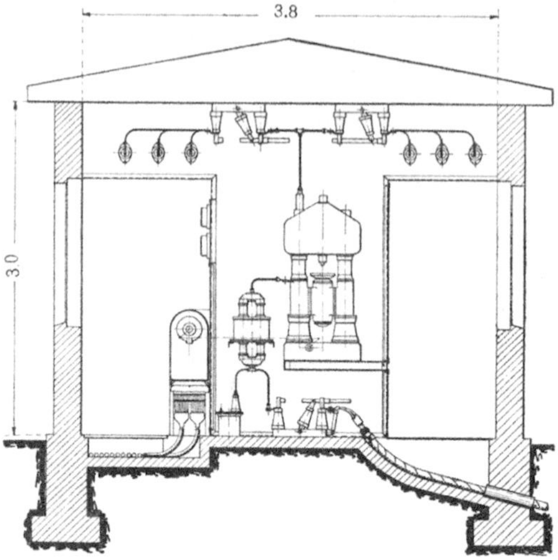

Bild 23. Schaltanlage mit AEG-Wasserschalter.

Gekapselte Schaltanlagen.

Im Jahre 1903, zu der gleichen Zeit, in der die Hochspannung - Sicherungen durch selbsttätige Ölschalter ersetzt wurden, entwickelte die AEG die Schaltwagen, die in Bild 26 wiedergegeben sind. Klingenberg versuchte, dieser Konstruktion ein mehr maschinelles Aussehen zu geben und ließ den in Bild 27 dargestellten Schaltwagen konstruieren. Das ganze Bestreben Klingenbergs ging aber darauf hinaus, die Hochspannung - Schaltanlagen so durchzubilden, daß sie ohne Gefahr für das Bedienungspersonal wie eine Maschine im Maschinenhaus an der Wand aufgestellt werden konnten. Die bis dahin bei den Schaltwagen noch offen verlegten Sammelschienen ließ er in einem geschlossenen Kasten unterbringen und durch flüssiges Isoliermaterial vergießen. Es entstand eine Ausführungsform, die in Bild 28 dargestellt ist und im Jahre 1905 im Elektrizitätswerk Haag aufgestellt wurde. Die blanken Teile

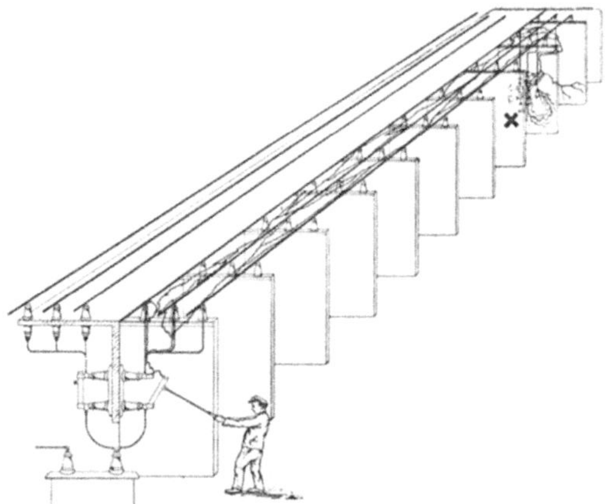
Bild 24. Wandernder Lichtbogen bei offener Bauweise.

zwischen den Ölschalter-Isolatoren, den Strom- und Spannungswandlern wurden isoliert, und der ganze Schaltwagen wurde mit

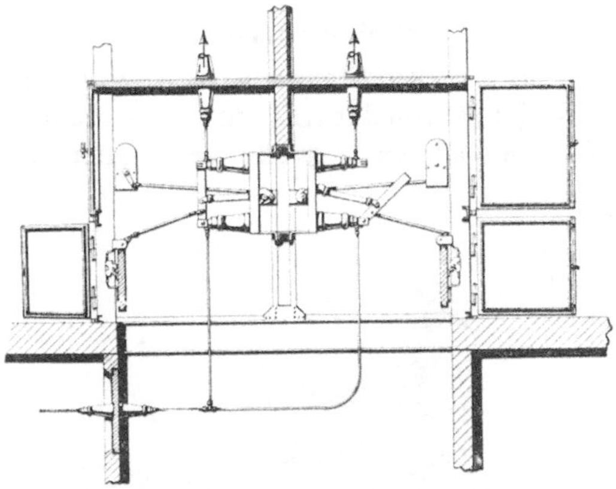

Bild 25. Anordnung der Signalkontakte außerhalb der Hochspannungskammer.

Vollblech abgeschlossen, so daß auf keinen Fall eine Hochspannungleitung berührt werden konnte. Die unter der Leitung von Stern

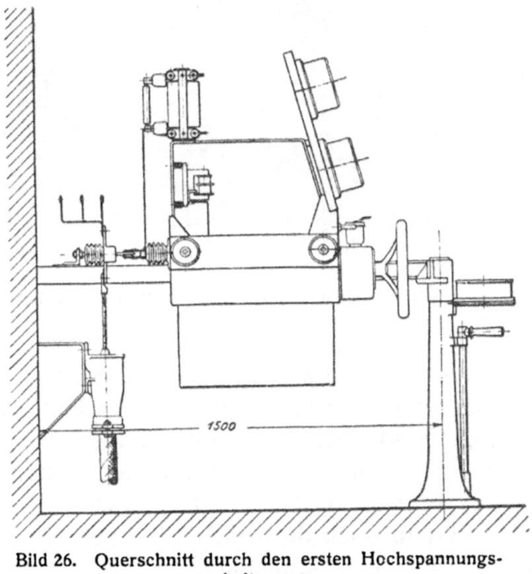

Bild 26. Querschnitt durch den ersten Hochspannungsschaltwagen.

entstandene Form des gekapselten und herausziehbaren Schaltmaterials ist aus Bild 29 ersichtlich. Über die Entwicklung dieses

Schaltmaterials und seine Vorteile hat der Verfasser an anderer Stelle eingehend berichtet.[4])

Freiluftanlagen.

Für das Märkische Elektrizitätswerk wurden schon im Jahre 1908 die kleinen Netzstationen von der AEG in Freiluftausführung geliefert. Diese Bauart fand jedoch keine große Verbreitung und man bevor-

Bild 27. Schaltwagen nach Entwürfen von Prof. Klingenberg.

zugt in Deutschland bis in die letzte Zeit hinein für derartige Fälle gemauerte Stationen. Teilweise waren auch architektonische Gründe hierfür ausschlaggebend. Solange kein nennenswerter Preisunterschied zwischen einer gemauerten Station und einer Freiluftanlage bestand, bevorzugte man in Deutschland bis vor einigen Jahren auch für große Anlagen noch die Innenstationen. In der letzten Zeit werden jedoch — der amerikanischen Praxis folgend — fast alle Hochspannung-Schaltanlagen über 30 kV auch in Deutschland als Freiluftstationen ausgeführt. Für den Bau der Freiluftstationen

[4]) ETZ 1928, H. 35, S. 1285.

kommt außer der Ersparnis an Kosten noch der Vorteil hinzu, daß der bei einem Ölschalterbrand entstehende Schaden nicht so beträchtlich sein kann wie bei den Innenstationen. Auch bei Spannungen unter 30 kV hat man jetzt in verschiedenen Fällen wieder Freiluftanlagen verwendet, weil sie schneller auszuführen sind und bei Erweiterungen und etwaiger Umstellung der Station eine größere Beweglichkeit bieten. Die AEG bevorzugt im allgemeinen den Aufbau einer Freiluftanlage, bei dem alle Apparate, wie Leistungschalter und Trennschalter, bequem zugänglich sind und das

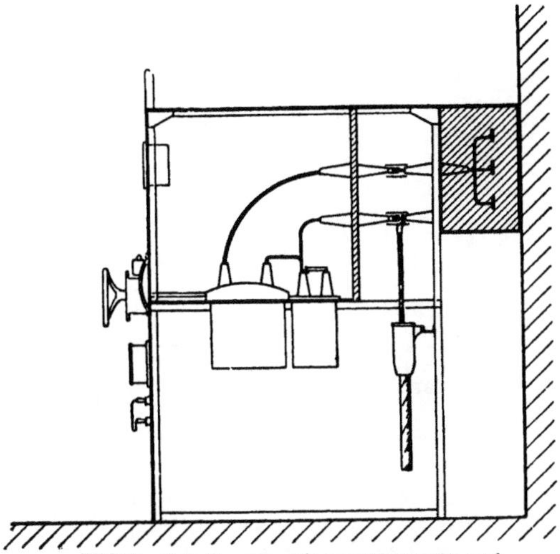

Bild 28. Schaltwagen mit geschlossenen und mit Isolierflüssigkeit ausgefüllten Kasten für die Sammelschienen.

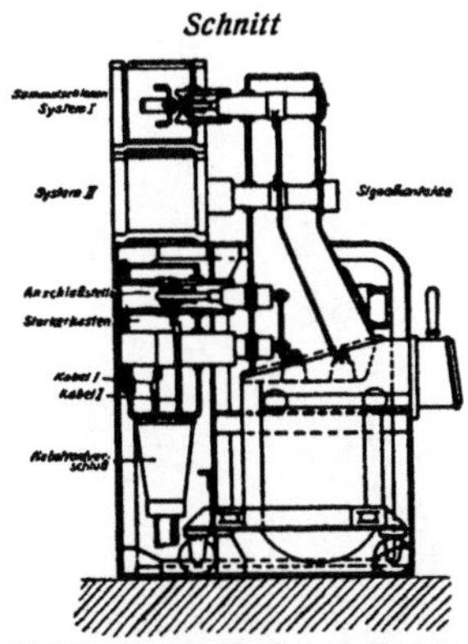

Bild 29. Herausziehbarer eisengekapselter Hochspannung-Schaltwagen mit vergossenen Sammelschienen.

Betriebspersonal sich auf dem Grundstück frei bewegen kann, ohne Gefahr zu laufen, mit den Hochspannungsdrähten in Berührung zu kommen. Die bei den Freiluftanlagen verwendeten Eisengitterträger sind immer mehr durch Vollblechträger bzw. breitflanschige I-Träger ersetzt worden. Die Bilder 30, 31, 32 und 33 zeigen verschiedene Ausführungsformen.

Meßgerätetafeln in den Schaltwarten.

In der Hochspannungsfabrik wurden auch die Meßgerätetafeln hergestellt, die für die Überwachung des Betriebes von großer Bedeutung sind. Wenn man auch die Hochspannungsapparate übersichtlich in einer Schaltanlage zusammengefaßt hat, so ist damit die Arbeit für den Konstrukteur der Schaltanlage noch nicht erledigt. Die vielen Meß- und Steuerleitungen, die zwischen den Apparaten und den Meßgeräten erforderlich sind, müssen ebenfalls übersichtlich verlegt werden, um eine leichte Prüfung zu ermöglichen. Welche Verbindungen zwischen den Schaltapparaten und den in den Kommandoräumen oder Warten befindlichen Meßgeräten gezogen werden müssen, hat der Verfasser an anderer Stelle geschildert[5]).

Bild 30. Freiluftstation Mariendorf des MEW (mit Eisengitterträgern), erste Freiluftanlage in Deutschland.

Die Rückseite des Feldes einer Meßgerätetafel (Bild 34), gibt nicht nur ein Beispiel für die große Anzahl von Meß- und Steuerleitungen, sondern zeigt auch deren übersichtliche Verlegung bis zu den Kannengießer-Klemmen. Für die Bedienung und Überwachung des Betriebes ist eine klare Anordnung der verschiedenen Meßgeräte in der Schaltwarte von großer Bedeutung. Eine Ausführungsart der Meßgerätetafeln sowie deren Anordnung, welche die AEG schon

[5]) ETZ 1920, H. 5, S. 85.

Bild 31. Freiluftstation des Kraftwerkes Else bei Schwandorf (mit Vollblechträgern).

vor vielen Jahren entwickelt hat und die eine sehr gute Übersicht erzielt, ist aus Bild 35 zu ersehen. Auf dem gebogenen Teil der Tafel befinden sich die Meßgeräte der Maschinen und auf dem

Bild 32. Freiluftstation Ryburg-Schwörstadt (mit Doppel T-Trägern).

davorstehenden Schaltpult die Steuerapparate. Auf diese Weise ist es dem Schalttafelwärter möglich, die Geräte aller Maschinen gleichzeitig zu beobachten, ganz gleichgültig, vor welchem Pult er

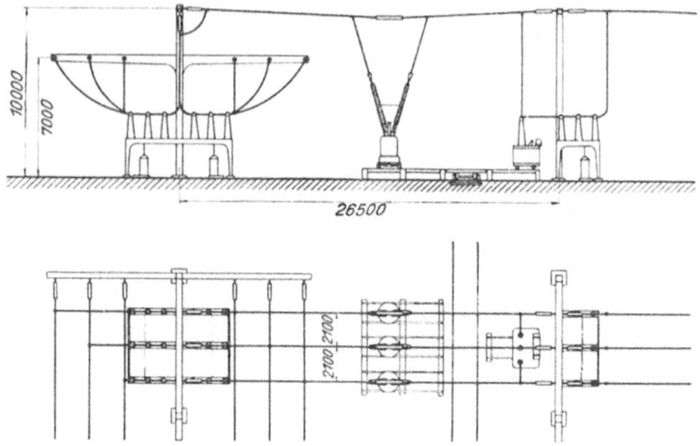

Bild 33. 100 kV-Freiluftschaltanlage (mit Druckgasschaltern).

sich befindet. Auf den beiden Seitenflügeln finden die Meßgeräte und Bedienungsapparate für die Abzweige ihren Platz, während die für die Nebenbetriebe erforderlichen Schaltfelder den Maschinentafeln gegenüber aufgestellt werden.

Bild 34. Rückseite von Generatorenfeldern der Warte im Kraftwerk Gersteinwerk (VEW Westfalen).

Bild 36 zeigt die Warte des Kraftwerkes Augst-Wyhlen der Kraftübertragungs-Werke Rheinfelden, bei der bereits im Jahre 1912 die Maschinen und Verteilungstafeln in der Form einer Ellipse aufgestellt wurden. Die Meßgeräte auf der Verteilungstafel und zwar für die Transformatoren und Freileitungen sind direkt in das Schaltbild eingefügt. Im Kraftwerk Buenos Aires gelangten alle für die Generatoren, Abzweige, Eigenbedarf, Relais und Zähler erforderlichen

Bild 35. Warte mit Übersichtschaltbild im Gersteinwerk (VEW Westfalen).

Schaltfelder in einem gemeinsamen Raum zur Aufstellung. Um diesen Raum in der Warte besser ausnutzen zu können, wurde eine zweistöckige, rechteckige Anordnung gewählt (Bild 37). Während die für die Generatoren, Abzweige und Eigenbedarf erforderlichen

Bild 36. Warte im Kraftwerk Augst-Wyhlen (Kraftübertragungswerke Rheinfelden), errichtet 1912.

Felder auf dem Fußboden stehen, sind die Felder für die Relais und Zähler auf der Galerie aufgestellt. Die in der Warte des Kraftwerkes Buenos Aires gewählte Gesamtanordnung der verschiedenen Tafeln hat sich im Betrieb sehr gut bewährt und zählt zu einer der interessantesten Lösungen der dem Schaltanlagen-Konstrukteur gestellten Aufgaben.

Bild 37. Großkraftwerk Buenos-Aires der Chade (Kommandoraum, linke Hälfte).

So ist die Hochspannung-Schaltanlage im Laufe der Jahre zu einem der wichtigsten Glieder der Elektrizitätsversorgung geworden und man kann feststellen, daß die der Technik gestellten Aufgaben bezüglich Einfachheit und Betriebsicherheit heute schon in befriedigender Weise gelöst sind, wenn auch der Zukunft ständig neue Probleme vorbehalten bleiben.

GPSR Compliance

The European Union's (EU) General Product Safety Regulation (GPSR) is a set of rules that requires consumer products to be safe and our obligations to ensure this.

If you have any concerns about our products, you can contact us on ProductSafety@springernature.com

In case Publisher is established outside the EU, the EU authorized representative is:

Springer Nature Customer Service Center GmbH
Europaplatz 3
69115 Heidelberg, Germany

Batch number: 10682325

Printed by Printforce, the Netherlands